地下管线信息获取与分析

王泽根 陈 勇 熊俊楠 等 著

科学出版社
北 京

内 容 简 介

本书以 GIS 空间分析、时空数据可视化等为技术手段,以揭示地下管线承载力与调峰能力、安全风险的时空过程为核心,系统介绍地下管线本体及运行状态信息数据的获取原理与技术。本书研究了地下管线数据组织与管理、三维可视化技术,构建了地下管线空间布局安全、承载力与调峰能力、灾害事故、易损性与安全风险的时空特征分析系列数学模型及方法,可为地下管线规划与设计审批、安全风险评价、承载力和调峰能力分析提供现代信息理论与方法,以期提高地下管线规划设计、建设施工、运营维护、安全隐患监测、事故处置与救援安全水平,降低安全风险。

本书可供地理信息、测绘专业本科生,以及市政、地质等专业硕士研究生参考使用。

图书在版编目(CIP)数据

地下管线信息获取与分析 / 王泽根等著. —北京:科学出版社,2023.6
ISBN 978-7-03-075633-6

Ⅰ.①地… Ⅱ.①王… Ⅲ.①地下管道-工程测量-数据处理 Ⅳ.①U173.9

中国国家版本馆 CIP 数据核字 (2023) 第 097933 号

责任编辑:刘莉莉 / 责任校对:彭　映
责任印制:罗　科 / 封面设计:墨创文化

科学出版社 出版
北京东黄城根北街 16 号
邮政编码:100717
http://www.sciencep.com

四川煤田地质制图印务有限责任公司 印刷
科学出版社发行　各地新华书店经销

*

2023 年 6 月第 一 版　　开本:787×1092 1/16
2023 年 6 月第一次印刷　　印张:18
字数:420 000
定价:79.00 元
(如有印装质量问题,我社负责调换)

序

改革开放 40 多年来，我国社会经济和城市快速发展，地下管线发展迅速。近年来，一些城市相继发生大雨内涝、窨井伤人、管线泄漏燃爆、路面塌陷等事故，严重影响了人民群众生命财产安全。为提高城市地下管线规划、建设、管理和安全水平，国务院及相关部门相继发文要求充分运用科技和信息化手段，加快提升地下管线在线安全监控能力，推进安全风险管控、隐患排查治理体系建设，降低管线事故率，避免重大事故发生，使地下管线建设、运行维护、隐患和安全监测、应急处置水平适应经济社会发展需要，大幅提升城市应急防灾能力。"双碳"背景下，"绿色化""数字化"与"智能化"成为"十四五"规划纲要的主旋律。在保障城市运营、居民生活便捷的同时，通过行业信息化转型，实现节能减排、绿色生态和可持续发展成为地下管线行业发展的必然要求。

传感器、物联网技术的成熟和发展推动了地下管线的全面和实时感知，地下管线时空大数据应运而生。大数据、人工智能、数据挖掘等理论和技术为地下管线时空数据的组织管理、深度分析和应用提供了技术基础。以 GIS 空间分析、时空数据挖掘及可视化等为技术手段，以揭示地下管线承载力与调峰能力、安全风险的时空过程为核心，以推动地下管线行业信息化发展、全面提高地下管线安全水平为目标，该书系统总结了国内外地下管线信息化发展的理论和技术成果，论述了地下管线精细化数据的获取原理与技术，讨论了地下管线数据的组织与管理、三维可视化方法，详细阐述了地下管线空间布局安全、承载力与调峰能力、灾害事故、易损性与安全风险的时空特征分析系列数学模型及技术方法。该著作行文深入浅出，图文并茂，可读性强。

该书是地下管线时空数据深度分析应用的良好开端，也是智慧管线建设理论和技术发展的系统总结。该书的出版必将对促进管线信息化理论和技术成果的推广应用，推动我国地下管线行业的信息化、智能化发展，提升地下管线安全运行水平，促进平安城市、平安中国建设发挥巨大的作用。

2022 年 9 月于郑州

前　言

城市化是现代化进程中社会结构不断演变的动态过程，是人类生产、生活和居住方式的一种重大变迁，表现为农业人口向非农业人口转移，并向城市集中，城市人口规模扩大、空间扩张，城市生活方式向农村扩散等。据世界银行统计，2019 年全球人口城市化率为 55%。据我国国家统计局发布的数据，截至 2021 年末，中国大陆总人口超过 14.1 亿人，其中城镇常住人口超过 9.14 亿，城镇化率超过 64.7%。随着城市人口的不断扩张，城市生产、生活需要大规模拓展城市空间。城市空间的不断扩张、立体化开发利用，给城市的规划设计、施工建设、运营管理和安全保障带来一系列挑战，城市管理越来越复杂。随着城市的扩张、发展，地下管线也在不断发展。据统计，我国 2021 年底城市建成区地下管线密度超过 $51km/km^2$，城市地下管线越来越复杂。同时，随着城市管理的精准化、精细化发展，地下管线数据的人工管理越来越难以满足需要，新型信息化、智能化成为城市地下管线信息化的迫切需求，因此，积极开展城市地下管线时空分析工具的研究，可以辅助人们进行精准化、精细化管理。数字城市、智慧城市的建设，地理国情监测等重大地理信息工程的实施为地下管线时空分析提供了管道环境的数据基础；国务院办公厅印发了《关于加强城市地下管线建设管理的指导意见》（国办发〔2014〕27 号），全国各地相继开展地下管线普查工作，为地下管线时空分析提供了基本管线数据。

本书以 GIS 空间分析、时空数据可视化等为技术手段，以揭示地下管线承载力与调峰能力、安全风险的时空过程为核心，系统介绍地下管线本体及运行状态信息数据的获取原理与技术，以推动地下管线行业信息化的发展，提高地下管线安全水平。本书研究了地下管线数据组织与管理、三维可视化技术方法，构建了地下管线空间布局安全、承载力与调峰能力、灾害事故、易损性与安全风险的时空特征分析系列数学模型及技术方法，为地下管线规划与设计审批、安全风险评价、承载力和调峰能力分析提供现代信息理论与方法，以期提高地下管线规划设计、建设施工、运营维护、安全隐患监测、事故处置与救援安全水平，降低安全风险。

本书包括三部分内容，第一部分为第 1~3 章，介绍城市地下管线的分类、材质、功能与结构，地下管线调查、探查、测量的原理与技术。第二部分为第 4 章和第 5 章，介绍地下管线数据的处理、组织、管理、表达的理论和方法，包括地下管线数据几何与属性数据关联，数据模型、数据库设计与开发，地下管线三维建模与可视化。第三部分为第 6~10 章，综合运用 GIS 空间分析、时空数据挖掘等方法，构建了地下管线空间布局安全、承载力与调峰能力、灾害事故易损性与安全风险的时空特征分析系列数学模型及技术方法。

本书由西南石油大学王泽根教授提出体系框架，并组织完成书稿的撰写与统稿，其撰写了第 1 章、第 6~8 章及 5.2~5.3 节，自然资源部地下管线勘测工程院陈勇正高级工程师完成了第 2~3 章的组织与编写，西南石油大学甄艳副教授负责 4.4~4.6 节的撰写和全书文稿处理，自然资源部地下管线勘测工程院杨武工程师参与了第 2 章的编写，四川永鸿地理信息集团有限公司张鑫工程师参与了第 3 章的编写，四川长河环境集团有限公司胡本刚工程师完成了 4.1 节和 4.3 节的撰写，四川中水成勘院测绘工程有限责任公司王明洋工程师完成了 5.1 节的编写，西南石油大学杨艳梅副教授撰写了第 9 章和 4.2，西南石油大学熊俊楠教授撰写了第 10 章。本书成稿过程中罗洁莹、李可霞、余俊杰、周志辉、陈科润、张明祥、段钰、刘俊、徐鹏、何继武等研究生参与了数据处理、技术试验、文字与图表处理等大量工作，在此一并表示感谢。

西南石油大学与自然资源部地下管线勘测工程院、西南油气田分公司、成都垣景科技有限公司、四川永鸿地理信息集团有限公司、四川智绘地理信息科技有限公司在数字管道与智慧管道理论、技术、实践方面长期开展产学研用合作研究，取得一系列理论和技术成果，并得到大规模推广应用。本书是相关单位在地下管线信息化领域长期产学研用科技合作成果的总结，也是近年来国内外数字管道、智慧管道领域理论与技术发展的概括。本书撰写既重视基础理论培养，又重视基本技能训练，可以作为地理信息、测绘专业本科生教材，也可作为市政、地质等专业的硕士研究生教材使用。

本书得以成稿，感谢西南石油大学、自然资源部地下管线勘测工程院、西南油气田分公司、成都垣景科技有限公司、四川永鸿地理信息集团有限公司、四川智绘地理信息科技有限公司，以及科学出版社刘莉莉编辑给予的大力支持。

作　者

2022 年 9 月　成都

目 录

第1章 绪论 ··· 1
　1.1 地下管线及其发展 ·· 1
　　1.1.1 城市及其发展 ·· 1
　　1.1.2 城市地下空间及其发展 ··· 1
　　1.1.3 地下管线及其时空变化 ··· 4
　1.2 地下管线信息来源及特点 ··· 7
　　1.2.1 地下管线信息化 ·· 7
　　1.2.2 地下管线信息特点 ··· 8
　　1.2.3 地下管线信息分类 ··· 8
　1.3 地下管线信息化的目的与意义 ··· 11
　　1.3.1 城市安全和可持续发展的需要 ·· 11
　　1.3.2 提高企业管理效率 ··· 12
　　1.3.3 提高市民满意度 ·· 12
　　1.3.4 提高城市的效率 ·· 12
　　1.3.5 城市信息化的要求 ··· 12
　1.4 地下管线信息应用发展趋势 ··· 13
　　1.4.1 城市地下管线信息化现状 ·· 13
　　1.4.2 城市地下管线信息化发展趋势 ·· 15
第2章 地下管线探查原理与方法 ··· 17
　2.1 地下管线基础知识 ·· 17
　　2.1.1 管线分类与编码 ·· 18
　　2.1.2 管线埋设方式与埋深 ·· 19
　　2.1.3 管线综合布局及施工顺序 ·· 20
　　2.1.4 管线系统结构 ··· 25
　　2.1.5 管线材质 ·· 28
　　2.1.6 管线规格及防护措施 ·· 29
　　2.1.7 管线附属设施 ··· 32
　2.2 地下管线探查原理 ·· 34
　　2.2.1 管线探查原理综述 ··· 34
　　2.2.2 管线调查原理 ··· 35
　　2.2.3 电磁法探查原理 ·· 36
　　2.2.4 电磁波法探查原理 ··· 39

  2.2.5 人工地震波法探查原理 ·· 41
  2.2.6 声波法探查原理 ·· 42
  2.2.7 其他方法探查原理 ·· 43
 2.3 地下管线探查方法 ··· 46
  2.3.1 管线类别识别 ·· 46
  2.3.2 地下管线连接关系及追踪识别 ··· 47
  2.3.3 管线调查 ·· 49
  2.3.4 管线探查 ·· 51
  2.3.5 各类管线探查方法 ·· 53
  2.3.6 管线三维数据获取 ·· 55
 2.4 地下管线探查质量控制 ··· 59
  2.4.1 管线探查质量控制要求 ·· 59
  2.4.2 管线探查质量检查内容及要求 ··· 60
  2.4.3 管线探查质量检查过程与报告 ··· 63

第 3 章 地下管线测量 ·· 65
 3.1 控制测量 ··· 65
  3.1.1 平面控制 ·· 65
  3.1.2 高程控制 ·· 68
  3.1.3 图根控制测量 ·· 72
 3.2 管线点测量 ··· 76
  3.2.1 全站仪极坐标法 ·· 77
  3.2.2 GNSS 测量法 ··· 77
  3.2.3 全站仪导线串测法 ·· 78
 3.3 竣工测量 ··· 78
  3.3.1 管线竣工测量的工作内容 ·· 78
  3.3.2 全新铺设管线的竣工测量 ·· 79
  3.3.3 与已建管线相接的竣工测量 ·· 79
 3.4 带状地形图测绘 ··· 80
 3.5 地下管线测量质量控制 ··· 83
  3.5.1 过程质量控制要求 ·· 83
  3.5.2 地下管线测量质量检查内容及要求 ··· 83
  3.5.3 地下管线测量质量检查报告 ·· 84

第 4 章 地下管线数据库建立及应用 ·· 85
 4.1 地下管线普查数据处理 ··· 85
  4.1.1 技术流程 ·· 85
  4.1.2 数据处理 ·· 86
 4.2 地下管线多源数据融合 ··· 86
  4.2.1 数据分析 ·· 86

  4.2.2 管线数据融合基础 ··· 88
  4.2.3 几何数据融合 ··· 94
  4.2.4 语义空间关联 ··· 98
 4.3 地下管线数据模型 ··· 99
  4.3.1 地下管线要素 ··· 99
  4.3.2 管线点数据结构 ··· 100
  4.3.3 管线线数据结构 ··· 100
  4.3.4 管线面数据结构 ··· 100
 4.4 地下管线数据库建立 ··· 101
  4.4.1 管线数据库表命名 ··· 101
  4.4.2 数据检查内容与方法 ··· 102
  4.4.3 数据检查步骤 ··· 105
  4.4.4 数据库建立 ··· 105
 4.5 地下管线数据成果 ··· 108
  4.5.1 地下管线数据库 ··· 108
  4.5.2 管线图及成果表 ··· 109
  4.5.3 其他成果 ··· 111
 4.6 地下管线信息系统构建 ··· 112
  4.6.1 地下管线信息系统体系结构 ··· 112
  4.6.2 地下管线数据管理系统 ··· 114
  4.6.3 地下管线实时监测与应急管理系统 ··· 115
  4.6.4 地下管线辅助审批系统 ··· 115
  4.6.5 地下管线监督管理系统 ··· 116

第5章 地下管线三维建模 ··· 118
 5.1 管线三维模型实体化建模 ··· 118
  5.1.1 地下管线属性数据 ··· 118
  5.1.2 管线附属设施三维建模 ··· 119
  5.1.3 管道三维建模 ··· 121
  5.1.4 检查井井盖三维建模 ··· 124
 5.2 三维自动建模基础 ··· 124
  5.2.1 数据规则库 ··· 124
  5.2.2 地下管线模型库 ··· 127
 5.3 三维自动建模技术 ··· 130
  5.3.1 基于数据规则库检查管线数据 ··· 131
  5.3.2 基于管线数据计算模型参数 ··· 132
  5.3.3 模型参数配置 ··· 134
  5.3.4 模型图层创建 ··· 136
  5.3.5 三维渲染 ··· 139

第6章 地下管线时空分析基础 ·············· 142
6.1 地下管线三维量算 ·············· 142
6.1.1 基本空间量算 ·············· 142
6.1.2 三维管网空间分析 ·············· 144
6.2 时空数据可视化 ·············· 149
6.2.1 可视化分析理论 ·············· 149
6.2.2 可视化分析技术 ·············· 150
6.2.3 时空数据可视化 ·············· 151
6.3 GIS 空间分析 ·············· 151
6.3.1 空间分析 ·············· 152
6.3.2 空间统计分析 ·············· 154
6.3.3 系统综合评价 ·············· 155
6.3.4 空间插值 ·············· 157
6.4 时空数据挖掘 ·············· 160
6.4.1 时空数据挖掘任务 ·············· 160
6.4.2 时空数据挖掘方法 ·············· 162

第7章 地下管线空间布局安全性分析 ·············· 166
7.1 占压分析 ·············· 166
7.1.1 压线占压 ·············· 166
7.1.2 近线占压 ·············· 169
7.1.3 综合占压分析 ·············· 169
7.2 净距分析 ·············· 170
7.3 顺序分析 ·············· 172
7.3.1 水平顺序 ·············· 172
7.3.2 垂直顺序 ·············· 173
7.4 埋深分析 ·············· 175
7.5 综合分析 ·············· 176
7.6 应用实例 ·············· 177
7.6.1 试验区及试验数据 ·············· 177
7.6.2 占压分析 ·············· 178
7.6.3 净距分析 ·············· 179
7.6.4 顺序分析 ·············· 180
7.6.5 埋深分析 ·············· 182
7.6.6 试验区评价结果及分析 ·············· 183

第8章 管网承载力与调峰分析 ·············· 186
8.1 地下管网承载力 ·············· 186
8.1.1 承载力基本概念 ·············· 186
8.1.2 城市地下管网承载力特征 ·············· 187

8.1.3　城市地下管网承载力与城市发展的关系 …………………… 188
　8.2　城市地下管线承载力评价 ……………………………………………… 189
　　8.2.1　燃气管网承载力评价体系 …………………………………… 189
　　8.2.2　燃气管网承载力分析 ………………………………………… 192
　8.3　地下管网调峰概念 ……………………………………………………… 195
　　8.3.1　地下管线调峰基本概念 ……………………………………… 195
　　8.3.2　城镇燃气用户及特点 ………………………………………… 198
　　8.3.3　燃气需求时间不平衡性 ……………………………………… 199
　　8.3.4　燃气需求空间不平衡性 ……………………………………… 201
　8.4　地下管网调峰措施及能力 ……………………………………………… 202
　　8.4.1　调峰需求计算 ………………………………………………… 202
　　8.4.2　调峰措施 ……………………………………………………… 204
　　8.4.3　调峰能力计算 ………………………………………………… 207
　8.5　燃气管线时空调峰 ……………………………………………………… 208
　　8.5.1　时空调峰分析主要内容 ……………………………………… 208
　　8.5.2　燃气时空调峰实例 …………………………………………… 209

第9章　地下管线灾害易损性评价 ……………………………………………… 213
　9.1　燃气管道易损性评价基本概念 ………………………………………… 213
　　9.1.1　易损性概念及研究现状 ……………………………………… 213
　　9.1.2　城镇燃气及事故特点 ………………………………………… 214
　9.2　燃气管道火灾承灾体易损性评估体系 ………………………………… 215
　　9.2.1　火灾易损性评估指标选取原则和方法 ……………………… 215
　　9.2.2　燃气管道火灾承灾体分类 …………………………………… 216
　　9.2.3　城镇燃气管道火灾承灾体易损性评价 ……………………… 216
　　9.2.4　评价指标标准化 ……………………………………………… 220
　9.3　应用实践 ………………………………………………………………… 220
　　9.3.1　评价指标分析 ………………………………………………… 221
　　9.3.2　评价指标权重值计算与综合评判 …………………………… 223
　　9.3.3　区域火灾承灾体易损性评价 ………………………………… 230

第10章　地下管线风险评价 ……………………………………………………… 233
　10.1　地下管线事故 …………………………………………………………… 233
　　10.1.1　地下管线事故现状 …………………………………………… 233
　　10.1.2　地下管线事故类型及影响因素 ……………………………… 233
　10.2　地下管线风险概念 ……………………………………………………… 234
　10.3　地下管线风险评价 ……………………………………………………… 235
　　10.3.1　地下管线风险评价指标体系 ………………………………… 235
　　10.3.2　地下管线风险评价方法 ……………………………………… 237
　　10.3.3　地下管线风险评价案例 ……………………………………… 240

ix

10.4 地下管线风险防控 ·· 256
　10.4.1 地下管线风险防控机制 ····································· 257
　10.4.2 地下管线风险防控与处置措施 ································ 258
参考文献 ··· 261
附表 ·· 268
附图 ·· 270

第 1 章 绪 论

1.1 地下管线及其发展

1.1.1 城市及其发展

城市也称城市聚落,是以非农产业和非农业人口集聚而成的较大居民点。人口较稠密的地区称为城市,一般包括住宅区、工业区和商业区,并具备行政管辖功能。城市的行政管辖功能可能涉及较其本身更广泛的区域,其中有居民区、街道、医院、学校、公共绿地、写字楼、商业卖场、广场、公园等公共设施。城市是人类文明的主要组成部分,是伴随人类文明与进步发展起来的。农耕时代,人类开始定居;伴随工商业的发展,城市崛起和城市文明开始传播。工业革命之后,城市化进程加快,农民不断涌向新的工业中心,城市获得了前所未有的发展。第一次世界大战前夕,英、美、德、法等国绝大多数人口都已生活在城市,这既是富足的标志,也是文明的象征。

城市化是现代化进程中社会结构不断演变的普遍动态过程,是人类生产、生活和居住方式的重大变迁,表现为人口由农业向非农产业转移并向城市集中,城市空间占地数量增多、人口规模扩大,城市生活方式向农村扩散等。城市化的本质是社会经济结构变革的过程,通过城市化使全体国民享受现代城市的一切成果并实现生活方式、生活观念、文化教育、素质等的转变,即实现城乡空间的融合发展——产业融合、就业融合、环境融合、文化融合、社会保障融合、制度融合等,真正实现城市和农村人民群众的共同富裕、发展和进步。

英国的城市化发生最早且最为广泛,1760~1851年,英国城市人口比重率先超过50%,至19世纪末超过70%,如今英国全国城市人口比例已达90%以上。随着工业化的进程,城市化波及北美,然后是亚洲和非洲。联合国最新报告显示,全球人口"城市化"进程还在不断加速,且地区差异大,大城市人口数量过大。1950年,全球城市人口比例仅为30%。而据世界银行数据,2019年全球人口城市化率已为55%。

据国家统计局统计,截至2021年末中国大陆总人口超过14.1亿人,其中城镇常住人口超过9.14亿,城镇化率超过64.7%,比2020年提高0.83个百分点。改革开放40余年,我国城镇化发展迅速,但地区差异大。上海、北京、天津、广东、江苏、浙江常住人口城镇化率超70%,贵州、云南、甘肃、西藏常住人口城镇化率不足50%,西藏最低,仅超过31%。

1.1.2 城市地下空间及其发展

地下空间(underground space)是在岩层或土层中形成的空间,包括天然形成的地下空间和人工开发的地下空间。一般所称的城市地下空间,是指城市规划区内地表以下的空间。

因此，可以将地下空间理解为建筑方面的一个名词，它的范围很广，比如地下商城、地下停车场、地铁、矿井、人防、军事、隧道、城市地下管线等建(构)筑物空间。1981年，联合国自然资源委员会正式将地下空间确定为"人类重要的自然资源"。1991年，在日本东京召开的国际会议上讨论城市地下空间资源利用达成共识：19世纪是桥的世纪，20世纪是高层建筑的世纪，21世纪将是人类开发利用地下空间的世纪。如表1.1所示，地下空间按照用途可以分为七种。如表1.2所示，按照开发利用深度，地下空间可分为浅层空间、中层空间和深层空间三大类。

表1.1 地下空间按用途分类[1]

用途	介绍
交通空间	迄今为止城市地下空间利用的最主要类型之一，包括地下铁道、地下轻轨交通、地下汽车交通通道、地下停车库和地下步行街等地下空间
商业、文娱空间	包括地下商业街、影剧院、音乐厅和运动场等
业务空间	包括办公、会议、教学、实验和医疗等各种社会业务空间
物流空间	指各种城市公用设施的管道、电缆等所占的地下空间，以及处理设施，如自来水厂、污水处理厂和变电站、综合管廊(沟)等
生产空间	某些轻工业、手工业生产空间，特别是对于精密生产的工业，地下环境更为有利
仓储空间	粮食、食品、油气类、药品、水、冰等地下储库
其他	防灾、居住、埋葬等空间

表1.2 地下空间按开发利用深度分类[1]

开发利用深度	用途
浅层空间(-30~0m)	主要用于商业、文娱及部分业务空间
中层空间(-100~-30m)	主要用于地下交通、城市污水处理及城市水、电、气、通信等公用设施
深层空间(≤-100m)	可用作地下快速交通线路、危险品仓库、冷库、贮热库、油库等，以及采用新技术后，为城市服务的各种新系统和新空间

1.1.2.1 发达国家城市地下空间利用基本情况

从1863年伦敦建成人类历史上第一条地铁开始，地下空间发展的历史已超过150年。地下空间开发利用的形式从大型建筑物向地下的自然延伸，发展到后来的复杂地下综合体(地下街)，再到地下城(与地下快速轨道交通系统相结合的地下街系统)，地下建筑在旧城改造、城市再开发中发挥了重要作用。同时，地下市政设施也从地下供、排水管线发展到地下大型供水、排水及污水处理系统，能源供应系统，生活垃圾清除、处理和回收系统，以及地下管线综合廊道等。北美、西欧及日本在旧城改造和历史文化建筑扩建的同时，建设了相当数量的大型地下公共建筑，包括公共图书馆、大学图书馆、会议中心、展览中心、体育馆、音乐厅及大型实验室等地下设施。而且地下建筑的内部空间环境质量、防灾措施以及运营管理都达到了较高的水平。地下空间利用从专项规划发展到系统规划，其中以地铁规划和市政基础设施规划最为突出。一些地下空间利用较早和较充分的国家，如芬兰、瑞典、挪威，以及日本、加拿大等，已经从城市中某个区域的综合规划走向整个城市和某些系统的综合规划。

各国的地下空间开发利用各有特色。1930 年至今，日本东京上野火车站的地下街已从单纯的商业演变为多功能的，由交通、商业及其他设施共同组成、相互依存的地下综合体。据统计，日本至少有 26 个城市建造了地下街，如横滨的港湾 21 世纪地区，旧城改造如名古屋大曾根地区、札幌的城市中心区都规划并实施了地下空间的开发利用。日本在地下高速道路、停车场、综合管廊、排洪与蓄水的地下河川、地下热电站、蓄水的融雪槽和防灾设施等市政设施方面，充分发挥了地下空间的作用。

美国虽然国土辽阔，但为了解决城市高度集中带来的城市问题，仍然进行了大规模的地下空间开发。在相当长的时间内，纽约是世界性大都市中地铁线路最长的城市，共有 26 条地铁线，总长 1142km，由市中心曼哈顿发散覆盖了纽约 5 个行政区的绝大部分区域，490 个地铁站散布全市，24 小时运行[1]。在曼哈顿，70%的区域在小于 500m 半径范围内必有一个地铁站或火车站。纽约市地铁和四通八达不受气候影响的地下步行道系统，很好地解决了人、车分流问题，缩短了地铁与公共汽车的换乘距离，同时把地铁车站与大型公共活动中心以地下道连接起来，突出了地铁经济方便、高效等特点，市中心商业区有 80%的上班族采用公共交通。此外，美国地下建筑单体设计在学校、图书馆、办公、实验中心、工业建筑中也成效显著，既较好地利用地下空间满足功能要求，又合理解决了新老建筑结合的问题，并为地面创造了开敞的空间。如美国明尼阿波利斯市南部商业中心的地下公共图书馆，哈佛大学、加州大学伯克利分校、密执安大学、伊利诺伊大学等的地下、半地下图书馆，既保持了与原馆的联系，又保存了校园的原有面貌。美国纽约市的大型供水系统完全布置在地下岩层中，石方量达 130 万 m^3，混凝土 54 万 m^3，除一条长 22km、直径 7.5m 的输水隧道外，还有几组控制和分配用的大型地下洞室，每一级都是一项空间布置上复杂的大型地下工程。

此外，加拿大、法国、俄罗斯、德国等国都有悠久的地下空间开发利用的历史，是地下空间开发利用的先进国家。地下空间开发利用的目标是使城市建设尽量少占土地，尽量使城市的绿地面积最大，尽可能地改善城市居住环境。

1.1.2.2　国内城市地下空间利用基本情况

城市地下空间规划和管理得到普遍重视。建设部 1997 年 10 月 27 日颁布《城市地下空间开发利用管理规定》为合理开发城市地下空间资源提供了法律依据。深圳、本溪、葫芦岛等城市进行地下空间开发利用立法。北京、上海、深圳、南京、杭州等近 20 个大城市编制了城市地下空间(概念性)规划，对城市未来地下空间开发的规模、布局、功能、开发深度、开发时序等进行了规划，明确了城市地下空间开发利用的指导思想、重点地区等，为科学开发、合理利用地下空间奠定了基础。

21 世纪，中国城市轨道交通进入了空前发展的时期，建设速度跃居世界首位。2000 年底，全国仅北京、上海等城市有 7 条地铁线路，总里程 146km。2019 年底，全国已有 40 个城市开通城市轨道交通，运营线路 208 条，运营里程超 6700km，其中地铁运营里程达到 5180km，20 年增长 35 倍，成为世界第一地铁大国，运营里程超过排在全世界第 2～

6位的国家运营里程的总和。而且,我国城市地铁仍处于高速发展中,截至2019年底,共有65个城市的城轨交通线网获批建设,其中,已有63个城市在实施,在建线路总长7339km(不含已开通运营线路)[2]。

国内城市地下快速道路建设加速发展。已经建成的如南京市的玄武湖地下快速路、城东干道地下路,杭州西湖湖滨地下路,北京奥运中心、中关村和金融街地下路,上海中环线若干地下路段,深圳西部通道地下路段等;正在建设的有苏州独墅湖、苏州金鸡湖、南昌青山湖的湖下快速路等。

城市大型地下综合体建设项目多、规模大、水平高。中国许多城市结合地铁建设、旧城改造、新区建设等进行大型地下综合体建设,提高土地集约化利用水平,解决城市交通和环境等问题,塑造了城市新形象。据不完全统计,目前北京、上海、深圳、南京、大连、珠海、哈尔滨等城市建成面积超过10 000m^{2}的地下综合体数量在200个以上,面积超过20 000m^{2}的地下综合体近百个。

中国地下空间发展建设虽起步晚,但发展迅速。目前,中国已成为名副其实的地下空间开发利用大国。"十三五"以来,中国新增地下空间建筑面积达到8.44亿m^2,其中,江苏、山东、浙江和广东超过6000万m^2。江苏省地下空间建设能力居全国首位,2016~2018年年均新增超过3000万m^2。2018年全国地下空间新增建筑面积2.72亿m^2,其中上海、天津、重庆、广州等城市在2016~2018年年均增长超过500万m^2[2]。

国内城市已初步建立地下空间政策支撑体系,指导地下空间建设发展。截至2018年底,全国颁布有关城市地下空间的法律法规、规章、规范性文件共413件。部分地区和城市出台的法规政策不再局限于地下空间开发利用的原则性要求,而是从城市实际特点出发,制订针对性较强的可执行文件,表明中国地下空间开发利用正由粗放管理向精细化管理转变。

1.1.3 地下管线及其时空变化

1.1.3.1 地下管线分类

地下管线(underground pipeline)是指敷设在地下用于传送固体、液体、气体和输送能源、信息的管道(沟、廊)、线缆、通道及附属设施[3],包括城市地下管线和长输管线。长输管线是指连接资源的生产与用户的地下管线,如从水源地到城市的输水管线,从天然气气田到城市的输送管线等。城市地下管线是指在城市规划区范围内,埋设在城市地表下的给水、排水、燃气、热力、工业等各种管道,和电力、通信电缆以及综合管廊(沟)等。城市地下管线可以分为给水、排水、燃气、供热、电力、通信、工业和综合管廊(沟)八大类管线,每类管线按其传输的介质和用途又可分为若干种。其中,排水管(雨水、污水、雨污合流)、工业管线和某些给水管线(生活用水、生产用水、消防用水)等一般采用水泥、陶瓷和塑料材料等非金属管线。给水、燃气(煤气、液化气、天然气)、供热等工业管线一般采用铸铁、钢材生产。电力电缆(供电、路灯、电车)、通信电缆(军事、通信)和有线电视等一般采用铜、铝等材料的电缆(外用钢铠、铝或塑料包装)。

1.1.3.2 地下管线的特点

地下管线埋设于地表以下,种类多、数量大,且发展速度快。城市地下管线纵横交错、错综复杂,其呈现出如下特点:

(1)隐蔽性。地下管线只有窨井(包括检查井、检修井、闸门井、阀门井、仪表井、人孔和手孔等)、出入点(上杆、下杆)、通信线接线箱、消防栓顶等是露出地面而可见的,大部分敷设在地下而具有隐蔽性。因此,地下管线的空间位置信息和属性信息获取困难,传统技术获取数据精度较低。

(2)复杂性。地下管线纵横交错,密如蛛网,各类地下管线之间关系复杂。加上城市岩土与地质、电磁场等环境复杂、多变,加大了地下管线数据获取的难度。

(3)系统性。城市是自然与人工系统、硬件与软件系统复合的灰色系统。城市系统包含若干系统,各系统又可以分为多个子系统,并进一步划分到最低层次的子系统,最低层次的子系统还可以分为许多更小的基本元素。可见,现代城市系统是一个由处在相互联系中的大量元素组合而成的复杂的有机体。地下管线系统作为城市系统的重要组成部分,由各类专业管线组成,每一个专业管线系统由管线段、建(构)筑物和附属设施组成,各部分有机协调才能正常运行,发挥作用。反之,一类管线出现故障,会影响其他管线的运行。

(4)动态性。由于城市化进程与旧城改造,城市不断向周边、空中和地下扩张,加上管线运行与周边环境、传输介质之间的相互作用,导致管线的数量、空间分布、状态等都处于不断变化中。

1.1.3.3 地下管线的发展

随着城市化进程,我国城市地下管线建设进入快速发展期,数量急剧增加,形成规模庞大的城市地下管线网,其有效运行是城市良好、安全运行的重要保障。截至2021年底,全国城市供水、排水、供气三类地下管线总长超过260万km。城市建成区内市政管线密度由1990年的10km/km^{2}增大到2021年的51km/km^2(表1.3)。

表1.3 中国城市主要地下管线发展统计[4]　　　　　　(单位:万km)

管线类型	1990年	1995年	2000年	2010年	2015年	2021年	备注
供气管道	2.4	4.4	8.9	30.9	52.8	86.5	
排水管道	5.8	11.0	14.2	37.0	54.0	80.3	
供水管道		20.2*	25.5	54.0	71.0	100.7	*1996年统计数据
供热管道		3.4*	4.3	12.9	20.4	22.6	*1996年统计数据
光缆线路			121.2	996.2	2486.3	5169.2	空白栏未查到数据

城市综合管廊将各类管线集中设置在一条隧道内,消除了城市上空布下的蜘蛛网现象以及地面上竖立的电线杆、高压塔等;管线不接触土壤和地下水,避免了酸碱物质对管线的腐蚀,延长了管线使用寿命。综合管廊可以有效地增强城市的防灾抗灾能力,是一种比较科学合理的模式,也是创造和谐城市生态环境的有效途径。综合管廊的建设最早是从欧

洲开始的，巴黎是综合管廊的发源地。早在1833年法国巴黎就开始系统规划排水网络兴建综合管廊。1861年，英国伦敦修造了宽12英尺①、高7.6英尺的综合管廊。

我国建成最早的综合管廊是1958年在北京天安门广场下敷设的一条长1.076km的矩形管廊，宽3.5～5m，高2.3～3m，埋深7～8m，内设电力、通信、热力管道。我国《国家新型城镇化规划(2014—2020年)》明确提出："统筹电力、通信、给排水、供热、燃气等地下管网建设，推行城市综合管廊，新建城市主干道路、城市新区、各类园区应实行城市地下管网综合管廊模式。"2016年2月中共中央、国务院印发的《关于进一步加强城市规划建设管理工作的若干意见》要求："认真总结推广试点城市经验，逐步推开城市地下综合管廊建设，统筹各类管线敷设，综合利用地下空间资源，提高城市综合承载能力。城市新区、各类园区、成片开发区域新建道路必须同步建设地下综合管廊，老城区要结合地铁建设、河道治理、道路整治、旧城更新、棚户区改造等，逐步推进地下综合管廊建设。加快制定地下综合管廊建设标准和技术导则。凡建有地下综合管廊的区域，各类管线必须全部入廊，管廊以外区域不得新建管线"，开启了我国城市地下综合管廊建设的大发展阶段。截至2018年4月底，中国综合管廊在建里程已超过7800km，相当于日本同期综合管廊里程的3.5倍[5]。

"轻型"地下物流发展。垃圾的无害化、资源化推动管道物流迅速普及，真空垃圾收集系统作为"轻型"地下物流的代表，已成为中国城市地下基础设施高质量发展的典范。截至2018年底，我国已建成的真空垃圾收集系统主要分布于东部城市，其中，粤港澳大湾区的建设最为集中，已成为世界级城市群、国际科技创新中心地下空间高质量发展的典范。代表工程有南京江北新区的医疗垃圾真空收集系统和深圳智能垃圾收运系统。南京江北新区的医疗垃圾入廊，是国内首创的医用垃圾真空管工程。深圳采用目前世界上最先进的自动化管道气力输送技术，实现垃圾全程封闭运送；同时，实现可再生资源再利用，处理无噪声、无污染[5]。

1.1.3.4 地下管线的时空变化特征

与普通事物一样，地下管线也有一个产生、发展、消亡的过程，地下管线的全生命周期表现为管线选线规划、设计、施工、竣工验收、运行维护到报废撤除等阶段。在不同阶段，地下管线的几何位置、传输介质及剩余强度、寿命等特征可能有所变化，反映为不同的时空特征[6]。城市地下管线各阶段都将产生对应的空间图形数据和属性数据，且同一个项目的同一阶段还可能出现不同的数据，比如设计阶段的修改，审批阶段的多次审批修改形成多个历史数据。按照全生命周期管理的思想，在地下管线数据的组织管理中，需要从总体上考虑一个管线的各个阶段能够在"市政管线一张图"上进行动态表示，并能够区分其业务阶段(选线规划、管线设计、施工、竣工验收、运营、报废等)，体现管线生命全过程的动态变化和更新过程。

城市地下管线的变化类型可以分为如下三类：

(1) 只包含属性事件，这类事件只对属性特征进行修改操作。

---

① 1英尺=0.3048米。

(2) 只包含空间事件，这类事件只对空间特征进行修改操作。

(3) 包含属性事件和空间事件，这类事件既要进行要素属性修改操作，又要进行要素空间操作。

城市地下管线由于空间事件发生而引起的变化类型包括出现、消失、延长、缩短、移动、旋转、重现、分段。而管点的变化类型主要有出现、消失、移动、重现。各变化类型的具体含义如下：

(1) 出现。地下管线中新出现一段管段，新出现的管段必须与同类型的其他管段相连接。

(2) 消失。地下管线中消失一段管段，当消失管段是在某条管线的中间时，必须将与消失管段连接的其他管段连接起来。

(3) 延长。地下管线中一段管段的长度变长。

(4) 缩短。地下管线中一段管段的长度变短。

(5) 移动。地下管线中某个管段的位置发生变化，即管段的起点和终点坐标发生变化。

(6) 旋转。地下管线中某管段的起点或终点固定不动，方向发生旋转。

(7) 重现。地下管线中某管段消失后又重新出现。

(8) 分段。地下管线中某管段被分为两段或以上，如原来一条管段上增加一个阀门，或者某一部分被改造等。

根据变化的类型，地下管线的操作事件可以概括为如下几类：①管点移动，重新指定管线和管点的位置。②管段增加、删除，是指增加和删除管段。③管段断开，在管段中间增加一个或多个管点，将一条管段分割为多个管段。④管段合并，将多个管段合并成一个管段。

1.2 地下管线信息来源及特点

1.2.1 地下管线信息化

地下管线信息是指反映地下管线各类特征的信息，包括地下管线的空间信息和属性信息。空间信息包括管线点的平面、高程坐标和埋深，以及空间关系等，通过每个管线点的平面、高程坐标可以精确地描述地下管线的空间位置。属性信息包括载体特征、管线材质、保护材质、断面尺寸、电缆条数、附属设施、井盖属性、井盖材质等本体属性信息，以及运行、维修维护、安全健康状态等运维信息。空间信息一般是在统一的空间坐标系（平面直角坐标、地理坐标等）下用空间坐标值表示，属性信息用文字、数字、符号等表示。

地下管线信息的表达形式多样，主要有管线图、管线数据等形式，如设计图、管线图形式，也可以数据形式存储于计算机等存储设备上，这些数据经可视化处理成为电子地图或者纸质图输出。现代地下管线信息系统、数字（智慧）城市系统中，往往设计专门的地下管线数据模型，用于地下管线数据的组织、管理。此外，还有文本、视频等方式可以作为描述地下管线的辅助形式，在计算机环境下，管线的图片、文本、视频等都可以数据形式存储于计算机中。因此，广义的地下管线信息都认为是数据形式的。

城市地下管线信息化是在物探、测绘、计算机、互联网、GIS(geographic information system)、数据库和通信等技术支持下，通过建立城市地下管线数据库和信息系统平台，实现地下管线管理、维护、运营、安全保障和城市规划、设计、建设、管理的信息化。当前，进行地下管线信息管理的有效方式，通常是利用 GIS、互联网、GNSS(global navigation satellite system)、移动终端、物联网、通信等技术建设数字管道、智慧管线，实现对地下管线信息的有效组织、管理、分析、共建共享应用，在此基础上进一步利用大数据、人工智能等技术进行深度数据分析与挖掘。

1.2.2　地下管线信息特点

城市地下管线信息是城市基础地理信息的重要组成部分，具有规范性、精确性、完整性和基础性等特点。

(1) 规范性。管线信息作为城市基础地理信息，服务于城市规划、建设、管理和安全保障，已逐步建立并形成了统一的标准和要求，以规范信息采集，实现数据的规范化、标准化。

(2) 精确性。城市地下管线数据的属性和几何精度都应该符合国家和行业有关标准的要求，需采用恰当的技术方法保证管线数据信息的精确性。

(3) 完整性。城市地下管线包括分布在城市主干道、次干道、支路及城市广场的市政管线，从城市门站到市政管线的连接线，庭院管线和入户及户内管线。目前，国内地下管线数据获取和管理，大多仅获取和管理市政管线，部分城市和企业实现了庭院管线的获取和管理，城市管线的全面、精细管理还有很长的路要走。

(4) 基础性。指城市的规划设计、建设、开发利用、城市治理、应急抢险等均需要城市地下管线信息支撑，有时甚至地下管线数据表达的对象——地下管线本身就是应急处置的对象。因此，地下管线数据是数字(智慧)城市等众多空间信息系统不可缺少的数据。

1.2.3　地下管线信息分类

地下管线信息是由数据表达的，地下管线数据有多种类型，可以按照数据来源、数据表达对象、内容、几何抽象等进行分类。

1.2.3.1　按数据来源分类

地下管线信息的主要来源包括地下管线规划设计、审批、探测、竣工测量、巡检与检测、监测等。

从管线业务来分类，可以分为探测数据和专业数据。其中，探测数据主要包括综合普查、工程详查和竣工测量三类。专业数据包括管线设计、审批、巡检与检测、监测、维修维护等数据。

1. 地下管线普查

地下管线普查指针对某一区域，一般在城市范围内的地下管线敷设现状进行的全面调查，通常包括对部分地面以上的出露管线进行调查。城市地下管线普查是城市规划、建设与管理的一项重要基础工作。通过地下管线普查，可查明地下管线的现状，为城市地下空间的合理开发利用、综合管理、城市数字化、智慧城市建设等提供地下空间数据支持。

地下管线普查的主要工作内容包括：已有管线资料收集，管线现状调绘图编制，地下管线探查、测量、数据处理，管线图绘制，管线成果表编制，成果检查与验收，地下管线信息系统的建设等内容。地下管线探查从狭义上讲是在非开挖的情况下调查和探查地下管线的位置、走向与埋深。从广义上指从现状调绘、数据采集(明显点调查、隐蔽点探查、管线点测量)、数据处理、成果生成等一系列活动，其目的是摸清地下管线的敷设情况，并经采集、处理，最终形成地下管线空间地理信息数据。由地下管线普查可以获取某一区域范围内各类地下管线的空间位置、埋深、管径、规格、材质、流向、权属单位、压力(电压)以及各类附属设施的空间位置、大小、类型、材质等基础信息[7,8]。

地下管线普查数据成果主要包括管线图(综合管线图、专业管线图)、管线成果表、管线数据库等。

2. 地下管线详查

地下管线详查是指对城市建设工程施工场地区域或委托方指定区域的地下管线进行详细探测，其成果主要用于指导建设工程设计、管线迁改及施工工作，避免施工过程中破坏管线。建设工程施工场地的地下管线详查，对地下管线调查、探查准确性要远高于地下管线普查，除了采用常规的管线探测仪探查目标管线的空间位置外，通常还使用探测仪示踪探头模式、地质雷达、惯性陀螺仪、地震波法、磁测法等多种探测方法，以提高地下管线探查定位、定深的有效性和准确性。地下管线施工场地详查能够提供较普查数据更为详细的各类地下管线的空间位置、埋深、管径、规格、材质、流向、权属单位、压力(电压)以及各类附属设施的空间位置、大小、类型、材质等数据。

3. 地下管线竣工测量

由于城市环境的复杂性，管线施工与设计可能存在不一致，包括管线平面位置、走向与埋深，管线属性管径、规格、材质以及各类附属设施的空间位置、大小、类型、材质等都有可能与设计有差别。因此，在管线安装后须进行竣工测量。

地下管线竣工测量一般指在市政地下管线施工过程中、覆土前，测绘单位按照城市地下管线设计要求及规划条件进行竣工(验收)测量，建立地下管线数据库，并将竣工测量的数据成果提交城市地下管线主管部门进行数据汇交备案。由于竣工测量中没有管线探查误差，是直接对地下管线进行调查和测量及记录，其成果(管线图)能够提供准确的空间位置、埋深、规格、材质等信息，极大地提高了地下管线空间位置精度和属性信息的准确度。

地下管线竣工测量的数据成果主要包括管线竣工图、管线成果表和数据库。由于竣工测量是在埋地之前的直接测量，少了探管的误差，地下管线竣工测量的空间数据精度高于地下管线普查、详查数据的精度[9]。因此，建议对新建或改造管线实施严格的竣工测量，为地下管线的精准管理提供数据基础。

4. 地下管线巡检与检测

地下管线巡检是指为保证地下管线的正常运行，采用特定的方式对地下管线、附属设施及其周边环境进行检查，发现缺陷或隐患，以便及时处置，保证地下管线的正常运行。早期地下管线巡检方式主要是人工巡检，逐步发展出机器人、无人机等现代方式等。巡检过程中，常使用各类仪器设备，对地下管线本体、附属设施以及周边环境进行检测，针对不同类型的管线，其巡检要求、方式、检测设备各不相同。例如，排水管道常采用人工巡检，综合管廊常采用机器人巡检，长输管线常采用人工与无人机相结合的方式巡检。

地下管线检测是指用指定方法(仪器设备)检验测试地下管线各项性能技术指标。埋地钢制管道常进行防腐层检测、阴极保护运行参数检测、管体腐蚀检测；排水管道检测常采用闭水试验、闭气试验、潜望镜检测、电视检测、声呐检测等，以发现排水管道的沉积、结垢、障碍物等功能性问题，以及破裂、渗漏、错口、脱节等结构性缺陷问题；供水管道需要进行漏损检测；电力与通信电缆需要进行故障检测，常用的检测方法包括磁粉检测、渗透检测、涡流检测、射线检测、超声波检测、声发射检测、超声导波检测等。地下管线检测能够提供准确的地下管线本体、附属设施运行情况数据以及地下管线周边环境情况信息[8]。

地下管线巡检与检测数据成果包括各类记录、报表、报告、现场照片、视频。

5. 地下管线设计

城市地下管线设计主要是依据相关法律法规、专业技术规范标准，合理布置地下管线，协调各专业地下管线在城市地下空间的布设，综合确定城市地下管线在地下空间的位置，避免各专业地下管线之间以及地下管线与各种地上、地下建(构)筑物之间的干扰和影响。

城市地下管线设计的数据成果包括管线设计图和文档说明，设计图的主要内容包括：管线类别、容量、截面、平面、高程、架设高度、埋设深度、管线之间的平行关系、交叉关系等。

6. 地下管线在线监测

在线自动监测主要通过数据采集与监视控制(supervisory control and data acquisition，SCADA)系统实施。SCADA是一种以计算机为基础的生产过程控制与调度自动化系统，可以对地下管线运行设备进行监视和控制，以实现数据采集、设备控制、测量、参数调节以及各类信号报警等功能；利用液位、温湿度、可燃气体、有毒气体、电导率、pH等多源传感器对地下管线本体、附属设施、传输介质和周围环境进行实时动态监测，并可通过这些参数进行管道泄漏、爆管、追踪等的分析计算和定位。在线监测中，监测点的位置是固定的，可以通过测量手段获取精确位置，一次测量长期使用，在线监测的突出特点在于运营状态数据的实时获取。

7. 其他数据

其他数据包括报警信息及其他信息系统的数据。其中，报警信息是指公众通过电话、短信、微信等形式发出的管线事故或问题相关的报警信息。其他信息系统的地下管线数据是指互联网、相关机构发布的与城市地下管线相关的数据等。

通常,专业数据中的属性数据精度高、完整性更好,而空间数据质量比较低。探测数据的空间数据质量较高,但属性数据较少,且主要通过调查或资料查阅获得。

1.2.3.2 按数据表达对象分类

一般地,地下管线信息系统中的数据主要包括基础地理信息数据、自然与社会经济环境数据、地下管线数据三大类。

(1) 基础地理信息数据。基础地理信息数据主要包括数字线划图、数字正射影像、数字栅格地图、数字表面模型等,为管线信息系统提供背景资料。

(2) 自然与社会经济环境数据。社会经济环境数据主要包括人口、经济、法人和民生等数据,以及城市规划、市政规划数据等,为管线信息系统提供管线环境支撑。自然环境数据主要指与管线周边相关的地质环境及灾害、地表覆盖、水文特征等数据[10],此类数据反映地下管线自然和社会经济环境状况。

(3) 地下管线数据。地下管线数据包括管线本体数据、运维数据。管线本体数据主要指管线的类型、空间位置、材质、管径和长度等管线本体信息。管线运维数据主要指管线运行和维护管理过程中所涉及的数据,如管线的内腐蚀数据、外腐蚀数据、管线巡检数据和传感器监测数据等。

此外,地下管线数据按照几何抽象特征分为点、线、面数据。

1.3 地下管线信息化的目的与意义

城市地下管线信息化建设的目的是实现地下管线信息的共享与应用,主要任务是综合运用地下管线探测、测绘、数据仓库、3S、计算机、网络和通信等技术,建立法规标准,规范和完善建设城市地下管线信息共享的技术平台,实现地下管线信息的收集、整理、采集、处理、存储、交换、传输、分发和应用,提高城市地下管线管理水平以及公共基础设施监管、突发事件应急处置、执法监督和指挥决策的能力。

我国城市地下管线权属单位复杂,在其规划、设计、施工、探测、竣工测量、档案归档、运行管理、信息共享应用以及城市应急管理等环节,又分属不同政府行政管理部门监管,而地下管线的建设、管理和监管需要统一、完整和准确的地下管线现状信息作为支撑。由于缺乏完整和准确的地下管线现状信息,或者因信息不能共享,没有充分发挥信息作用而导致施工破坏地下管线,引发停水、停气、停电以及通信中断事故,严重影响城市居民的正常生活和企业的正常运转,严重威胁着人民生命和财产安全。

1.3.1 城市安全和可持续发展的需要

伴随着中国城镇化的进程,城市轨道交通、隧道、地下建筑等城市地下空间大规模建设,各类地下空间事故、灾害也在不断增长。因此,地下空间建设与运维安全也是城市地下空间建设情况的重要评价指标。2008~2014年,我国351个城市中,有72%的城市均出现过不同程度的城市内涝灾害、管道泄漏事故,全国每年因施工而引发的管线事故所造成的直接经济损失高达 50 亿元,间接经济损失达 500 亿元[11]。2021 年,河南郑州"7·20"特大暴雨灾害造成了重大的人员伤亡和财产损失[12]。

地下管线信息化及其共享应用有利于正确、实时了解和认识管线的安全状态及风险水平,制定和实施科学的管线监管、改造方案,及时发现和减少管线施工事故等第三方破坏的发生。同时,在危险事故发生时,可为应急抢险、救援提供基础数据、辅助决策支持,为灾后恢复重建、善后处理等提供科学依据,可以有效提高企业管理效率和决策水平,以利于高效科学地预防和减少事故、应急处置、善后处理,降低事故的社会与经济损失。

1.3.2 提高企业管理效率

传统管线数据存储以纸类为媒介,容易因发生数据重复、缺失、霉变、虫害等问题而导致资料缺失;查询、更新、保管资料等较困难,对管线运营、维护和改造造成不便。通过对城市地下管线的普查,建立地下管线数据库和信息系统,可以摸清城市地下管线资产、运营现状,为企业地下管线资产管理、发展规划、运营维护、安全运行提供高效、便捷的信息支持。

1.3.3 提高市民满意度

地下管线管理的好坏将直接影响老百姓的生活,任何管线事故都与老百姓的生活息息相关,都可能造成事故区域的断水、断电、断气或通信中断等,带来群众生活的不便,甚至造成人民生命财产的巨大损失。城市地下管线信息管理系统的建成与应用,可实现信息共享,将大大减少施工事故,有利于有效地进行施工管理,减少工程重复建设,减少"马路拉链"的发生,缓解城市交通拥堵。

1.3.4 提高城市的效率

随着城市化进程的不断加快,城市管理部门的工作任务有所加大,加之城市工程建设的增多,建筑、道路、绿化和管线建设等多方面工作都将成为政府进行城市管理的难点。城市地下管线大多位于城市道路的地下,管线种类众多,敷设错综复杂,加大了管理难度。因此,实现城市的高效管理,更应从城市地下管线入手,将日渐增多的各类管线进行分类、收集信息、建立信息系统等,为城市的科学规划、设计、建设、运营提供信息技术支持。地下管线信息系统建设应用,有利于提高政府管理部门的工作效率,提高企业和居民的办事效率。

1.3.5 城市信息化的要求

城市地下空间是城市空间的重要组成部分,也是地面和上部空间的基础,城市地下管线作为城市至关重要的组成部分,为城市发展做出了突出贡献,是城市安全有序运行的生命线。城市地下空间的科学开发利用和管理,对于城市的科学规划设计、可持续发展至关重要。

当前,我国城市信息化逐渐从数字城市进入了智慧城市阶段,为满足智慧城市建设的需要，实现对城市的科学规划、建设、管理和安全，必须要实现城市地上、地下一体化管理。因此，城市地下管线信息化建设成为数字城市、智慧城市的核心和基础数据，地下管线信息化是城市信息化不可或缺的内容和重要组成部分。

1.4 地下管线信息应用发展趋势

国外在地理信息理论和技术研究及管线信息化方面起步较早，积累了丰富的经验。美国 Intergraph 公司将其开发的管线管理模块称为自动制图和设施管理（automated mapping/facilities management，AM/FM）系统。美国洛杉矶市启动了一项污水管道检修项目，市政工程局通过闭路电视技术探查该市污水主干管道，然后利用 ArcInfo 软件和管道系统数据库来确定哪些管道最有可能被损坏，依此制订三年的管道检修计划。美国环境系统研究所在罗兰市用 ArcInfo 软件进行地下管线的综合管理。在伦敦市的城市信息系统中，可以清楚地查询到每条管线的位置、埋深、埋设时间等信息，并定期对其维修。在牛津市的市政信息系统中可以查询到每条下水管道的管径、埋深、流量、位置、埋设时间等信息。其他发达国家的管理部门也相继建立了信息系统[6]。

1.4.1 城市地下管线信息化现状

我国对 GIS 的研究起步于 20 世纪 80 年代初，早期以引进国外 GIS 软件为主。随着 GIS 基础研究的发展以及应用领域的不断扩大，国内开始独立研制开发适合国情的 GIS 软件产品。20 世纪 90 年代相继有一些国产 GIS 软件产品问世，较著名的有 MapGIS、GeoStar、SuperMap 等。虽然中国 GIS 事业起步较晚，但取得了重大的进展，为地下管线信息化提供了良好的支撑。

20 世纪 90 年代以前，我国城市地下管线类型少、规模小，管线资料以图、表、卡片等形式进行管理、保存，具有难以保存、容易缺失、使用不便等缺点。20 世纪 90 年代初，部分单位开始尝试采用计算机辅助成图方法来管理地下管线资料，但仍以档案模式管理。

20 世纪 90 年代中期，我国城市化进程加速，城市地下管线系统越来越庞大、复杂。此时，电磁法探测技术、图形化操作系统、GIS 和数据库技术逐步成熟，并引入城市地下管线普查和信息化建设中，在城市地下管线探测与数据获取、管线信息系统建设及应用方面发挥了重要作用。

1995 年 7 月 1 日施行的《城市地下管线探测技术规程》（CJJ 61—1994），是我国城市地下管线探测技术规范化的开端。修订后的《城市地下管线探测技术规程》（CJJ 61—2003）、《城市地下管线工程档案管理办法》（建设部令第 136 号）的颁布实施，促进了城市地下管线信息的标准化、规范化和有序化。城市地下管线普查、检测评估、维护与保养等方面的工作逐步展开，信息化进程明显加速。据统计，2000～2006 年我国有 127 个城市开展了城市地下管线普查和信息系统建设，占全国城市总数量(669)的 19%，其中，开展城市地下管线普查和信息系统建设的直辖市和省会城市为 25 个。2005 年，我国国民生产总值排名前 10 位的城市全部开展了城市地下管线普查和信息系统建设，在我国国民生产总值排名前 10 位省份的地级以上 147 个城市中，有 73 个（近 50%）城市开展了城市地下管线普查和信息系统建设，其中东部地区占 77%，西部地区仅占 23%。2009 年，有近 90%的城市进行了地下管线数据的动态更新，大部分城市积极探索地下管线信息资源共享，发挥管线信息资源的社会效益[13-15]。

截至 2014 年底，全国已有超过 250 个城市提出建设智慧城市，遍及中、东、西部各地区，涵盖不同经济发展水平的城市。住房和城乡建设部于 2012 年 11 月提出的《国家智慧城市（区、镇）试点指标体系（试行）》明确指出智慧地下管线是智慧城市建设的基础和重要组成部分，并规定了地下管线综合管理指标，"实现城市地下管网数字化综合管理、监控，并利用三维可视化等技术手段提升管理水平"。

2014 年 6 月 14 日国务院办公厅发布的《关于加强城市地下管线建设管理的指导意见》要求："2015 年底前，完成城市地下管线普查，建立综合管理信息系统，编制完成地下管线综合规划。力争用 5 年时间，完成城市地下老旧管网改造，将管网漏失率控制在国家标准以内，显著降低管网事故率，避免重大事故发生。用 10 年左右时间，建成较为完善的城市地下管线体系"，以此开启了我国地下管线全面信息化建设的新阶段。

概括起来，我国地下管线信息化经历了以下几个阶段：

（1）数据库管理管线数据。综合整理地下管线资料，录入并存储在数据库系统中，具有常规的属性数据，也具有录入、修改、查询等管理功能。实现了地下管线属性数据和资料的有效管理，便于分类查询，但不具备图形能力，不能对空间数据进行检索和相关分析。

（2）MIS（management information system）与图形相结合。仍使用 MIS 存放和处理属性数据，图形则通过图形系统（如 AutoCAD）录入，以文件形式单独存储。这种方案只是把 MIS 的思路简单扩展到图形数据上，但属性数据和图形数据仍然分离，彼此不相关联，图形所包含的丰富信息未能被系统自动识别、提取和利用。

（3）图形和数据库挂接。利用属性数据表中扩展字段来存储对应图形的数据索引，将图形与属性记录关联起来，实现图形数据与属性数据互查，使图元具有了意义，为基于空间数据的检索、分析奠定了基础。但仍然存在很大缺陷：图形和属性的松散耦合导致关联关系的维护比较复杂；无法有效管理图元间的拓扑关系，难以进行深层次分析，即使能实现分析，效率也很低；一般只能对单一图幅进行管理，对海量数据的一体化管理缺乏有效手段，不利于空间分析和检索，三维数据处理能力很弱。

（4）数字管道和智慧管道。数字管道是随着 1998 年"DE（digital earth）"概念的提出而出现的，综合利用 RS（remote sensing）、DCS（data collection system）或 SCADA（supervisory control and data acquisition）系统、GNSS（global navigation satellite system）、GIS（geographic information system）、业务管理信息系统、计算机网络和多媒体技术、现代通信等高科技手段，对管道资源、环境、社会、经济等各个复杂系统的数字化、数字整合、仿真等信息集成的应用系统，并在可视化条件下提供决策支持和服务。我国数字管道建设是从西气东输冀宁联络线工程（2004 年）才开始实施的。数字管道建设在确定管道最佳路线走向、资源优化配置、灾害预测预警和运营风险管理中发挥了极大的作用。但是，数字管道中的数据只能反映数据获取时刻管道及其环境的状态，不能实时获得管道及其状态信息；同时，未能解决信息孤岛问题。

智慧管道是在标准统一和数字化管道的基础上，以数据全面统一、感知交互可视、系统融合互联、供应精准匹配、运行智能高效、预测预警可控为特征，通过"端+云+大数据"体系架构集成管道全生命周期数据，提供智能分析和决策支持，用信息化手段实现管道的可视化、网络化、智能化管理，并具有全方位感知、综合性预判、一体化管控、自适应优化的能力。通过推进管道数据由零散分布向统一共享，风险管控模式由被动向主动，运行管理由人为主导向系统智能，资源调配由局部优化向整体优化，管道信息系统由孤立分散向融合互联的"五大转变"，实现"全数字化移交、全智能化运营、全生命周期管理"目标。

数字管道和智慧管道是管道信息化的不同阶段，数字管道是管道信息化的初级阶段，是管道信息化的必经之路，是管道智能化的前提和基础；智慧管道是管道信息化发展的高级阶段，是在数字管道基础上实现实时、全面感知和反馈，互联共享水平不断提高；同时，管道智能化不是一蹴而就的，是一个循序渐进、不断提高的长期过程。

1.4.2 城市地下管线信息化发展趋势

随着互联网+、物联网、大数据与数据挖掘、人工智能智慧城市的发展，城市地下管线信息化将呈现如下发展趋势。

(1) 精准探测和精细化管理。建立地下管线的精细化数据模型，通过高精度探测技术和方法获得精细化地下管线三维数据，构建地上地下一体化三维地下管线信息系统，实现对地下管线的精细化管理，成为城市精细化管理的重要内容和关键支撑。

(2) 智慧管网。智慧管网是城市地下管线信息化发展的新趋势，是智慧城市的重要组成部分。一是技术的综合集成应用，地下管线信息化过程中，广泛集成GIS、GNSS、多媒体、大数据、云计算、人工智能等技术。从早期的城市地下管线资产、资料、用户等管理系统逐步向功能强大的规划决策、隐患与事故智能感知、快速抢修、应急处置与救援等空间决策支持系统转变。二是管网信息系统将与企业日常办公、业务运行更加紧密结合。智慧管网的建设和应用，将地下管线信息化提高到一个新的高度，将逐步实现管线本体、运行状态、管线事故信息的实时、全面感知，信息的可靠传递和对管线运营、监测、检测、维护等问题的智能化处理，有利于提高地下管线企业管理的效率和科学水平，提高企业服务水平和服务质量，提高地下管线安全性。

(3) 全生命周期系统。管线信息化发展的另一个特征是利用信息系统实现地下管线从规划、设计、施工、运营维护、改造、报废和撤除的全生命周期管理。这方面BIM（building information modeling）技术的出现和推广应用，使得工程全生命周期信息化管理成为现实。BIM记录地下管线的几何形状、空间关系等图形化关系，同时将工作进度、外在环境条件、材质、费用等非图形化信息整合在统一的信息系统中，用虚拟三维实景的方式呈现，并建立信息流模型，减少信息在管线建设各阶段传递过程中的流失。GIS和BIM的集成是实现智慧管网"最后一公里"的最好选择，BIM用来整合和管理地下管线的全生命周期信息，GIS整合及管理建筑外部环境信息，这样把微观领域的BIM信息和宏观领域的GIS信息进行交换和互操作，满足地上地下一体化、室内外一体化的空间查询、分析的需要。

(4)时空大数据及其挖掘。随着传感器、物联网技术在地下管线领域的应用，地下管线全生命周期管理、全方位数据管理分析成为可能，为全面、客观、科学地进行地下管线规划、设计、施工、运营、维护、改造、应急救援决策提供支持。在地下管线信息系统中对地下管线全生命周期的管线本体、输送介质、运行维护、环境等全维数据进行组织、存储管理、综合分析和应用。通过时空数据挖掘，发掘地下管线时空大数据的潜在信息，为管线规划、设计、施工、运营维护、改造决策、应急抢修、救援提供深层次信息服务。

第 2 章　地下管线探查原理与方法

2.1　地下管线基础知识

掌握地下管线探查原理和方法，首先要掌握地下管线分类、埋设、布局原则和结构特征，熟悉地下管线常用的材质、规格和附属设施[16]等基础知识。为便于理解，首先介绍地下管线的常用术语：

(1)地下管线是指埋设于地下，用于传送能源、信息和排输废物等的管道(沟、廊)、线缆等及地下地上附属设施，包括长距离高压输电线、陆地通信线、水下光缆、长距离输油管线、长距离输气管线、长距离输水管线以及城市供电、通信、给水、排水、燃气、热力、工业、综合管廊(沟)等管线。

(2)综合管线是各种地下管线的总称，如长距离高压输电线、陆地通信线、水下光缆、长距离输油管线、长距离输气管线、长距离输水管线以及城市供电、通信、给水、排水、燃气、热力、工业、综合管廊(沟)等管线。

(3)专业管线是对承担某一种功能的地下管线的称谓，如给水管线、排水管线、燃气管线、热力管线等。

(4)地下管线信息是指用于描述地下管线空间位置、空间关系及属性的信息，包括数字、符号、文字、图片等形式。

(5)管线点是指为准确描述地下管线的走向特征和附属设施信息而设立的测点，分为明显管线点和隐蔽管线点。明显管线点是指采用简单的技术手段即可直接定位和获取有关数据的可见管线点，如窨井、消防栓、人孔及其他地下管线出露点；隐蔽管线点是必须借助仪器设备探查才可定位、定深的管线点[3]。

(6)管线特征点是指反映管线走向、连接方式或附属设施(物)与管线间相互关系的点，包括测压点、测流点、水质监测点、变径点、出(入)地点、盖堵、弯头、三通、四通、多通、预留口、一般管线点、井边点、井内点等。

(7)管线线是指地下管线点之间的连线。

(8)管线面是指为准确描述地下管线及附属设施的空间范围，由管线线或附属设施构成的面。

(9)管线辅助点是描述地下管线附属设施空间位置范围而设立的测点。

(10)管线辅助线是指管线辅助点之间的连线。

(11)地下管线探查是指采用权属调绘、实地调查和仪器探查等方法确定地下管线在地面上的投影位置、埋深、连接关系及属性的过程。

(12)地下管线普查是指根据规划、建设、管理的需要，采取经济合理的方法查明地下管线现状，获取地下管线的准确信息，编绘地下管线图、建立数据库的全过程。

(13)物探点号是指地下管线探查时在实地设立管线点的临时编号。

(14)地下管线综合管理信息系统是利用 GIS、计算机、数据库和网络等技术实现对地下管线及其附属设施的空间和属性信息的输入、编辑、存储、统计、分析、维护更新和输出的计算机管理系统。

(15)地下管线动态更新是以地下管线综合管理信息系统为基础,对新建、改建、扩建的地下管线进行竣工测量或跟踪巡视调查、修补测及信息化管理,并对废弃地下管线进行标记处理,及时更新城镇地下管线信息数据,保证数据的现势性。

(16)普查单位是指承担地下管线普查的单位。

(17)权属单位是指地下管线的所有权单位。

(18)建设单位是指组织开展地下管线铺设施工的单位。

2.1.1 管线分类与编码

2.1.1.1 地下管线分类

地下管线有多种分类方法,可以依据用途、性质、功能和传输介质进行分类。

(1)地下管线按其传输介质可分为给水、排水、燃气、热力、工业管线等以及综合管沟(廊);地下电缆按其功能可分为电力电缆和通信电缆。

(2)给水管线按给水的用途可分为供水(生活用水)、循环水、消防水、绿化水和中水管线等。

(3)排水管线按性质可分为雨水、污水和雨污合流管线等。

(4)燃气管线按其传输的燃气类型分为煤气、天然气和液化气管线等。

(5)热力管线按其传输的介质分为热水、蒸汽、温泉和冷气管线等。

(6)工业管线按其传输的介质分为氢气、氧气、乙炔、石油、航油、油料、排渣、乙烯和柴油管线等。

(7)电力电缆可按其功能分为供电(输电、配电)、照明、电车、交通信号、广告电缆和直流专用管线等;按电压高低可分为低压(电压≤1kV)、高压(1kV<电压≤220kV)和超高压(电压>220kV)管线。

(8)通信电缆可分为市话、长途、广播、有线电视、宽带和专用通信电缆等;也可按权属单位分为移动、联通、通信、广播、电视、军用电缆等。

(9)综合管沟(廊)可分为干线综合管廊、支线综合管廊和缆线管廊。

2.1.1.2 地下管线编码

在实际工作中,一般依据生产任务所执行的具体规范对地下管线进行分类编码。例如,依据《城市地下管线探测技术规程》(CJJ 61—2017)的规定,管线可分为 8 种大类,具体如下:

(1)给水管线:代码 JS,可细分为原水(JY)、输水(SS)、中水(ZS)、配水(JP)、直饮水(JZ)、消防水(XS)、绿化水(LS)、循环水(JH)管线 8 个小类。

(2)排水管线:代码 PS,可细分为雨水(YS)、污水(WS)、雨污合流(HS)管线 3 个小类。

(3) 燃气管线：代码 RQ，可细分为煤气(MQ)、液化气(YH)、天然气(TR)管线 3 个小类。

(4) 热力管线：代码 RL，可细分为热水(RS)、蒸汽(ZQ)管线 2 个小类。

(5) 电力管线：代码 DL，可细分为供电(GD)、路灯(LD)、交通信号(XH)、电车(DC)、广告(GG)管线 5 个小类。

(6) 通信管线：代码 TX，可细分为电话(DH)、有线电视(DS)、信息网络(XX)、广播(GB)管线 4 个小类。

(7) 工业管线：代码 GY，可细分为氢气(QQ)、氧气(YQ)、乙炔(GQ)、乙烯(YX)、苯(BQ)、氯气(LQ)、氮气(DQ)、二氧化碳(EY)、氨气(AQ)、甲苯(JB)管线 10 个小类。

(8) 其他管线：代码 QT，可细分为综合(ZH)、不明(BM)管线 2 个小类。

地下管线的规范较多，分为国家、行业和地方规范。不同规范对管线的分类编码在具体细节上有所不同。因此，实际工作中对管线分类和编码，首先要明确执行的规范，再根据规范要求进行分类编码。

2.1.2 管线埋设方式与埋深

2.1.2.1 管线埋设方式

除了小部分架空、地面铺设管道，大部分采用地下埋设，称为地下管线。地下管线有多种埋设方式，不同的埋设方式适用于不同的管类，常见的埋设方式有 8 种：直埋、管块、管组、套管、管沟、小通道、综合管廊(沟)、水下等。各类管线常用的埋设方式如下：

(1) 给水管线：直埋、套管、架空、综合管廊(沟)等。

(2) 排水管线：直埋、管沟、综合管廊(沟)等。

(3) 燃气管线：直埋、套管、综合管廊(沟)等。

(4) 热力管线：直埋、套管、管沟、架空、综合管廊(沟)等。

(5) 电力管线：直埋、管块、管组、管沟、架空、小通道、综合管廊(沟)等。

(6) 通信管线：直埋、管块、管组、管沟、架空、小通道、综合管廊(沟)等。

(7) 工业管线：直埋、套管、架空、综合管廊(沟)等。

(8) 其他管线：直埋、套管、架空、综合管廊(沟)等。

2.1.2.2 管线埋深

地下管线既有平面位置敷设要求，也有管线埋深要求。严寒或寒冷地区的给水、排水、燃气等管线应埋设在冰冻深度以下，需根据土壤冰冻深度确定管线覆土深度(即埋深)；热力、通信、电力电缆等管线以及严寒或寒冷地区以外的城市管线应根据土壤性质和地面承受荷载的大小确定管线的覆土深度。表 2.1 为《城市工程管线综合规划规范》(GB 50298—2016)对管线的最小覆土深度(埋深)的具体规定，该规范对水下敷设的管线埋深还作了如下规定：

(1) 在 Ⅰ 级～Ⅴ 级航道下面敷设，其顶部高程应在远期规划航道底标高 2.0m 以下。

(2) 在 Ⅵ 级、Ⅶ 级航道下面敷设，其顶部高程应在远期规划航道底标高 1.0m 以下。

(3) 在其他河底下面敷设，其顶部高程应在河道底设计高程 0.5m 以下。

表 2.1　工程管线的最小覆土深度　　　　　　　　　　（单位：m）

管线名称		给水管线*	排水管线	再生水管线	电力管线		通信管线		直埋热力管线	燃气管线	管沟
					直埋	保护管线	直埋及塑料管组	钢保护管			
最小覆土深度	非机动车道（含人行道）	0.6	0.6	0.6	0.7	0.5	0.6	0.5	0.7	0.6	—
	机动车道	0.7	0.7	0.7	1.0	0.5	0.9	0.6	1.0	0.9	0.5

注：*表示聚乙烯给水管线位于机动车道下的覆土深度不宜小于 1.0m。

2.1.3　管线综合布局及施工顺序

地下管线综合布局应与城市道路交通、城市居住区、城市环境、给水工程、排水工程、热力工程、电力工程、燃气工程、通信工程、防洪工程、人防工程等专业规划相协调。

2.1.3.1　管线综合布局一般原则

(1) 管线的规划、设计与施工应采用统一的城市坐标系统和高程系统。大型厂矿、企业采用独立的坐标系统与高程系统时，要建立与城市坐标系统和高程系统的换算关系。

(2) 敷设管线应充分利用现有管线，原有的管线不符合生产及生活要求时，才考虑拆除或废弃。敷设临时管线应妥善安排，尽可能与永久管线结合，成为永久管线的一部分。

(3) 管线的综合布局应与总平面布置、竖向设计和绿化统一进行。地下管线之间，地下管线与地上、地下建(构)筑物之间要相互协调，不影响城市的整体布局。

(4) 管线的综合布局宜沿城市道路、街巷布置，并与路、街、巷的中心线平行。管线的敷设应首先考虑布设在人行道、慢车道上，其次再考虑布设在快车道上。

(5) 尽量避免在交通主干道上敷设需频繁维护的管线，而且同类管线宜敷设在道路的同一侧，不得多次穿越道路，尽量减少管线之间的交叉跨越。

(6) 城市规划分期分区建设时，管线的布置要符合城市的规划发展需要，不影响远期用地的使用。

(7) 管线的综合布局一般根据管线性质、埋设深度及对周围建(构)筑物的影响等来决定；易燃、易爆管线可能对周围地上、地下建(构)筑物的基础造成破坏，应远离建(构)筑物；埋设深度大的管线应远离建(构)筑物。

(8) 敷设在城市道路下的各专业管线彼此之间会产生干扰和影响，因此各专业管线在水平和垂直方向的间距应满足相关规范的要求。

(9) 管线综合布局产生矛盾时，一般应按下列原则处理：①临时管线避让永久管线；②小管径管线避让大管径管线；③易弯曲管线避让不易弯曲管线；④压力管线避让自流管线；⑤分支管线避让主干管线。

(10) 电力管线与通信管线相互之间会产生电磁干扰等影响，在敷设时应远离。根据规范要求，电力管线和通信管线分别敷设在道路的两侧，通常电力管线敷设在道路东侧或南侧，通信管线敷设在道路的西侧或北侧。

(11)从道路红线向道路中心线方向管线平行布置的次序宜为：电力、通信、给水(配水)、燃气(配气)、热力、燃气(输气)、给水(输水)、再生水、雨水、污水。

1. 给水管线布局

一般情况下，给水管线不允许与污水管道近距离平行布置。给水管线应敷设在污水管上方，当给水管与污水管平行设置时，给水管应采用金属管材，并根据土壤的渗水性及地下水位情况，妥善确定间距。

实际上，在城市日益拥挤的地下空间，特别是在旧城区，道路狭窄，管线之间的水平间距无法满足要求时，一般采用防护措施，来降低间距要求，但两管之间必须保证有0.5m的维修间距，便于给水管线的维修、扩建等。给水管线与构筑物或其他管线的间距应满足下列要求：

(1)给水管线与构筑物的水平净距。给水管线距铁路路堤坡脚5m以上；距路堑坡顶10m；距建筑红线5m；距街树中心1.5m。

(2)给水管线与其他管线之间的水平净距。给水管线与煤气管间的水平净距：低压为1.0m，次高压为1.5m，高压为2.0m；与热力管线间的水平净距为1.5m；与通信照明杆柱间的水平净距为1.0m；与高压电杆支座间的水平净距为3.0m；与电力电缆间的水平净距为1.0m。

(3)给水管线与污水管线间的净距。给水管应敷设在污水管上面，当给水管与污水管交叉时不允许有接口重叠；当给水与污水管线平行敷设时，管外壁净距不小于1.5m；当污水管必须敷设在生活用水管上面时，给水管必须采用钢管或钢套管。

2. 排水管线布局

城市排水工程是把城市中的雨、污水按一定的系统汇集起来，经处理达到排放标准后，再排放到水体。排水管线的规划布局，一般按主干管、干管、支管的顺序进行布置，布局主要遵循以下原则：

(1)排水管线的布设要符合城市总体规划要求，配合地面、地下其他各项工程的建设。

(2)排水管线一般应沿城市道路布设，尽量避免穿越河流、铁路、地下建(构)筑物或其他障碍物，也要尽量减少与其他专业管线交叉。

(3)各种不同管径的管线在检查井内的连接采用水平面平接或管顶平接。

(4)管线转弯和交接处，其水流转角不小于90°。

(5)压力管应考虑水锤效应的影响，在管线的高低点以及每隔一定距离设排气装置；压力管接入自流管时应有消能设施。

(6)排水自流管的布设必须有一定的坡度，且管径越小，坡度越大，如表2.2所示。

表2.2 排水自流管最小坡度

管径/mm	200	300	400	500	600	700	800	900	1000	1100	1250	1500	1600
最小坡度/‰	5	3.3	2.5	2.0	1.7	1.4	1.2	1.1	1.0	0.9	0.8	0.7	0.6

排水井的布设要求：

(1) 重力自流排水管线：在变径、变坡或转弯处，均应设置检查井，管线的转角不应小于90°；在直线段上，检查井的间距最大不应超过表2.3中数据的规定。

(2) 跌水井：当污水管线跌水水头在1~2m时，应设跌水井，但在管线转折处不宜设跌水井；跌水井的进水管线管径不大于200mm时，一次跌水水头高度不大于6m；管径为300~400mm时，一次跌水水头高度不大于4m；管径大于400mm时，其一次跌水水头高度及跌水方式应按水力计算确定。

(3) 水封井：当生产污水能产生易燃易爆气体时，必须设置水封井；应在产生上述污水的排出口处及其干管上每隔一定间距设置水封井；水封井及同一管线系统中的其他检查井，均不应设置在车行道和行人众多的地段，并应远离产生明火的场地。

(4) 倒虹管：倒虹管设置在穿越河流、障碍物、特殊重要结构、地下铁路等处；倒虹管通过河道一般不少于两条，管径一般不小于200mm；倒虹管的管顶距规划河底一般不少于0.5m；倒虹吸井设置在不受洪水淹没处，井内要设闸槽、闸板、闸门。

(5) 检查井一般按照固定间距进行布设，排水管线检查井的最大间距见表2.3。

表2.3　排水井最大间距表

管径及暗渠净高/mm	最大间距/m	
	污水管线	雨水(合流)管线
200~400	30	40
500~700	50	60
800~1000	70	80
1100~1500	90	100
>1500	100	120

排水管线布局具体形式：

(1) 正交式：如图2.1所示，在地势向水体适当倾斜的地区，各排水流域的干管可以从最短距离沿与水体垂直相交的方向布置。特点是干管长度短，管径小，较经济。由于污水未经处理就直接排放，会使水体遭受严重污染，影响环境，适用于雨水排水系统。

(2) 截流式：如图2.2所示，在正交式布局基础上沿河岸再敷设主干管，并将各干管的污水截流送至污水厂，是正交式发展的结果。特点是减轻水体污染，保护环境，适用于分流制污水排水系统。

(3) 平行式：如图2.3所示，在地势向河流方向有较大倾斜的地区，可使干管与等高线及河道基本上平行，主干管(截流管)与等高线及河道呈一倾斜角敷设。特点是保证干管较好的水力条件，避免因干管坡度过大以至于管内流速过大，使管道受到严重冲刷或跌水井过多，适用于地形坡度大的地区。

(4) 分区式：如图2.4所示，在地势高低相差很大的地区，当污水不能靠重力流至污水厂时采用的布局形式，分别在高地区和低地区敷设独立的管道系统。高地区的污水靠重力直接流入污水厂，而低地区的污水用水泵抽送至高地区干管或污水厂。优点是能充分利用地形排水，节省电力，适用于阶梯地形或地形起伏很大的地区。

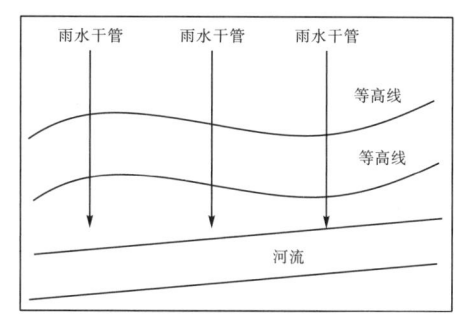

图 2.1　排水管线正交式布局

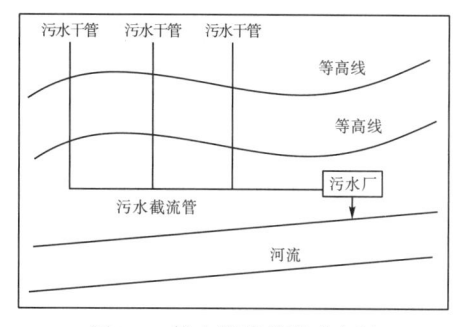

图 2.2　排水管线截流式布局

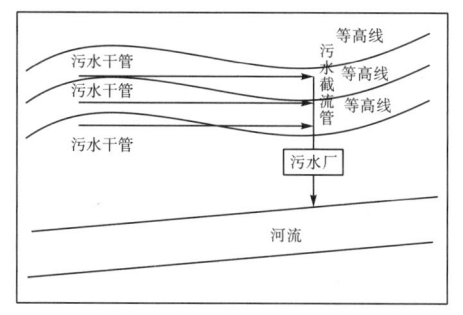

图 2.3　排水管线平行式布局

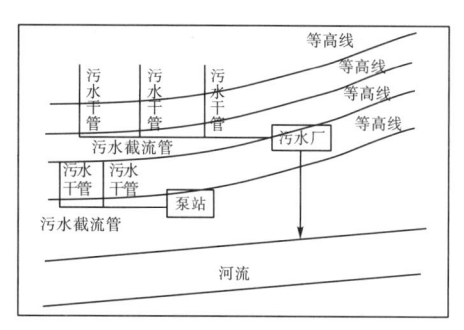

图 2.4　排水管线分区式布局

3. 燃气管线的布局

燃气管线系统是指自气源厂(或天然气远程干线门站)到储配站再到调压室调压后连接到用户引入管的管线。它由各种压力的管线组成,不同压力的管线不能直接连接,中、高压燃气需由调压站调节至低压后才能输送至用户。燃气管线的布局遵循以下原则:

(1)燃气管线一般采用直埋敷设,中、高压燃气应尽量避开交通主干道和繁华街道;燃气管线通常是沿街道单侧布置,但在道路较宽且两侧用气量较大时,则采用两侧布置。

(2)燃气管线不准敷设在建筑物的下面;不准与其他管线平行上下敷设;禁止在下述场所敷设燃气管线:各种机械设备和成品、半成品堆放场地,高压电缆走廊,动力和照明电缆沟道,易燃、易爆材料和具有腐蚀性液体的场所。

(3)燃气管线穿越河流或大型渠道时,随桥架设,也可采用倒虹吸管由河底(或渠道)通过,或设置管桥跨过河流。

燃气管线应按如下要求设置阀门:

(1)在中、高压燃气干管上设置分段阀门,输送干线上阀门间距为 4km;环形管网上阀门间距为 2km;支管起点处设置阀门。

(2)离场站 6～100m 范围内设置进口阀门;支线阀门与进口阀门间距小于 100m。

(3)低压出口管上,离调压站 6～100m 范围内设置阀门;两个调压站互为备用时设阀门。

燃气管线穿越障碍物时的处理如下:

(1)燃气管线穿过污水管、热力管沟、隧道及其他各种沟槽时,应将燃气管线敷设在套管内。

(2)燃气管线穿越铁路时,应敷设在涵洞内;穿越城镇主要公路时,应敷设在套管或地沟内。

4. 热力管线布局

热力管线的布局主要遵循以下原则:

(1)城市道路上的热力管线一般平行于道路中心线,并尽量沿城市道路一侧敷设在车行道以外的地方。

(2)管径等于或小于 300mm 的热力管线,可以穿越建筑物的地下室或从建筑物下专门敷设的通行管沟内穿过。

(3)热力管线可以和自来水管线、电压 10kV 以下电力电缆、通信电缆、压力排水管线一起敷设在综合管廊内。

(4)热力管线敷设时,宜采用不通行管沟或直埋敷设。穿越不允许开挖检修地段时,应采用通行管沟;采用通行管沟有困难时,可采用半通行管沟;通行管沟敷设有蒸汽管线时每隔 100m 设一个事故人孔,没有蒸汽管线时通常间隔 200m 设一个人孔。

(5)支管和干管连接,或两条干管的连接,尽量不用直管而采用弯管连接。

(6)热力管线与河流、铁路、公路等相交时应尽可能垂直相交;特殊情况下,与铁路相交不得小于 60°,与河流或公路相交不得小于 45°。

(7)燃气管线不得穿入热力管线不通行管沟,燃气管线与热力管线交叉时,燃气管线必须加套管。

5. 电力管线布局

(1)直埋电缆敷设在地沟内且周围以软土或沙层保护,上面加保护盖板(水泥或砖);如位于郊区或空旷地带,沿电缆路径的直线间隔约 100m、电缆转弯处或接头部位需竖立明显的标识桩。

(2)直埋敷设的电缆与铁路、公路或街道交叉时,要加保护套管。

(3)电缆沟遇分支、转弯、积水井及地形高低悬殊的位置需设人孔井,直线段人孔井间距不大于 100m。

(4)电缆在管块或石棉水泥管中敷设时,应设置人孔井,人孔井的间距不应大于 50m。

6. 通信管线布局

(1)沿道路敷设,尽可能远离电力电缆敷设,以避免电磁场干扰。

(2)电力和通信管线通常分别布置在道路两侧。

(3)通信管线埋设深度达不到埋深要求时,通常要在管顶加设 80mm 厚的混凝土包封保护;直埋达不到要求时,一般加保护套管。

(4)通信管线人(手)孔井的设置要求如下:

①在道路交叉口或直线管线上需要引出电缆时,通常设置分支人(手)孔,如三通分支人(手)孔、四通分支人(手)孔。

②弯曲管线段的人(手)孔间距不应大于 150m。

③直线管线段的人(手)孔间距不应大于200m。
④当深度变化较大时,需在适当的位置设人(手)孔。
⑤特殊地段(如绕开障碍物等)还可设置移位人(手)孔、变深人(手)孔。

7. 综合管廊布局

综合管廊(沟)是一种重要的管类,当交通流量大、地下管线密集、道路不宜开挖等时,可布设综合管廊(沟)。综合管廊(沟)内可敷设电力、通信、给水、再生水、热力、燃气等管线,如表2.4所示。

表2.4 常见入廊管线表

管线类型	入廊规格及要求
给水管线	一般管径小于等于1500mm时考虑纳入到综合管廊
再生水管线	一般管径小于等于1500mm时考虑纳入到综合管廊
燃气管线	根据燃气管线的压力及管径的实际需要考虑是否纳入
电力管线	一般当电压超过500kV时不考虑纳入
通信管线	一般有线电视网络、通信网络纳入到综合管廊
热力管线	一般管径不大于1500mm时纳入到综合管廊

干线综合管廊(沟)一般布置在机动车道、道路绿化带下,支线综合管廊(沟)一般布置在绿化带、人行道或非机动车道下。综合管廊(沟)覆土深度应根据道路施工、行车载荷、其他地下管线、绿化种植以及实际冰冻深度等因素综合确定。

需要注意的是:电力管线与天然气(燃气)管道不得同舱敷设,天然气(燃气)管道应单舱敷设;热力管线不得与电力电缆同舱敷设;热力管线采用蒸汽介质时应在独立舱室敷设。

2.1.3.2 城市地下管线施工顺序

由于各种地下管线的性质不同、埋深不同、输送方式不同,城市道路工程上各类管线铺设顺序也不尽相同,但其铺设顺序有一定的规律性。一般来说城市道路工程的地下管线铺设顺序如下:综合管廊、污水管线、雨水管线、给水管线、燃气管线、通信管线、电力管线、热力管线、路灯管线、交警信号管线等。

2.1.4 管线系统结构

2.1.4.1 给水管线结构

给水管线系统是由水源地(江河、湖泊、水库、水源井等)取水,通过主管线(明渠、隧道、长距离输水管线、原水管线等)送到水厂,经水厂净化处理后,再由主干管线送至用水区(工厂、住宅小区、企事业单位等)。给水管线常用的阀门包括闸阀、蝶阀、球阀、截止阀、安全阀、减压阀、排气阀、止回阀等(图2.5)。给水管线常用的构件包括丁字管、叉管、弯管、垂直向上弯管以及垂直向下弯管等(图2.6)。

闸阀　　　　蝶阀　　　　截止阀

减压阀　　　排气阀　　　止回阀

图 2.5　给水管线常用阀门

丁字管　　叉管　　弯管　　垂直向上弯管　　垂直向下弯管

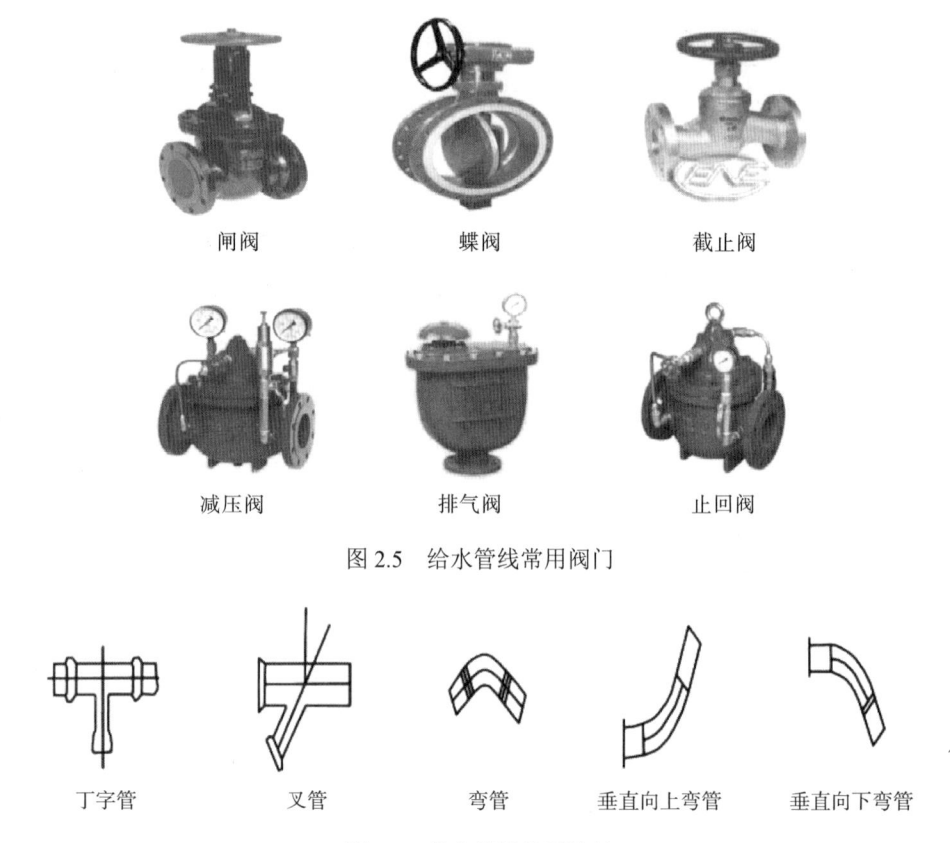

图 2.6　给水管线常用构件

2.1.4.2　排水管线结构

排水管线的功能是把污水和雨水有组织地按一定的系统汇集起来,经处理符合排放标准后再排泄至水体。城市排水按其来源可分为三类,即生活污水、工业废水和雨水。城市排水系统按排出方式可分为分流制和混流制两种类型。分流制是将生活污水、工业废水和雨水采用两个或两个以上排水管渠系统分别汇集、输送和处理。分流制排水系统又可分为完全分流制和不完全分流制两种。混流制是将生活污水、工业废水和雨水采用一个排水管渠系统来汇集、输送和处理。分流制和混流制各有优缺点,但随着生态建设、环境保护、绿色发展理念的提出,分流制排水逐步成为发展趋势和主流。

2.1.4.3　燃气管线结构

燃气管线系统是指自气源厂(或天然气远程干线门站)到储配站再到调压室调压后连接到用户引入管的管线,由各种压力的燃气管线组成。城市燃气管线的压力分级见表 2.5。

城市燃气管线系统一般可分为单级系统、两级系统、三级系统和多级系统。只采用一个压力来输送、分配和供应燃气的管线系统称为单级系统。由于低压单级系统的输配能力有限,仅适用于较小的城市。两级系统中有高低压和中低压系统两种,中低压系统由于管线承压比较低,可采用铸铁管;高低压系统的高压部分一般采用钢管。三级系统一般是指高、中、低三种燃气管线组成的系统,适用于大城市。以天然气为主要气源的大城市,往往在城市边缘敷设高压/超高压管线环,从而形成四级、五级等多级系统,国内如北京、沈阳、成都等已建成或在建环线高压管线。

表2.5 城市燃气输送压力分级

名称	分级	压力 P/MPa
高压燃气管线	A	$0.8<P≤1.6$
	B	$0.4<P≤0.8$
中压燃气管线	A	$0.2<P≤0.4$
	B	$0.005<P≤0.2$
低压燃气管线		$P≤0.005$

2.1.4.4 热力管线结构

根据输送介质不同,热力管线分为以下两种:

(1)热水热力管线。热水热力管线的输送介质是热水。根据用户位置是否设置热交换器设备,热水热力管线可分为封闭式管线和开放式管线,封闭式管线还分为双管制热力管线(即只供居民用户供热使用)和多管制热力管线(既供生产或工业供热使用,也供居民用户供热使用)。

(2)蒸汽热力管线。蒸汽热力管线的输送介质是蒸汽。热力管线干、支线的起点一般都安装关断阀门,输送干线每隔200~300m和输配干线每隔1000~1500m设置一个阀门井。在热力管线热水凝结水的高点一般安装放气阀门,低点安装放水阀门。

2.1.4.5 电力管线结构

敷设在城市地下的电力电缆有交流电缆和直流电缆两大类,电气化铁路、无轨电车及有轨电车为直流电缆,其他部门如城市供电部门、工厂、企业、部队、铁路、民航、港口码头等专业部门的电力电缆均为交流电缆。

电力管线的结构主要有以下几种:

(1)管沟(直埋):电缆埋设入管沟内,其上覆盖软土,再设保护板埋齐地面。

(2)电缆沟:电缆埋设在封闭式、不通行的沟道内,沟道上方设有可开启的盖板。电缆沟的规格视敷设电缆数量、地形条件和路面宽度的情况而定,通常的规格为宽1240~1660mm,净空1400mm左右,深度1200~1600mm。

(3)浅槽:容纳电缆数量少,不含支架,沟底可不封实,表面设置盖板。

(4)隧道:容纳电缆较多,有供安装和巡视的通道,是封闭性的电缆构筑物。

2.1.4.6 通信管线结构

城市通信管线主要有市话、长途、广播、有线电视、信息网络等管线,另外政府、部队、铁路、民航、港口码头等亦有专用通信电缆,组成城市的通信网络。

通信管线是由电缆、通道和人孔、手孔和出入口,按一定的组合方式组合成通信管线设施系统。其中布设通信管线的管孔部分和人孔、手孔是组成通信管线的基本要素。通信管线可分为进出局管线、主干管线、中继管线、分支电缆和用户管线五类。

（1）进出局管线：电信局(所)、通信台(站)的电缆进线室与局外主干通信管线之间的通信管线称为进出局管线；这段管线是电信局(所)全部电缆进出之唯一通道，是咽喉要害部位。

（2）主干管线：位于城市主要道路上的通信管线或用于布设主干道通信电缆的通信管线都称为主干管线，主干管线的管孔容量一般比较大。

（3）中继管线：在多局制的城市中，连通各个电信局(所)、通信台(站)的通道叫做中继管线，在中继管线中除布设上述电缆外，还可以布设其他通信电缆。

（4）分支电缆：位于市区道路的通信管线叫做分支管线或支线管线，分支管线的孔容量一般小于主干管线。

（5）用户管线：从主干管线或分支管线的人孔接出，进入用户小区、用户建筑物或用户院内的通信管线，并在用户小区建筑群间进行延伸的通信管线叫做用户管线。

2.1.4.7 综合管廊结构

综合管廊主要有现浇混凝土和预制拼装两种结构。

（1）综合管廊标准断面的内部净高应根据容纳管线的种类、规格、数量、安装等要求综合确定，通常不宜小于 2.4m。

（2）综合管廊标准断面的净宽应根据容纳的管线种类、数量、运输、安装、运行、维护等要求综合确定，还要满足管道、配件及设备运输的要求。管廊两侧设置支架或管道时，检修通道净宽不宜小于 1.0m；单侧设置支架或管道时，检修通道净宽不宜小于 0.9m；配备检修车的综合管廊检修通道宽度不宜小于 2.2m。

2.1.5 管线材质

2.1.5.1 给水管线材质

（1）铸铁管：使用最为广泛，分为承插口和法兰口。2000 年左右开始大规模采用新型球墨铸铁管。

（2）钢管：有镀锌钢管、无缝钢管和碳钢直板卷管。通常管径 100mm 以下采用镀锌钢管；大管径常使用碳钢直板卷管，DN600～DN1200 管径都有。

（3）砼管：通常采用钢筋混凝土管，在南方地区使用较多，DN100～DN1200 管径都有；其他地区一般大管径(如 DN600 以上)才使用砼管。2000 年左右开始采用新型球墨铸铁管以后，由于其较好的防腐性、密闭性以及较好的压力承载能力，砼管基本不再采用。

（4）塑料管：采用硬聚氯乙烯管材(UPVC)或 PPR 管材。

2.1.5.2 排水管线材质

排水管线的管材一般有钢筋混凝土、混凝土、塑料、铸铁及砖石沟等。排水管的管径小于 600mm 时，常采用混凝土管和塑料管；当管径为 600～1500mm 时，常用钢筋混凝土管；当管道断面大于 1500mm 时，常用现浇钢筋混凝土渠箱(砖石沟)。

2.1.5.3 燃气管线材质

燃气管道通常有钢管、铸铁管及高密度聚乙烯塑料管。

一般而言,燃气管道采用钢管材质时,管径小于或等于DN150时为无缝钢管,当管径大于或等于DN200时为螺旋钢管;铸铁管常用于中、低压力供气管道;而聚乙烯塑料管只用于小口径供气管。燃气管采用塑料管时,一般在管道上方20cm处设警示标识。在埋设塑料管时,一般在管道上方设置金属示踪线以便日后准确探查管道的位置。

2.1.5.4 热力管线材质

城市热力管道一般采用无缝钢管和钢板卷焊管。管道之间的连接采用焊接方式,管道与设备、阀门等可拆卸附件连接时,采用法兰连接。

2.1.5.5 电力管线材质

电力电缆的埋设,除直埋外,均敷设在电力专用管道内。目前常采用的电缆管道有如下几种:预制钢筋混凝土槽盒、电缆沟、塑料管和电线隧道。

2.1.5.6 通信管线材质

通信管道的材质有混凝土预制管块、石棉水泥预制管块、塑料管、铸铁管和钢管五种。早期敷设的通信管道,多采用混凝土预制管块和石棉水泥预制管块。目前多采用硬聚氯乙烯管,个别地段(如过桥,穿越铁路、渠箱或障碍物时)使用铁管,引上管(如上杆、出入接线箱等)采用铸铁管。

(1) 混凝土预制管块和石棉水泥预制管块。混凝土预制管块和石棉水泥预制管块是最普通、使用最多的通信管道的管材,是一种多管孔组合结构,如单孔、双孔、三孔、四孔、六孔、九孔、十二孔和二十四孔等管材。

(2) 塑料管。塑料管的材料是聚氯乙烯塑料,经过管群组合成管道。聚氯乙烯硬塑料管是采用热塑料性聚氯乙烯塑料,经过挤压成型的单孔硬性塑料管。

(3) 铸铁管和钢管。铸铁管和钢管通信管道采用单孔,并按照一定的组合结构方式建成。

2.1.5.7 综合管廊材质

综合管廊主要是钢筋和商品混凝土浇筑或预制拼装而成,材质数据归属于砼。

2.1.6 管线规格及防护措施

2.1.6.1 给水管线规格及防护措施

根据材质的不同,给水管线的管径有不同的划分,表2.6是铸铁、钢管和砼管材质的给水管线采用的公称内径尺寸,表2.7是硬聚氯乙烯管材给水管线采用的公称外径尺寸。

通常,DN100~DN1200口径的管道使用铸铁管,DN600~DN2000口径的管道使用钢管和预应力混凝土管两种,超过DN1200口径的管道一般使用钢管。目前对超过DN1200

口径的给水管，部分城市开始试用预应力混凝土管。

给水管线常用的保护措施有：套管保护、防腐层保护、防腐漆保护，设置地标指示牌、管线桩及管线保护警示牌等。

表 2.6 铸铁、钢管和砼管材质给水管线的公称内径 　　　（单位：mm）

材质	内径尺寸
铸铁	75、100、125、150、200、250、300、350、400、450、500、600、700、800、900、1000、1100、1200、1350、1500
钢管	15、20、25、32、40、50、70、80、100、125、150、200、250、300、400、500、600、800、1000、1200
砼管	150、200、250、300、400、500、600、700、800、900、1000、1100、1200

表 2.7 硬聚氯乙烯材质给水管线的公称外径　　　（单位：mm）

材质	外径尺寸
PVC	10、12、16、20、25、32、40、50、63、75、90、110、125、140、160、180、200、225、250、280、315、355、400、500、630
PE	16、20、25、32、40、50、63、75、90、110、125、140、160、220

2.1.6.2 排水管线规格

排水管线调查的是管道内径，常用的规格见表 2.8。

表 2.8 常见排水管道管径　　　（单位：mm）

内径	壁厚	外径	内径	壁厚	外径
150	25	200	900	75	1050
200	30	260	1000	82	1164
300	33	366	1100	89	1278
400	38	476	1250	98	1446
500	44	588	1350	105	1560
600	50	700	1500	125	1750
700	58	816	1640	135	1910
800	66	932	1800	150	2100

2.1.6.3 燃气管线规格及防护措施

燃气管线规格采用外径表示，常见规格如表 2.9 所示。

燃气管线常用的保护措施有：套管保护、防腐层保护、防腐漆保护，安装阴极保护桩，设置地标指示牌、管线桩及管线保护警示牌等。

表 2.9 常见燃气管规格　　　（单位：mm）

材质	外径尺寸
铸铁	100、125、150、200、250、300、350、400、450、500、600、700
钢管	57、76、89、108、133、159、219、273、325、426、529、630
PE	20、25、32、40、50、63、75、90、110、125、140、160、220

2.1.6.4 热力管线规格及防护措施

热力管道一般采用无缝钢管、钢板卷焊管，管径为 15、25、32、40、50、70、80、100、125、150、200、250、300、350、400、450mm 等。

热力管线常用的保护措施有：套保温层，支架保护、防腐漆保护，设置地标指示牌、管线桩及管线保护警示牌等。

2.1.6.5 电力管线规格及防护措施

电力管线根据埋设方式不同可用断面或管径来表示规格(表 2.10)。电力管线常用的保护措施有：套管保护、支架保护、地线保护、漏电保护，设置地标指示牌、管线桩及管线保护警示牌等。

表 2.10 电力管线规格

埋设	规格/mm 或 mm×mm
管沟	400×400、600×800、800×800、1000×1000、1000×1200 等
管块	400×400、600×400、800×400 等
管埋	100、150、200、250、300、400、500、600 等

2.1.6.6 通信管线规格及防护措施

通信管线采用管块埋设时，一般采用混凝土预制管块和石棉水泥预制管块，其规格一般有：单孔管块、2 孔管块、3 孔管块、4 孔管块和 6 孔管块 5 种类型，规格如表 2.11 所示。埋设 6 孔以上管道时，一般采用上述管块组合而成。

表 2.11 通信管块规格

管块类型	各部分尺寸/mm				
	宽	高	长	管径	管孔间距
单孔管块	140	140	600	90	—
2 孔管块	250	140	600	90	25
3 孔管块	360	140	600	90	25
4 孔管块	250	250	600	90	25
6 孔管块	360	250	600	90	25

通信管线采用管埋方式时，管线规格如表 2.12 所示。

表 2.12 钢管、塑料管规格表　　　　　(单位：mm)

钢管		塑料管	
内径	壁厚	内径	壁厚
90	4	90	5
50	4	50	5

2.1.6.7 综合管廊规格及防护措施

综合管廊的具体规格应根据管线安装、检修、维护作业所需的空间需求而定，前文已对综合管廊结构的标准断面规格做了介绍，此处不再赘述。

由于综合管廊要容纳各种管线，而每种管线对防护的要求不同，所以，综合管廊不仅在结构设计、建筑材料上对抗震、防腐、防火方面有较高的要求，还要建立完善的内部防护系统。例如，在综合管廊内部安装消防、监视、报警、通风、逃生、标识、应急照明和应急通信等系统。

2.1.7 管线附属设施

2.1.7.1 给水管线附属物

阀门：多安装在检查井内，作启、闭水道之用。

消防栓：分地上和地下两种，地下消防栓安装在专门的检查井中，地上消防栓多安装在干线或支线的引出管上，并在消防栓前设置阀门。

排气装置：设置在管线的高点，自动排除管线中贮留的空气。

排污装置：设置在管线的低点，用于排除沉淀物。

预留接头：扩建管线用。

泵站：提升水压。

检修井：用于日常检修。

阀门井：用于安装控制阀门。

消防井：用于消防供水。

分支井：不同方向的管线连接井。

水表井：用于安装水表。

2.1.7.2 排水管线附属物

检查井：又称窨井，供维修人员进入井内清理淤塞物和检查维修用，有圆形、扇形、矩形和多边形。

结点井：污水和废水在井中汇合后输出。

跌水井：设在落差较大处，用来消除水流的能量，克服跌落时产生的巨大的冲击力。

冲洗井：与上水管相连，用于冲洗井中的淤积物。

转角井：设置在拐弯处。

特别井：设在排水管与其他地下设施交叉处。

渗透井：通过地下渗透方法排出雨水。

阀门井：设置控制阀门。

倒虹吸管：为避让障碍物，如冲沟、河流、铁路等而设置。

渡槽：为了避让障碍物，在个别地方而架设。

化粪池：用于净化粪便，排除污水。

雨水口：即雨水篦。
泵站：提升水位。
沉沙井：沉积排水中的泥沙。
进(出)水口。
管桥：排水管道穿过谷地时，可以不变更坡度而用栈桥或者桥梁承托沟管，这种构筑物称为管桥。

2.1.7.3 燃气管线附属物

调压站(柜)：燃气管线一般设置有调压站或调压柜，主要用于调节气压和供气量。
阀门井：设置控制阀门。
检修井：用于管道日常检修。
阀门：用来控制和调节管道供气的附属设施，设置在阀门井内。
凝水缸：用来排除管道内积水的附属设施，一般设置在城市路面下，上设有铸铁井盖，易于识别。
阴极保护桩：主要用于阴极保护参数的检测，是管道管理维护中必不可少的装置，按测试功能沿线布设，用于管道电位、电流、绝缘性能的测试。

2.1.7.4 热力管线附属物

检修井：供维修人员进入检查修理用。
阀门井：设置控制阀门。
吹扫井。
阀门：多安装在检查井内，作启、闭水道之用。
调压站：调节水量和压力。
中断泵站。
安全阀。
凝结水箱。
放气阀。

2.1.7.5 电力管线附属物

人孔井：起干线、支线之间连接作用，方便维护检修。
手孔井：方便电缆的引入、引出。
通风井：为电力管沟、隧道内部通风。
接线箱：分支线的连接。
控制柜：控制各分支线路。
变电站。
配电室。
变压器。

2.1.7.6 通信管线附属物

交接箱：通信电缆的中间或末端接续设备，通信电缆利用交接箱连接主干电缆、配线电缆、其他线路或用户等。

人孔和手孔：为便于施工和维修等，通信电缆在引入、引出、进箱、上杆、分支和拐弯时，需设置人孔或手孔。

2.1.7.7 综合管廊附属物

按《城市综合管廊工程技术规范》(GB 50838—2015)的设计要求，综合管廊的每个舱室应设置人员出入口、逃生口、吊装口、进风口、排风口、管线分支口等附属物。

2.2 地下管线探查原理

2.2.1 管线探查原理综述

地下管线探查是通过实地调查和仪器探查相结合的手段，查明地下管线的埋设现状，获取管线准确的空间位置及管线类别、埋深、管径、材质、孔数、电缆根数等相关属性数据，建立地下管线数据库，编绘管线图和管线点成果表，对管线信息资料实现计算机动态管理的过程。

2.2.1.1 明显管线点调查

明显管线点调查是指利用量测工具，对管线检修井、阀门井、分支井、出露点等附属物进行调查，获取管线埋深及属性信息，绘制探查草图，记录调查信息。调查信息主要包括：管类、埋深、压力、孔数、材质、断面规格、线缆根数、埋设方式、保护材质、权属单位、附属物等信息。明显管线点调查不受管线类别和管线材质限制，适用于所有类型管线。

当然，在实际工作中由于明显管线点之间可能存在管线弯曲、坡度变化、距离超长等情况，仅仅依靠明显管线点来控制管线的平面位置和埋深难以满足地下管线探查的精度要求。因此大多数时候还需要在两个明显管线点之间探查隐蔽管线点来共同控制地下管线的平面位置和埋深。

2.2.1.2 隐蔽管线点探查

隐蔽管线点探查主要是利用专业仪器对地下管线进行追踪、定位和定深。地下管线探查遵循"从已知到未知、先简单后复杂、先浅后深"的原则。由于材质不同，各类地下管线的地球物理特征也有差异。在地下管线探查时，应根据现场实际情况来选择合适的探查方法。

随着科技的发展，各种管线探查方法日趋成熟，新技术不断涌现。无论采取哪种探查方法，实现地下管线探查的前提条件都是目标管线与周围介质存在物性差异，不同的物性差异决定了采取不同的探查方法，表2.13为常见物质物性。从原理上来说，电法、磁法、电磁法、电磁波法、地震波法、声波法均可应用于地下管线探查。但是每种方法各有利弊，适用范围和探查效果也各不相同。如何选择适当的物探方法对目标管线准确定位和定深需要根据现场情况和技术要求来确定。具体有管线探测仪探查、地质雷达探查、浅层地震探查、声波探查、高密度电法探查、磁梯度法探查等多种方法可供选择[17]。

表 2.13　常见物质物性表

介质	电导率/(S/m)	相对介电常数	速度/(m/ns)	磁性
空气	0	1	0.3	无
纯水	$10^{-4}\sim 3\times 10^{-2}$	81	0.033	无
海水	4	81	0.01	无
冰	—	3.2	0.17	无
花岗岩(干)	10^{-8}	5	0.15	弱磁
花岗岩(湿)	10^{-3}	7	0.1	弱磁
玄武岩(湿)	10^{-2}	8	0.15	弱磁
灰岩(干)	10^{-9}	7	0.11	弱磁
灰岩(湿)	2.5×10^{-2}	8	—	弱磁
砂(干)	$10^{-7}\sim 10^{-3}$	4～6	0.15	弱磁
砂(湿)	$10^{-4}\sim 10^{-2}$	30	0.06	弱磁
黏土(湿)	$10^{-1}\sim 1$	8～12	0.06	弱磁
页岩(湿)	10^{-1}	7	0.09	弱磁
砂岩(湿)	4×10^{-2}	6	—	弱磁
土壤	1.4×10^{-4}	2.6～15	0.13～0.17	弱磁
肥土	—	15	0.078	弱磁
混凝土	—	6.4	0.12	弱磁
沥青	—	3～5	0.12～0.18	弱磁

2.2.2 管线调查原理

2.2.2.1 明显管线点调查方法及原理

明显管线点调查是通过实地开井调查和量测，掌握管线平面位置、埋深及相关属性信息，达到"以点控线"的目的。理论上，明显管线点越多、越密集对管线探查就越有利，探查成果的精度和准确性就越高。

各类地下管线窨井(检修井、阀门井、水表井、人孔井、手孔井等)、出露地表的点(段)、与管线相连的附属物为明显管线点(管线)。对规定探查范围内所有管类的明显管线点都要进行调查。

2.2.2.2 明显管线点调查方式及工具

明显管线点调查的主要方式是开井调查，在保证安全且必要时可下井调查。调查过程中需要专门的开井工具和安全保障设备，常用的开井工具有量杆(L杆)、撬棍、榔头、铁钩、皮尺、钢卷尺、手电筒、錾子等。安全保障设备包括：安全锥、安全背心、施工警示牌、安全围栏、防毒面具、安全绳、安全头盔、毒气检测仪和防爆电筒等。

2.2.3 电磁法探查原理

电磁法是探查隐蔽管线点最主要的方法，以地下管线与周围介质的导电性及导磁性差异为基础，根据电磁感应原理观测电磁场空间分布规律，达到寻找地下管线的目的[18]。

电磁感应原理的核心是：变化的磁场可产生变化的电场，变化的电场可产生变化的磁场。当交变电流沿导体流动时，会在导体周围形成一个圆柱状的磁场，通常被人们称为"电磁信号"，如图2.7所示。值得注意的是，磁场是因为交变电流流动引起的，而不是电压引起的，磁场的形状既不会因为电缆绝缘而改变，也不会因为导体周围土壤类型的差异而改变。

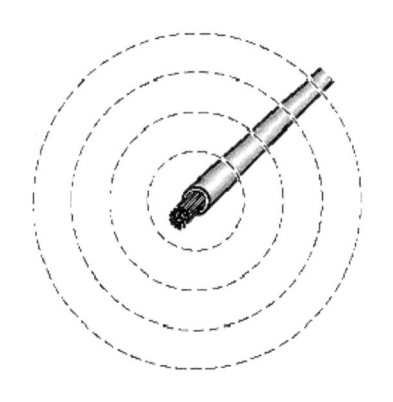

图 2.7 导体周围形成的圆柱状磁场

电磁法可分为频率域电磁法和时间域电磁法，前者是利用多种频率的谐变电磁场，后者是利用不同形式的周期性脉冲电磁场，由于这两种方法产生异常的原理均遵循电磁感应规律，故基础理论和工作方法基本相同。地下管线探查中以频率域电磁法为主，以下主要介绍频率域电磁法。

由电磁学原理可知，无限长的载流导体在其周围空间存在磁场，而且该磁场在一定空间范围内可被探查到。因此，如果能使地下管线带上电流，并且把它理想化为一条无限长的载流导线，便可以间接地测定地下管线的空间状态[19]。在探查时，通过发射装置对金属管道或电缆施加一次交变电源，对其激发而产生感应电流，进而在管道周围产生二次磁场。通过接收装置在地面测定二次磁场及其空间分布，然后根据这种磁场的分布特征来判断地下管线空间位置[20]。图2.8为电磁法工作原理示意图。

管线探测仪是由发射机产生电磁信号，通过不同的发射连接方式将信号传送到地下被测管线上，地下管线感应到电磁信号后，在管线上产生感应电流，感应电流沿着管线向远处传播。在电流传播过程中，通过该管线向地面辐射出电磁波，当管线探测仪接收机在地面探查时，就会在管线上方接收到电磁波信号，通过接收到的信号强弱变化规律来判别地下管线的位置、走向和埋深。图2.9为管线探测仪探查原理示意图。

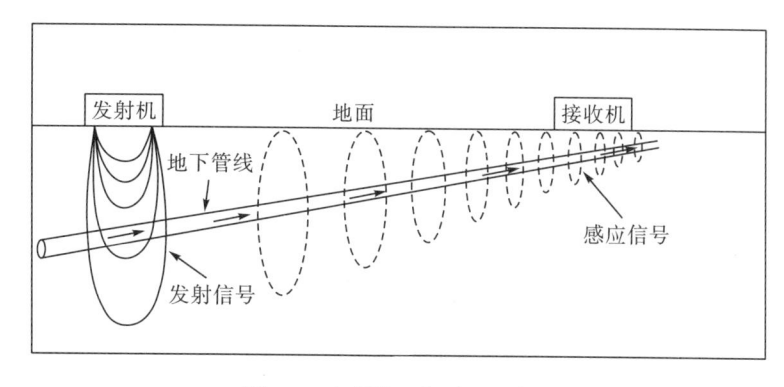

图 2.8　电磁法工作原理示意图

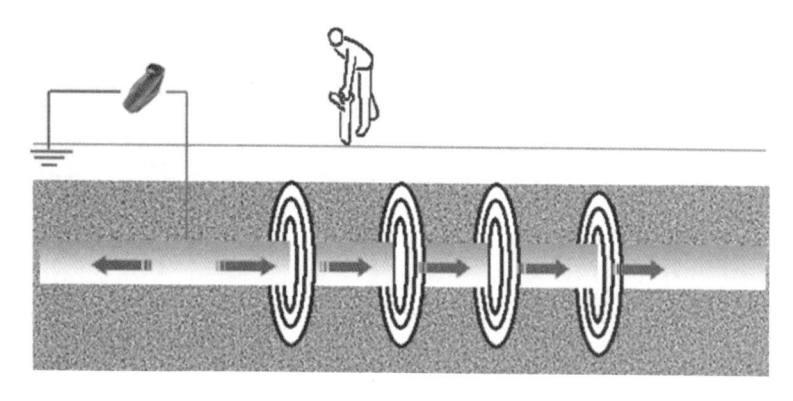

图 2.9　管线探测仪探查原理示意图

电磁法探查地下管线的方式有很多，但核心问题是要使管线中有交变电流流动，从而产生交变磁场。尽管直流电流也可以产生稳定磁场，但探查这种磁场会受到地球磁场的影响，故不如测交流信号方便。常用的发射机信号发送方式有直连法、夹钳法和感应法。

直连法是最佳的探查方法，如图 2.10 所示，发射机信号输出连接线的红色端直接连接到管线裸露的金属部分，另一个黑色线端接地。这种方法产生的信号最强，传播距离最远，适用于低频、射频两种工作状态。特别需要注意的是，切勿将其接入带电运行线路和易燃易爆的燃气管线上。

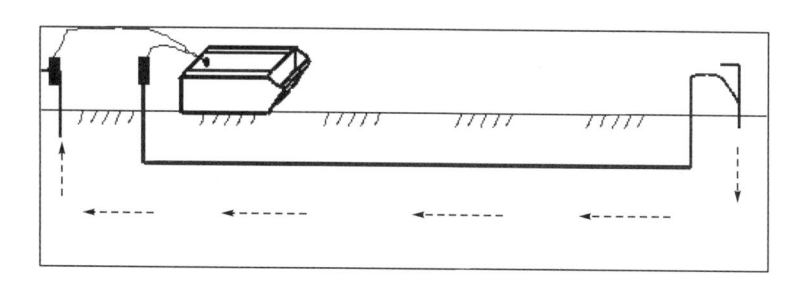

图 2.10　直连法示意图

在发射机信号输出连接线不能与被测管线直接相连时，可采用夹钳法探查（图 2.11），根据现场的实际情况来选择低频或射频方式。当地下管线的近端和远端都接地良好并形成回路时使用低频频率；如果两端接地不良，回路电阻过大，或者低频信号耦合不上，应选择射频频率[21]。

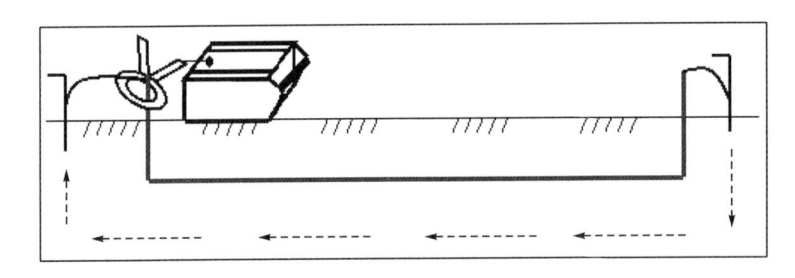

图 2.11 夹钳法示意图

频率选择没有固定不变的原则，基本原则是：对于高阻管线（如通信电缆、带防腐层的管道和铸铁管）使用射频方式，但要注意频率越高，信号越容易感应到其他管线上，而且信号的传播距离越短。

在某些情况下，当不可能采用信号输出电缆来进行直接连接或使用耦合夹钳施加信号时，可采用感应法，利用发射机内置的感应天线来发射信号，将信号感应到被测地下电缆上进行定位和埋深探查。使用该方法时，首先要将发射机放置于管线的地面正上方，发射机放置方向应使发射机面板上的指示线与管线路径方向相一致（发射天线与目标管线走向平行），然后使用接收机在管线上方的地面上就能探查出地下管线位置。这种方法只能使用射频而不能用低频方式，同时被测管线的两端都必须有良好的接地，即被测管线要具有良好的回路。图 2.12 为感应法示意图。

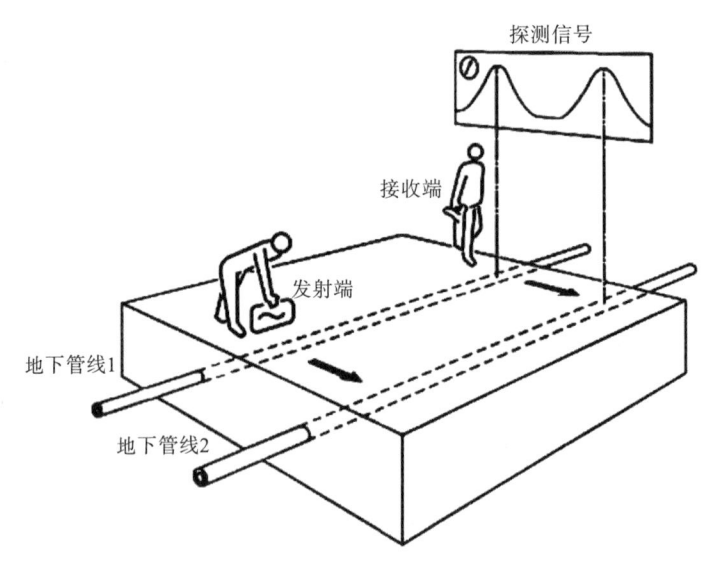

图 2.12 感应法示意图

目前，英国、日本生产的管线探测仪市场占有率最高。不同品牌、型号的管线探测仪硬件组成基本一致，都由发射机（主机）、接收机、耦合环、接地线、直连线和电池组成。

2.2.4 电磁波法探查原理

电磁波法探查是利用探查目标与周围介质的物性差异及电磁波的反射原理实现对地下目标(管线)的探查。电磁波法探查使用的仪器是地质雷达,通过发射高频率宽频带的电磁波并接收来自地下目标面的反射波,根据接收到反射波的旅行时间、幅度与波形资料,解释推断地下目标结构。只要目标管线与周围介质之间存在足够的物性差异就能被地质雷达探查[22]。

地下管线为非金属材质时,管线探测仪将失去对这类管线的探查能力。而地质雷达可以弥补管线探查仪的缺陷,其既可探查金属,也可探查非金属管线目标,且精度较高。

图 2.13 为地质雷达探查示意图,地质雷达通过控制电路产生一定间隔的一系列电磁短脉冲,以宽频带短脉冲 $(T_i)(i=1,2)$ 的形式,在地面通过发射天线送入地下,T_i 经过地下目标(管线)反射后返回反射波 (R_i) 至地面,R_i 被接收天线接收并传入控制电路,再由计算机控制进行数据采集。采集数据经处理软件处理后获得地质雷达剖面图,可根据剖面图中反射波的波形特征、走时及能量强弱来确定地下目标(管线)的存在及位置。

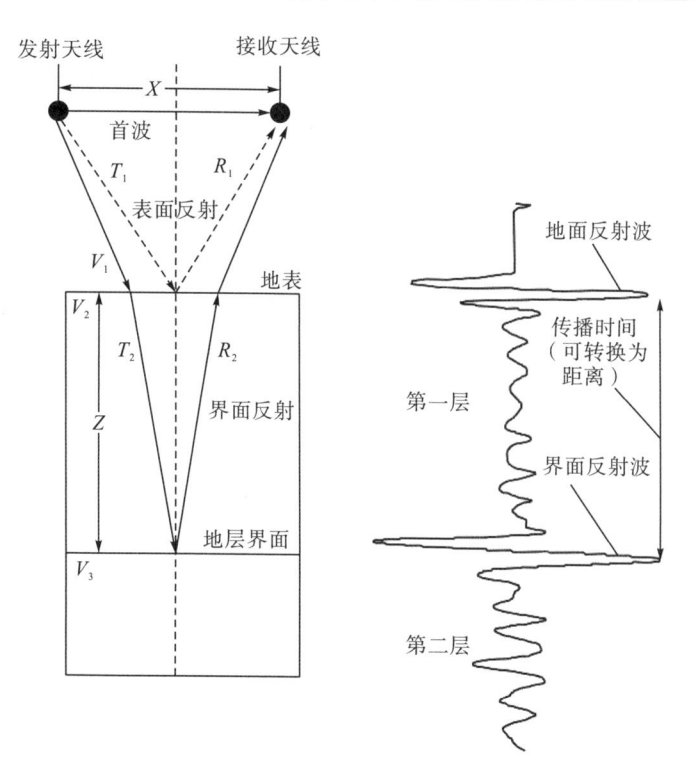

图 2.13 地质雷达探查示意图

图 2.14 为反射波走时示意图,脉冲波的近似行程时间以式(2.1)计算,探测地下目标(管线)深度采用式(2.2)计算。

$$t = \sqrt{4z^2 + x^2}/v \tag{2.1}$$

$$z=\frac{\sqrt{(vt)^2-x^2}}{2} \tag{2.2}$$

式中，v 为电磁波在介质中的传播速度（$v \approx c/\sqrt{\varepsilon}$），m/ns；$t$ 为脉冲走时，ns；z 为目标（或界面）埋深，m；x 为发射天线和接收天线的距离，m；c 为光在真空中的传播速度，0.3m/ns；ε 为介质的相对介电常数。

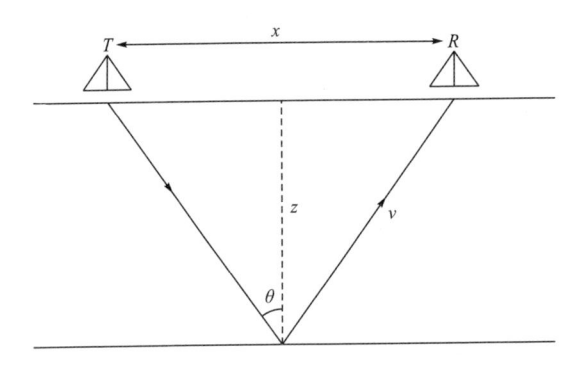

图 2.14　反射波走时示意图

当已知地下介质的波速 v 时，可以根据测得的精确 t 值（一般为 ns 级）计算出反射体的深度 z。v 值可以用钻孔资料标定、宽角方式直接测定、理论公式估算等方式获得，当介质的导电率很低时，也可近似计算 $v \approx c/\sqrt{\varepsilon}$。地质雷达发射天线与接收天线的距离 x 通常很小，可以忽略不计[23]。当地层倾角不大时，反射波的路径几乎与地面垂直。因此，地质雷达探查剖面各测点上反射波走时的变化就反映了地下目标（管线）的构造形态[24]。图 2.15 为地质雷达工作原理示意图。

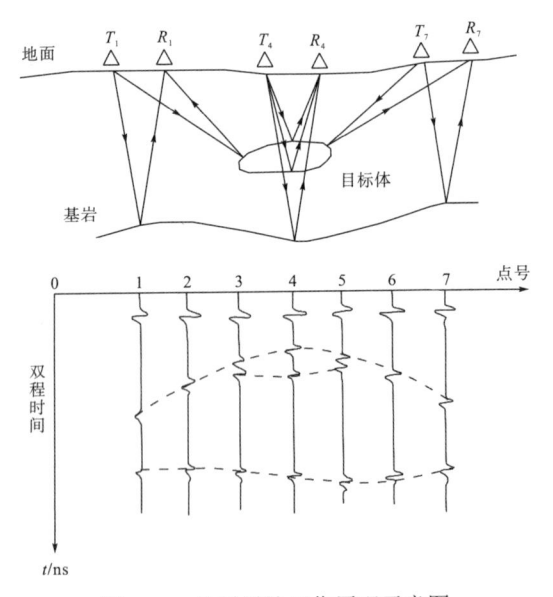

图 2.15　地质雷达工作原理示意图

T_1—发射点 1，R_1—接收点 1，T_4—发射点 4，R_4—接收点 4，T_7—发射点 7，R_7—接收点 7

目前地质雷达设备较多，主要有加拿大的 EKKO 系列、美国的 SIR 系列及 MK 系列、瑞典的 RAMAC 系列、日本的 GEORADAR 系列等。尽管不同厂商、不同型号的地质雷达的结构、性能、操作、数据处理等存在差异，但基本原理是一致的。以加拿大 Pulse EKKO PRO 地质雷达系统为例介绍地质雷达硬件构成，其主要由 4 种基本组件及其附件构成。

(1) DVL 主机和控制模块：用于设置参数、采集数据、显示图像、控制数据采集等。

(2) 发射单元：发射天线要与接收天线的频率配对使用。发射天线上标有"Tx"。低频天线有（非屏蔽）：12.5MHz、25MHz、50MHz、100MHz、200MHz。高频天线有（屏蔽）：250MHz、500MHz、1000MHz。

(3) 接收单元：与发射单元各频率段相匹配，并标有"Rx"。

(4) 其他附件：光纤传输线、电缆传输线、触发开关、计步器、测量轮、电池等。

2.2.5 人工地震波法探查原理

地震波法探查的基本原理是利用探查目标与地下周围介质的波阻抗值（密度与速度的乘积）差异进行地球物理探查。地下不同介质界面两侧的弹性波速度或波阻抗差异越大，地震波法探查的效果就越好[25]。

在地表利用人工震源进行激震时，激震点附近的地层产生弹性震动，形成弹性波（通常称为地震波），在地下传播的地震波遇到不同弹性介质的分界面时（如地下金属、非金属管线与周围地层的分界面），会产生反射、折射和透射。地震仪采集记录反射回的地震波，再利用数据处理软件对地震波信号进行编辑、频谱分析、滤波、振幅恢复等处理，可得到地下断面的地震剖面图。通过分析研究地震剖面图的走时、速度、振幅、相位、频率等变化特征来确定地下目标（管线）体的形态和空间位置。

在地下管线探查中，比较常用的地震波法是瞬态瑞利波法（面波法）和地震映像法，可探查埋深较大与管径较大的金属或非金属管(沟)道。

瞬态瑞利波法是利用地下管道与其周围介质之间的面波波速差异，测量不同频率的激振所引起的面波波速。其核心是获取不同频率面波的相速度 V_R，同一频率 V_R 在水平方向上变化反映介质横向不均匀；同一频率 V_R 在垂直方向上变化反映介质纵向不均匀。瞬态瑞利波法以瞬态冲击作为震源，激发瑞利波，离震源稍远处，传感器记录到的基本是瑞利波的垂直分量，将瞬时冲击看作单频谐振的叠加，对记录信号作频谱分析处理，计算并绘制 V_R-f 或 V_R-λ 曲线[26]。图 2.16 为瞬态瑞利波法勘探示意图。

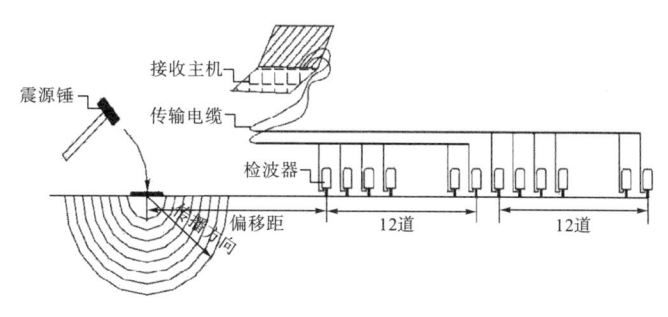

图 2.16 瞬态瑞利波法勘探示意图

地震映像法又称高密度地震法,是工程地震反射法的一种,它以地下介质的波阻抗差异为基础,通过对激发、接收反射的地震波的分析达到勘查目的[27]。

在野外通过人工激发震动波,震动波在地下介质传播过程中遇到不同介质的分界面时(即波阻抗界面),产生一定能量的反射波并返回地面,经置于地面的检波器接收后输入地震仪,再通过地震仪进行信号放大和采样后将波形数据记录下来,通过计算机对接收到的地震信息进行分析处理和解释。根据反射波法中的最佳偏移距技术,选择合适的偏移距,激发点与检波点的距离固定不变,每激发一次,记录一道,沿测线不断移动激发点和检波点,通过地震仪记录可获得一条最佳偏移距地震反射时间剖面,以大屏幕密集显示成彩色时间剖面,经过数据处理和解释,来推断地下目标(管线)体的结构形态和空间位置,达到探查目的。主要优点是数据采集效率高,处理简单,不需做动校正,从而不存在由动校正造成的波形拉伸畸变或由近地表广角反射引起的畸变。图2.17为地震映像法勘探示意图。

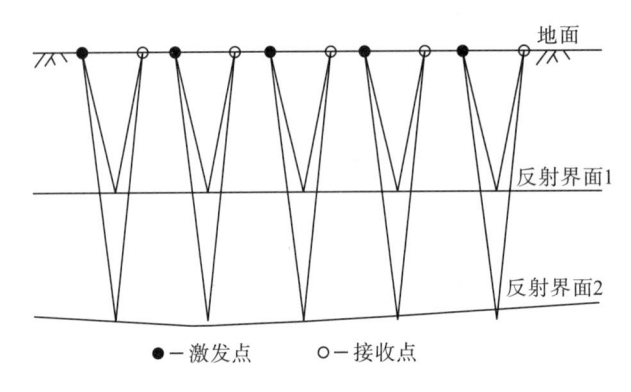

图 2.17 地震映像法勘探示意图

地震波法探查常用的仪器是工程地震仪。国内外有很多厂家生产,常见仪器型号有:美国8024跨孔地震仪、瑞典MK-6型地震仪、日本1500型地震仪、中国重庆WZG-48A工程地震仪等。工程地震仪主要由主机、检波器、电缆和电源等构成。

2.2.6 声波法探查原理

声波法是利用声音在管道及其内部液体的传播特性来探查管道的位置,通过振荡器给管道加一个特定频率的声音信号,利用拾音器在远端路面采集由管道传过来的声波,从而达到对管道的定位。该方法只能对管道进行平面定位,不能探查埋深。图2.18为非金属管线探查仪工作原理。

由于声波的衰减特性,声波法仅适用于小管径管线的探查,大管径管线声波的衰减太快;对于埋设太深的管线探查难度较大;使用场所必须有管线设施的明显管线点,以便安装振动器。

声波法探查使用的仪器是非金属管线探查仪。非金属管线探查仪主要由震荡器(发射机)、震动器、接收机、探头、放大器、耳机等组成,适用于内部流体为液态、带压力的非金属管道。

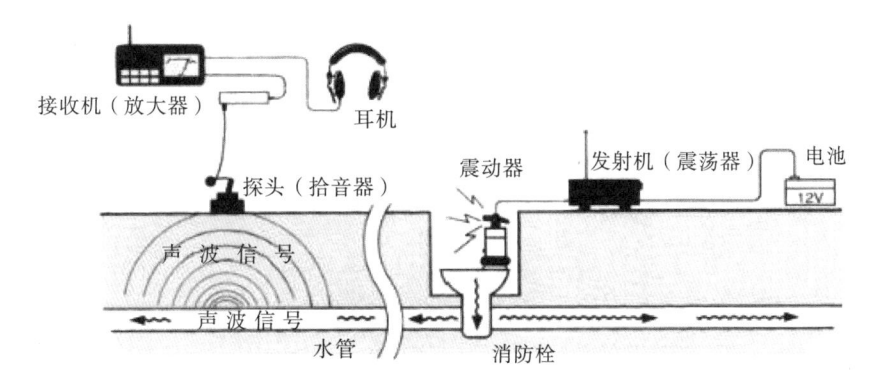

图 2.18 非金属管线探查仪工作原理

2.2.7 其他方法探查原理

2.2.7.1 高精度磁法

由于含磁性的地下隐蔽物破坏了地球磁场，所以通过磁场测量便可发现磁异常信号。而磁异常的特点与磁性体的形状有关，磁法勘探就是通过测量磁异常以确定含磁性地下隐蔽物的空间位置和几何形状。

高精度磁法探查是通过探查地下介质(土、石、砂及管线)磁场的空间分布特征，根据其空间磁力线分布图像的不同，来判别探查目标的结构形态和空间位置[28]。由于地下金属管线、水泥管道与周围介质存在磁性差异，因此可采用高精度磁法进行地下管线的探查。

高精度磁法探查仪器具有轻便、探查速度快等特点，能测到地下 50~60m 的人工建(构)筑物，尤其是金银铜铁等金属物和砖头、陶瓦等烧制品。

2.2.7.2 井中磁梯度法

井中磁梯度探查方法可作为保证探查管道深度可靠性的技术验证手段，通过比较磁梯度和其他相关物探方法的探查结果，评价其他相关物探方法的有效性。

一般非开挖工艺敷设的地下管线属于强铁磁性物质，在其周围区域分布有较强的磁场。野外作业时，根据其他物探方法定位出地下管线一侧钻孔，成孔后将空心塑料管下探至孔中，随即将磁力梯度仪的探头放到塑料管内，一般情况下从孔底开始以 0.20m 的间隔依次往上探查各点的磁梯度值[29]。根据磁梯度值的变化可以确定地下管线的埋深及平面位置。图 2.19 为井中磁梯度法探查示意图。

2.2.7.3 地下管线惯性定位法

地下管线惯性定位法是采用惯性导航和多传感器融合技术获取地下管线精准的三维信息。在测量定位过程中，牵引器通过钢丝等工具牵引惯性定位仪在管道中运行，依据惯性导航技术和多信息融合技术获得管道的坐标信息；采用 RTK 技术获得管道起点和终点的地理坐标；根据起点和终点的地理坐标将惯性定位仪获取的坐标信息转换到地理坐标系中，从而得到管道的三维地理信息。图 2.20 为地下管线惯性定位法工作示意图。

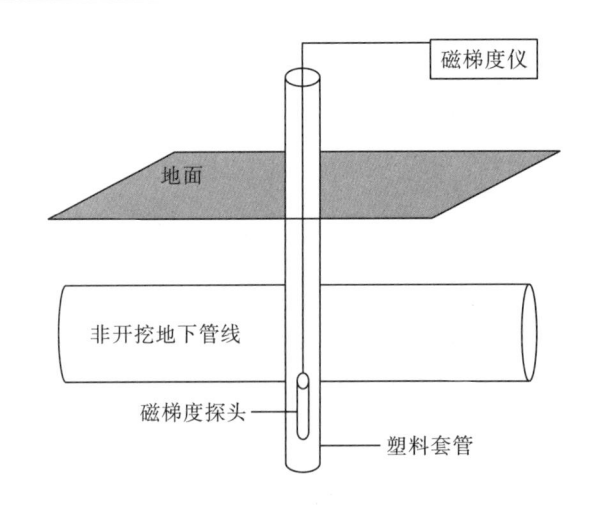

图 2.19　井中磁梯度法探查示意图

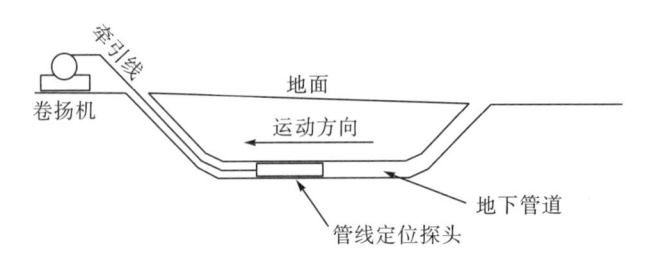

图 2.20　地下管线惯性定位法工作示意图

应用条件：①适用于有预留口的管道位置探查；②适用于开挖、非开挖地下管线的竣工测量；③属于内置测量，可对不同材质的空管进行测量。

技术优点：①能准确测量地下管线三维空间数据；②不受地下管线埋深以及探查距离影响；③不受地下管线材质影响；④不受地下管线所处地质环境影响。

仪器设备：地下管线惯性定位仪。

2.2.7.4　高密度电法

高密度电法是以地下介质导电性的差异为基础，研究人工施加稳定电流场作用下地下传导电流分布规律的一种方法，理论基础与常规电阻率法相同，差异是技术方法。采用高密度电法进行野外测量时只需将全部电极(几十至上百根)置于观测剖面的各测点上，再利用程控电极转换装置控制采集系统便可实现数据的快速自动采集，对数据进行处理和反演计算得到地电剖面图，然后通过对地电剖面图的分析来解释探查目标在地下的形态结构和空间位置[30]。

目前，高密度电法已经从二维发展到三维。三维高密度电法是在二维的基础上发展起来的，基本原理与二维高密度电法相同。三维高密度电法克服了不能直观地展示目标异常区域的走向、空间位置与形态的不足，实践表明三维高密度电法在地下管线探查中能取得较好的探查效果。图 2.21 为三维高密度电法测线布置示意图，图 2.22 为三维高密度电法反演切片图，图 2.23 为三维高密度电法反演立体图。

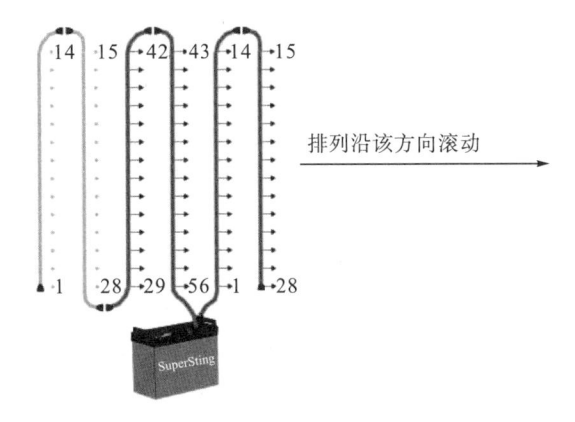

图 2.21　三维高密度电法测线布置示意图

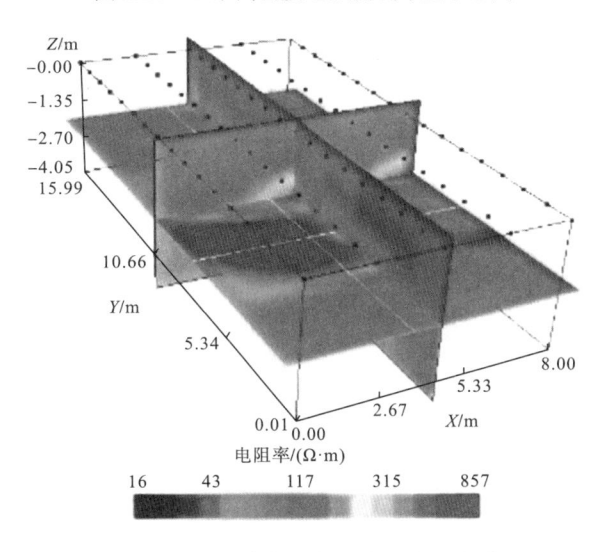

图 2.22　三维高密度电法反演切片图

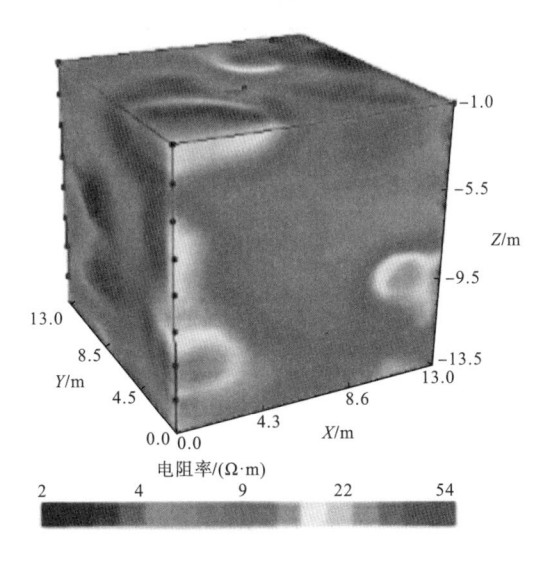

图 2.23　三维高密度电法反演立体图

2.3 地下管线探查方法

2.3.1 管线类别识别

地下管线探查工作需要查明管线的类别,可通过实地调查、仪器追踪、电子标识探查等方法进行识别和确定。当地下管线隐蔽埋设时,确定管线类别应遵循已知—未知—已知的原则,即从该条管线的已知点(明显管线点)开始调查,通过仪器探查或其他有效方法追踪管线,一直追踪到该条管线的另外一个已知点(明显管线点);或从该条管线的已知点(明显管线点)开始调查,通过仪器探查方法追踪到需要调查的隐蔽管线点,而后在该隐蔽管线点施加有源信号,通过仪器探查方法,反向追踪到原来的管线已知点。在实际工作中,同一条地下管线的类别应一致。因此,为了避免将同一条地下管线确定为不同的管线类别,应注意接边工作。

2.3.1.1 实地调查法

实地调查法是在工作现场,通过调查地下管线的附属设施和标识牌来确定地下管线类别的方法,是识别和确定管线类别的首要方法,主要用来确定明显管线点的管线类别。

各类地下管线在敷设过程中,每隔一定距离都设置了各种窨井,而且不同种类地下管线窨井的井盖标识也各有差异,可以通过窨井盖标识及打开井盖查验来区分地下管线类型。直埋电力电缆和通信电缆埋设后,在其线路的地面上,每隔一定距离一般设置有标识桩或标记。通过标识桩或标记,可准确地识别电力电缆和通信电缆的种类。

此外,各类管线都有特定的附属物,通过附属物很容易识别管线的类别。表 2.14 为各类管线特有的附属物。

表 2.14 各类管线特有的附属物

管线类别	特有附属物名称
给水	消火栓、水表、水表井、放水口
排水	雨水篦、出水口、化粪池
燃气	凝水缸、调压器
热力	放气阀、排水阀、锅炉房、加压站
电力	变压器、控制柜、信号灯、路灯、电杆、控制箱、配电室
通信	接线箱、人孔、手孔、电话亭、信息亭

2.3.1.2 仪器追踪法

仪器追踪法是在实地调查的基础上,通过仪器探查和追踪地下管线的路由来确定地下管线类别。仪器追踪法主要用来确定连接关系和管线类别。

采用仪器追踪法时，首先需要从目标管线的已知点(明显管线点)开始，在已知点施加有源信号，通过追踪该有源信号来确定地下管线的类别和路由。为了防止误判，要追踪到目标管线的另外一个已知点；也可在探查的隐蔽管线点处施加有源信号，通过仪器探查法，反向追踪到管线已知点，即可识别管线类别。

2.3.2 地下管线连接关系及追踪识别

2.3.2.1 明显管线点连接关系及追踪识别

明显管线点的连接关系和追踪识别可以通过实地开井调查和仪器追踪相结合的方式进行。

除管线共沟、共管的特殊情况外，绝大部分管线是同一管类才会有连接关系。通过调查井盖标识、权属标牌、附属物等可以直观地判断出绝大部分管类。

开井调查后，对于非金属管线，需要根据井内观察到的管线走向追踪查找下一个明显管线点，同时需要结合管类、材质、规格是否与上一明显管线点一致，综合判定两个明显管线点的连接关系；对于金属管线，可以利用管线探测仪追踪探查至下一明显管线点，再结合观察到的管类、材质、规格、权属单位等信息验证两个明显管线点之间的连接关系。

若是未充满水的排水管、有开口的空管还可以根据经验在一端敲击井盖，打开另外一端的井盖听声音来判断两点之间是否具有连接关系。

对于有流动水的排水管也可用试剂染色法来识别连接关系。

2.3.2.2 隐蔽管线连接关系及追踪识别

隐蔽管线的连接关系和追踪识别大多是采用仪器追踪探查确定的。

(1)当隐蔽管线为金属管线时，应通过仪器探查确定管线的连接关系。

(2)当隐蔽管线为非金属管线时，追踪识别较为困难，需要多种方法综合应用。可选择采用地质雷达探查、管道内窥、追踪标识、查找权属资料、权属单位指认、钎探、开挖和现场分析等方法来追踪识别。

(3)用管线探测仪追踪地下管线时，如果接收机表盘响应急剧下降，此时应该马上停止追踪工作，调高灵敏度，从表盘响应急剧下降处重新探查，并以该点为圆心、2m 为半径做圆状搜索、探查管线。表盘响应的急剧下降可能由下列原因引起：①管线可能突然变深，图 2.24 为变深点追踪示意图；②管线可能改变了方向，图 2.25 为转折点追踪示意图；③管线可能出现"T"形分支，图 2.26 为分支点追踪示意图。

如果是管线突然变深，通过提高接收机灵敏度，沿管线原来的方向应该能够继续探查到；如果是管线改变了方向，以接收机表盘响应急剧下降处为圆心进行圆状搜索，在另外的方向可以探查到管线的信号响应；如果是管线出现"T"形分支，在进行圆状搜索时，除了沿管线原来的方向有管线的信号响应外，在另外的方向还会出现信号响应。通常情况下，信号响应强者为主管线，弱者为"T"形支线，这是因为信号总是以距离长或管径大的管线作为较好的大地回路。

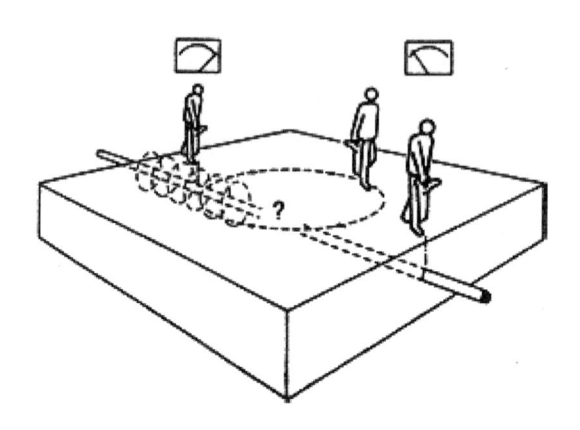

图 2.24　变深点追踪示意图

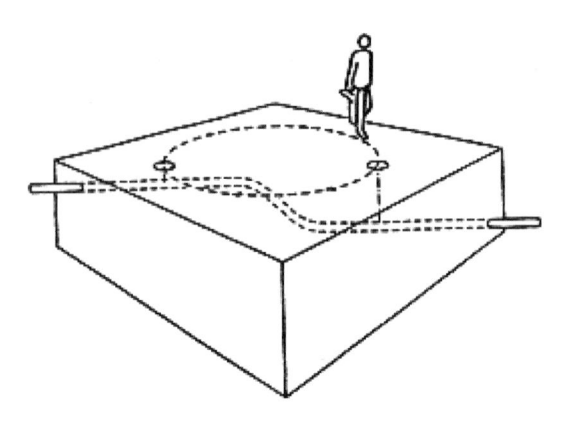

图 2.25　转折点追踪示意图

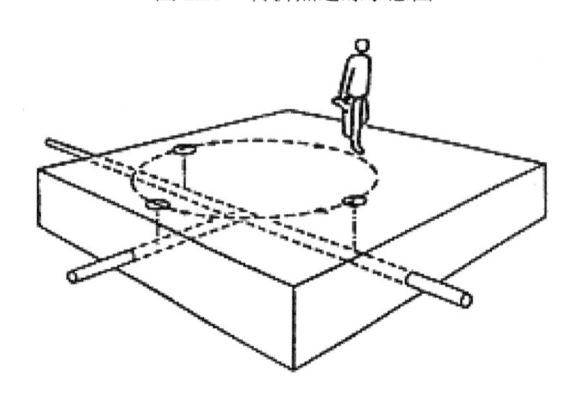

图 2.26　分支点追踪示意图

追踪地下管线时，如果信号完全消失，可能是下列情况之一：
(1) 管线在此处已经截止。
(2) 管线材质发生改变（如金属管线变为非金属管线）。
(3) 管线也可能在一个金属盖板下穿过。此时，可跨过金属盖板继续沿着管线的路径探查。

2.3.3 管线调查

2.3.3.1 管线点编号与标志

建议各类管线探查点的编号采用"管线代码+台组号+流水号"组成，管线代码应符合工作任务参照的规范要求，要保证测区内管线点的外业编号唯一。例如："JS02125"为第02小组给水管线的第125号点。设置管线点的标志具体要求如下：

(1)管线点位确定后应设置地面标志。根据需要保留的时间长短和地面实际情况确定选择预制水泥桩、刻十字、木桩、铁钉、油漆等不同的地面标志。

(2)各类明显管线点均以管(沟)道或附属物的几何中心为准，其标志一般应设置在附属物几何中心和特征点在地面上的投影位置。在无特征点的直管线段上应设置管线点，为了控制管线走向，一般管线点设置间距应不大于图上15cm。

(3)标志宜与地面取平，高于或低于地面时，应量测其高出或低于地面的数值，并在探查记录表中注记。

(4)标志设置后应在点位附近用颜色漆注出编号，标注位置应明显且能长期保留。

(5)当管线点的实际位置不易寻找时，应在探查记录表中注记其与附近固定地物之间的距离和方位，实地栓点，并绘制位置示意图。

2.3.3.2 明显管线点数据采集

明显管线点数据采集的内容如下：

(1)管线性质和类型，其中燃气和工业管道应分出压力大小、类别，电力电缆应分出低压、高压或超高压。管道压力和电力电压一般通过资料收集或现场获取。

(2)地下管线的埋深，单位用m表示，量测误差不超过5cm。地下管线的埋深可分为内底埋深、外顶埋深和外底埋深，量测何种埋深应根据所执行的规范要求确定。

(3)在窨井(检修井、阀门井、水表井、人孔井、手孔井等)上设置明显管线点，应设置在井盖中心。当地下管线的窨井、阀门和特征点，偏离地下管线中心线的距离大于20cm时，按管线实际位置实测管线点作为偏心(井)点，同时，实测偏离地下管线的附属物(偏心井井盖中心点)的点位和高程。

(4)调查时应量测地下管道、管沟及管块断面尺寸。圆形断面量测内径，矩形断面量测内壁的宽和高，单位为mm。

此外，还应查明地下管道材质、埋设于地下管沟或管块中的电缆根数和孔数、管线点上地下管线的各种建构筑物、附属设施或管件。

各种地下管线的实地调查项目会因执行的规范标准不同，有细节差异，但总体上是一致的。因此，在开展调查前必须要明确任务执行的规范标准。例如《城市地下管线探测技术规程》(CJJ 61—2017)实地调查项目的要求见表2.15。

表 2.15　地下管线实地调查项目

管线种类	埋设方式	埋深外顶	埋深内底	断面尺寸管径	断面尺寸宽×高	孔数	电缆根数	材质	保护材料	附属设施	载体特征压力	载体特征流向	载体特征电压	载体特征承载物	埋设年代	权属单位
电力	△	△		△	△	△	△	△	△	△			△		△	△
通信	△	△		△	△	△	△	△	△	△					△	△
给水	△	△		△				△		△	△			△	△	△
排水	△	△	△	△				△		△		△		△	△	△
燃气	△	△		△				△		△	△				△	△
热力	△	△		△				△		△					△	△
工业	△	△		△				△		△					△	△
综合管廊(沟)	△	△			△			△		△					△	△
其他管线	△	△		△				△		△				△	△	△
不明管线	△	△		△	△			△		△						

注：△ 为应调查项。

2.3.3.3 探查草图绘制

地下管线探查中可手工绘制探查草图，也可采用一体化作业方式，即外业调查时，在 PDA 等采集平台上进行数据录入和探查草图绘制工作。两种方式的核心目的一样，通过探查草图准确记录管线的连接关系、相对位置、物探点号、埋深、材质、规格、压力、孔数、电缆根数、权属单位、道路名称等信息，并存入到数据库中，形成管线探查的基础数据。图 2.27 为传统的手工绘制探查草图示例。

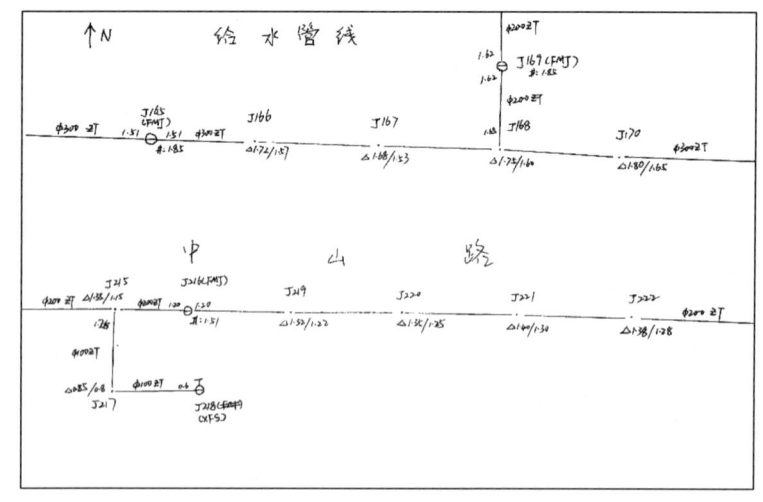

图 2.27　给水管线探查草图

探查草图应将实地探查的结果按照相对位置关系绘制在草图本上,绘制的内容应包括管线连接关系、附属物、管线点编号、必要的管线注记和备注说明等。草图上的文字和数字注记应整齐、完整。

需要注意的是不同的附属物在探查草图上需要用相应的符号表示,手绘可用简单符号表示,但要相对统一,避免混淆。电子探查草图的附属物符号可参照《城市地下管线探测技术规程》(CJJ 61—2017)的规定执行。

2.3.4 管线探查

2.3.4.1 隐蔽管线点设置原则

管线点点位的设置应如实反映地下管线的走向特征,设置要遵循以下原则:

(1)隐蔽管线点点位是通过仪器探查确定的。

(2)为了控制管线走向,一般管线点设置间距不得大于图上15cm;在无特征点或附属物的直线段上也应设置管线点。

(3)当地下管线弯曲时,应在圆弧起讫点和中点上设置管线点。当圆弧较大时,应该适当增加管线点,以准确反映地下管线的弯曲特征。

(4)当地下管线有变坡、变材和变径时,需要在变坡、变材和变径的位置设置管线点,以保证地下管线的埋深和属性准确。

2.3.4.2 隐蔽管线点定位与定深

(1)直线点精确定位。直线点定位的目的是在一定距离内控制管线走向和埋深。若探查过程中没有弯曲、深度突变、信号突变等特殊情况,管线点的设置需保证相邻两个点的间距不超过图上15cm。

(2)转折点定位。转折点应采用交会法定位。定位前应先查明管线走向和连接关系,在管线走向的各个方向上均应至少测三个点,且三个点位于一条直线上,然后通过交会法确定特征点的具体位置。

(3)三通点定位。完成对管线的追踪,并做标记后,可用接收机沿管线再作一次追踪,但这一次是在已探出的管线一侧约1m远的地方作追踪,并要使机身面与管线平行。若无支管则探查不到来自主管线的信号(或信号很小);若有支管则信号响应会很明显。对支管作定位最可靠的方法是将发射机信号施加到支管的端部,信号从支管流向主管,然后又向主管两边流动。机身面与主管走向呈直角,沿主管追踪该信号,接收机往T形支管接头处上方会出现零值(谷值)响应,该谷值的位置就是T形支管接头的准确位置。图2.28为三通点定位示意图。

管线定深方面,当发射机信号施加到管线上时,就可以对目标管线进行定深。定深时需注意几点:

①不能用接收机的Power或Radio模式作深度的探查。

②应在管线的中段进行深度测量,探查的深度必须在测深范围内。

③不要在管线拐弯或 T 形支管附近进行埋深探查，至少要离开拐弯处 5m 以上才能得到最佳的埋深精度。

④在有强烈干扰或部分发射机信号已耦合到邻近管线上时，定深是不准确的。

⑤定深时应避免用感应法施加信号；特殊情况下需要用感应法定深时，发射机必须离开深度探查点至少 20m 远。

⑥若发射机信号正在向邻近管线传输，应该用双端连接法将信号施加到目标管线上。

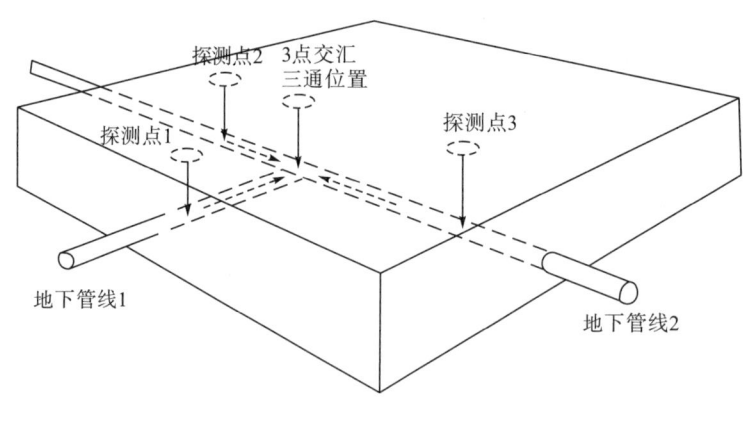

图 2.28　三通点定位示意图

常用的管线定深有直读法和 70%定深法两种。

(1)直读法。直读法能有效探查 5m 深度内的地下管线，图 2.29 为直读法示意图。首先用接收机对目标管线峰值作定点定位，将接收机放在管线正上方，机身面与管线呈直角并与地面垂直，调节灵敏度使显示器读数在量程范围内。如果正向和反向探查两个位置不一致，则表明有干扰存在，这时要重新施加发射机信号，清除不需要的信号后再试一次，在两个信号响应一致的地点进行深度探查。

若大地中出现一个强辐射场，则可能附近有无线电台。此时，探查深度的方法是使天线的底部高出地面 5cm，并从显示的深度中减去 5cm 即可得到管线的深度。若对深度探查结果有怀疑，可将接收机提升至高出地面 0.5m 处，再探查一次进行验证，如果探查后所得埋深数据也增加 0.5m，则表示探查的结果正确。

该方法简单快捷，在无干扰的情况下有很高的探查精度，缺点是抗干扰能力较差。

(2)70%定深法。图 2.30 为管线探查 70%定深法示意图。当接收机处于管线正上方时，将读数调整到合适的值，使接收机垂直于地面，并使其下端接近地面，然后将接收机分别向左右移动到显示器读数下降到管线正上方时读数(峰值)的 70%，这两个点应对称分布在管线两侧。对这两个点作好标记并量出两点之间的距离，这个距离就等于管线的中心埋深。注意，深度小于 20cm 时，不宜采用这种方法。如果两种定深方法在同一点测得的结果很相近，则说明定深的精度得到了保证。

大量实践证明，70%定深法精度高，抗干扰能力强。

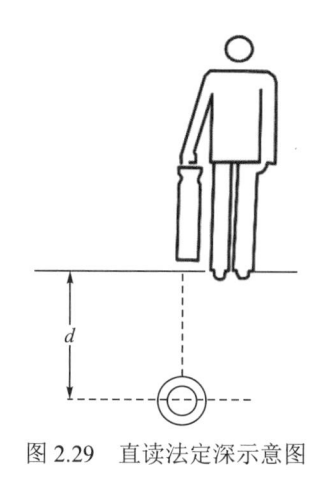

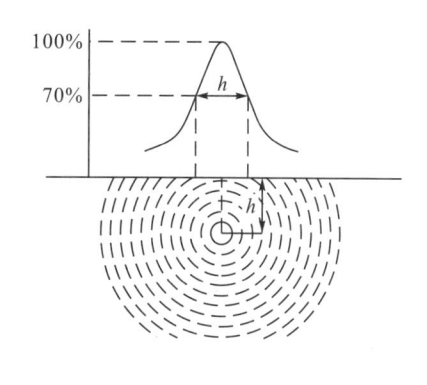

图 2.29 直读法定深示意图　　图 2.30 70%定深法示意图

2.3.4.3 隐蔽管线点数据采集

隐蔽管线点的数据采集同样需要记录物探点号、埋深。但是，由于无法直接观察到隐蔽管线点的管线附属信息，隐蔽管线点的材质、规格、压力、孔数、电缆根数、权属单位等是根据同一管线段上的明显管线点所调查的信息进行记录的。

2.3.5 各类管线探查方法

由于各类管线在材质、规格、埋设方式等方面有所差异，因此针对具体管类的探查方法也有所不同。

2.3.5.1 给水管线探查

给水管线探查主要是受管线材质的影响，给水管线常见的材质有钢、铸铁、球磨铸铁、塑料等。

钢、铸铁材质的导电性好，采用直连法、夹钳法、感应法探查均能达到理想效果。

球磨铸铁材质的导电性一般，采用直连法、感应法探查时在发射机附近 40m 以内能接收到比较稳定的信号，距离越远探查效果越差。因此，对于球磨铸铁材质的给水管线宜采用感应法逐段推进，追踪探查，每段探查长度约 40m，一直追踪探查至下一个明显管线点。

塑料材质(PE、PPR、UPVC)的给水管，首先需要查看有无示踪线，若有示踪线，则可以利用管线探测仪探查示踪线来确定管线埋深和平面位置；若无示踪线则可采用钎探、权属单位指认、地质雷达、电磁法、高密度电法、声波法、人工地震波法等方法进行探查。但是由于高密度电法、声波法、人工地震波法等方法存在效率较低和成本较高的问题，在实际工作中常用地质雷达、钎探和权属单位指认等方式来探查。

2.3.5.2 排水管线探查

常见的排水管线有自流管和压力管，自流管使用的材质多为砼管和塑料管，压力管多使用钢管。排水管线的检修井、分支井等明显管线点较多，且规律性较强，对排水管线探查有极大的便利，即通过明显管线点的调查可以查清大部分排水管线的连接关系和埋深。

实际工作中，以调查为主，沿排水管线的走向和井内管线的连接方向逐井追踪调查即可。

钢质排水管可使用管线探测仪进行追踪探查。

若遇到暗井、暗三通等疑难问题，可以使用管道内窥镜、爬行机器人和穿金属线缆等方法来查明走向和连接关系。

对于大埋深的排水管、无明显检修井的废弃排水管往往难以探查，可以考虑使用地质雷达、人工地震波法和高密度电法探查。

2.3.5.3 燃气管线探查

燃气管线多采用钢、PE材质，埋深一般不大，明显管线点较少。燃气PE管的探查历来都是管线探查中的一大难题。目前较好的解决办法是"多法探查，综合判定"。当然，这必然会增加探查成本和降低工作效率。

钢质燃气管线探查，采用直连法、夹钳法、感应法均可获得理想的探查效果。

PE材质燃气管线探查，首先需要查看有无示踪线，有示踪线的可以利用管线探测仪探查示踪线；无示踪线的可采用地质雷达、声波法、高密度电法和人工地震波法等方法进行探查。

各个小区或单位的燃气站调压后送至用户的管线为低压管，连接中应注意区分。高压、中压和低压燃气管之间不能直接产生连接关系，必须要经过调压站（箱），若忽略这个规律会导致漏方向、属性错误和连接关系错误等问题。

2.3.5.4 热力管线探查

热力管线的载体以热水为主，在市政道路上常设有保护管沟，厂区内多为架空管。热力管线材质多采用钢管，外加石棉保护层，所以热力管线大多信号好，探查方法与探查给水、燃气管线类似。由于采用金属探测仪探查出的管道埋深为管线中心埋深，在实际工作中管顶深度应为中心埋深减去管道半径，同时还需进行管壁厚度和保护层厚度改正；架空热力管的埋深是直接从地面量至管底，深度为负值。调查时要注意保护层破损的安全问题，以免烫伤。

2.3.5.5 电力管线探查

电力管线的明显井较多、信号好，探查难度不大。但电力井井盖多采用水泥盖板，井盖重，开启困难，需要3~5人协作开井。当电力管道内无电缆线时，可以直接探查与电力管道配套敷设的接地线，探查的平面位置和埋深根据管沟规格进行修正即可。若是管块敷设，无电缆且无接地线时，可以采用穿线探查，即利用穿线器向空管内穿入金属线缆，再探查穿入的金属线缆，即可探查其平面位置和埋深；当电力管道内有电缆时，可以采用夹钳法、感应法、POWER模式进行探查。但POWER模式无法探查深度，只能确定管线的平面位置。

2.3.5.6 通信管线探查

通信管线主要有管块(砼)、集束式管理和直埋等埋设方式,在通信井井中所见的管道排列一般是规则的,关键点在于隐蔽管线点的平面位置和深度的改正,一般方法是分别夹中间或两侧的线缆,取外侧未受影响的定深信号所确定的深度作为该通信管线的埋深,同时还需加上深度改正。

对砼管埋设方式而言,平面位置和深度改正是简单的。考虑到精度,在夹线时首选最上端和最旁侧。但在主干道上要注意二次敷设的情况,重点是要注意到砼管块和 PVC 管混合埋设的情况。

集束 PVC 管埋在井中是较规则的,但在实际敷设中是不规则的,开挖后所见断面大于井中的断面的情况很普遍,特别是较大的管群。管线的定位点是管块(群)的平面几何中心,最简单的方法就是分别夹管块(群)两侧的线缆来确定中心位置。

直埋通信管线的探查采用夹钳法,直埋通信管线大多埋深浅、信号强,便于探查。需要注意的是在探查过程中要仔细追踪探查到明显管线点,防止漏分支。

2.3.5.7 工业管线探查

工业管线常采用钢、PE、玻璃钢等材质,探查方法与其他城市地下管线总体相同。但是工业管线上设置的明显管线点较少,给调查和探查增加了难度。工业管线探查需要注意的是:

(1)首先要调查清楚工业管线的材质、权属单位、管道压力和传输介质。

(2)金属材质的工业管线,可采用直连法、感应法和夹钳法探查。由于工业管线明显管线点较少,必须要全程追踪探查,并且要追踪到明显管线点进行验证,防止遗漏分支和错误判断管线类别。

(3)非金属材质的工业管线,先要收集权属资料或邀请权属单位现场指认,再采用地质雷达、人工地震波法、高密度电法等进行探查和验证。

2.3.5.8 综合管廊探查

综合管廊具有规模大、埋深大的特点,管线探测仪对大埋深管线的探查效果有限。这个特点适合使用地质雷达、人工地震波法和高密度电法进行探查,均能获得理想的探查效果。同时,综合管廊的明显管线点较多,沿线多有通风口、出入口、逃生口等附属设施,可以充分利用明显管线点调查来辅助探查。

2.3.6 管线三维数据获取

传统的二维管线成果总是受到平面显示范围的限制无法从纵深上直观反映管线的空间位置和管线间的空间关系,难以对管线之间、管线与建构筑物之间垂向上的空间分布和关系等信息进行有效的描述和表达。三维管线模型能直观地描述管线的三维特征及管线间的空间关系,能更加真实地反映地下管线的空间分布状况,可以实现地下管线的三维可视化管理、存储、查询、分析、定位等功能,形成一套完善的综合地下管线数字化、可视化三维管线系统。

管线三维数据项包含所有的二维数据项，同时还要为三维建模提供参数，在数据量和精度上要满足三维系统需求。具体而言，管线三维数据项如下。

附属物的点号、中心位置坐标及高程、附属物类别、附属物名称、附属物规格（如直径、长、宽、高）、井盖形状、井盖材质、井脖深度、井室材质、井室形状、井室规格、井室轮廓线（由管线辅助点连线组成）、管线辅助点的坐标及高程、井深等参数。管线附属设施的三维数据见表2.16，管线辅助点属性见表2.17，管线辅助线属性见表2.18。

在获取三维管线段数据时，管线段与沟边线、管线段与附属物轮廓线连接处需要设置沟边点、井边点和偏心点。管线段由管线点的连线组成，需要获取管线点的点号、坐标、高程、埋深等空间数据以及管线种类、材质、规格、压力、孔数、线缆根数、埋设方式、权属单位和代码等属性数据，并可根据需要进行扩展，具体见表2.19。

表2.16 管线点信息表[8]

序号	字段名称	中文名称	字段类型	长度	值域与说明	是否可空
1	ID	标识码	字符型	32	自动编号，测区唯一	否
2	CODE	管类代码	字符型	8	管点类型代码（如"JS"）	否
3	WTDH	物探点号	字符型	14	物探点号，测区唯一	否
4	TSDH	图上点号	字符型	8	管线点图上编号，图幅内唯一	否
5	YSDM	要素代码	字符型	10	—	否
6	TFH	图幅号	字符型	20	—	否
7	X	X坐标	浮点型	10.3	—	否
8	Y	Y坐标	浮点型	10.3	—	否
9	DMGC	地面高程	浮点型	7.3	—	否
10	TZ	特征	字符型	15	—	特征和附属物不能同时为空
11	FSW	附属物	字符型	15	附属物的名称	
12	FHJD	符号角度	浮点型	8.3	—	是
13	PXJW	偏心井位	字符型	20	—	是
14	JS	井深	浮点型	7.3	当管线点为检修井时需填写	是
15	JGXZ	井盖形状	字符型	10	圆形/矩形	是
16	JGCZ	井盖材质	字符型	10	—	是
17	JGZJ	井盖直径	浮点型	5	—	是
18	JGC	井盖长	浮点型	5	管线的主线方向井盖长	是
19	JGW	井盖宽	浮点型	5	垂直于管线主线方向的井盖宽度	是
20	JSXZ	井室形状	字符型	8	圆形/矩形/特殊形状	是
21	JSCZ	井室材质	字符型	10	水泥/砖	是
22	JBS	井脖深	浮点型	7.3	井盖向下的垂直段的距离	是
23	JSZJ	井室直径	浮点型	5	井室是柱体时填写	是
24	JSC	井室长	浮点型	5	管线的主线方向井室长	是

续表

序号	字段名称	中文名称	字段类型	长度	值域与说明	是否可空
25	JSW	井室宽	浮点型	5	垂直于管线主线方向的井室宽度	是
26	SZDL	所在道路	字符型	32	—	是
27	QSDW	权属单位	字符型	50	—	是
28	TCRQ	探查日期	日期型	10	—	是
29	ZYDW	作业单位	字符型	50	—	是
30	JLDW	监理单位	字符型	50	—	是
31	SJLY	数据来源	字符型	255	探查/竣测/图解/整合/权属单位提供	是
32	ZT	状态	整型	1	1.待投用；2.投用中；3.检修中；4.废弃	是
33	BZ	备注	字符型	255	—	是

表 2.17 管线辅助点信息表[8]

序号	字段名称	中文名称	字段类型	长度	值域及说明	是否可空
1	GXDH	管线点号	字符型	14	—	否
2	DFHDM	点符号代码	字符型	4	虚拟窨井为相应窨井代码，其他为空	否
3	X	X 坐标	浮点型	10.3	—	否
4	Y	Y 坐标	浮点型	10.3	—	否
5	DMGC	地面高程	浮点型	7.3	—	否
6	GL	管类	字符型	2	—	否
7	TXLB	图形类别	字符型	20	图形类别包括一井多盖范围点、窨井符号、窨井轮廓点、排水沟边线点等	否

表 2.18 管线辅助线信息表[8]

序号	字段名称	中文名称	字段类型	长度	值域及说明	是否可空
1	GXDH	管线点号	字符型	14	对应窨井点的管线点号	否
2	QDWTDH	起点物探点号	字符型	14	—	否
3	ZDWTDH	终点物探点号	字符型	14	—	否
4	GL	管类	字符型	2	—	否
5	XX	线型	整型	2	—	否
6	TXLB	图形类别	字符型	20	图形类别标准名称见国家标准《地下管线数据获取规程》(GB/T 35644—2017)	否

表 2.19 管线线信息表[8]

序号	字段名称	中文名称	字段类型	长度	值域与说明	是否可空
1	ID	标识码	字符型	25	—	否
2	CODE	管类代码	字符型	7	—	否
3	XLMC	线路名称	字符型	50	—	否
4	QDWTDH	起点点号	字符型	25	—	否

续表

序号	字段名称	中文名称	字段类型	长度	值域与说明	是否可空
5	ZDWTDH	终点点号	字符型	25	—	否
6	QDDEPTH	起点埋深	浮点型	3.2	—	否
7	ZDDEPTH	终点埋深	浮点型	3.2	—	否
8	QDGC	起点高程	浮点型	6.2	—	否
9	ZDGC	终点高程	浮点型	6.2	—	否
10	SZQY	所在区域	字符型	40	—	否
11	MSFS	埋设方式	字符型	8	—	否
12	CZ	材质	字符型	8	—	否
13	GXGG	管线规格	字符型	50	单位：mm	否
14	CD	长度	浮点型	3.2	单位：m	否
15	JZ	介质	字符型	255	雨水、污水或合流	否
16	SSYWXT	所属雨污系统	字符型	255	—	否
17	SFYLG	是否压力管	整型	1	重力流管为0，压力管为1	否
18	LX	流向	字符型	8	正向或逆向	是
19	BHCZ	保护材质	字符型	50	—	是
20	TGCC	套管尺寸	整型	4	—	是
21	QYLB	区域类别	字符型	8	—	是
22	QSDW	权属单位	字符型	40	—	是
23	GLDW	管理单位	字符型	40	—	是
24	GLBM	管理部门	字符型	40	—	是
25	SYBM	使用部门	字符型	40	—	是
26	ZRR	责任人	字符型	40	—	是
27	YHDW	养护单位	字符型	40	—	是
28	SJDW	设计单位	字符型	40	—	是
29	AZDW	安装单位	字符型	40	—	是
30	JLDA	监理单位	字符型	40	—	是
31	SCCJ	生产厂家	字符型	40	—	是
32	GYS	供应商	字符型	40	—	是
33	CJDW	采集单位	字符型	40	—	否
34	CJRQ	采集日期	日期型	8	—	否
35	MSND	埋设年代	日期型	8	—	否
36	RKRQ	入库日期	日期型	8	—	否
37	YXZT	运行状态	字符型	8	—	否
38	SJLY	数据来源	字符型	40	—	否
39	BZ	备注	字符型	255	—	是

2.4 地下管线探查质量控制

2.4.1 管线探查质量控制要求

地下管线探查的质量控制目标是防止在探查过程中产生质量问题,将可能出现的问题做出预判与分析。以预防为主、综合防检为辅的工作原则对探查过程中的问题及时解决,将探查质量监管落实到生产任务的全过程当中。地下管线探查质量控制主要从五个方面把控:数学精度、地理精度、逻辑一致性、资料完整性和规整性。具体内容如下:

(1)数学精度质量控制主要包括明显管线点调查埋深、隐蔽管线点探查平面位置、隐蔽管线点探查埋深等中误差和粗差率超限以及隐蔽管线点开挖验证合格率。

(2)地理精度质量控制主要包括主次干管的漏查、管线数据正确率以及管线连接关系、管线走向、管线点设置合理性、管线点线库属性关联、主干管流向、管线属性与实地一致性、管线接边等。

(3)管线逻辑一致性控制主要包括管线数据库数据完整性、图库一致性、管类与连接正确性、管线数据库中重复管线点与孤点、属性编码正确性、属性定义、数据集定义、逻辑关系正确性、碰撞合理性等。

(4)资料完整性主要包括资料与设计的一致性、设计符合性、设计审批、元数据完整性、一查二查的独立性和完整性、技术总结和仪器检校资料等。

(5)资料规整性主要包括资料准确性、原始记录规范性、资料签章完整与规范性等。

质量控制不仅要依靠检查,更要将质量管理制度和保障措施落实到日常生产的全过程,把可能存在的问题消灭在生产过程中。应执行如下制度和措施:

①根据任务(项目)的具体情况建立一套行之有效的质量管理制度。

②制定具体可行的质量管理措施:

a. 施工前:技术交底,管线探测仪的一致性试验,方法试验,技术培训。

b. 生产时:质量监督和疑难问题处理;探查工序形成完备的生产记录,做到可追溯。

c. 探查数据做到100%校审。

③严格执行"二级检查一级验收"制度:

a. 测绘单位作业部门的过程检查,采用全数检查。

b. 测绘单位质量管理部门的最终检查,涉及野外检查项的可采用抽样检查,样本以外的应实施内业全数检查。

c. 项目成果验收管理单位组织或委托具有资质的质量检验机构实施,一般采用抽样检查。

d. 各级检查验收工作应独立、按顺序进行,不得省略、代替或颠倒顺序。

(6)管线探查质量控制总体要求如下:

①在生产过程中使用的测量、物探等仪器设备必须要经过计量检定合格后才能投入生产。

②在日常生产和检查中不能出现《管线测量成果质量检验技术规程》(CH/T 1033—2014)中列举的A类错误,出现任意一项A类错误的,成果批不合格。

③所有检查项的数学精度统计中误差不能超限。
④所有检查项的数据精度统计粗差率不超过 5%。
⑤以图幅为单位，所有检查项按照规范要求评分不低于 60 分。

(7) 管线探查质量控制关键环节：

①生产前必须进行管线探测仪一致性校验和探查方法试验，管线探测仪一致性校验合格、探查方法恰当是保证探查质量的前提条件。

②生产前必须要对所有技术人员做好技术培训，统一技术标准。培训的主要内容是技术设计书和技术规程。通过培训使技术人员全面掌握生产要求和技术标准，否则极易出现理解不一致、标准不统一、数据不合规等问题，甚至可能导致返工。

③生产过程中需充分发挥作业小组对现场情况更熟悉的优势，组织作业小组自检、互检、现场接边和 100%巡图，将问题消灭在生产过程中，各小组填写检查记录。

④生产过程中，项目部成立检查组对作业小组进行检查、监督和处理疑难问题，其主要任务是帮助作业小组解决疑难问题，监督落实质量保障措施。

⑤数据自检，主要是利用数据检查软件对数据进行 100%的内业检查。应针对属性、倒流、高程、线型、错漏、超距、逻辑关系等内容进行检查，对查出的问题要进行 100%的核实或修改。

(8) 管线探查质量检查比例。《城市地下管线探测技术规程》(CJJ 61—2017)对质量检查比例的要求如下：

①测区内明显管线点随机抽取检查点不少于明显管线点总点数的 5%。
②测区内隐蔽管线点随机抽取检查点不少于隐蔽管线点总点数的 5%。
③测区内开挖验证点抽取不少于隐蔽管线点总点数的 0.5%，且不少于 3 点。

2.4.2 管线探查质量检查内容及要求

1. 管线探查质量检查内容

(1) 明显管线点埋深量测精度检查。明显管线点埋深量测精度检查一般选取一定比例(不少于明显管线点总数的 5%)的明显管线点，进行埋深重复量测，其重复量测的埋深中误差不得大于±2.5cm。

(2) 隐蔽管线点重复探查精度检查。隐蔽管线点重复探查精度检查一般选取一定比例(不少于隐蔽管线点总数的 5%)的隐蔽管线点，采用探查仪器同精度重复，比较隐蔽管线点平面定位精度和定深精度。隐蔽管线点重复探查平面定位中误差和定深中误差分别按式(2.4)、式(2.5)计算，其值不应超过技术标准规定限差的 0.5 倍。

(3) 隐蔽管线点开挖检查。隐蔽管线点开挖检查一般选取一定比例(不少于隐蔽管线点总数的 0.5%)的隐蔽管线点，在实地进行开挖验证。

(4) 地下管线探查数据地理精度检查。地下管线探查数据地理精度检查主要包括管线属性数据的完整性、正确性、协调性以及地下管线连接关系、流向的检查。

(5) 地下管线探查文档资料检查。地下管线探查文档资料质量包括地下管线探查文档资料完整性和整饰规整性。

表 2.20 为各阶段质量元素和检查项对照表。

表 2.20 质量元素和检查项对照表

质量元素	权	质量子元素	权	权	检查项	检查阶段
控制测量精度	0.40	数学精度		0.5	平面控制测量精度按《平面控制测量成果质量检验技术规程》(CH/T 1022—2010)的规定执行	地下管线测量
				0.5	高程控制测量精度按《高程控制测量成果质量检验技术规程》(CH/T 1021—2010)的规定执行	地下管线测量
管线图质量	0.40	数学精度	0.30	0.15	明显管线点埋深量测精度	地下管线探查
				0.20	隐蔽管线点平面探查精度	地下管线探查
				0.20	隐蔽管线点埋深探查精度	地下管线探查
				0.15	隐蔽管线点开挖合格率	地下管线探查
				0.10	管线点平面测量精度	地下管线测量
				0.10	管线点高程测量精度	地下管线测量
				0.10	管线点与地物点相对位置测量精度	地下管线测量
		地理精度	0.40	0.20	管线属性齐全性、正确性、协调性	地下管线探查
				0.15	管线图注记和符号正确性	地下管线探查
				0.25	管线调查和探查综合取舍合理性、完整性	地下管线探查
				0.05	管线分类正确性	地下管线探查
				0.20	关联成果一致性	地下管线探查
				0.15	接边质量	地下管线探查、地下管线测量
		逻辑一致性	0.20	0.30	格式一致性	地下管线探查
				0.30	概念一致性	地下管线探查
				0.40	拓扑一致性	地下管线探查
		整饰质量	0.30	0.20	符号、线划质量	地下管线测量
				0.20	图廓外整饰质量	地下管线测量
				0.25	注记质量	地下管线测量
				0.35	管线图的几何表达	地下管线测量
资料质量	0.20	资料完整性	0.60	0.05	工程依据文件	地下管线探查、地下管线测量
				0.05	工程凭证资料	地下管线探查、地下管线测量
				0.25	原始资料	地下管线探查、地下管线测量
				0.25	图表、成果表	地下管线探查、地下管线测量
				0.30	元数据	地下管线探查、地下管线测量
				0.10	技术报告书或技术要求	地下管线探查、地下管线测量
		整饰规整性	0.40	0.50	依据资料、记录图表归档的规整性	地下管线探查、地下管线测量
				0.50	报告、总结、图、表、簿册整饰的规整性	地下管线探查、地下管线测量

2. 管线探查质量检查要求

(1) 管线成果质量检验分详查和概查两种方式。详查是对单位成果质量要求的全部检查项进行检查，而概查是对单位成果质量要求中的部分检查项进行检查。详查、概查的要求及内容应分别按《管线测量成果质量检验技术规程》(CH/T 1033—2014)的规定执行。

(2) 当管线测量成果划分为多个批次进行检验时，各批次分别进行质量检验与质量评定。当各批次中所有单位成果的质量均评定为合格时，该检验批次成果质量评定为合格，否则为不合格。

(3) 经检验评为合格的批次，测绘单位或部门应对检验中发现的问题进行处理。经检验评为不合格的批次，由测绘单位或部门返工处理后，应重新抽样检验。

(4) 检验使用的仪器设备精度指标应不低于规范和设计对仪器设备精度指标的要求。

(5) 质量问题应形成检验记录，记录应及时、完整、规范和清晰，所属错漏类别应明确，且应有检查人、记录人和校核人的签名，经签名后的记录不可更改、增删。

3. 精度指标及计算方法

《城市地下管线探测技术规程》[3]对明显管线点、隐蔽管线点和开挖点的质量检查有具体规定。城市地下管线探查以中误差作为衡量探查精度的标准，且以二倍中误差作为极限误差。

1) 明显管线点检查精度指标

明显管线点的埋深量测中误差不应大于±25mm，中误差计算如下：

$$M_d = \pm\sqrt{\sum_{i=1}^{n}\Delta d_i^2 / 2n} \tag{2.3}$$

式中，M_d为埋深量测中误差，mm；Δd_i为两次量测的深度差值，m；n为检查点数，个。

2) 隐蔽管线点检查精度指标

隐蔽管线点平面位置探查中误差不大于±0.05h，计算如式(2.4)；埋深探查中误差不大于±0.075h，h为管线中心埋深，$h \leq 1000$mm时按1000mm计算，计算如式(2.5)：

$$M_s = \pm\sqrt{\sum_{i=1}^{n}\Delta S_i^2 / 2n} \tag{2.4}$$

$$M_h = \pm\sqrt{\sum_{i=1}^{n}\Delta h_i^2 / 2n} \tag{2.5}$$

式中，M_s为平面探查中误差，mm；M_h为埋深探查中误差，mm；ΔS_i为两次探查的平面位置差值，m；Δh_i为两次探查的埋深位置差值，m；n为检查点数，个。

3) 开挖点检查精度指标

隐蔽管线点的探查精度可开挖验证，主要验证几何精度和属性精度。开挖点应选有代表性并均匀分布的点，开挖点平面位置和埋深中误差计算公式与隐蔽管线点探查平面位置和埋深中误差计算公式相同，开挖点的合格率单独统计，开挖合格率不低于90%为合格，否则按《城市地下管线探测技术规程》(CJJ 61—2017)的规定执行。

2.4.3 管线探查质量检查过程与报告

地下管线探查成果质量检验工作包括检验前准备、抽样、成果质量检验、质量评定、报告编制和资料整理。

(1) 检验前收集项目设计书、技术设计书及相关技术资料，核实上一级检查完成情况，明确检查内容和方法，制定工作计划，必要时可编制检验方案。

(2) 确定抽样方案，抽样并提取相应数据及资料。检验管线取舍的合理性与完整性、关联成果一致性、符号与线划质量、注记质量、接边质量时，以图幅为单位划分单位成果；检验管线图（数据）的数学精度时，以点为单位划分单位成果；成果图幅总数大于等于 201 幅时，应以图幅为单位对全测区的成果划分检验批次，批次数量应最小，各批次的图幅量应均匀，批次确定宜与前期检验批次顺延。抽样比例可参照《管线测量成果质量检验技术规程》（CH/T 1033—2014）的相关规定执行。

(3) 样本成果详查，样本以外成果概查。抽样宜采用分层随机抽样方式，样本应分布均匀，抽样应填写测绘成果检验抽样单。测绘成果检验抽样单见表 2.21。

(4) 整理检验记录，评定单位成果质量等级，判定批成果质量。如表 2.22 所示，样本成果质量采用优、良、合格和不合格四级评定；批成果质量采用合格和不合格两级评定，质量水平应以百分制表征。

(5) 编制检验报告。检验报告应根据质量检验情况如实编制；检验报告的内容、格式按《数字测绘成果质量检查与验收》（GB/T 18316—2008）的规定执行；当检验成果划分为多个批次检验时，可编制同一报告。

(6) 整理有关检验资料并按相关要求归档，包括质量检验的相关文件、样品及其附件资料、样品清单、检验原始记录、检测数据、检验报告等质量检验过程记录、成果均应进行归档管理。

表 2.21 测绘成果检验抽样单

成果名称					
生产日期		抽样日期		成果总数	
				批次	
提样方式	□ 送寄		□ 自取	批量	
				样本数	
测绘单位	单位名称		（盖章）	电话	
	经办人			传真	
	通信地址			邮政编码	
检验单位	单位名称		（盖章）	电话	
	抽样人			传真	
	通信地址			邮政编码	
样本资料：			检验参数：		
样本号：					
备注：					

表 2.22　样本质量评定等级

质量等级	质量得分/分
优	$S \geqslant 90$
良	$75 \leqslant S < 90$
合格	$60 \leqslant S < 75$
不合格	$S < 60$

第 3 章 地下管线测量

地下管线测量可分为已建成地下管线测量、地下管线竣工测量和地下管线放线测量。工作内容包括控制测量和管线点测量。地下管线测量应在收集、分析已有的控制点和地形图资料的基础上进行[3]。

3.1 控 制 测 量

控制测量的作用是满足地下管线测量的需要，限制地下管线测量误差的传播和积累，保证必要的地下管线测量精度，使不同测站所测量的地下管线图能无缝地拼接成一体。

控制测量分为平面控制测量和高程控制测量，平面控制测量确定控制点的平面位置，高程控制测量确定控制点的高程。

3.1.1 平面控制

当前，平面控制测量主要采用 GNSS(global navigation satellite system)控制网和测距导线两种方式。GNSS 控制网是通过测量多个已知位置的卫星到地面 GNSS 控制点(GNSS 接收机)的距离，利用前方交会原理计算出地面 GNSS 控制点(GNSS 接收机)的平面位置。测距导线是把地面控制点连成折线多边形，测定各边长和相邻边夹角，计算它们的相对平面位置。

城市平面控制网采用逐级控制、分级布设的原则，分为城市二、三、四等控制网和一、二、三级导线点，施测方法主要包括 GNSS 测量和电磁波测距导线测量两种。具体的布设原则、选点埋石、观测技术、平差计算及精度指标如下。

3.1.1.1 GNSS 测量

城市平面控制网采用 GNSS 静态测量方式施测时，按城市二、三、四等 GNSS 控制网进行布设和施测，具体按照《卫星定位城市测量技术标准》(CJJ/T 73—2019)[31,32]的规定进行。下面以城市四等 GNSS 控制测量为例进行叙述。

城市四等 GNSS 控制点布设之前须收集平面控制区域范围内及四周不低于城市三等或国家 C 级 GNSS 控制点，作为城市四等 GNSS 平面控制测量的起算点，起算点要均匀分布在城市四等 GNSS 控制网四周，点数不得少于 3 个。

1. 城市四等 GNSS 控制点布设

结合城市道路走向、建筑物密度与高度、城市四等 GNSS 控制点高程联测和城市地下管线测量加密的需要，城市四等 GNSS 控制点选点布设在地下管线测量区域范围内的交通干道的交叉口及城市广场,一般以对点形式布设,每点至少有一个通视方向,所有四等 GNSS 控制点组成城市四等 GNSS 控制网。城市四等 GNSS 控制网构网时,独立观测边之间组成闭合图形;采用多边形时,其异步环边数≤10 条。城市四等 GNSS 控制网边缘的 GNSS 控制点须联测 3 条以上的基线边,以确保城市四等 GNSS 控制网四周边缘区域的可靠性。

2. 城市四等 GNSS 控制点选点

城市四等 GNSS 控制点选在视野开阔、点位基础坚实稳定、易于长期保存的地方,便于安置仪器和安全操作,视场内一般无高度角大于 15°的成片障碍物;距离大功率无线电发射台、电视台、微波站等的距离不得小于 200m,距离高压输电线路的距离不得小于 50m;同时附近无大面积水域和其他强烈干扰卫星信号接收的物体。

3. 城市四等 GNSS 控制点埋设

城市四等 GNSS 控制点采用将钢钉打入水泥地面或混凝土沥青路面,也可现场开挖或钻孔后进行混凝土浇灌,确保控制点标志的稳固。在标志面划"+"符号作为标志中心点,地面刻绘 20cm×20cm 方框,方框正北标明点号。城市四等 GNSS 控制点点号为 GNSS+三位顺序号,实地绘制点之记与点位分布略图。点位略图与实地方位一致,须明确城市四等 GNSS 控制点与不少于 2 个方向的明显地物的方向及距离。

4. 城市四等 GNSS 控制点观测

城市四等 GNSS 控制点观测采用静态定位方法,同步观测接收机数不得少于 3 台。观测前根据城市四等 GNSS 控制网图编制观测调度计划,作业时根据观测计划、卫星可见性和实际情况合理安排观测时间。城市四等 GNSS 控制网观测主要技术要求见表 3.1。

表 3.1 城市四等 GNSS 控制网观测主要技术要求

项目	指标要求
卫星截止高度角/(°)	≥15
同时有效观测卫星数	≥4
有效观测卫星数	≥4
重复设站数	≥1.6
时段长度/min	≥45
采样间隔/s	15

城市四等 GNSS 控制点观测中,根据同步观测点间的距离、观测条件等掌握是否需要延长观测时间;每时段观测需准确量取天线高两次,其互差不得超过 3mm,取平均值作为相应观测时段的天线高;做好测量手簿记录,记录内容包括观测员姓名、观测日期、天气、点名、点号、时段、天线高、天线安置方式、开关机时间、同步观测点号等以及其他特殊问题;观测结束后要及时下载并备份观测数据。

外业缺测、漏测或观测数据经处理不满足设计要求时需及时重测和补测。需补测或重测的观测时段或基线一般进行同步观测。

5. 观测数据处理

1) 基线解算

城市四等 GNSS 控制网观测数据需及时进行处理,对同步环、复测基线、独立环进行检核。当用 N 台接收机同步观测时,独立基线向量取 $N-1$ 条。城市四等 GNSS 基线向量采用厂家提供的商用软件利用广播星历进行解算,采用固定双差解的基线作为 GNSS 基线向量解成果。城市四等 GNSS 控制网基线解算限差要求如表 3.2 所示。

表 3.2　城市四等 GNSS 控制网基线解算限差

指标	限差
同步环坐标分量相对闭合差限差/ppm	6
同步环全长相对闭合差限差/ppm	10
独立环坐标分量闭合差限差/mm	$2\sqrt{n}\sigma$
独立环全长闭合差限差/mm	$2\sqrt{3n}\sigma$
复测基线长度较差/mm	$2\sqrt{2}\sigma$

注:n 为闭合环边数,σ 为相应级别规定的精度(按其平均边长计算)。

2) 无约束平差

在城市四等 GNSS 控制网数据处理中,无约束平差是以任一点的 WGS-84 坐标为基准,进行整网无约束平差。平差输入数据采用经同步环、独立环、复测基线检核合格的独立基线向量及其协方差,进一步分析 GNSS 观测值中是否存在粗差,确定无粗差后再进行约束平差。

无约束平差中,基线分量的改正数绝对值 ($V_{\Delta X}$、$V_{\Delta Y}$、$V_{\Delta Z}$) 应满足式(3.1)的要求:

$$\begin{cases} V_{\Delta X} \leqslant 3\sigma \\ V_{\Delta Y} \leqslant 3\sigma \\ V_{\Delta Z} \leqslant 3\sigma \end{cases} \quad (3.1)$$

式中,σ 为基线测量中误差,mm,按式(3.2)计算,并按表 3.3 的分级规定执行。当测量大地高差的精度时,固定误差和比例误差系数可放宽 1 倍执行。

$$\sigma = \sqrt{\alpha^2 + (b \cdot d \cdot 10^{-6})^2} \quad (3.2)$$

式中,σ 为相应级别规定的精度(按其平均边长计算),mm;α 为固定误差,mm;b 为比例误差系数;d 为相邻点间距离,mm。

表 3.3　城市 GNSS 控制网精度分级

等级	平均边长/km	固定误差/mm	比例误差系数
二等	9	≤5	≤2
三等	5	≤5	≤2
四等	3	≤10	≤5

3)约束平差

约束平差后基线向量的改正数与剔除粗差后的无约束平差结果的同名基线相应改正数的较差($d_{\Delta x}, d_{\Delta y}, d_{\Delta z}$)须满足式(3.3)的要求：

$$\begin{cases} d_{\Delta x} \leqslant 2\sigma \\ d_{\Delta y} \leqslant 2\sigma \\ d_{\Delta z} \leqslant 2\sigma \end{cases} \tag{3.3}$$

4)精度指标

约束平差结束后，核查四等GNSS控制网是否达到精度要求。具体精度要求如下：

(1) 最弱点的点位中误差不大于±5cm。

(2) 最弱相邻点的相对点位中误差不大于±5cm。

(3) 最弱边边长相对中误差不大于1/45000。

3.1.1.2 电磁波测距导线测量

平面控制测量也可采用电磁波测距导线方式布设，采用电磁波测距导线施测平面控制时，高程控制采用电磁波测距三角高程测量与平面控制测量同步进行。平面和高程均起闭于城市等级控制点，采用电磁波测距导线测量的方法施测，使用全站仪自动记录。电磁波测距导线测量主要技术指标按表3.4执行。

表3.4 电磁波测距导线测量主要技术指标

等级	导线全长/m	平均边长/m	边数/条	水平角测回数	测角中误差/(″)	方位角闭合差/(″)	导线全长相对闭合差
一级	3600	300	12	2	±5	$±10\sqrt{n}$	1/14000
二级	2400	200	12	2	±8	$±16\sqrt{n}$	1/10000
三级	1200	100	12	1	±12	$±24\sqrt{n}$	1/6000

电磁波测距导线测量过程中原始观测数据经过检查确保无误后进行平差计算，平差计算一般采用经鉴定合格的商用软件进行，并评定其精度。平差后控制点成果和控制测量计算资料一并提交。

3.1.2 高程控制

城市高程控制网采用逐级控制、分级布设的原则，分为城市二、三、四等高程控制网，施测方法主要包括水准测量、GNSS高程控制测量和三角高程导线测量三种。水准测量是把已知高程控制点与未知高程控制点分成 N 条折线，通过水准仪利用水平视线来分别测量各折线之间的高差，然后计算出未知控制点的高程。三角高程导线测量是把已知高程控制点与未知高程控制点分成 N 条折线，通过全站仪分别测量各折线边长和对向垂直角、仪器高和觇牌高，然后计算各折线之间的高差和未知高程控制点的高程。

3.1.2.1 水准测量

在进行城市高程控制网水准测量施测时，按城市二、三、四等水准控制网进行布设和施测，具体按照《国家一、二等水准测量规范》、《国家三、四等水准测量规范》[33]的规定执行。下面以城市四等水准网为例进行叙述。

采用四等水准测量施测高程时，精度按《国家三、四等水准测量规范》中四等水准测量的精度要求执行。四等水准测量的主要技术指标按表 3.5 执行。

表 3.5 四等水准测量主要技术指标

等级	每千米高差中数中误差 偶然中误差 /mm	每千米高差中数中误差 全中误差 /mm	测段、路线往返测高差不符值/mm	测段、路线左右路线高差不符值/mm	附合路线或环线闭合差/mm	检测已测测段高差之差/mm
四等	≤6	≤10	≤$20\sqrt{L}$	≤$14\sqrt{L}$	±$20\sqrt{L}$	±$30\sqrt{L}$

注：L 为测段、附合路线或环线的长度，均以 km 计。

四等水准测量起算于三等及以上水准点。四等水准线路一般布设成附合水准线路、闭合环线或结点网；四等水准线路一般沿城市交通干道以及其他坡度较小、施测方便的路线布设，避免穿越湖泊和江河地段。水准点应选在土质坚实、地下水位低、易于观测的位置，凡易受淹没、潮湿、震动和沉陷的地方，均不宜作水准点位置；一般利用同期施测城市四等 GNSS 控制点、导线点为水准点，不再单独埋设标石。水准点选定后，应埋设水准标石和水准标志，并绘制点之记，以便日后查寻。水准路线长度和水准点的间距，可参照表 3.6 的规定。工矿区水准点的间距可适当减小。一般一个测区至少应埋设三个水准点。

表 3.6 四等水准路线长度和水准点间距

水准点间距	建筑物	1~2km
	其他地区	2~4km
环线或附合于高等级点水准路线的最大长度	四等	80km

单独四等水准附合路线长度不超过 80km，同级网中结点之间的路线长度一般不超过 30km。

四等水准点采用等级+线名+顺序号的方式命名，等级宜采用罗马数字，附合路线的线名宜采用路线起止地点的地名简称，并应按"起西止东"或"起北止南"的顺序命名；环线的线名宜采用环线内具有代表性的地名并加"环"字命名。顺序号宜采用阿拉伯数字；附合路线的顺序号应自路线起点顺序编号；环线应自起点按顺时针方向顺序编号。

四等水准网与高等级水准点接测时，须进行高等级点间的已知测段检测，当高等级点为岩层基本标石时，可不检测已知测段，但须测定明、暗标间的高差，以避免用错标志。

四等水准测量采用上下丝读数量距、中丝高差读数法进行单程观测。观测中要根据线路上的土质，选用质量不轻于 1kg 的尺台作为转点尺承。测站上观测顺序和方法、观测限差要求、观测时间和气象条件、间歇与检测等的具体要求，严格按照《国家三、四等水准测量规范》中相应条款的规定执行。表 3.7 为四等水准观测限差。

表 3.7 四等水准观测限差

等级	仪器类型	标尺类型	视线长度/m	前后视距差/m	前后视距累积差/m	红黑面读数差/mm	红黑面高差之差/mm	间歇点高差之差/mm	路线闭合差/m	视线高度
四等	DS$_3$	双面	≤100	≤3	≤10	≤3	≤5	±5	±20$\sqrt{L}$	三丝能读数
	DS$_1$	因瓦	≤150							

四等水准观测一般使用 DS$_3$ 级及以上水准仪和红黑面区格式木质标尺。水准仪的技术参数应符合现行国家标准《水准仪》[34]及《国家三、四等水准测量规范》的规定,标尺的技术指标须满足《国家三、四等水准测量规范》的要求,观测前及作业期内要按规定项目进行检验,并提交仪器和标尺的检验结果。四等水准观测记录使用手工记簿或电子记簿。电子记簿必须安全可靠,以防数据丢失。电子记录的技术要求应符合现行行业标准《测量外业电子记录基本规定》[35]和《水准测量电子记录规定》[36]的要求。采用电子记录时,数据文件中的原始观测记录不得进行任何更改;采用纸质手簿记录时,观测记录不得涂改、追记和转抄[36]。观测结束后及时下载观测数据并备份至计算机。四等水准测量的观测应符合如下规定:

(1)四等水准测量除支线水准必须进行往返和单程双转点观测外,对于闭合水准和附合水准路线,均可单程观测。每站观测程序也可为"后-后-前-前",即"黑-红-黑-红"。采用单面尺,用"后-前-前-后"的读数程序时,在两次前视之间必须重新整置仪器,用双仪高法进行测站检查。

(2)四等水准测量每一测段的往测和返测、测站数均应为偶数,否则应加入标尺点误差改正。由往测转向返测时,两根标尺必须互换位置,并应重新安置仪器。

(3)每一测站上,四等水准测量后视转前视时尽量不进行再次调焦。

(4)工作间歇时,最好能在水准点上结束观测。否则应选择两个坚固可靠、便于放置标尺的固定点作为间歇点,并作出标记。间歇后,应进行检查。如检查两间歇点高差不符值小于 5mm,则可继续观测。否则须从前一水准点起重新观测。

(5)在一个测站上,只有当各项检核符合限差要求时,才能迁站。如其中有一项超限,可以在本站立即重测,但须变更仪器高。如果仪器已迁站后才发现超限,则应从前一水准点或间歇点重测。

(6)每千米测站数小于 15 时,闭合差按平地限差公式计算;如超过 15 站,则按山地限差公式计算。

(7)成像清晰、稳定时,四等水准的视线长度可容许按规定长度放大 20%。

(8)水准网中,结点与结点之间或结点与高等级点之间的附合水准路线长度,应为单一附合水准路线长度的 0.7 倍。

(9)采用单面标尺进行四等水准观测时,变更仪器高前后所测两尺垫高差之差的限制,与红黑面所测高差之差的限差相同。

(10)四等水准观测高差须进行水准标尺长度误差、正常水准面不平行的改正。

四等水准测量和电磁波测距三角高程导线观测读数、计算取值按表3.8的规定执行。

表3.8 四等水准测量和电磁波测距三角高程导线观测计算取值要求

项目	斜距/mm	垂直角/(″)	仪器高、觇牌高/mm	测站高差/mm	测段高差/mm
观测值	1	1	1	—	—
计算值	1	0.1	0.1	0.1	1

四等水准测量原始观测数据经过检查确保无误后进行平差计算，平差计算一般采用经鉴定合格的商用软件进行，并评定其精度。平差后水准点成果和四等水准测量平差计算资料一并提交。

3.1.2.2 GNSS高程控制测量

GNSS高程控制测量内容包括高程异常模型建立、卫星定位测量、高程计算与检查等过程。采用GNSS高程控制测量代替四等水准时，高程异常模型内附合中误差不应大于20mm，高程异常模型高程中误差不大于30mm，高程异常模型建立的方法和技术要求按《卫星定位城市测量技术标准》(CJJ/T 73—2019)的规定。新建立的高程异常模型应采用不低于三等水准测量的方法进行模型高程中误差外业检测。检测点应均匀分布于拟合点间的中部并能反映地形特征，检测点数不少于拟合点总数的15%且不少于5点。

GNSS高程控制测量时卫星定位接收机的选用与检验维护、布网要求、观测作业要求应符合平面控制测量的相关规定。

卫星定位高程控制测量应采用静态观测方法，按四等平面控制测量的要求施测，并宜与卫星定位平面测量同时进行。GNSS高程控制测量的外业观测记录的记录方式、记录要求、数据备份等与水准测量类似，技术要求依据是《卫星定位城市测量技术标准》(CJJ/T 73—2019)。

卫星定位静态观测数据应在地心坐标系下进行三维约束平差，观测数据的预处理和网平差的要求按GNSS平面控制测量的规定执行。卫星定位高程控制测量范围须在高程异常模型覆盖区域内，同时联测1个以上的已知高程控制点进行检核，检核高程较差不大于0.06m。须采用卫星定位网三维约束平差成果和满足要求的高程异常模型进行高程计算。

3.1.2.3 三角高程导线测量

采用电磁波测距三角高程导线施测高程时，最弱点高程中误差不得大于±2cm；两对向观测高差不符值小于$±40\sqrt{D}$mm，其中D为测站间观测水平距离，单位为km；附合路线闭合差小于$±20\sqrt{L}$mm，其中L为附合路线长度，单位为km；电磁波测距三角高程导线附合路线或环线闭合差限差与四等水准测量要求一致。

三角高程导线测量选择的全站仪应符合平面控制测量电磁波测距导线测量的规定，观测的记录方式、记录要求、数据备份等与水准测量类似。电磁波测距三角高程导线测量观测要求如下：

(1)采用每点设站法,直反觇观测。测站点、棱镜点位于无铺面材料地段时,要打入带小钉的木桩;位于铺装路面时,可用铁钉、油漆等标志。

(2)测距长度一般不得大于700m,最长不得超过1000m,垂直角不得超过15°,视线高度和离开障碍物、热体的距离不得小于1.5m。

(3)斜距和垂直角的观测须在成像清晰、信号稳定时进行。电磁波测距三角高程导线的边长采用不低于Ⅱ级精度的测距仪往返观测各二测回(每测回照准一次,读数四次),各测回读数互差和测回较差分别不得大于10mm和15mm;垂直角采用不低于DJ2级全站仪按中丝法观测四测回,测回差和指标差较差不得超过7″;同时量取气温、气压值,并取平均数;仪器高、觇牌高在测前、测后各量取一次,互差不得超过2mm。

(4)当水准点或其高程点无法设站时,可用同等几何水准引测至合适的位置后,再按电磁波测距高程导线施测,一并平差计算。

电磁波测距三角高程导线高差计算前应对观测斜距施以加常数、乘常数和气象改正,相邻测站间单向观测高差 h 按式(3.4)计算:

$$h = S \cdot \sin\alpha + (S \cdot \cos\alpha)^2 / 2R + I - V \tag{3.4}$$

式中,S 为经各项改正后的斜距,m;α 为观测垂直角,(°);R 为地球平均曲率半径,m;I 为仪器竖盘中心至地面的高度,m;V 为觇牌中心至地面的高度,m。

电磁波测距三角高程导线一般采用经鉴定合格的商用软件进行严密平差,并评定其精度。平差计算前须对观测成果进行验算,验算测段往返闭合差、路线闭合差、环线闭合差等,并对已知点高程进行检核,当各项验算、检核结果符合要求后,方可进行平差计算。平差计算至毫米,成果取至毫米。

3.1.3 图根控制测量

图根控制点一般沿地下管线的走向沿线布设,可采用GNSS测量或电磁波测距导线测量方式施测;图根控制点的选点、埋设按《城市测量规范》[37]要求进行。在城市主次干道上,一般采用GNSS测量法进行图根控制测量,其他道路上则采用电磁波测距导线测量方式。GNSS测量法又分为GNSS静态测量法和GNSS RTK测量法。

3.1.3.1 GNSS静态图根控制点测量

采用GNSS静态测量方法施测图根控制点时,应保证每点至少有两个通视方向,已知控制点总数应不少于3个。GNSS静态测量应符合下列规定:

(1)采用精度不低于 $10mm + 2 \times 10^{-6} \times D$($D$ 为边长,km)的GNSS接收机,卫星截止高度角≥15°,观测时间长度不少于30min,PDOP值不大于6,数据采样间隔为10s。

(2)在观测开始前和结束后应准确量取天线高,正确记录同步观测点名称、开始和结束观测时间等信息。

(3)基线解算可采用随机后处理软件或快速定位软件等解算,得到双差固定解才为合格。

(4)平差计算和精度评定应符合《卫星定位城市测量技术标准》(CJJ/T 73—2019)的规定。

3.1.3.2　GNSS RTK 图根控制点测量

GNSS RTK 测量可采用单基准站 GNSS RTK 和网络 GNSS RTK 两种方法进行，GNSS RTK 图根控制点测量方法及技术执行《全球定位系统实时动态(RTK)测量技术规范》[38]的要求。GNSS RTK 测量须注意以下几点：

(1) GNSS RTK 测量采用精度不低于 $10mm+2\times10^{-6}\times D$（$D$ 为边长，km）的 GNSS 接收机。GNSS RTK 图根测量的技术要求应符合表 3.9 中的规定。

表 3.9　GNSS RTK 图根测量技术要求

等级	相邻点间距离/m	点位中误差/cm	相对中误差	起算点等级	流动站到单基准站间距离/km	测回数
图根	≥100	5	≤1/4000	四等及以上	≤6	≥2
				三级及以上	≤3	

注：①当采用网络 GNSS RTK 测量时可不受起算点等级、流动站到单基准站间距离的限制；②通视困难地区相邻点的距离可缩短至表中的 2/3。

(2) 基准站的位置宜选在观测条件好、距离测区近的地方，起算点应选用三级（含三级）以上高等级控制点。

(3) 施测前量取天线高，读数至毫米位，并做好记录。

(4) 单基站作业时，流动站半径应小于 5km；网络 GNSS RTK 测量应在 CORS 系统有效服务区域内。

(5) GNSS RTK 测量管线点前联测 3 个以上且分布均匀的等级控制点，求解测区坐标的转换参数，平面坐标转换的残差绝对值应小于 2cm。

(6) 施测前应至少检测一个已知控制点，平面位置检测较差不应超过 5cm；GNSS RTK 测量控制点应进行边长、角度或导线联测检核，校核限差应符合表 3.10 中的要求，并保存校核记录。

表 3.10　GNSS RTK 控制点校核限差

等级	检测角度较差/(″)	检测边长较差的相对误差	导线联测检核
一级	≤14	≤1/14000	
二级	≤20	≤1/7000	按导线的下一个等级精度规定
三级	≤30	≤1/4000	
图根	≤60	≤1/2500	

注：当控制点边长小于 40m 时，检测边长的较差不应大于 3cm。

(7) 流动站应对中整平，测量时须选择卫星较好时段和卫星数不少于 4 颗时进行作业，每测回的自动观测个数不应少于 10 个，应取平均值作为定位结果；测回间应对仪器重新进行初始化，测回间的时间间隔应超过 60s，其平面坐标较差不应超过 2cm，高程较差不应超过 3cm，否则应重测。取各组观测结果的平均值作为最终的观测成果。

(8) GNSS RTK 测量成果应包括三维坐标成果和原始观测数据。

(9)由于地下管线点测量高程精度要求较高，GNSS RTK 图根高程测量较难满足地下管线点测量精度要求，GNSS RTK 测量方式施测图根控制点高程需采用图根水准方法进行高程联测。

3.1.3.3 电磁波测距图根导线测量

图根控制主要以电磁波测距附合导线(网)的形式布设，局部区域可布设图根支导线。图根平面控制采用电磁波测距导线施测时，以城市等级导线点为起算点，布设成电磁波测距附合导线或结点导线网，图根高程控制可布设为附合三角高程导线或高程导线网，采用电磁波三角高程测量与平面同步施测。图根点应起闭于等级控制点，平面采用电磁波测距附合导线(网)或支导线的方法施测，用电子手簿记录。电磁波测距图根导线测量的主要技术指标要求如表 3.11 所示。

表 3.11 电磁波测距图根导线测量的主要技术指标

附合导线长度/m	平均边长/m	导线相对闭合差	方位角闭合差/(″)	测距中误差/mm	测角测回数 DJ6	测距测回数(单程)	测距一测回读数次数
900	80	≤1/4000	$\leq \pm 40\sqrt{n}$	±15	1	1	2

注：①表中 n 为测站数，导线网中结点与高等级点或结点与结点间的长度不得大于附合导线长度的 0.7 倍。②当图根导线长度较短，由全长相对闭合差折算的绝对闭合差限差小于 0.15m 时，按 0.15m 计。③因地形限制图根导线无法附合时，可布设图根支导线。支导线总边数不得多于四条边，总长度不得超过图根导线规定长度的 1/2，最大边长不得超过平均边长的 2 倍。支导线边长可单程观测一测回。水平角观测首站须联测两个已知方向，采用 J6 级全站仪观测一测回，其他测站的水平角观测一测回，其固定角不符值与测站圆周角闭合差不得超过±40″。

(1)附合导线一般不超过两次附合。在一次附合图根导线点上可以直接加密二级图根导线点，但测距边长不得超过 100m。

(2)支导线边长应对向观测各一测回，也可单向变动仪器高或棱镜高各一测回，变动值不应小于 10cm。每站测定气温、气压，作气象改正和仪器加、乘常数改正。水平角观测首站应联测两个已知方向，观测一测回，其他站水平角应分别左右角各一测回，其固定角不符值与测站圆周角闭合差均不应超过±40″。

(3)图根高程采用电磁波测距三角高程与平面同步施测，三角高程路线长度不大于 4km，高程闭合差不大于$\pm 10\sqrt{n}$ mm（n 为导线边数）。仪器高、觇牌高量至毫米。同一条边往返测高差较差不大于 0.04Sm（S 为边长，以百米为单位，不足一百米时按一百米计）。每站测定温度、气压，并作气象改正。垂直角对向观测测回数和限差见表 3.12 中的规定。

表 3.12 垂直角观测技术要求

等级		测回数	指标差限差/(″)	垂直角互差/(″)
一次附合	DJ$_2$	1	15	
	DJ$_6$	2	25	25
二次附合	DJ$_6$	1	25	

(4)图根点作临时性标志(如铁钉、凿"十"字等),图根导线点的选择以能最大限度地满足测量管线点需要为原则,一般应选在通视良好、便于保存的地方。图根导线点用小铁钉作临时标志,水泥路面无法打钉时,应凿"十"字标记,外框涂红色油漆,并标注点号,如TGXNNN,其中TG为图根点代码,X为小组代码,NNN为图根点顺序编号。

3.1.3.4 图根高程测量

图根高程测量可采用图根水准测量、电磁波测距三角高程测量和GNSS图根高程测量三种方式进行。下面分别予以介绍。

1. 图根水准测量

图根水准测量一般采用电磁波测距三角高程导线代替,也可交替使用。施测时与图根导线测量同时进行。图根高程导线可布设为单一附合高程水准路线或水准网,起算点不低于四等水准施测的高等级高程控制点。图根水准测量的主要技术指标按表3.13的规定执行。

表3.13 图根水准测量的主要技术指标

路线长度			视线长度		前后视距差/m	附合路线或环线闭合差	
附合路线/km	结点间/km	支线/km	仪器类型	视距/m		平原或丘陵/mm	山地/mm
8	6	4	DS3	≤100	≤30	≤±40$\sqrt{L}$	≤±12$\sqrt{n}$

注:①按中丝读数法单程观测(黑面一次读数),估读至毫米。水准支线必须往返测。②L为路线长度,以km计;n为测站数。

2. 电磁波测距三角高程测量

采用电磁波测距三角高程测量施测图根控制点高程时,一般与平面导线观测同步进行,主要技术指标按表3.14中的规定执行。

表3.14 电磁波测距三角高程测量的主要技术指标

附合路线总长/km	平均边长/m	测回数		垂直角指标差/(″)		垂直角测回差/(″)		对向观测高差较差/mm	路线闭合差允许值/mm
		J_2	J_6	J_2	J_6		J_6		
≤5	≤300	1	2	15	25		25	≤0.02S	≤±40$\sqrt{L}$

注:表中S为边长,以hm(百米)计,不足1hm按1hm计算;L为路线总长,以km计,不足1km按1km计算;与图根水准交替使用时,路线闭合差允许值为±40$\sqrt{L}$(mm);当L大于1km且每1km超过16站时,路线闭合差允许值为±12$\sqrt{n}$(mm),n为测站数;高程、仪器高量至毫米;高程计算至毫米,取至厘米。

3. GNSS图根高程测量

采用GNSS高程测量方法进行图根控制点高程测量时,其主要规定如下:

(1)所用高程异常模型的内附合中误差应不大于±20mm,高程中误差应不大于±30mm,作业应按四等GNSS网的观测要求进行。

(2)GNSS图根高程测量应先通过静态或动态方法测出WGS-84大地坐标系坐标,仪器高应精确量至毫米，选择城市似大地水准面模型的方法或高程拟合法获取待定点的正常高。

(3)测区范围内区域地形起伏不大、较平坦的测区可采用 GNSS 高程拟合法，联测不低于四等水准的高程控制点，通过二次多项式拟合方法确定图根点的高程，联测高程点数不应少于 5 点，点位应均匀分布于测区范围。如拟合高程与已知高程差值不大于±5cm，则拟合计算的成果可作为图根点高程。区域地形起伏较大的测区建议不采用 GNSS 高程拟合法，而采用似大地水准面模型的方法。

GNSS RTK 测量高程控制点应采用水准测量方法进行高差和已知高程点联测检核，校核限差应符合表 3.15 中的要求，并保存校核记录。

表 3.15　GNSS RTK 高程控制点校核限差

等级	检测高差较差/mm
四等	$\leqslant 30\sqrt{L}$
图根	$\leqslant 40\sqrt{L}$

注：L 为检测线路长度，以 km 为单位，当 L 小于 0.5km 时，按 0.5km 计。

4. 图根控制测量平差计算

图根控制测量原始观测数据经检查确保无误后进行平差计算，一般采用经鉴定合格的商用软件进行概略平差，并评定其精度。平差计算至毫米，成果取至厘米。平差后控制点成果和控制测量计算资料一并提交。

5. 计算手簿

约束平差结束后，要输出起算点说明文件、闭合差计算结果文件和平差计算结果文件，编制图根控制点成果表、点位分布图和图根控制点测量计算手簿，并装订成册。

3.2　管线点测量

地下管线测量是在地下管线调查与探查作业完成后，在图根控制测量的基础上，由测量人员依据探查草图，对地下管线调查和探查所确定的地下管线点逐一进行测量。

地下管线点测量一般由测量人员依据探查草图进行，测量时以探查草图管线点的物探点号为准，依据实地管线点号、现场的栓距标识、管线点定位标志中心为测量点位，从探查草图的消防栓、各类检修井、阀门、路灯、接线箱、通信交换箱等明显管线点开始，按照探查草图上的管线连接关系，逐一找到各类管线点，分别进行地下管线点的三维坐标采集。采集完成后根据管线测量数据计算出管线点三维坐标，使用专业管线处理软件，与地下管线属性数据进行集成建立管线数据库，生成管线图。由管线探查人员审核是否遗漏管线点、各类管线连接关系是否正确，然后再进行遗漏和错误补测。补测时需邀请管线探查人员参与，协助寻找所探查管线点，确保管线点位正确与不遗漏。

常用管线点测量方法包括全站仪极坐标法、GNSS测量法和全站仪导线串测法，下面分别对其技术要求和方法进行阐述。

3.2.1 全站仪极坐标法

采用全站仪极坐标法进行地下管线点测量时，应进行已知控制点校核和定向检查。选择的全站仪技术参数应符合中华人民共和国行业标准《城市测量规范》[37]的规定。主要规定如下：

(1)测量前须进行控制点间距离检核，与反算距离、高差核对，边长较差不得大于±5cm，高程较差不得大于±5cm。检核合格后才可进行地下管线点测量。

(2)高程和平面测量同时进行，高程测量采用三角高程。地下管线点解析坐标中误差(相对于邻近控制点)不得大于±5cm；高程中误差(相对于邻近高程控制点)不得大于±5cm。

(3)采用全站仪极坐标法同时测定管线点的坐标和高程时，距离测量记两次取中数，水平角和垂直角各测半测回，仪器高和觇牌高用钢卷尺准确量至毫米，观测数据采用全站仪自动记录。

(4)观测时一般采用长边定向，测站至地下管线点之间测距长度不得大于150m。测量结束，应进行定向检查，定向检查的限差为±40″。

(5)测量时将有气泡的棱镜杆立于地下管线点上，并使气泡严格居中，以保证点位的准确性。

(6)因地形限制图根导线无法进入时，地下管线点测量可采用固定地物(房角、电杆等)装测地下管线点，每个点位不少于3个方向的尺寸。地下管线点高程以邻近硬质地面高程为准。

(7)测量管线点平面坐标和高程计算一律在计算机上进行，单位计算至毫米，成果取至厘米。

3.2.2 GNSS测量法

GNSS测量法也是测量管线点平面坐标的一种可选方法。在地势平坦地区，可选择采用GNSS静态方法测量、网络GNSS RTK方法或单基站GNSS RTK方法测量。GNSS静态测量法测量管线点平面坐标时按3.1.3节的规定执行。采用GNSS RTK测量管线点平面坐标时须满足以下规定：

(1)基站、移动站选择在空旷且没有干扰信号的位置。

(2)施测前后应在测区附近各检测一个已知控制点，并比较其坐标，当平面坐标差或高程差大于50mm时，该基准站施测成果不能使用；基站设站时应对中置平，并准确量取天线高，读数至mm位。

(3)根据测区大小应联测3个以上且分布均匀的等级控制点，求解测区坐标的转换参数，准确求取基准站的CGCS2000坐标。

(4)流动站采用流动杆模式测量，辐射半径应小于5km。

(5)测量时流动杆要扶直，历元数应大于5个，观测精度应控制在30mm以内。

(6)采用 GNSS RTK 法测量的管线点高程一般采用水准测量方法。单独路线时每个管线测点宜作为转点。管线测点密集时，可采用中视法。

(7)管线点平面坐标、高程的计算一律在计算机上进行，单位计算至毫米，成果取至厘米。

3.2.3 全站仪导线串测法

采用导线串测法进行地下管线点测量时应进行已知控制点校核和定向检查。选择的全站仪技术参数应符合现行行业标准《城市测量规范》[37]的规定。导线串测法测量地下管线点应符合下列规定：

(1)测量前进行已知控制点间距离检核，与反算距离、高差核对，边长较差不得大于±5cm，高程较差不得大于±5cm。检核合格后才可进行地下管线点测量。

(2)高程测量和平面测量同时进行，高程测量采用三角高程。地下管线点解析坐标中误差(测点相对于邻近控制点)不得大于±5cm；高程中误差(测点相对于邻近高程控制点)不得大于±5cm。

(3)距离测量记两次取中数，水平角和垂直角各测一测回，仪器高和觇牌高用钢卷尺准确量至毫米，观测数据采用全站仪记录。

(4)导线串测法主要将地下管线点布设成电磁波测距附合导线，局部区域可布设图根支导线。以图根及以上控制点为起算点，布设成电磁波测距附合导线，高程布设为附合高程导线或高程导线网，采用电磁波三角高程测量与平面同步施测，用电子手簿记录。主要技术指标按表 3.9 的规定执行。

(5)附合导线一般不超过两次附合。在一次附合导线点上可以直接加密二次导线点，但测距边长不得超过 150m。

(6)支导线边长应对向观测各一测回，也可单向变动仪器高或棱镜高各一测回，变动值不应小于 10cm。每站测定气温、气压，作气象改正和仪器加、乘常数改正。水平角观测首站应联测两个已知方向，观测一测回，其他站水平角应分别左右角各一测回，其固定角不符值与测站圆周角闭合差均不应超过±40"。

(7)以"十"符号的中心和以地下管线附属设施几何中心为中心进行测量，测量时将有气泡的棱镜杆立于地下管线点上，并使气泡严格居中，以保证点位的准确性。

(8)GNSS RTK 法测量的管线点平面坐标和高程的计算一律在计算机上进行。平差计算至毫米，成果取至厘米。

3.3 竣 工 测 量

3.3.1 管线竣工测量的工作内容

地下管线竣工测量分为全新铺设管线竣工测量及其与已建管线相接两方面工作。地下管线竣工测量一般在地下管线安装完毕未覆土前进行测量，其施测要求和主要技术指标与已建地下管线点测量一致。其主要工作内容包括：

(1)确定新建管线点或附属设施及其建构物的平面位置、高程。

(2)如若不能在覆土前进行,则须制作栓距图,标示管线点及附属设施的平面位置、管线管顶(底)埋深及起算位置;覆土后确定并设置管线点或附属设施的地面投影位置。

(3)量测管线的管顶(底)埋深。

(4)记录新建管线、管线点和附属设施的属性、规格、材质、埋设时间、权属单位、施工单位等相关管线属性数据,填写原始记录表。

(5)处理地下管线数据,建立竣工管线数据库,编制竣工管线图和管线点成果表。

(6)按照任务要求整理各种原始记录、图件、成果表格和相关文档并移交相关管理部门。

3.3.2 全新铺设管线的竣工测量

全新铺设管线竣工测量可分为开挖铺设管线和非开挖技术铺设管线两种方式,其竣工测量的技术手段有所区别。具体区别如下:

(1)开挖铺设管线竣工测量应在覆土前进行,可采用全站仪极坐标法、GNSS RTK 法和导线串测法测量管线点三维空间坐标、管顶(底)高程,还要量测地下管线的管顶(底)埋深。如若不能在覆土前施测,须在覆土前确定管线点及附属设施栓距和管线管顶(底)埋深起算位置,绘制待测管线点或附属设施栓距图,量好管线顶(底)至埋深起算位置的高差,便于覆土后确定管线点或附属设施的几何相对位置,恢复并设置地面投影位置,然后测量计算出其空间坐标。

(2)非开挖技术铺设管线竣工测量在铺设结束后,应在管线入土点和出土点埋设固定标志,实测固定标志的坐标与高程,同时采用惯性陀螺仪管内探测法测量管道的三维位置。采用惯性陀螺仪定位测量管道三维轨迹的管道内部光滑无障碍物,管线入土点与管道三维轨迹起始点坐标一致,惯性定位仪在管道中匀速行进,管道线路过长时,可在管道中增加相关控制点分段实测管道三维轨迹。非开挖铺设的管线所设置管线特征点之间间距一般相同,满足管线三维空间位置的描述,竣工测量应提交地下管线钻迹三维测量数据、相应的平面图和纵断面图等成果。

3.3.3 与已建管线相接的竣工测量

与已建管线相接竣工测量应在覆土前进行,可采用全站仪极坐标法、GNSS RTK 法和导线串测法测量管线点三维空间坐标、管顶(底)高程,还要量测地下管线的管顶(底)埋深。如若不能在覆土前施测,须在覆土前设置地下管线点栓距和管顶(底)埋深起算位置,绘制待测管线点栓距图,量好管线顶(底)至埋深起算位置的高差,便于覆土后确定管线点的几何相对位置,恢复并设置地面投影位置,然后测量计算出其空间坐标。

覆土前测量的管线应与该建设工程周边的原有管线衔接,首先应在原有管线上设置管线点(三通、四通)或管线检查井等附属设施,并与原有管线进行空间位置与属性的接边,同时新建管线也应有此管线点(三通、四通)或管线检查井等附属设施,确保原有地下管线与新建管线的连接关系正确。

3.4 带状地形图测绘

根据基础地形图成果情况和踏勘结果，如果地下管线两侧第一排建筑范围内的地物、地貌发生变化或无基础地形图，就需对地下管线两侧第一排建筑范围内的带状地形图进行修测或补测。一般有基础地形图且发生变化时采用修测方式，无基础地形图时采用补测方式，修(补)测需要将修(补)测范围内地物、地貌按相应成图比例尺的要求进行全部采集。带状地形图修测或补测采用数字化测图方式；带状地形图修测或补测野外数据采集采用全站仪，实行数字化、自动化采集，野外按测点的顺序号绘制探查草图，并逐点编号；草图编号与测点的顺序号对应；外业采集的数据经通信电缆传入计算机，内业编辑处理，绘出地形图草图，再到现场巡视检查，经检查无误后作为地下管线图的背景图。带状地形图需测绘注记建筑物名称、道路名称、单位名称、河流名称等。具体应满足如下规定：

(1) 带状地形图测绘的控制测量与地下管线测量的控制测量一同进行，其技术要求与地下管线测量控制一致。

(2) 带状地形图质量应符合《城市测量规范》[37]的要求，数据应满足 GIS 建库以及城市地下管线信息系统建设的要求。带状地形图为全要素的地形图，最终提交规定格式(如 dwg)的地形图，要素按《基础地理信息要素数据字典 第 1 部分：1∶500 1∶1000 1∶2000 比例尺》[39]进行组织，图式符号按《国家基本比例尺地图图式 第 1 部分：1∶500 1∶1000 1∶2000 地形图图式》[40]表达的规定。

(3) 带状地形图修测或补测范围一般以地下管线沿线两侧第一排建筑物为界，涉及的建筑物和构筑物应测绘完整，没有建筑物的地方应测至现状道路红线外 20m，并详细标注涉及的单位等地理名称。非市政道路红线内的管线，其带状地形图宽度应测至两侧最外一条管线外 30m。住宅小区内或单位内部的管线竣工测量，地形图宜测全。

(4) 新测地物地貌应与原地物地貌进行图形和属性接边，接边的地形地物应位置正确、形态合理、属性一致。

(5) 在城市建筑区和平地、丘陵以及山地区域，带状地形图地物点相对于邻近图根点的点位中误差应不超过图上±0.5mm；邻近地物点间误差不超过图上±0.4mm；原地形图上的地物、地貌有超过 $2\sqrt{2}$ 倍中误差的粗差时，应查明原因，予以纠正。

(6) 参照基本比例尺地形图，1∶500、1∶1000 带状地形图的基本等高距为 0.5m，1∶2000 带状地形图基本等高距为 1m；1∶500、1∶1000 带状地形图的高程注记至 0.01m，1∶2000 注记至 0.1m。城镇建筑区高程注记相对于邻近图根点的高程中误差不得大于±0.15m。其他地区地形图高程精度以等高线插求点的高程中误差来衡量，等高线插求点的高程中误差如表 3.16 所示。

表 3.16 等高线插求点的高程中误差

地形类别	平地	丘陵地	山地	高山地
高程中误差(等高距)	≤1/3	≤1/2	≤2/3	≤1

(7) 设站测绘时，必须作好定向检查，检查合格后才能进行碎部点测量；应确保定向的准确，防止因输入的控制点坐标或点号有误，或其他原因造成整站成果作废。

(8) 带状地形图的高程测量，沟底、坎底等直接注记实际高程，一律不采用比高。

(9) 带状地形图一般不进行取舍和综合，同类地物点间距图上小于0.5mm时可合并，图上小于0.4mm的折线可以舍去，巷道宽度图上不足0.5mm时，可以舍去，但综合不宜过大。所有取舍标准、采集标准、符号要求严格按照相应标准执行；各种图面关系处理得当。

(10) 对于有方向性的线型符号，一律采用左推原则。即所有附带的线型信息位于前进方向的左手边，如围墙、铁路、陡坎等。

(11) 用全站仪进行碎部点数据采集。居民地中的建筑物及各种主要附属物应按实地轮廓准确测绘。房屋以墙基角为准，一般不综合。房屋基脚轮廓线凹凸在图上小于0.4mm，简易房屋小于0.6mm时，可适当作综合取舍。图上面积小于6mm^{2}的天井院落可综合表示成房屋。

(12) 带状地形图各要素的测量方法、内容表示和取舍如下。

➢ 控制点

①所有测量控制点在图面上全部表示，分子为点名，分母为高程。当图面比较复杂时，图根点注记可省略，只取高程值。

②地形复杂、隐蔽地区及农村建筑区，应以满足测图的需要为原则，适当增加图根点的密度。通视情况良好，周边高等级控制点可定向时，可适当减少图根点数量。

➢ 居民地和垣栅

①居民地测量时以墙基线为准，悬空的建筑、房檐等绘制虚线。在测区内的建(构)筑物，应逐个表示。变化大于图上0.4mm的地物特征点位要全部实测。

②房屋应逐栋测绘(同一层次、同一材料、同一格式的为一栋)，注明层次、建筑材料等；且都必须封闭，即首末点必须坐标相同；临时性的房屋建筑可以舍去。

③房屋性质统一按表3.17中的规定执行。

表3.17 房屋性质表

简注	全名
砼	钢结构、钢筋混凝土结构的坚固房屋
混	钢筋混凝土框架、砖石混合结构的坚固房屋
砖	砖石木结构非框架式结构房屋
石	以石墙为主的非框架房屋
木	以木材料为墙体的非框架结构房屋
土	以土基墙为主的非框架结构房屋
竹	以竹子为结构的非框架结构房屋
建	建筑中的房屋
破	已破坏的房屋

④房屋与围墙的配合：若围墙被房屋间隔，但以房屋为主，应分段测绘围墙；若庭院内以围墙为主分割，且房屋的墙体与围墙(相同高度、相同结构)共用，为表示庭院的完整性，以围墙为主绘制；房屋与其他垣栅的配合与此相同。

⑤房屋与陡坎的结合：两者都要按照各自的要求绘制、不能漏测。

⑥柱、廊应实测表示，小天井内的柱、廊可以舍去。门顶、门廊按图式规定用虚线表示。

⑦等高线不能穿过房屋或其他构筑物内，地面建筑物特别复杂的地方，可以不绘制等高线，用离散高程点代替。

➢ 工矿建(构)筑物及其他设施

①应准确表示建(构)筑物的位置、形状，其要求与房屋相同。

②依比例尺表示的设施，应实测外部轮廓线，并配置相应的符号代码，中间能用符号说明性质的，配置独立符号。

➢ 交通及附属设施

①公路宽度能依比例尺测绘的以双线实测表示，不能依比例尺测绘的道路用相应的道路符号表示，正确区分道路等级并用相应符号表示。所有公路在图上应注明公路名称、路面材料、技术等级、国省道编号(如 G212)(穿越城市建成区可不标注)。等级公路的表示方式是，用两粗线之间表示铺装路面宽度，两细线之间为路基宽度，两相邻细线之间为路肩宽度，图上路肩宽度大于 1mm 时依比例尺表示，小于 1mm 时以 1mm 绘制。

②道路通过居民地时不宜中断，应按真实位置测绘。双线道路与房屋、围墙等边线重合时，为保证道路的连续性，捕捉重合部分的特征点，加入到道路的信息中，形成连续的道路边线。

③线状道路中心线应实地测量。

➢ 管道及附属设施

①无论地下管线还是地面管线，管线连线必须正确，走向交代清楚。低压、通信不连线；高压必须连线，保持走向。

②所有的杆位要用装测法实测，保证电杆位置准确。

➢ 水系及附属设施

沟渠在图上大于 1mm 且小于 2mm 时，用双线表示，不绘制坎齿符号；大于 2mm 的，用双线表示，绘制坎齿符号，图上每隔 20～30cm，测定底部高程。有流向的水系必须标明流向。

➢ 地貌与土质

①正确表示地貌的形态、类别和分布特征，各种关键特征点都必须测量并加注高程。

②坡度在 70°以上时为陡坎，70°以下时为斜坡。斜坡在图面的投影宽度小于 2mm 时，以陡坎表示。当坎、坡顶与坡脚的宽度图上大于 2mm 时，应实测坡脚线。

③当坡、坎的比高小于基本等高距或在图上长度小于 5mm 时，可不表示；坡、坎密集时，可适当取舍。

➢ 植被

①植被范围线、类型必须准确绘制和标明。

②田埂宽度在图上大于 1mm 的应用双线表示，小于 1mm 的用单线表示，此时应采集田埂的中心线。田块内和田埂上都必须注有代表性的高程。

③地类界与其他界线重合时，可以不绘。

3.5 地下管线测量质量控制

地下管线测量质量控制包括过程质量控制、控制测量精度检查、地下管线测量精度检查、综合管线图地理精度检查、综合管线图巡视检查、地下管线测量文档资料检查。

3.5.1 过程质量控制要求

地下管线测量单位必须建立完善的质量管理体系，加强地下管线测绘过程质量控制，认真做好技术交底与培训，做到地下管线测量技术方法、测量内容的统一，做好疑难问题的会诊处理与解答，做好地下管线测量成果质量检查与质量评定，做好综合管线图的巡视检查与权属单位审图。

地下管线测量成果必须实行二级检查一级验收制度。测绘单位一级检查(测绘单位部门检查)采用全数检查；二级检查(测绘单位质量管理部门)的内业检查采用全数检查，外业检查采用抽样检查，抽样检查按图幅总数或地下管线点总数进行，取样遵循随机抽取、均匀分布、具有代表性的原则；各级检查完成后需对检查单位成果质量评定等级，并编写检查报告，检查记录及检查报告随成果一并提交。检查报告的内容包括：任务概况、检查工作概况、主要质量问题及处理情况、精度统计、对遗留问题的处理意见、质量统计和评价。

地下管线测量单位在地下管线测量成果提交前还要做好权属单位审图。权属单位审图内容包括：地下管线走向及其漏测、错测情况；地下管线设施设备正确性；地下管线的主要属性：管径、材质、建设年代等。

地下管线测量成果质量检查的比例为：控制测量精度外业检查比例不低于 10%，地下管线点测量精度外业检查比例不低于 5%，地下管线数据地理精度检查比例不低于 5%，综合管线图巡视检查比例为 100%，地下管线测量文档检查比例为 100%。

3.5.2 地下管线测量质量检查内容及要求

地下管线测量成果质量检查内容包括位置精度检查、地理精度检查、地下管线图质量检查和成果资料归档质量检查。位置精度检查内容要涵盖 3.5.1 节所要求的所有精度检查。控制点测量平面位置、高程精度检查与管线点测量精度检查采用重复设站测量比对方式进行，地下管线地理精度质量检查采用重复调查比对方式进行，地下管线探查平面位置和埋深精度检查采用重复探查比对方式进行，具体要求如下：

(1)控制测量精度检查。地下管线测量控制测量精度检查一般采用同精度测量方式进行控制点测量精度检查，主要包括测量相邻两点间的高差和边长相对误差，高差不得超过规定限差(±5.0cm)，边长相对误差不得超过相应等级边长相对误差限差的 0.5 倍。

(2)地下管线点测量精度检查。地下管线点测量精度检查一般采用同精度重复设站检查方式进行地下管线点测量平面位置和高程精度检查。地下管线点测量平面位置中误差 M_D 和高程中误差 M_H 分别按式(3.5)和式(3.6)计算，平面位置中误差 M_D 不得超规定限差(±5.0cm)，高程中误差 M_H 不应超规定限差(±3.0cm)。

$$M_D = \sqrt{\frac{\sum_{i=1}^{n} \Delta X_i^2 + \sum_{i=1}^{n} \Delta Y_i^2}{2n}} \tag{3.5}$$

式中，ΔX_i、ΔY_i 为纵横坐标较差，m；n 为检查点数。

$$M_H = \sqrt{\frac{\sum_{i=1}^{n} \Delta H_i^2}{2n}} \tag{3.6}$$

式中，ΔH_i 为高程较差，m。

(3)地下管线数据地理精度检查。地下管线数据地理精度检查主要包括地下管线连接关系、走向的检查。

(4)综合管线图巡视检查。综合管线图巡视检查主要检查地下管线与周围地物之间的关系以及地下管线错漏和属性注记错漏。

(5)地下管线测量文档质量检查。地下管线测量文档质量检查主要检查地下管线测量文档资料的完整性、整饰规整性。

3.5.3 地下管线测量质量检查报告

地下管线测量成果检查后应做好检查记录，进行地下管线测量成果质量评定，编制地下管线测量成果检查报告。地下管线测量成果质量评定按《管线测量成果质量检验技术规程》[41]的规定执行。地下管线测量成果检查报告的内容、格式按《数字测绘成果质量检查与验收》[42]中附录 A 的规定执行，包括如下内容：

(1)工程概况。简要叙述工程项目名称、任务来源、测区位置、生产单位、生产日期、生产方式，项目任务内容、任务量和目标，以及成果形式、上一级检查情况等。

(2)检查工作概述。主要叙述项目检查抽样方式、检查量、检验依据、检查时间、检查地点、检查方式、检查人员及投入的软硬件设备等。

(3)精度统计。按照检查参数分类对检查精度进行描述。

(4)质量评价。按照检查参数及样本分别进行质量统计，包括缺陷类型及数量、样本质量得分、样本质量评定。

(5)处理意见。按照检查参数，简述成果中存在的主要质量问题，并举例说明，如 xx 图幅号、xx 点号等，并描述质量问题的处理结果。

第4章 地下管线数据库建立及应用

4.1 地下管线普查数据处理

地下管线的数据普查一般采用专用的地下管线数据处理软件进行普查属性数据和空间数据处理、检查，确保数据的准确性、规范性。属性数据主要来源于管线调查与管线探查，主要有埋深、材质、规格、压力、流量等属性数据；空间数据主要来源于地下管线测量。

4.1.1 技术流程

地下管线普查数据处理可分为准备、数据处理及质量检查、成果输出三个阶段。

1. 准备阶段

根据作业范围、作业要求配置好专业管线数据处理软件，包括测区信息、图幅信息，管线的种类、代码、符号及颜色等。

2. 数据处理及质量检查阶段

利用专用的管线测量数据处理软件，按照特定规则进行外业测量数据导入，进行管线点号、仪器高、测点高等属性数据录入与编辑以及管线点空间坐标、高程计算，形成管线点空间数据库。

利用专用的管线数据录入处理软件，参照外业探查草图（手绘或手持机记录）将管线种类、物探点号、埋深、连接关系、管线规格、材质，及管线附属设施的种类、规格、材质等信息录入数据库，并通过物探点号对管线属性数据和空间数据进行匹配，生成管线点、管线线数据库。

利用专用的管线数据检查软件，采用人机交互方式对管线点、管线线数据库进行检查。检查内容包括：管线点与管线线字段、地面高、埋深、管顶（底）高、空间关系检查，管线点要素代码与特征附属物一致性检查，管线点编号唯一性检查，管线点与管线线拓扑检查，重复管线点与管线线检查，管线埋深检查等；并对不符合要求的记录进行核查修改。

采用专用的管线数据处理软件，基于地下管线普查数据生成的管线图进一步进行图面编辑与检查修改，形成地下管线图和地下管线普查数据库。

3. 成果输出阶段

利用管线普查数据库可生成综合管线图、专业管线图、管线成果表、横断面图、纵断面图等。

4.1.2 数据处理

1. 属性数据处理要求

属性数据录入的主要内容是管线点与管线线的属性数据。管线点的属性数据包括物探点号、特征（附属物）、材质、规格等。相互连接的两个管线点构成管线线，管线线的属性数据包括起点埋深、终点埋深、规格、材质、压力等。

外业探查获取的属性数据，经检查无误后形成管线点、管线线属性数据库。

2. 空间数据处理要求

空间数据处理包括控制测量数据处理和管线点测量数据处理。控制测量数据采用商用控制测量软件进行平差计算，坐标和高程均取至毫米。管线点测量数据处理主要指管线点测量数据的计算，获取地下管线点的空间数据（即管线点三维空间坐标），形成管线点空间数据库。

3. 管线属性数据与空间数据关联

管线点、管线线属性数据与管线点空间数据以唯一的外业物探点号为关联属性，通过关联属性将管线点、管线线属性数据与空间数据关联起来，并进行拓扑检查、逻辑一致性检查，最终建立包含地下管线空间、属性信息的完整数据库。

4.2 地下管线多源数据融合

4.2.1 数据分析

城市地下管线数据来源多样，包括政府组织实施的综合管线普查数据、工程建设的工程详查数据、设计单位的设计数据、施工单位的竣工测量数据等，以及管线运维阶段的巡检、监测、维修维护、事故报警与处置数据等。管线存储格式多样，有.shp、.dwg、.dng 等多种格式；存储形式也有多种，包括数据库、表格、电子图、纸质图纸等。

由于行业背景、应用目的等不同，探测数据与专业数据之间，不同探测数据之间，以及不同专业数据之间都存在许多差异。地下管线的质量差异主要表现在空间数据、分类分层和属性数据质量差异。

4.2.1.1 空间数据差异

空间数据的差异首先表现为不同来源的数据采集精度要求不一致或不同空间参考系统导致数据的不一致。此外，相同地物的抽象程度不同，表现为数据模型的不一致，如专业数据中会详细描述一些特殊设备（如给水管线中的泵站等）的内部结构；而在普查数据中，这类设备都被抽象为一个简单的管线点。

空间数据差异的另一种表现为不同数据集中的同名要素在空间数据的不一致，存在一定的偏差，图 4.1 是普查数据与专业数据的空间位置差异图。空间数据的差异表现为不同来源数据的质量差异和同一质量下不同来源数据的差异。其中，空间数据的获取，无论是全站仪、GNSS RTK 等实测数据，还是其他技术手段的数据，都具有如下特点：基于相同质量标准，不同作业人员获取，甚至同一作业人员不同时间获取的数据，都不可能完全重复。

早期的设计图、竣工图等采用纸质形式存放，其只有平面相关位置，垂向上空间位置及关系表达较少，甚至没有。

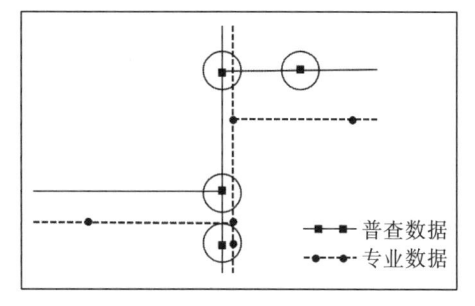

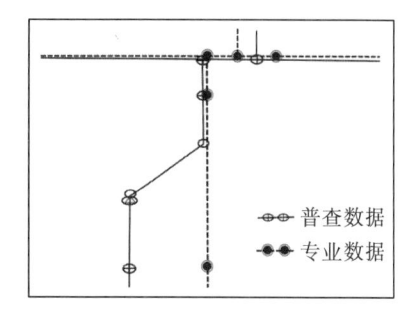

图 4.1 普查数据与专业数据的空间位置差异图

4.2.1.2 分类分层差异

探测数据主要分为管线点数据与管线线数据两个图层，一般不按照具体的设备、设施再细分为小类。图 4.2 是探测数据分层组织图。

专业数据则按照设备类、设施类与配件类三个方面对数据进行分层、分类与组织，管线点数据会按照具体的设备、设施再细分为小类，管线线也会按照关键属性进行详细的分类与分层，图 4.3 是专业数据分类组织图。

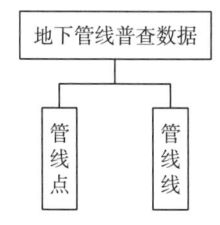

图 4.2 探测数据分层组织图

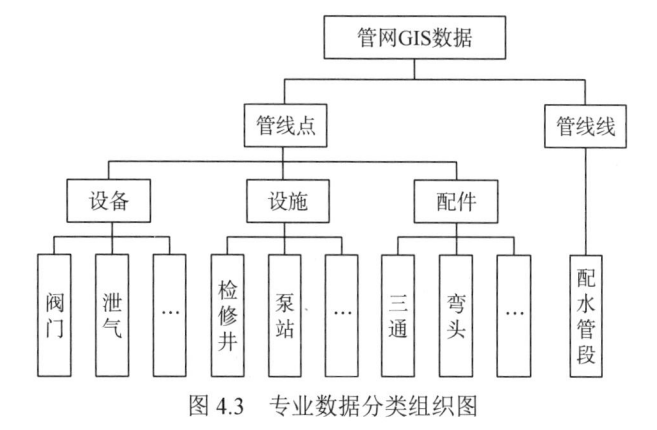

图 4.3 专业数据分类组织图

4.2.1.3 属性数据差异

城市地下管线多源数据差异如表 4.1 所示。

表 4.1 城市地下管线多源数据差异表*

数据类型	位置精度	属性精度	逻辑一致性	整体性	运维情况	运行状况	周围环境	数据形式	范围	目标	标准要求
普查数据	较准确	一般	较好	优	无	无	无	综合管线图、成果表、数据库	大范围	空间位置	国家、行业、地方标准
竣工测量数据	最准确	较完整全面	良好	一般	无	无	无	竣工图、成果表、数据库	局部	空间位置及属性	国家、行业、地方标准
工程详查数据	准确	一般	较好	一般	无	无	无	综合管线图、成果表、数据库	局部	空间位置及属性	国家、行业、地方标准
设计数据	施工中会有调整	良好	最好	较差	无	无	无	设计图	局部	空间位置及属性	国家、行业、地方标准
巡检与检测	一般	较完整	好	好	准确	较准确	有	各类记录、报表、报告、照片、视频	局部	运行环境	企业管理要求
地下管线在线监测	准确	较完整	好	最好	准确	准确、实时	有	报表、报告、视频	局部	管网运行情况	企业管理要求

注：*为在文献[43]、文献[44]的基础上修改。

首先，探测数据和专业数据的属性差异表现在属性字段的差异上：探测数据的属性字段大致相同，具体的设备设施信息通过"特征点"与"附属物"两个字段记录在管线点信息中；专业数据的属性情况与之不同，管线权属单位为了满足日常生产、管理的要求，为管线点定义了不同的属性字段。其次，两类管线数据的属性差异还表现在属性描述上：普查数据描述管线点与管线线的空间位置、空间关联、物理特征等；而专业数据除了记录基本的管线信息外，还描述管线保养、运维等业务信息。再次，两类管线数据的属性差异还体现在命名差异上：命名差异是指对相同的地物使用不同的名字。命名的差异会产生"同物异名""同名异物"的情况[45]。

数据的差异产生了数据融合需求。通过数据融合，在统一的时空参考系统下，综合利用不同来源数据的优势，获得高质量的管线数据，提升管线数据质量。

4.2.2 管线数据融合基础

地下管线的特点决定其数据主要以矢量数据方式为主进行数据的获取、组织管理、应用和发布，因此，地下管线的数据融合主要是矢量数据的融合。数据融合的目标是发挥普查、详查和竣工测量等探测数据在几何精度方面的优势，和设计、巡检、监测、维修维护、事故排查与处置等专业数据在管线的属性、状态、事故等方面完整性好、精度高及时效性好的特点，通过数据融合获得高几何与属性精度、高现势性(high spatial attribute and temporal accuracy，HSATA)的地下管线数据，为地下管线及其安全精准管控提供高质量数据基础。

进行地下管线数据融合的前提是，不同来源的数据描述的是同一个实体或现象，比如一条管段、一个结点(如窨井、阀门等)。判断不同来源的数据所描述对象是否为同一实体的方式是相似性分析，具有高相似度的对象，被判断为同一实体，否则为不同实体。对同一实体的不同来源数据，进行数据融合，以获得该实体的高质量描述。

地下管线数据中，点的相似性与线的相似性都包含语义相似性、拓扑结构相似性、几何相似性以及在此基础上的总体相似性。如式(4.1)，点 $A(x_{A_i}, y_{A_i})$ 和 $B(x_{B_j}, y_{B_j})$ 的相似性可以在其距离 $D(A_i, B_j)$ 小于一定阈值的条件下，结合拓扑和语义相似性进行分析。相应地，线的相似性比较复杂，可以在类似点的相似思路下进行分析。

$$D(A_i, B_j) = \sqrt{(x_{A_i} - x_{B_j})^2 + (y_{A_i} - y_{B_j})^2} \leq \delta_d \tag{4.1}$$

4.2.2.1 管线语义相似性计算

本体是语义的形式化表达，是衡量本体相似性的有效工具，通过对管线地理信息相关标准的研究，构建包含概念、分类及属性等的管线本体，其中箭头表示"is-a"关系，并以虚拟根(anything)连接两类管线本体，建立两类管线共用的管线语义层次树(概念层次模型)，如图 4.4 所示。探测数据中管点主要分为特征点和附属物两类，特征点分为"弯头""四通""变径点"等，附属物分为"阀门""检修井""泵站"等。而在专业管线数据中，管点主要分为设备、设施、配件三类，设备又分为"阀门""消防栓""停止塞"等，设施分为"检修井""泵站""水池"等，配件则分为"预留口""三通""变径点"等，阀门又细分为"闸阀""蝶阀""球阀"等。由于两类管线数据分类体系、获取方式等不同，管线本体概念存在差异，造成大量"同物不同名"的现象。为此，提出建立同义词集，解决"同物不同名"问题。以给水管线为例建立管线要素同义词集，如表 4.2 所示。

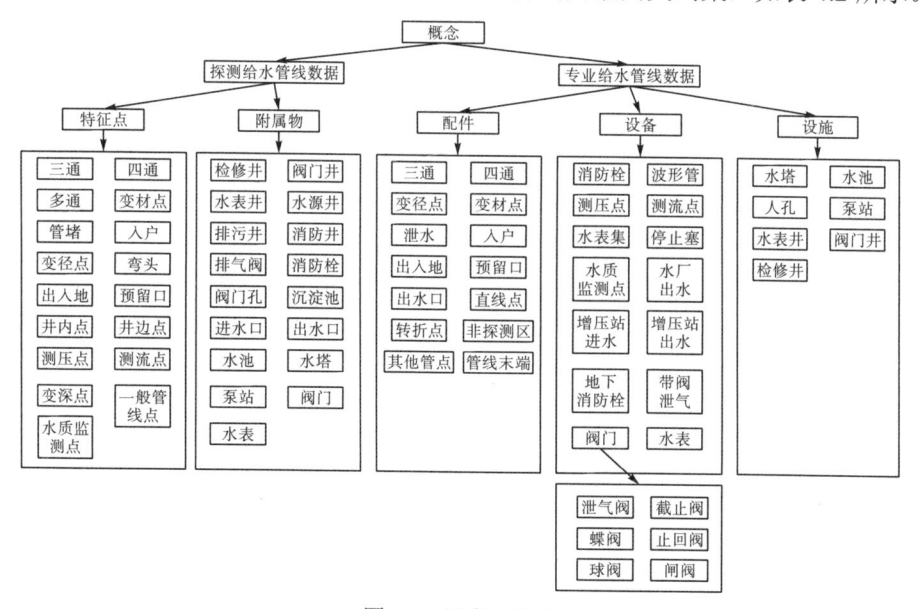

图 4.4 语义层次树

表 4.2　同义词集表

管点实体	同义词集
止回阀	止逆阀、单向阀
管堵	堵头、盖头、管帽、停止塞、管线末端
人孔	检修井
泄气阀	泄气、排气阀、减压阀、泄水点
转折点	弯头、拐点
水厂出水	出水、出水点
出水口	增压站出水、增压站出水口
进水口	增压站进水、增压站进水口

在管线语义层次树和同义词集的基础上，就可以进行管线语义相似性计算了。一般来讲，语义相似度取值范围为[0,1]。式(4.2)为语义相似性计算方法，概念名称相似性为 1 时，语义相似度为 1；概念名称相似性不为 1 时，则分别从空间关联相似度和概念名称相似度分析，结合权重因子最终确定管线空间数据语义相似度[7,8]。

$$\mathrm{Sim}_Y(a,b) = \begin{cases} \omega_\tau S_\tau(a,b) + \omega_p S_p(a,b) + \omega_n S_n(a,b), & S_n(a,b) \neq 1 \\ 1, & S_n(a,b) = 1 \end{cases} \quad (4.2)$$

式中，a 和 b 分别表示管线探查数据和专业数据中本体概念；$\mathrm{Sim}_Y(a,b)$ 为总的语义相似度；$S_\tau(a,b)$ 为空间关联相似度；$S_n(a,b)$ 为概念名称相似度；$S_p(a,b)$ 为属性内容相似度；ω_τ 为空间关联相似度的权重系数；ω_n 为概念名称相似度的权重系数；ω_p 为属性内容相似度的权重系数。

不同来源的管线数据在属性字段描述方面存在差异，在进行语义相似性计算时更多依赖于同义词集。如式(4.2)，对于专业管线数据与探测数据中概念相同的对象，如泵站、三通等，以及在同义词集中能够匹配的对象，如转折点、拐点、弯头、出水口、增压站出水口、管堵、堵头、盖头、管帽、停止塞等，$S_n(a,b)=1$，则语义相似度为 1。对于概念既不相同，也非同义词的管线实体，即 $S_n(a,b) \neq 1$，则分别进行概念名称和关联关系相似计算，取对应权重计算得到最后语义相似性。基于 Rodriguez(罗德里格斯)提出的 MD3 模型(triple matching-distance model，综合属性特征和语义距离的混合模型)[46]，考虑管线数据语义信息丰富、结构复杂、分层分级等特点，将语义距离融入管线概念名称相似度计算中；依据 Tversky 提出的特征匹配模型进行概念名称相似度计算[47]。如式(4.3)，X_a 和 X_b 分别表示概念 a、b 的概念名称描述，$|X_a \cap X_b|$ 表示既属于 X_a 又属于 X_b 的元素个数，$|X_a \oslash X_b|$ 表示属于 X_a 但不属于 X_b 的元素个数，$|X_b \oslash X_a|$ 表示属于 X_b 但不属于 X_a 的元素个数。参数 $f(X_a, X_b)$ 由概念 a、b 在各自层次结构中的深度决定，如式(4.4)，$d_c(\cdot)$ 是计算概念深度的函数，其值表示概念所在节点到根节点的最短路径长度。

$$S_n(a,b) = \frac{|X_a \cap X_b|}{|X_a \cap X_b| + f(X_a, X_b)|X_a \oslash X_b| + (1 - f(X_a, X_b))|X_b \oslash X_a|} \quad (4.3)$$

$$f\left(X_{a}, X_{b}\right)=\begin{cases} \dfrac{d_{c}(X_{a})}{d_{c}(X_{a})+d_{c}(X_{b})}, & d_{c}(X_{a}) \leqslant d_{c}(X_{b}) \\ 1-\dfrac{d_{c}(X_{a})}{d_{c}(X_{a})+d_{c}(X_{b})}, & d_{c}(X_{a}) > d_{c}(X_{b}) \end{cases} \quad (4.4)$$

以待匹配对象的连通度来度量其空间关联关系，一个特征管点的连通度（简称度）是指以该点为起点或终点的管段的数量，即与该点相连接的管线的数量。不同数据来源的两个对象的关联关系相似度是由这两个对象的度计算的，如式(4.5)，其中，$\partial \in [0,1]$由经验值确定。

$$S_{\Gamma}(a,b)=\begin{cases} 0, & 连通度不一致 \\ 1, & 连通度一致 \\ \partial, & 连通度可能相同 \end{cases} \quad (4.5)$$

4.2.2.2 管线拓扑结构相似性计算

管线空间结构是以管线特征点为中心，与特征管点关联的管段形成空间形态是管线拓扑结构的关键特征。本书中，以特征管线点的度、关联管段的方向及长度作为衡量管线结构相似性的重要指标。

假设初始匹配对象集中某来源管点A关联的一管段l_{A_i}，起点为A，终点为A'，其中l_{A_i}为与A关联的第i个管段（$1<i<m$，m为与A关联的管段个数）；与管点A对应的由距离阈值确定的待匹配专业管点B关联的一管段为l_{B_j}，起点为B，终点为B'，其中l_{B_j}为与B关联的第j个管段（$1<j<n$，n为与B关联的弧段个数）；比较l_{A_i}与l_{B_j}的长度，若$L(l_{B_j}) \leqslant L(l_{A_i})$，在$l_{A_i}$上截取一点$P$使得$L(AP) \leqslant L(BB')$；令$AP$的向量为$\boldsymbol{\alpha}$，$BB'$的向量为$\boldsymbol{\beta}$，则$l_{A_i}$与$l_{B_j}$形成的向量相似度$V$的计算式如下：

$$V_{ij}(\boldsymbol{\alpha}, \boldsymbol{\beta})=V_{ij}=\frac{\min(|\boldsymbol{\alpha}|,|\boldsymbol{\beta}|)}{\max(|\boldsymbol{\alpha}|,|\boldsymbol{\beta}|)} \times \frac{\boldsymbol{\alpha} \boldsymbol{\beta}}{|\boldsymbol{\alpha}| \times |\boldsymbol{\beta}|} \quad (4.6)$$

求两类管线的最佳匹配管段，对待匹配管点集进行笛卡儿积运算，再比较各向量相似度值大小确定匹配管段。具体算法如下：

（1）对任意待匹配管点关联段进行向量相似度计算，得到$m \times n$的管线向量相似度矩阵$\boldsymbol{D}_{AB}$：

$$\boldsymbol{D}_{AB}=\begin{bmatrix} V_{11} & \cdots & V_{1n} \\ \vdots & \ddots & \vdots \\ V_{m1} & \cdots & V_{mn} \end{bmatrix} \quad (4.7)$$

（2）在相似度矩阵$\boldsymbol{D}$中查找最大值V_{ij}，则管段l_{B_j}与管段l_{A_i}为最佳匹配，同时将矩阵$\boldsymbol{D}_{AB}$中第i行、第j列的矩阵值最小化，并记录行列号i、j。

（3）重复上一步骤，直到查找到的相似管段对的数量达到两管点关联段数最小值$\min(n,m)$时停止查找，得到相似性管段行列号集合$\{(t_1,k_1),(t_2,k_2),\cdots,(t_{\min(n,m)},k_{\min(n,m)})\}$，$t_i$和$k_i$分别是管点$B$、$A$关联管段集合中的编号，其中$1 \leqslant i \leqslant \min(n,m)$。

（4）如式(4.8)，计算出管点空间拓扑结构相似度$\mathrm{Sim}_T(A,B)$：

$$\text{Sim}_T(A,B) = \frac{\sum_{i=1}^{\min(n,m)} V_{t_i k_i}}{\max(n,m)} \tag{4.8}$$

4.2.2.3 管线几何相似性计算

准确快速判定曲线间的相似性是曲线几何融合的前提。国内外学者对曲线的几何相似性进行了大量研究，如结合曲率和挠率计算全曲率进行曲线匹配的方法[48,49]、基于曲线特征段曲率的 Hausdorff 距离匹配方法[50]、利用角点及各角点之间的曲线段曲率进行不规则曲线匹配[51]、曲率半径的比较[52]、Fréchet 距离近似匹配多边形曲线[53]、基于微似点的曲线相似性分析[54]。空间曲线的不变特征之一就是曲率。曲率是针对曲线上某个点的切线方向角对弧长的转动率，通过微分来定义，表明曲线偏离直线的程度[55]。曲率不会受到平移和旋转变换的影响，在判断曲线等同的场合下有相当好的效果。但是，同一地下管线实体的不同来源数据可能在起始点、取点（直线段）数量、点的位置存在差异，进而导致曲率的差异，局部差异会很大，但是总体差异应该不大。因此，理论上利用两条管线数据的曲率相似性判断管线的相似性是可行的。

针对尺度不变曲线的匹配问题[56-59]，Wolfson 利用曲线特征串对曲线进行了匹配[10]，Awrangjeb 等利用曲率拐点等信息对曲线及折线等进行了匹配尝试[57]，Giannekou 等利用曲率尺度空间正交化方法进行曲线匹配及归类[58]，Cui 等也进行了类似的研究[59]。于昊等提出类曲率的概念及基于类曲率的曲线相似性计算方法[60]。

曲线 $C(t)=[X(t)，Y(t)]$ 上某点的曲率定义如式(4.9)。在等比例缩放下，曲线的曲率会发生变化。曲线的类曲率定义如式(4.10)。

$$K_c(t) = \frac{X(t)'Y(t)'' - X(t)''Y(t)'}{\left(X(t)'^2 + Y(t)'^2\right)^{3/2}} \tag{4.9}$$

$$Q_c(t) = \frac{X(t)'Y(t)'' - X(t)''Y(t)'}{X(t)'^2 + Y(t)'^2} \tag{4.10}$$

与曲率公式相比，类曲率与曲率公式的分子相同，分母的次数由 3/2 次变为 1 次；类曲率在曲线进行了等比例缩放的情况下也可以保持不变，这个特点使得类曲率可以检测经过等比例缩放变换的曲线之间的相似程度。类曲率与曲线的参数化有关，曲线 $C(t)$ 在新的参数化 $t(s)$ 下的类曲率计算式如下：

$$Q_c(s) = Q_c(t)t'(s) \tag{4.11}$$

当 s 为弧长时，不难验证，类曲率 $Q_c(s)$ 等同于曲率 $K_c(s)$。两条曲线相似的一个充要条件是类曲率相同且曲率的比率为常数。这可以用来识别曲线在旋转、平移、等比例缩放下的相似关系。

采用类曲率比较两条曲线的相似性要求两条曲线具有相同的参数区间，故先要确定相似部分的参数区间对应关系，然后将对应参数区间都标准化到[0,1]，再进行类曲率的比较。设两条曲线的参数区间分别为 $[\alpha_1, \alpha_2]$ 和 $[b_1, b_2]$。两曲线间相似部分的对应关系可以分为如下两种：一是包含关系，即其中一条曲线的全部与另一条曲线的部分相似，参数对应关系

第4章 地下管线数据库建立及应用

为$[a_1,a_2] \to [A,B] \in [b_1,b_2]$；二是相交关系，即每条曲线各有一个端点落在另一条曲线上，对应参数关系为$[a_i,A] \to [B,b_j]$，其中i,j为1或2，这里的A,B为未知参数。将对应参数区间都转化到[0,1]，因为类曲率相同，对两种对应关系，分别得到式(4.12)和式(4.13)：

$$\begin{cases} (a_2-a_1)Q_{c_1}(a_1) = (B-A)Q_{c_2}(A) \\ (a_2-a_1)Q_{c_1}(a_2) = (B-A)Q_{c_2}(B) \end{cases} \quad (4.12)$$

$$\begin{cases} (A-a_i)Q_{c_1}(a_1) = (b_j-B)Q_{c_2}(B) \\ (A-a_i)Q_{c_1}(A) = (b_j-B)Q_{c_2}(b_j) \end{cases} \quad (4.13)$$

式中，A和B为两个未知数，是两条曲线相似部分对应的首尾位置的参数值，针对所有的i,j组合，对式(4.12)或式(4.13)求解，可以解得A和B的值。这里可能有多个解，分别代回到类曲率的公式以及曲率的公式验证，并选择满足条件的解[60]。

例如，设有曲线C_1与曲线C_2如图4.5(a)所示，C_1和C_2为B样条曲线，此例是对于曲线之间存在包含关系的情况，是曲线相似性的通用情况，全局相似、局部相似等特殊情况同样适用。

利用上述算法可解得相似部分的起止点A、B，将计算得到的结果参数代回原曲线验证，误差较小，匹配结果如图4.5(b)所示。

(a)待分析的两条曲线　　　　　　　(b)两条曲线的相似部份

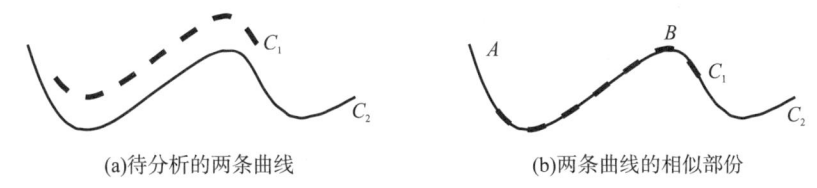

图4.5　曲线包含实例

研究表明，由于两相似曲线的曲率差可达曲率自身绝对值最大值的30%以上，而类曲率误差远远小于类曲率自身的值，可以忽略不计，因此，类曲率在判定曲线的相似性方面有较大的优势。首先，类曲率方法保留了平移、旋转、等比例缩放下的几何不变性。其次，类曲率法还包含相似区间起止位置的计算方法，可以进行曲线局部相似性的计算。再次，类曲率法还可用于曲线修补、图像修补、图像组合、图像分析等。从计算效率上来看，类曲率的计算比曲率的计算简单，计算量略有降低。

如式(4.14)和式(4.15)曲线相似度的计算可以在上述基础上进行，对于类曲率差值大于等于阈值的部分相似度记0；类曲率差值等于0的部分，相似度记1；其余部分相似度通过插值计算获得。

$$\text{Sim}_{Ji} = \begin{cases} 1, & \delta_i = 0 \\ 1 - \delta_i/\Delta, & 0 < \delta_i < \Delta \\ 0, & \delta_i \geq \Delta \end{cases} \quad (4.14)$$

$$\text{Sim}_J = \sum_{i=1}^{u}(\text{Sim}_{Ji} \cdot L_i)/L \quad (4.15)$$

式中，Sim_{Ji}为曲线第$i(i=0,1,\cdots,u-1)$子线段的相似度；δ_i为第i子线段的类曲率差；Δ为类曲率差的允许值；Sim_J为两曲线的几何相似度；L_i为曲线第i子线段的长度；L为曲线

第 i 子线段的长度。

4.2.2.4 总体相似性计算

总体相似度计算如式(4.16)，对语义相似性、拓扑结构相似性和几何相似性的值求加权和。考虑管线数据语义信息丰富的特征，语义相似性在管线相似性匹配中起着重要的作用。基于表 4.2 的同义词集，当同义词集足够丰富时，能够实现正确待匹配点其语义相似度为 1。因此，对于语义相似度不为 1 的管点对，其语义相似性所占权重相对管点匹配的影响应相对减少，选取适当的权重进行管点对相似性计算。

$$\mathrm{Sim}(A,B) = \omega_y \mathrm{Sim}_Y(A,B) + \omega_t \mathrm{Sim}_T(A,B) + \omega_j \mathrm{Sim}_J(A,B) \tag{4.16}$$

其中，$\omega_y + \omega_t + \omega_j = 1$。

4.2.3 几何数据融合

地下管线数据融合，包括探测数据和专业数据之间的融合以及探测数据之间的融合和专业数据之间的融合。地下管线数据融合的基本流程包括：数据预处理和数据融合。其中数据预处理包括数据提取、数据清洗、坐标转换、格式转换、尺度变换、数据映射（图层、表、字段的映射）等。数据融合包括线性匹配、维度转换、地理空间语义关联等[61,62]。通过数据融合可实现地下管线数据空间参考系统和空间数据模型的统一，获得 HSATA 地下管线数据。其中，以平面坐标或经纬度形式记录的空间几何数据（如巡检数据）通过坐标转换后，可与管线数据通过线性匹配进行融合；以文字形式记录空间位置的数据（如事故报告）通过地理空间的语义匹配进行定位，再与管线数据通过线性匹配融合；以里程形式记录空间位置的数据通过空间维度转换，实现地下管线的本体、运维和环境三大类型数据融合，形成地下管线时空数据库，实现地下管线安全隐患数据的一体化管理，为获取管线历史与现状、本体与环境、运维与安全等信息，综合分析并准确把握管线的运维、安全风险等提供坚实的基础。

4.2.3.1 线性匹配

在二维平面或三维空间中，将直线段之外的一个点 $p(x,y,z)$ 匹配到直线段（坐标满足直线方程 $ax+by+cz+d=0$）上的方法称为线性匹配。基本方法是过点 p 作直线的垂线，垂脚为一点，则垂脚就是点 p 在直线段上的匹配点。在图 4.6(a)中，点 p 在管线 AB 上的投影位于 C 点，则 p 到 AB 的最短距离即为 p 到 AB 的垂直距离 pC，C 点为线性匹配点。设 p 点坐标为 (x_0, y_0)，A 点坐标为 (x_1, y_1)，B 点坐标为 (x_2, y_2)，则线性匹配点 $C(x,y)$ 的坐标计算如式(4.17)：

$$\begin{cases} x = \left[\dfrac{y_0(y_2-y_1)^2 + y_1(x_2-x_1)^2 - (y_2-y_1)(x_2-x_1)(x_1-x_0)}{(x_2-x_1)^2 + (y_2-y_1)^2} - y_1\right]\dfrac{x_2-x_1}{y_2-y_1} + x_1 \\ y = \dfrac{y_0(y_2-y_1)^2 + y_1(x_2-x_1)^2 - (y_2-y_1)(x_2-x_1)(x_1-x_0)}{(x_2-x_1)^2 + (y_2-y_1)^2} \end{cases} \tag{4.17}$$

如果坐标点到管线的投影落在管线的延长线上,则取该点到管线起点或终点距离的最小值作为点到管线的最短距离,最短距离所在端点就是匹配点。图 4.6(b)中 p 在管线 DE 上的投影落在 DE 的延长线上,则 p 到 DE 的距离就是 p 到 DE 两端点 D、E 距离的较小值,即 E 点是 p 的匹配点。

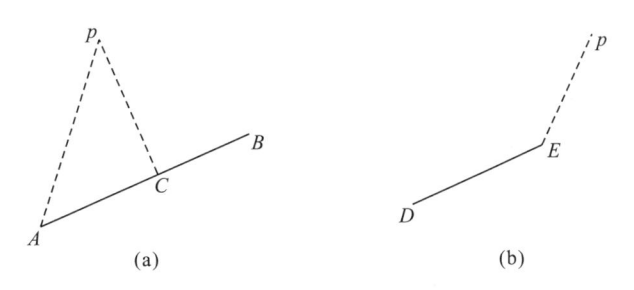

图 4.6 管线运维数据线性匹配图

4.2.3.2 空间维度转换

线性参考系统的空间数据与对应的二维或三维线性坐标转换方法涉及空间维度转换的问题,包括一维与二维间相互转换、一维与三维间相互转换、二维与三维间相互转换。

(1)一维到二维空间的转换。已知线状要素上有一点 A 离起点 P_1 的距离为 L,线状要素的坐标为 $\{N_i\}$,$N_i=(x_i, y_i)$,$i=1,2,\cdots,n$,现需要计算点 A 的二维平面坐标。

若管线记录点是以一维线性参考方式记录的,在屏幕显示时需转换为二维坐标,需要进行一维空间数据到二维空间数据的转换。P 点为所记录的位置点,P 点距离起点 1 号点的距离已知,记为 d_n,第一段距离(1 号点到 2 号点的距离)为 d_1,第 i 段距离(第 i 点到 $i+1$ 点的距离)为 d_i,记录点 P 到上一拐点的距离为 d。记 1 号点坐标为 (x_1, y_1),2 号点坐标为 (x_2, y_2),第 i 号点坐标为 (x_i, y_i),P 点坐标为 (x, y)。

如图 4.7 所示,当 $d_n < d_1$,即 $i=1$ 时,$d_n = d$,则 P 点坐标的计算式如下:

$$\begin{cases} x = \dfrac{d}{d_1}(x_2 - x_1) + x_1 \\ y = \dfrac{d}{d_1}(y_2 - y_1) + y_1 \end{cases} \tag{4.18}$$

式中,$d_1 = \sqrt{(x_2 - x_1)^2 + (y_2 - y_1)^2}$。

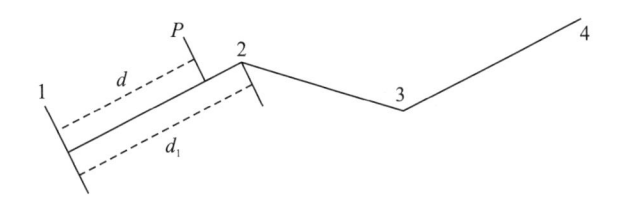

图 4.7 $d_n < d_1$ 时管线示意图

如图4.8所示，当$d_n > d_1$，即$i > 1$时，P距离起点1号点距离为d_n。依次类推，当记录点位于管线第i段时，P点坐标的计算如式(4.19)。当$d_n = d_1 + d_2 + \cdots + d_i$时，记录位置点和已知转折点重合，即记录点坐标$x = x_{i+1}$，$y = y_{i+1}$。

$$\begin{cases} x = \dfrac{d_n - d_{i-1} - \cdots - d_1}{d_i}(x_{i+1} - x_i) + x_i \\ y = \dfrac{d_n - d_{i-1} - \cdots - d_1}{d_i}(y_{i+1} - y_i) + y_i \end{cases} \quad (4.19)$$

式中，$d_i = \sqrt{(x_{i+1} - x_i)^2 + (y_{i+1} - y_i)^2}$。

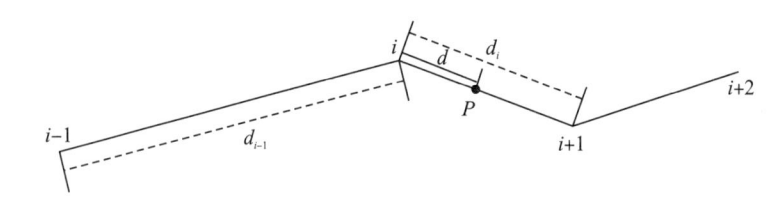

图4.8　$d_n > d_1$时管线示意图

(2) 二维到一维空间的转换。有一个二维坐标表达的线性目标，其坐标为$\{P_i\}$，$P_i = (x_i, y_i)$，$i = 0, 1, \cdots, n-1$，在该线性目标上有一点$A(X, Y)$。现需要计算点A离起点P_0的距离L(线性参考坐标)。基本思路是首先寻找点A所在的直线段P_jP_{j+1}，如果点A离直线段P_jP_{j+1}的距离D_i是A到$\{P_i\}$各直线段($j = 0, 1, \cdots, n-2$)的距离最小的，则点$A(X, Y)$在$\{P_i\}$的P_jP_{j+1}段上，距离计算公式如式(4.20)；然后计算各直线段的距离并累加，点$A(X, Y)$所在直线段的距离记为$|P_jA|$，则A的一维坐标L的计算如式(4.21)。

$$\begin{cases} D_i = \left| \dfrac{AX + BY + C}{\sqrt{A^2 + B^2}} \right| \\ A = y_{i+1} - y_i \\ B = x_i - x_{i+1} \\ C = y_i(x_{i+1} - x_i) - x_i(y_{i+1} - y_i) \end{cases} \quad (4.20)$$

$$\begin{cases} \Delta S_i = \sqrt{(x_{i+1} - x_i)^2 + (y_{i+1} - y_i)^2} \\ L = \sum_{i=0}^{j} \Delta S_i + \sqrt{(X - x_j)^2 + (Y - y_j)^2} \end{cases} \quad (4.21)$$

(3) 一维到三维空间的转换。有一个三维空间线性目标，在该线性目标上有一点A离起点P_0的距离为L，计算A点的三维坐标(x, y, z)。

若管线是以一维线性参考方式记录的，需三维表达时，应进行一维空间坐标到三维空间坐标的转换。设其转折点的三维坐标为(x_i, y_i, z_i)，$i = 0, 1, \cdots, n+1$，在该线性目标上有一点p离起点1号点的距离为d_n，第i段距离(第i点到$i+1$点的距离)为d_i。当$d_n < d_i$，即$i = 1$时，由式(4.22)可得点p的坐标：

$$\begin{cases} x = \dfrac{d_n - d_{n-1} - \cdots - d_1}{d_i}(x_2 - x_1) + x_1 \\ y = \dfrac{d_n - d_{n-1} - \cdots - d_1}{d_i}(y_2 - y_1) + y_1 \\ z = \dfrac{d_n - d_{n-1} - \cdots - d_1}{d_i}(z_2 - z_1) + z_1 \end{cases} \quad (4.22)$$

式中, $d_1 = \sqrt{(x_2-x_1)^2 + (y_2-y_1)^2 + (z_2-z_1)^2}$。

当 $d_n > d_1$, 即 $i > 1$ 时, 由式(4.23)可得点 p 的坐标:

$$\begin{cases} x = \dfrac{d_n - d_{n-1} - \cdots - d_1}{d_i}(x_{i+1} - x_i) + x_i \\ y = \dfrac{d_n - d_{n-1} - \cdots - d_1}{d_i}(y_{i+1} - y_i) + y_i \\ z = \dfrac{d_n - d_{n-1} - \cdots - d_1}{d_i}(z_{i+1} - z_i) + z_i \end{cases} \quad (4.23)$$

式中, $d_i = \sqrt{(x_{i+1}-x_i)^2 + (y_{i+1}-y_i)^2 + (z_{i+1}-z_i)^2}$。

当 $d_n = d_1 + d_2 + \cdots + d_i$ 时, 位置点和已知转折点重合, 即记录点三维坐标 $x = x_{i+1}$, $y = y_{i+1}$, $z = z_{i+1}$。

(4) 三维到一维空间的转换。有一个三维线性目标, 其坐标为 $\{P_i\}$, $P_i = (x_i, y_i, h_i)$, $i = 0, 1, \cdots, n-1$, 在该线性目标上有一点 $A(X, Y, H)$。现需要计算点 A 离起点 P_0 的距离 L(线性参考坐标)。

基本思路是首先寻找点 A 所在的直线段 $P_j P_{j+1}$, 如果点 A 到 $P_j P_{j+1}$ 的距离 D_i[式(4.24)]在点 A 到 $\{P_i\}$ 各直线段($i = 0, 1, \cdots, n-1$)的距离中最小, 则 A 在 $\{P_i\}$ 的 $P_j P_{j+1}$ 段上; 然后采用距离计算公式计算各直线段的距离并累加, 点 A 所在直线段的部分 $P_j A$ 长度累加计算在内。

$$D_i = \left| \frac{A_0 + A_1 X + A_2 Y + A_3 H}{\sqrt{A_1^2 + A_2^2 + A_3^2}} \right| \quad (4.24)$$

式中, $A_0 = -x_1(y_2 - y_1 + h_2 - h_1) + y_1(x_2 - x_1 - h_2 + h_1) + h_1(x_2 - x_1 + y_2 - y_1)$; $A_1 = y_2 - y_1 + h_2 - h_1$; $A_2 = h_2 - h_1 - x_2 + x_1$; $A_3 = x_1 - x_2 + y_1 - y_2$。

则 A 的一维坐标 L 的计算式如式(4.25):

$$\begin{cases} \Delta S_i = \sqrt{(x_{i+1} - x_i)^2 + (y_{i+1} - y_i)^2 + (h_{i+1} - h_i)^2} \\ L = \sum_{i=0}^{j} \Delta S_i + \sqrt{(X - x_j)^2 + (Y - y_j)^2 + (H - h_j)^2} \end{cases} \quad (4.25)$$

(5) 二维到三维空间的转换。有一个三维线性目标, 其坐标为 $\{P_i\}$, $P_i = (x_i, y_i, h_i)$, $i = 0, 1, \cdots, n-1$, 已知该线性目标上有一点 A, 其二维平面坐标为 $A(x, y)$。现需要计算点 A 的三维空间坐标 $A(x, y, h)$。基本思想: 首先在二维空间上判断 A 点在 $\{P_i\}$ 所在的直线段 $P_j P_{j+1}$ 上, 如果点 A 到 $P_j P_{j+1}$ 的距离 D_i 是其到 $\{P_i\}$ 的各直线段($j = 0, 1, \cdots, n-2$)距离的最小

值,则 $A(X,Y,H)$ 在 $\{P_i\}$ 的 P_jP_{j+1} 段上,则由 A 点平面坐标 (x,y) 及所在的直线段端点 P_j、P_{j+1} 的高程采用线性插值法计算点 A 的高程坐标,计算模型如式(4.26):

$$\begin{cases} h = h_i, & h_i = h_{i+1} \\ h = h_i + t(h_{i+1} - h_i), & h_i \neq h_{i+1} \end{cases} \quad (4.26)$$

式中,

$$\begin{cases} t = L/\Delta S, \quad 0 \leqslant t \leqslant 1 \\ L = \sqrt{(x_{i+1} - x_i)^2 + (y_{i+1} - y_i)^2} \\ \Delta S = \sqrt{(x - x_i)^2 + (y - y_i)^2} \end{cases}$$

(6)三维到二维空间的转换。三维空间数据到二维平面坐标的转换,不需要进行复杂的计算,直接取相应的平面坐标就可以了。

4.2.4 语义空间关联

很多数据包(隐)含有空间位置信息,并无显性的空间数据,比如单位地址、门牌号、小区名称、楼栋号等。实际上人们在日常生活中往往就是采用这类方式进行空间信息的表达、描述、交流与沟通的。比如城市燃气用户管理系统往往没有用户的空间定位数据,而是以小区、楼栋号、楼层数的方式描述其位置。但是,在计算机环境下,往往无法直接利用这类数据进行空间定位。语义空间关联的基本思路是通过语义数据与显性的空间数据关联来实现空间定位。比如管线用户可以根据用户描述(小区、楼栋号、楼层),依据小区、楼栋号与含有显性地理空间信息的建筑物进行关联,实现平面位置的初步定位,根据单元号可以确定平面上的精确定位,根据楼层估算高程。

此过程分为两步。第一步,根据前述语义关联流程将该地区地下管线语义信息关键词与所对应的面状区域进行匹配,匹配后的区域范围为多边形,以该多边形的内点为初步关联点(多边形内点的计算可采用多边形中心计算方法进行)。如图4.9(a)所示,图中

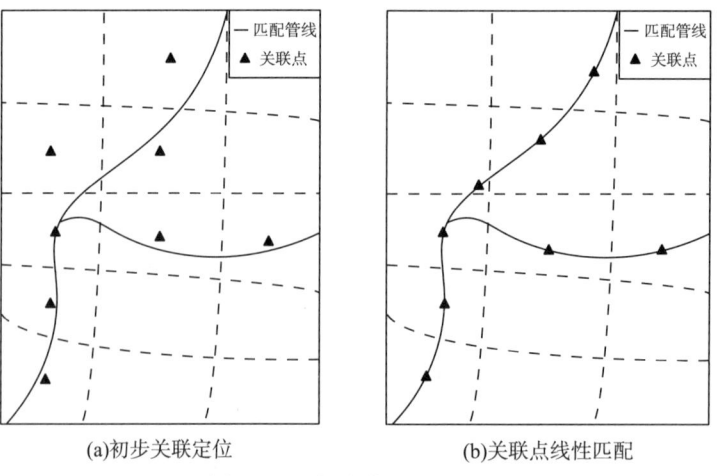

(a)初步关联定位　　(b)关联点线性匹配

图4.9 语义关联定位成果图

关联点为根据语义数据对管线所经区域进行内点定位的结果,定位后的管线在大区域范围内虽然实现了粗略定位,但没有精确定位到管线上。第二步,采用线性匹配的方法将初步关联点匹配到线要素上。图 4.9(b)为采用线性匹配法将关联定位点匹配到管线的成果图,与图 4.9(a)相比定位结果更加精确。

4.3 地下管线数据模型

4.3.1 地下管线要素

城市地下管线包括电力、信息与通信、给水、排水、燃气、热力、工业管道和综合管廊(共同沟)八大类型[3],不同类型管线的属性特征存在差别,例如雨水、污水管线具有流向特性,电力管线具有电压等特性。如图 4.10 所示,根据相关地下管线数据获取和管线要素数据字典国家标准[63,64]的规定,城市地下管线数据可按其几何特征分为管线点、管线线、管线面。

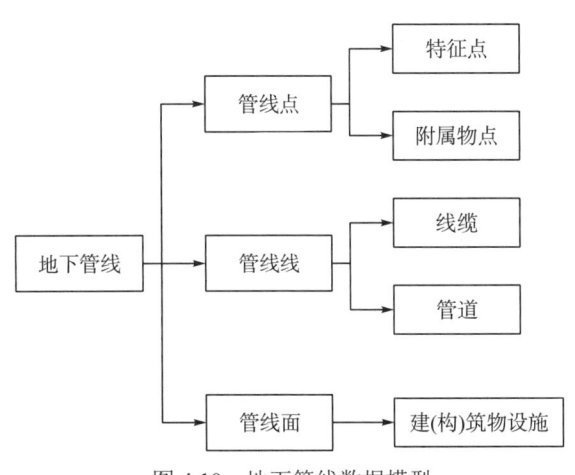

图 4.10 地下管线数据模型

1. 管线点

管线点用来表示没有面积或长度的点状特征。特征点是管线上具有明显特征的管线点,如转折点、变径点、多通点等;附属物点是地面附属物的中心点,如窨井盖中心点、阀门、水表、消防栓、排气装置、凝水缸、变压器、接线箱、通风孔、线杆等。

管线点有三种类型:标注点、定位点、有向点。其中,标注点指无实体对应的点要素,如管线点号注记、线注记等。定位点是指有实体对应的点要素,如检修井、阀门以及各类管线点等。有向点则是指具有方向性的点要素,如出水口、进水口等,应在要素属性表中定义"方向"属性项。

2. 管线线

管线线是用来表示具有一定长度但没有面积的线状特征的线缆及管道,是由管线点按一定连接关系连接而成的线,代表管线的实地走向,可称为管线段。管线段应具有起点、终点、材质、规格等属性。

管线线的表示有三种形式：中心线、有向线、辅助线，具体内容如下：

(1) 中心线指有实体对应的线要素的表现形式，如排水管线、给水管线等。

(2) 有向线指具有方向性的线要素的表现形式，如排水管线的流向线等。

(3) 辅助线指无实体对应的线要素的表现形式，如扯旗线、断面位置线、示宽线、范围线、井内连线等。

3. 管线面

管线面用来表示具有一定长度和面积的面状特征的建(构)筑物设施。管线面的表示采用实体边界轮廓线和范围线构面两种形式，如门站、污水处理厂等。

地下管线由管线点、管线线、管线面三种对象组成。在地理要素集中，管线点以点要素表示，管线线以线要素表示，管线面以面要素表示。

4.3.2 管线点数据结构

管线点数据结构分别从属性名称、属性描述、数据类型和字段长度、属性值域或示例、约束/条件等方面进行描述，具体见表 2.16。

4.3.3 管线线数据结构

管线线数据结构分别从属性名称、属性描述、数据类型和字段长度、属性值域或示例、约束/条件等方面进行描述，具体见表 2.17。

4.3.4 管线面数据结构

管线面数据结构分别从属性名称、属性描述、数据类型和字段长度、属性值域或示例、约束/条件等方面进行描述，如表 4.3 所示，其中，M——必选，O——可选，C——条件必选。

表 4.3　管线面数据结构表

属性名称	属性描述	数据类型/字段长度	属性值域或示例	约束/条件	备注
管线面编号	管线面唯一标识	字符型 25		M	
要素代码	要素分类代码	字符型 7		M	
要素名称	管线附属设施要素名称	字符型 50		M	
X 坐标	要素几何中心横坐标	浮点型 10.3		M	
Y 坐标	要素几何中心纵坐标	浮点型 10.3		M	
地面高程	要素几何中心地面高程	浮点型 6.2		M	
所在区域	要素所在区域或道路名称	字符型 40		M	
要素编号	水池编号	字符型 50		O	
要素信息	水池类型/材质/规格(长×宽×高或直径×高)/容量/池顶高程/池底高程等	字符型 255		O	

续表

属性名称	属性描述	数据类型/字段长度	属性值域或示例	约束/条件	备注
要素面积	要素占地面积	浮点型 6.2		O	单位：m²
要素图片	要素图片	BLOB 型		O	
区域类别	要素市政、庭院类别	字符型 8		O	
权属单位	权属单位名称	字符型 40		M	
管理单位	管线设施管理单位名称	字符型 40		O	
管理部门	设施、设备管理部门名称/编码	字符型 40		O	
使用部门	设施、设备使用部门名称/编码	字符型 40		O	
责任人	设施、设备责任人姓名/编码	字符型 40		O	
养护单位	管线设施养护单位名称	字符型 40		O	
设计单位	管线设施设计单位名称	字符型 40		O	
安装单位	管线设施安装单位名称	字符型 40		O	
监理单位	管线设施施工监理单位名称	字符型 40		O	
生产厂家	管线设施生产厂家名称	字符型 40		O	
供应商	管线设施供应商名称	字符型 40		O	
采集单位	管线设施数据采集单位	字符型 40		M	
采集日期	管线设施数据采集日期	日期型 8		M	
埋设年代	管线要素埋设年代	日期型 8		M	
入库日期	数据入库日期	日期型 8		M	
运行状态	管线要素使用状态	字符型 8		M	
数据来源	数据来源类型	字符型 40		M	
备注		字符型 255		O	

4.4 地下管线数据库建立

4.4.1 管线数据库表命名

城市地下管线数据一般以测区为单位提交，电子文件的命名方式为：测区名称+图层，数据格式一般为 Access 等格式。地下管线数据应按管线小类分别建立管线点、管线线、管线面等数据表[65]。地下管线图图层及数据库表命名规则见表 4.4。

表 4.4 地下管线图图层及数据库表命名规则

图层名称	中文意义	几何类型	备注
XXPOINT	管线点图层	点	XX 为管线小类代码
XXLINE	管线线图层	线	XX 为管线小类代码
XXPOLYGON	管线面图层	面	XX 为管线小类代码

4.4.2 数据检查内容与方法

为保证城市地下管线数据的正确性和可靠性,对原始管线数据进行全面、详细的检查,并对错误(误差)进行纠正(校正),是管线数据建库的基础工作。逻辑检查的主要内容包括数据类型、数据逻辑性、表属性结构、数据填写规范检查等,例如,各管线表属性字段类型是否按规范要求进行设置;各管线表属性结构是否与规范一致;排水管线的流向是否符合逻辑;各管线点的坐标是否在相应的图幅范围内;数据填写是否符合规范的要求,表结构一致性检查;管线拓扑关系检查;重复记录检查;孤立管线点检查等。对于检查不通过的数据需反馈进行校对、修改[66]。

4.4.2.1 检查规则

1. 管线点检查规则

城市地下管线数据库管线点的检查规则如下:
(1)数据表结构检查:入库管线点数据的数据结构必须与设计的数据结构一致。
(2)管线点重复检查:入库管线点数据关键字必须是唯一的。
(3)管线点空间重叠检查:管线点数据在空间逻辑上不能有重复。
(4)管线点字段控制检查:管线点图层必填字段必须填写属性值,不可为空。
(5)连接管线数量检查:管线点的连通属性应该和实际连通情况一致。
(6)孤立管线点(飞点)检查:管线点图层中不应存在不与管线相连的管线点——孤立点。特殊情况是废弃管线点,可以作为一个孤立点。
(7)管线点属性检查:保证入库管线点属性的完整性、规范性和逻辑一致性正确。

2. 管线线检查规则

城市地下管线数据库管线线的检查规则如下:
(1)数据表结构检查:入库管线数据结构必须与设计的数据表结构一致。
(2)管线重复检查:入库管线数据关键字必须具有唯一性。
(3)管线空间重叠检查:管线数据在空间逻辑上不能重复。
(4)管线字段是空值检查:管线图层的必填字段必须填写属性值,不能为空值。
(5)孤立管线检查:管线图层中应没有不与管线点相连的管线。即使是废弃管线,可以作为一个孤立管线,也应该与两个点关联。
(6)管线交叉检查:管线图层中应不存在空间交叉的管线。
(7)管线线属性检查:保证入库管线线属性的完整性、规范性和逻辑一致性正确。

4.4.2.2 数据检查内容

1. 完整性检查

城市地下管线数据的完整性检查内容如下:
(1)点表点号为空检查:点表点号不可为空值。

(2)点号重复检查：检查点号重复出现的情况，点号具有唯一性。

(3)点号缺坐标检查：点表中不能有没有对应坐标数据只有外业点号的点。

(4)点表管线性质及节点性质标准性检查：管线性质及其对应的节点性质都应该有对应的枚举值范围，不可超出此范围。

(5)起点点号或终点点号为空检查：如果线的起点或(和)终点点号为空，则该条记录就不能代表一条线管线。

(6)线表重线检查：线表中存在两条或多条记录的起点点号和终点点号相同，实质是同一条直线的情况。表 4.5 中三条记录即为重线。

表 4.5 管线线重线记录表

编号	起点点号	终点点号
1	AJS1	AJS2
2	AJS2	AJS1
3	AJS1	AJS2

(7)线表缺少点属性检查：不允许有线表中出现，而点表中不存在的点号。

(8)管线属性一致性检查：点表中点号对应的管线属性与线表中出现此点号对应记录的管线性质应相同。

(9)独立井检查：检查独立井的记录所含管线类型字段填写是否正确，如排水管线的井中出现"燃气井"肯定是错误的。

(10)线数据表非法值检查：检查线表中是否有非法值，如电力管线材质为塑料、光纤等。

(11)点数据表非法值检查：检查点表中是否有非法值，如排水管线中出现凝水缸等。

2. 规范性检查

城市地下管线数据的规范性检查内容如下：

(1)管线数据必填项检查与必不填项检查。必填项不可为空值；必不填项则不可填写，必须为空值。

(2)井属性检查：井节点的属性应填写完整，而非井节点的井属性必须为空，不可填写。

(3)空管检查：线表中空管和非空管条件设置字段填写必须正确。

(4)标准值检查：点表和线表中标准值的字段内容填写值应在值域范围内，不在值域内的填写值均为错误。

(5)附属物规格及材质检查：附属物规格及材质填写值必须为标准枚举值。

(6)材质与断面尺寸对应检查：材质、断面尺寸填写值必须为标准枚举值。

(7)编码正确性检查：检查管线编码、管线点特征类型编码和附属物编码是否规范。

3. 空间关系检查

城市地下管线数据的空间关系检查内容如下：

(1) 埋深检查：检查起点埋深和终点埋深不符合埋深范围的情况。

(2) 埋深差检查：检查起点埋深和终点埋深差的绝对值不符合埋深差绝对值范围的情况。

(3) 地面高程检查：根据地面高程中最大值和最小值的设置，检查点表中地面高程超出高程范围的情况。

(4) 管线高程检查：检查起点点号对应的高程和终点点号对应的高程差的绝对值不符合管线高程差的情况，如高程差超过管段长等。

(5) 碰撞检查：检查管线是否存在三维空间碰撞的情况。

(6) 排水类管线高程（或流向）检查：检查排水管线是否存在由低向高流的情况。

(7) 管线出露检查：检查管顶露出地面和沟内管线的起点埋深和终点埋深小于沟深的情况。

(8) 管线点空间重叠检查：同一类管线点中不能存在不同编号而相同位置的管线点。但也有例外情况，如立管所在位置的上下管线点平面坐标一样；落差管道的两端点平面坐标一样。图 4.11 为管线点空间重叠检查示意图。

(9) 管线线空间重叠检查：管线数据中不能存在两个相同类型的管线数据，在空间位置部分或者完全重合，或坐标差值小于一定容差值。图 4-12 为管线线空间重叠检查示意图。

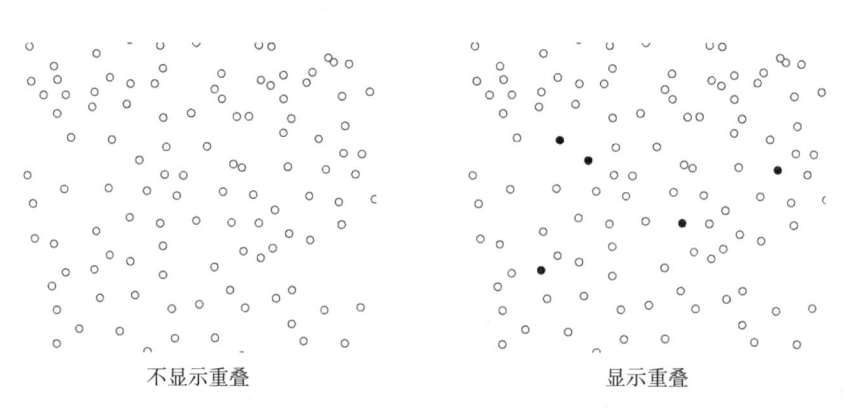

不显示重叠　　　　　　　　　　显示重叠

图 4.11　管线点空间重叠检查示意图

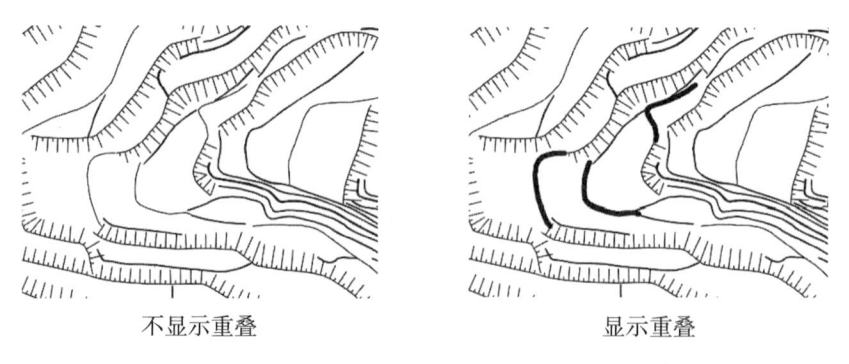

不显示重叠　　　　　　　　　　显示重叠

图 4.12　管线线空间重叠检查示意图

4. 属性关系检查

城市地下管线数据的属性关系检查内容如下：

(1) 属性关系检查：检查属性关系是否正确，如管块孔数必须为已用孔数小于等于总孔数，埋深小于等于井底深。

(2) 隐蔽直通点检查：所谓隐蔽直通点是指有两个方向的隐蔽点(变径、变材、变深点除外)，如直线点、转折点等。主要检查隐蔽直通点两侧的管线属性(如管径、管材、埋深、压力等)是否一致，两侧的各属性应一致。

(3) 变径、变材、变深检查：检查变径、变材、变深点两侧的管径、材质、埋深是否一致，对应值不一致为正确，如变径点两侧连接管线的直径要一侧大、一侧小。

(4) 管线性质一致性检查：检查点表中点号对应的管线性质与线表中以该点为起点或终点的管线的性质是否相同，一致为正确。

(5) 独立井检查：检查独立井连接的专业管线类型是否正确。

(6) 管线点连接方向数检查：判断管线点的方向数是否正确，如三通需要有 3 根管线相连，或相连的管线与堵头的数量和必须等于 3。

4.4.3　数据检查步骤

主要依据数据库建库标准，对地下管线进行空间和属性数据的检查，修改排除数据逻辑上的错误。从几何精度和拓扑关系正确性、属性数据完整性和正确性、图形和属性数据一致性、接边正确性、数据完整性等方面进行质量控制。管线数据质量检查流程主要包括如下几步：

第一步：确定检查项。依据指定的标准确定检查项，包括矢量数据几何精度和拓扑检查、属性数据完整性和正确性检查、图形和属性数据一致性检查、接边完整性检查等。

第二步：制定检查方案。基于上述检查项，根据项目特点选择检查方案或定制新的检查方案，配置检查内容和相应参数。

第三步：检查实施。按照定制的内容，系统自动批量检查，也可以以人机交互方式对重点内容进行检查，即单项错误检查，对发现的错误及时修正；同时系统会生成当前检查错误库(文件)，对错误项可以还原或忽略。

第四步：编制检查报告。自动生成或交互编写检查报告，检查工作结束。

4.4.4　数据库建立

地下管线数据建库是将多源地下管线数据经处理后导入数据库，并进行数据预处理、检查、修改和拓扑关系构建等，形成具有拓扑关系的地下管线点数据表、线数据表、面数据表等。

如图 4.13 所示，数据建库的主要流程有：①依据数据标准进行数据库结构设计；②数据入库与检查，以确保入库的数据与目标数据的一致；③对检查发现的数据错误查明原因并恰当处理，处理后数据需重新进行检查；④数据入库后进行接边处理，包括分区作业和管线更新时的接边，内容包括几何与属性两方面。

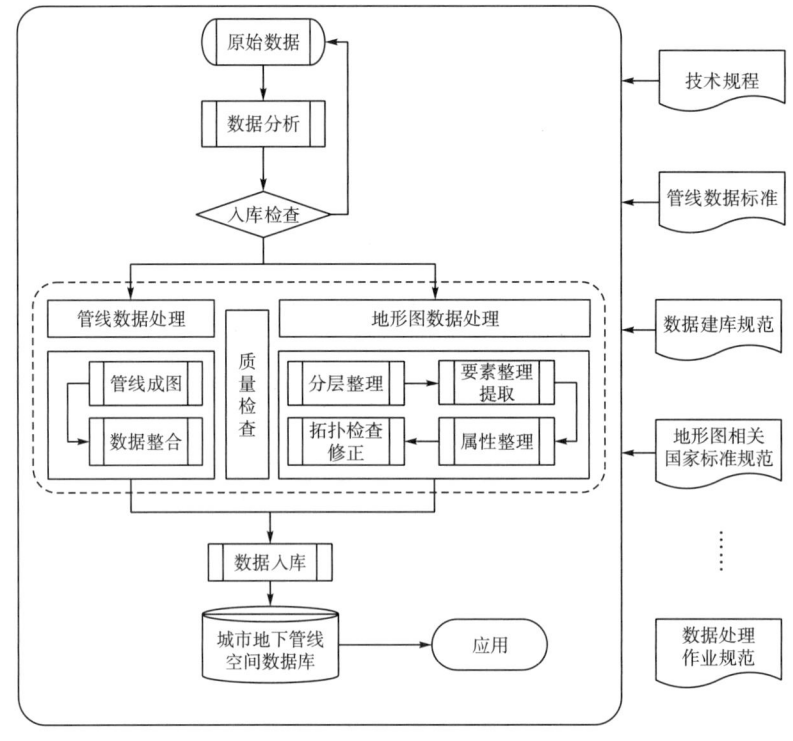

图 4.13 地下管线数据建库流程图

1. 逻辑检查

地下管线数据逻辑检查主要是为了在生成管线图形之前保证数据的准确性、正确性，是管线数据建库的基础工作。逻辑检查的内容主要包括数据类型、数据逻辑性、表属性结构、数据填写规范等，例如管线表的属性字段类型是否按目标数据库要求进行设置；管线表的属性结构是否与目标数据库一致；排水管线的流向是否符合逻辑；数据属性是否规范；管线点号、管线段编码的唯一性检查；管线拓扑关系检查；重复记录检查；孤立管线点检查等。

2. 管线图生成

由于数据源、数据处理过程中存在误差，其中的几何误差会导致相邻管线不接等问题。在计算机还不能完全自动检查时，需要通过人机交互等处理接边问题。为提高人机交互接边的效率，需将管线探测成果数据先转换为图形对象，实现可视化编辑处理。可通过 GIS 平台工具或专用软件的相关功能，利用各管线成果表中的坐标信息，生成相应的管线点、管线段、管沟等图形对象。

3. 图形检查与接边处理

利用 GIS 的地图显示、编辑、修改等功能，对生成的管线图形进行接边处的可视化检查、接边处理。可以方便地识别出相邻图幅接边处的管线几何错位、属性不一致等接边问题，通过手动接边处理，保证各管线完整性、连贯性且不重复。

4. 拓扑关系建立

为了实现各类查询、分析功能，必须建立相应的拓扑关系，包括各类管线的网络拓扑、几何拓扑关系等。可利用 GIS 拓扑关系功能，为各类管线建立相应的拓扑关系。

5. 地下管线数据入库

利用 GIS 空间数据引擎，将经过处理的管线数据导入数据库，形成一个有机的数据集合。

(1)建立数据库：在数据入库前必须保证数据的正确性、完整性、精确性；并根据系统设计建立地下管线空间数据库，建立对应的要素集，同时对新建要素集的地图范围和坐标系统进行设置，确保与目标系统的坐标系统一致且能存放所有数据。

(2)数据导入：按照一类要素的一类几何特征对应地下管线空间数据库的一个要素类的方式进行导入，保证各要素类的名称不重复。

(3)数据库检查：对已入库的数据与入库前的数据进行对比检查，确保全部数据已经入库。

(4)拓扑关系构建：对需要进行网络分析的各类管线和地形图要素建立对应的网络拓扑。网络拓扑建立过程中，对于需同时进行网络分析的多类要素必须只建立一个网络拓扑。例如，排水类管线在分析时一般要求雨污混流分析，所以建立网络拓扑时，应将各类排水管线(如污水、雨水、雨污合流等管线)结合在一起建立一个网络拓扑。

(5)注册版本：注册版本是实现管线空间数据库的版本化管理，是保证数据安全的一种措施。根据系统的设计要求为数据库中所有数据建立一个或多个版本，使数据库在支持多用户编辑、更新时不至于产生冲突，确保多期管线数据可查询、可分析。

6. 地图整饰配置

数据入库完成后，为使其整体美观、便于应用，达到最佳的视觉效果，必须对它们进行符号化处理、叠加显示、动态标注、分级显示等配置。

符号化时可采用动态符号化的方式，即采用符号库中的各符号与地理空间的各类要素的特定属性(该属性必须能确保唯一)相对应，通过系统功能进行链接控制实现动态符号化。在系统设计、建设时，应根据相关图式规范建立相应的符号库。

叠加显示是对所有图层的上下关系进行排序，避免地图要素压盖、无法显示等情况出现。

动态标注是为了提高系统的运行速度，提高地图显示的整洁性、可读性而采用的一种地图要素标记手段。通过动态标注可避免注记之间的压盖所造成的图面混乱，当地图显示比例尺不足以承载太多内容时，将根据实际地图显示空间的大小自动实现注记的取舍。并可根据用户的实际需求设置不同样式的标注。

采用分级显示的办法来实现地图要素合理显示，即根据不同显示比例尺设置合理的显示内容，保证整体幅面的整洁和美观。

一定显示比例下所能承载的地理信息量是有限的,一旦超出其承载量,将使地图要素无法看清或分辨,应用效果大打折扣。动态标注、分级显示等都是地图信息载负量控制的技术手段。

4.5 地下管线数据成果

地下管线数据成果包括地下管线数据库、管线图和其他成果三类。其中管线图包括综合管线图(含总图、分幅图)、专业管线图(含总图、分幅图),其他成果包括接图表、管线成果表、管线元数据、横断面图、纵断面图等。

4.5.1 地下管线数据库

地下管线空间数据库是地下管线的数据集合,包括二维管线数据和三维管线模型数据,内容方面包括地下管线的几何数据、关系数据、属性数据和元数据等,一般采用 MDB、MDF、DBF、DB、Shapefile、Geodatabase 等格式存储。

地下管线数据库是地下管线信息系统建设的核心,将地下管线数据与基础地理信息数据、自然与社会经济环境数据进行有机组织,实现地上地下空间一体化存储管理和集成分析,用于研究、分析、评价地下管线所处的环境、相互关系。涉及的三类数据各自形成数据子库,如表 4.6 所示。

表 4.6　一体化数据构成

数据库名称	数据内容	数据类型
基础地理信息数据库	数字线划图	矢量
	数字栅格地图	栅格
	数字正射影像	栅格
	数字高程模型	栅格
	数字表面模型	栅格
自然与社会经济环境数据库	人口数据	矢量/栅格/文本
	经济数据	
	法人数据	
	民生数据	
地下管线数据库	管线本体数据	矢量
	管线运维数据	矢量/栅格/文本

此外,地下管线数据库还包括地下管线元数据,主要内容包括地下管线数据的采集(如普查、详查、竣工测量等)单位、采集日期、依据的技术标准、管线(专业)种类、建设单位、采集方式、地理区域范围、空间参考系统、质检单位、质量概况等。元数据和数据字典共同构成对整个空间数据库的内容描述与结构定义。在数据库系统中,地下管线元数据属性结构如表 4.7 所示。

表 4.7　元数据属性结构描述表[67]

字段名称	字段类型	字段长度	小数位数	值域	备注
标识信息	字符型	200			
采集日期	字符型	10			采用"YYYY-MM-DD"格式
技术标准	字符型	255			当有多个标准时,以";"分隔
管线种类	字符型	255			当有多个管线类时,以";"分隔
管线长度	双精度		3		单位:m
管线建设单位	字符型	255			
数据采集单位	字符型	255			当有多个单位时,以";"分隔
采集方式	字符型	30			如"普查""详查""竣工测量"
西北端点 X 坐标	双精度		3		单位:m
西北端点 Y 坐标	双精度		3		单位:m
东北端点 X 坐标	双精度		3		单位:m
东北端点 Y 坐标	双精度		3		单位:m
东南端点 X 坐标	双精度		3		单位:m
东南端点 Y 坐标	双精度		3		单位:m
西南端点 X 坐标	双精度		3		单位:m
西南端点 Y 坐标	双精度		3		单位:m
质量概述	字符型	255			—
质检单位	字符型	50			—
空间表示类型	字符型	10			"矢量"
坐标系统名称	字符型	255			"××坐标系"
高程基准名称	字符型	255			"××高程基准"

4.5.2　管线图及成果表

地下管线图分为综合管线图和专业管线图,分别包括总图和分幅图。

4.5.2.1　综合管线图

综合管线图应表示一定区域(一个城市,或者一个城市的某企业的管线地理区域)内的各类地上、地下管线及附属设施、地面有关的建(构)筑物与地形特征,依据有关规范、标准及地下管线数据库,采用数字化成图方式编绘。

地下管线图的分幅与对应的基本比例尺地形图分幅方式一致。在分幅图的基础上,经过接边处理、合并,编绘生成综合管线总图。总图的比例尺根据成图幅面大小、管线区域范围确定,总图反映一个城市或者一个区域、一个企业的地下管线的空间分布特征和范围等。

综合管线图包括下列内容:

(1)各专业管线及附属设施。
(2)管线上的建(构)筑物。
(3)地面建(构)筑物。
(4)铁路、道路、河流、桥梁。
(5)主要地形特征。

按相关标准规范的要求，专业管线在综合管线图上使用不同形状、大小、颜色的符号表示。地下管线图中各种文字、数据注记不得压盖地下管线及其附属设施的符号。管线上文字、数字注记应平行于管线走向，字头应朝向图的上方，跨图的文字、注记需要在各图幅内分别完整注记。

当管线上下重叠或相距较近且不能按比例绘制时，应在图内以扯旗的方式说明。扯旗线应与管线走向垂直，扯旗内容应放在图内空白或图面负载较小处。扯旗说明的方式、字体及大小按表 4.8 的规定执行。

表 4.8 地下管线图注记标准

类型	方式	字体	字大/mm	说明
管线点号、管线注记	字符、数字混合	正等线	2	
扯旗	汉字、数字混合	细等线	3	
主要道路名	汉字	细等线	4	路面铺装材料注记2mm
街巷、建筑物、单位名称	汉字	细等线	3	
结构、层数	字符、数字混合	正等线	2.5	分间线长10mm
门牌号	数字	正等线	1.5	
进房、变径等说明	汉字	正等线	2	
高程点	数字	正等线	2	
控制点	数字	正等线	2	Ⅰ、Ⅱ级导线点、图根点
接图表	数字	细等线	1.5	
断面号	罗马数字	正等线	3	由断面起、讫点号构成断面号：I-I'

综合管线图上的注记应符合下列规定：
(1)综合管线图上应注记管线点的编号。
(2)应注明各种管道的管线规格。
(3)电力电缆应注明电压，沟埋或管理的应加注管线规格。
(4)通信电缆应注明管块规格和孔数，直埋电缆注明缆线根数。

4.5.2.2 专业管线图

一般将相同类别管线编辑成一张图，也可将相近类别的管线编辑成一张专业管线图。专业管线图应根据专业管线图形数据文件与城市基本地形图的图形数据文件叠加、编辑成图。专业管线图上应绘出与管线有关的建(构)筑物、地物、地貌和附属设施。专业管线图上注记应符合下列规定：
(1)专业管线图上应注记管线点的编号。
(2)管道应注明管线规格和材质。
(3)电力电缆应注明电压和电缆根数，沟埋或管理的应加注管线规格。
(4)通信电缆应注明管块规格和孔数，直埋电缆注明缆线根数。

专业管线图的分幅和对应比例尺的基本比例尺地形图一致。在分幅图的基础上，编绘总图。

4.5.3 其他成果

地下管线成果除了数据库、管线图之外，还有管线成果表、管线横断面图、纵断面图及管线放大图等。

4.5.3.1 管线成果表

将经过检查的管线点属性表和管线线属性表处理成符合要求的管线成果表。具体要求如下：

(1) 管线点成果表的内容包括：管线点号、种类、规格、压力、电压、流向、材质、权属单位、建设年代、电缆根数、埋深及管线点的坐标、高程等。

(2) 管线成果表中的数据需要以地下管线数据库为依据，管线点号与图上点号一致。

(3) 在管线线成果表中应采用并填注连接点号表示连接关系，并对应填写相应管线段的属性信息。

(4) 对各种窨井只标注窨井中心坐标，对井内各个方向的管线情况按上条要求填写清楚。

(5) 管线成果表以 1∶500 图幅为单位，分专业和权属进行整理、装订成册，然后在封面标注图幅号、编写制表说明。

(6) 管线成果表应依据探测成果编制，内容及格式按附表 1 的规定执行。

4.5.3.2 管线横断面图

如图 4.14 所示，管线横断面图是用于表示垂直于城市道路中心线的某一位置的剖面上各管线的空间分布、间距和地面起伏的图。管线横断面图采用平面直角坐标，以水平方向为横坐标，高程方向为纵坐标。管线横断面图需标明水平比例尺、垂直比例尺以及横断面上各个管线所在位置的地面高程、管线高程、管线规格以及各管线之间的间距，以清晰地反映各管线水平和垂直关系及对应的地面位置情况。

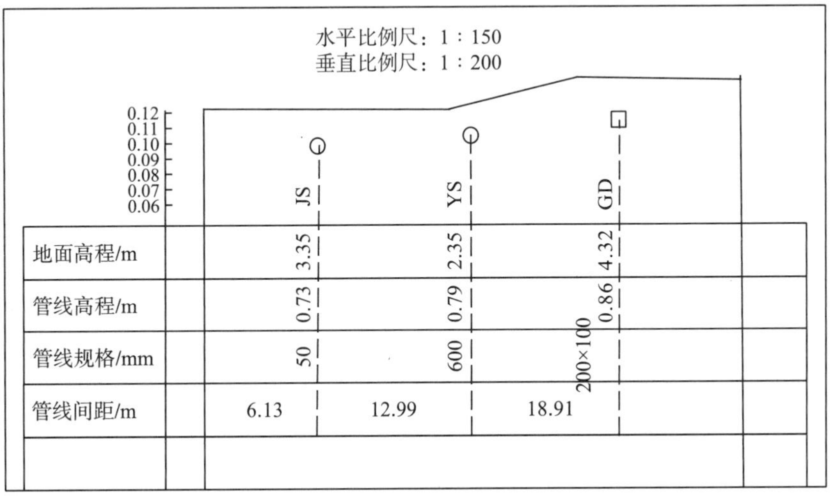

图 4.14 管线横断面图

4.5.3.3 管线纵断面图

如图 4.15 所示，管线纵断面图是表示某一管线从起点至终点的管线走向、空间分布及埋深的图。管线纵断面图采用平面直角坐标，以横坐标表示里程桩号（管线的长度），纵坐标表示高程情况。管线纵断面图应标明水平比例尺、垂直比例尺以及纵断面上各个管线点所在位置的地面高程、管线点高程、管线点埋深、管线规格，以清晰地反映沿着管线起伏和沿管线中心位置的地面起伏特征。

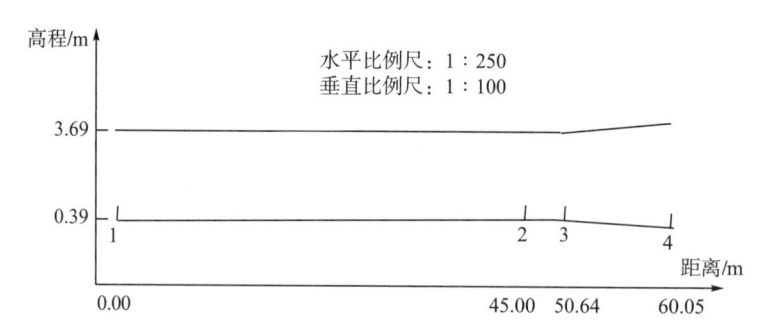

点号	物探点号	X/m	Y/m	地面高程/m	管线点埋深/m	管线点高程/m	管线规格/(mm×mm)
1	GD36	2531245.792	404676.325	3.69	3.30	0.39	100×100
2	GD32	2531252.222	404720.864	3.53	3.13	0.40	100×100
3	GD31	2531257.857	404720.661	3.43	3.01	0.42	100×100
4	GD30	2531270.201	404718.379	3.73	3.43	0.30	100×100

图 4.15 管线纵断面图

4.5.3.4 管线放大图

局部放大图是地下管线及附属设施过于密集时为清楚表示其局部相对关系的附属图。局部放大图的内容和要求与管线图的有关规定相同，按图面内容不做任何取舍和移位能表示清楚的原则选定比例尺，放大图的文件命名方式为"图号+F+顺序号"，单独存放。

4.6 地下管线信息系统构建

4.6.1 地下管线信息系统体系结构

在设计与开发地下管线信息系统时，尽管面向不同的应用需求，且其功能模块也不同，但整体架构是一致的，一般可分为感知层、基础设施层、数据层、服务平台层、应用层[68]，如图 4.16 所示。

感知层包括各类地下管线传感器，如水压、流速、流量、温度、浓度、压力监测等，为系统提供各类管线实时监测数据。

基础设施层(IaaS)包括各类终端(主机)、网络系统、服务器、存储设备等软件系统和数据存储、运算与传输所需的硬件环境。

数据层(DaaS)包括基础地理信息数据，如数字线划图、数字栅格地图、数字高程模型、数字正射影像、数字表面模型等数据；自然与社会经济环境数据，如人口、经济、法人、民生等数据；管线数据[69]，如管线本体数据、管线运维数据。

服务平台层(PaaS)包括系统数据引擎、物联网引擎、业务流引擎和知识化引擎等。

应用层(SaaS)包括面向不同用户需求的各类管线信息系统，如地下管线数据管理类系统(基础信息管理、数据信息发布、数据配置维护、数据交换和数据动态更新等)、管线实时监测与应急管理类系统(数据综合展示、实时监测预警、应急处置救援等)、管线辅助审批类系统(审批业务流程、审批信息发布、共享交换和配置管理等)、管线监督管理类系统(管线巡检、问题受理、调度督办和专业考核评价等)。

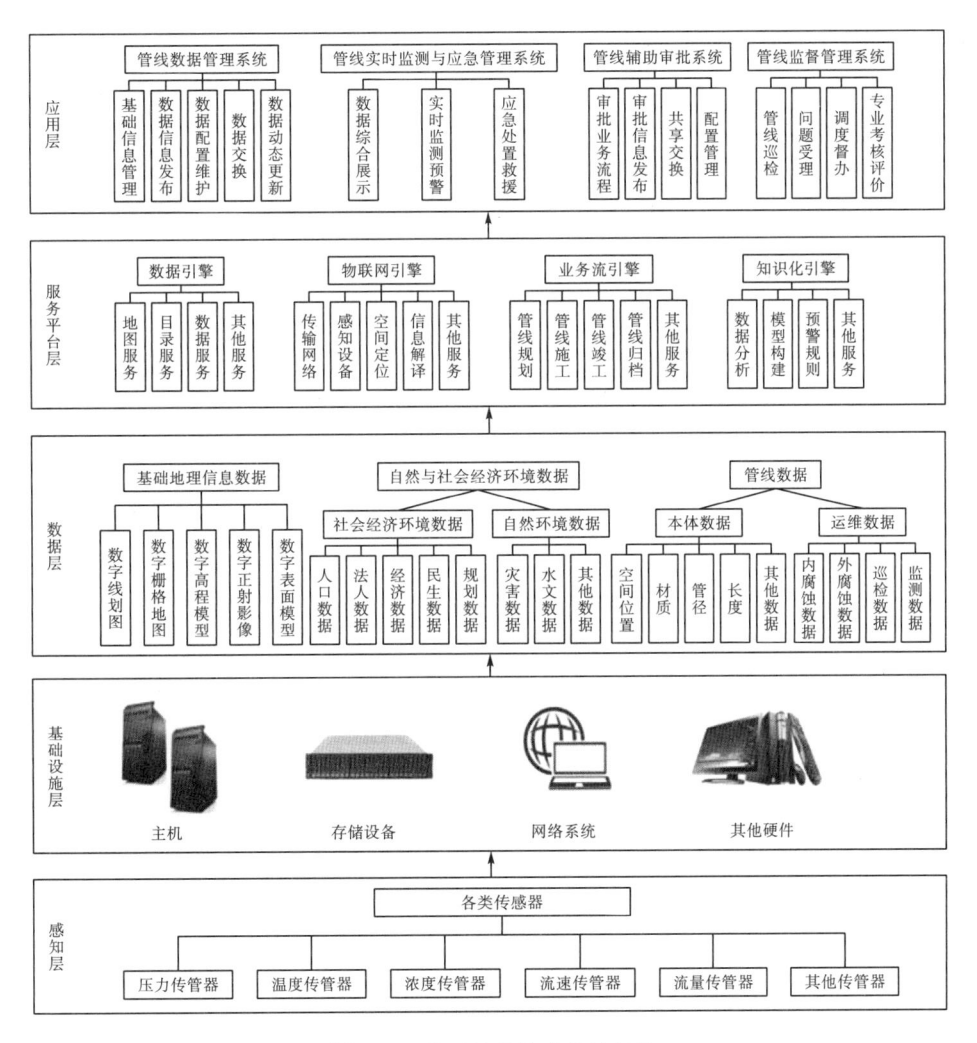

图 4.16 地下管线信息系统架构

4.6.2 地下管线数据管理系统

地下管线数据管理系统用于管线数据的日常维护管理，主要实现地下管线数据的展示浏览、查询统计、图表输出、更新、维护、共享、配置管理等功能。该类系统适用于地下管线的管理单位、权属单位和相关政府职能部门。数据库维护人员使用该类系统可以实现地下管线普查或竣工测量等数据的批量入库，同时对管线数据库进行日常管理和更新；针对不同的用户，根据访问内容、级别的不同来设置不同的权限，以及其他常态化配置。同时，通过系统发布功能为各相关专业部门、管线专业公司提供管线数据的查询、浏览等通用功能。

地下管线数据管理系统建设应包括管线基础信息管理模块、管线数据信息发布模块、管线数据配置维护管理模块、管线数据交换模块和数据动态更新模块等内容。

1. 管线基础信息管理模块

基础信息管理模块主要是实现地下管线海量数据的管理，可以进行数据输入、编辑和转换，提供点、线、面三种图元的空间数据和属性数据管理的功能，是一个强大的海量图库管理模块。一般具有地图放大、缩小、漫游、全图等操作以及数据定位、导出和转换等功能。

2. 管线数据信息发布模块

管线数据信息发布模块主要提供各类管线查询、地图操作、制图输出以及数据统计等功能或服务。模块应具备多种查询方式，包括点击查询、矩形查询、多边形查询、图幅号查询、属性查询等，可对查询要素进行高亮或醒目显示、定位等，提供管线长度、管点（按类型、分组）统计功能；同时具备制图输出功能。

3. 管线数据配置维护管理模块

管线数据配置维护管理模块是为地下管线信息系统管理员提供针对数据的专业配置、维护、管理的模块，数据变化时可便捷地进行调整。模块应具备符号管理、字典表管理、符号化方案管理、数据连接管理、系统信息维护、专题维护、管线类型维护、预警数据维护等功能。

4. 管线数据交换模块

数据交换模块实现与地下管线综合管理信息系统、管线权属单位专业管线信息系统、事故隐患管理信息系统等系统之间的数据交换。交换数据包括地下管线空间数据、属性数据、查询统计数据等。为实现数据交换，模块还应具备管线数据抽取、数据转换及数据加载等功能。

5. 数据动态更新模块

数据动态更新模块主要实现对管线数据的入库、更新功能。为保证管线数据的现势性，系统应提供多种灵活、方便的管线数据更新方法。除此之外，模块应具备管线数据检查、管线数据入库、管线数据增加与修改、管线数据删除与废弃等功能。

4.6.3 地下管线实时监测与应急管理系统

地下管线实时监测与应急管理系统用于管线的地上地下一体化、多维度信息展示、实时监测预警与应急管理。多源数据经过集成、融合，以满足用户多维度、多视角观测和分析管线的需要，通过二维、三维、实景、视频监控、管线传感器监测等方式直观地了解管线的现状(分布、走向、管线间的相互关系等)及管线施工、事故现场情况，为管线监管及事故应急处置提供依据。该类系统适用于管线管理单位、权属单位、维护单位和政府相关部门。系统建设内容应包括综合管线展示模块、实时监测预警模块、应急处置救援模块。

1. 综合管线展示模块

综合管线展示模块主要通过二维、三维、实景数据、监测数据等，实现地下管线在三维地图上的基础展示、查询、浏览和分析(如横断面分析、纵断面分析、三维碰撞分析、覆土分析、流向分析等)，实现管线多维度、多视角的管理和展示分析，为决策者决策提供依据。模块应具备三维地图展示、属性查询、图层控制、场景控制、漫游控制、实景漫游、实景测量、视频监控展示等功能。

2. 实时监测预警模块

实时监测预警模块是基于 GIS 技术，接入由前端各类传感器感知的城市供水、排水、供气等各类管线的现场实时数据，并对数据进行分类、汇总、提取、展示与存储，实现对城市供水、排水、供气等各类管线的安全、运行、环境等状态进行实时监控、预警分析。

3. 应急处置救援模块

应急处置救援模块主要用于突发事件发生时对管线的受损情况、周边区域影响情况的获取、分析，以便实施科学、及时、高效的应急抢修、指挥、快速处置和救援。模块应具备影响区域分析、关阀分析、预警分析、应急处置分析、救援路径分析等功能。

4.6.4 地下管线辅助审批系统

辅助审批系统主要用于对管线的规划、建设、审批等业务流程的一体化管理，适用于管线规划管理与审批部门。系统建设内容包括管线业务审批模块、管线审批信息发布模块、管线信息共享交换模块和配置管理模块等。

1. 管线业务审批模块

管线业务审批模块主要是通过管线审批业务的申请、批准、核准、备案等流程进行信息化管理，为管线审批部门业务提供信息技术服务。模块应具备数据(规划设计条件、现状管线、地形数据、红线数据等)调取、管线审批(方案审批、施工审批、竣工核实)、审批报告生成、管线入库、审批规则配置、审批权限控制等功能。

2. 管线审批信息发布模块

管线审批信息发布模块主要是将管线审批的内容、流程、结果，以及办理经过、经办人等详细信息在系统中进行公示，以便各专业部门调阅。模块应具备审批状态查询、审批结果公示、审批信息下载、权限控制等内容。

3. 管线信息共享交换模块

管线信息共享交换模块主要是实现规划、建设、城管、养护等不同单位和部门之间的数据推送，提高审批效率。模块应具备管线数据上传和下载、业务申请、业务审核、业务处理等功能。

4. 配置管理模块

配置管理模块主要是对地下管线行政审批业务的全过程进行快速定制、配置、表单定义、机构定义、工作流配置等提供技术支持，形成符合城市地下管线审批业务要求的完整工作流程，为行政审批提供信息系统支撑。模块应具备人员配置、权限配置、机构配置、业务流程配置、审核配置等内容。

4.6.5 地下管线监督管理系统

地下管线监督管理系统用于对管线健康状况、日常运行及管线施工、事故现场情况进行监督管理。该系统充分借鉴数字城管、智慧城管的管理模式和管理方法，将地下管线纳入到数字化、智慧化城市管理范围，构建地上地下全覆盖的管线综合管理新模式，系统适用于管线权属单位、管理单位和政府相关部门。地下管线监督管理系统建设内容应包括管线巡查模块、管线问题受理模块、管线调度督办模块和管线专业考核评价模块等内容。

1. 管线巡查模块

地下管线巡查模块是供巡查员(管线权属单位巡线员、数字城管监督员等)对管线现场发现的事故、隐患等状况进行实时发现、快速采集与传送的信息模块。巡查员使用相应设备在所划分的区域内巡查，将管线日常运行情况及管线施工、事故现场情况等相关信息传送到信息中心。模块应具备数据采集(定位、拍照、视频，及问题描述)、流程构建与维护、巡检网格划分及管理、巡线员管理、巡线轨迹回放、越界检测、巡线员绩效考核等功能。

2. 管线问题受理模块

地下管线问题受理模块主要用于记录、管理管线运行管理中发现的问题，依据巡查员发现上报和社会公众举报生成系统案卷，并通过系统流转进行处置。模块应具备巡查员上报、公众举报登记、问题核实、立案、核查、结案等功能。

3. 管线调度督办模块

管线调度督办模块是地下管线精细化管理的重要组成部分，通过调度督办模块，全面履行政府职能，创新政府监管模式。模块应具备案卷处理、案卷移交、案卷督办、查看案卷办理过程、专题地图显示、地图查询和定位、计时管理等功能。

4. 管线专业考核评价模块

通过一整套科学完善的监督评价体系，对地下管线管理的各方面进行考核评价，监督管理中发生的具体问题，提升管理质量。模块应具备评价规则设置、评价主体设置、评价数据采集、评价结果发布等功能。

第 5 章 地下管线三维建模

二维地下管网管理信息系统的管理模式很难对大量且不断增长的管网数据进行有效的描述和表达，缺陷日益凸显，已经无法满足用户的管理需求[70]。因此，三维管网信息管理系统的研究和应用逐步增加。三维管网信息管理系统，是指将城市地下管网数据进行统一管理，通过建立管网三维模型并在三维场景中对管线的空间及属性信息进行展示和表达[71]。通过三维管线仿真建模，可以得到直观的三维管线空间关系，从而使管线之间及管线与周围环境之间的位置、关系得以充分地反映和体现，使规划人员可以在此基础上对管线的空间位置、关系有一个较为准确的了解和掌握[72]。三维管线模型可以使工作人员快速了解复杂的地下管线空间及属性信息，更高效地维护地下管线，并及时修复、处置各种问题[73]。通过三维管线再现环境信息，有利于规划与建设人员准确掌握管线的实际情况，防止破坏现有的管线[74]。

根据自动化程度，可以将管线三维建模分为手工建模和自动建模两种方法[75]。手工建模一般基于三维建模软件进行，模型精度高，但建模过程繁杂，速度较慢，耗费大量人力。为了克服手工建模的缺点，越来越多的三维地理信息软件能够直接基于管线二维数据自动创建管道的三维对象[76-78]。按照三维建模数据存储内容，可以分为实体化建模和参数化建模两种形式。其中，实体化建模是在建模之后将各管线及其附属设施实体模型数据存储在计算机中，应用时从系统中调取、展示的一种方式。参数化建模是建立各管线及其附属设施实体的模型参数，并存储于计算机中，应用时调取参数实时构建三维模型实现可视化。后一种方法，数据存储量小，但对数据质量要求较高，存在放大时连接处容易出现裂缝等问题，一般通过控制放大倍率控制这类问题的出现。

5.1 管线三维模型实体化建模

5.1.1 地下管线属性数据

根据《地下管线数据获取规程》（GB/T 35644—2017），地下管线附属设施可按照管线类型分类，每类管线的附属设施又可细分，具体分类见表 5.1。建设行业相关的地下管线技术标准规范以及相关的地方标准的地下管线附属设施基本一致。

按照《地下管线数据获取规程》的要求，地下管线附属设施的属性结构见表 2.16，其中的井室形状、井脖深、井盖直径、井盖长、井盖宽、井室直径等字段，为地下管线检修井室及附属设施建模提供了丰富的基础数据支撑。为建立更为真实、准确的附属设施三维模型，部分地区在此国标的基础上建立了行业和地方标准，如《城市地下管线探测技术规程》（CJJ 61—2017）、四川省地方标准《城镇地下管线普查数据规定》（DB51/T 2277—2016）

等。但是，总体上行业、地方标准与国家标准的附属设施属性数据结构相差不大，内容基本一致。

按照《地下管线数据获取规程》的要求，地下管线线属性结构见表 2.17。

表 5.1 地下管线建（构）筑物及附属设施

管线类别	管线特征点	附属设施
电力	转折点、分支点、预留口、非普查、入户、一般管线点、井边点、井内点等	变电站、配电室、变压器、人孔、手孔、通风井、接线箱、路灯控制箱、路灯、交通信号灯、地灯、线杆、广告牌、上杆等
通信	转折点、分支点、预留口、非普查、入户、一般管线点、井边点、井内点等	人孔、手孔、接线箱、电话亭、监控器、无线电杆、差转台、发射塔、交换站、上杆等
给水	测压点、测流点、水质监测点、变径、出地、盖堵、弯头、三通、四通、多通、预留口、非普查、入户、一般管线点、井边点、井内点等	检修井、阀门井、消防井、水表井、水源井、排气阀、排污阀、水塔、水表、水池、阀门孔、泵站、消防栓、阀门、进水口、出水口、沉淀池等
排水	变径、出地、拐点、三通、四通、多通、非普查、预留口、一般管线点、井边点、井内点、沟道点等	污水井、雨水井、雨篦、溢流井、阀门井、跌水井、通风井、冲洗井、沉泥井、渗水井、出气井、水封井、排水泵站、化粪池、净化池、进水口、出水口、阀门等
燃气	变径、出地、盖堵、弯头、三通、四通、多通、预留口、非普查、入户、一般管线点、井边点、井内点等	阀门井、检修井、阀门、压力表、阴极测试桩、波形管、凝水缸、调压箱、调压站、燃气柜、燃气桩、涨缩站等
热力	变径、出地、盖堵、弯头、三通、四通、多通、预留口、非普查、入户、一般管线点、井边点、井内点等	检修井、阀门井、吹扫井、阀门、调压装置、排水器、真空表、固定节、安全阀、排潮孔、换热站等
工业	变径、出地、盖堵、弯头、三通、四通、多通、预留口、非普查、入户、一般管线点、井边点、井内点等	检修井、排污装置、动力站、阀门等
综合管廊（沟）	变径、出地、三通、四通、多通、预留口、非普查、一般管线点、井边点、井内点等	检修井、出入口、投料口、通风口、排气装置等

5.1.2 管线附属设施三维建模

地下管线附属设施三维建模可分为三种形式：基于基础模型的三方向同比例缩放建模、基于基础模型的三方向不同比例缩放建模和无基础模型三维建模。这里的三方向是指基础模型在 3DMax 等建模工具的立体空间中坐标系的 X、Y、Z 轴，通常与最终渲染三维管线场景坐标 X、Y、Z 方向一致。

5.1.2.1 三方向同比例缩放建模

基于基础模型的三方向同比例缩放建模适用两种条件：①面向简单的附属设施数据，该类数据只记录附属设施的类型、空间位置，无任何尺寸信息；②附属设施形状结构复杂，基础模型的形状、结构与现实附属设施一致，但尺寸不一致。模型库中的基础模型尺寸与实际附属设施的尺寸关系决定了缩放比例尺 k，按式(5.1)计算。当基础模型的尺寸和现实附属设施尺寸一致时，$k=1$。

$$k = S_p / S_M \tag{5.1}$$

式中，S_p 为附属设施的实际尺寸，m；S_M 为附属设施的基础模型尺寸，m。

5.1.2.2 三方向不同比例缩放建模

基于基础模型的三方向不同比例缩放建模适用条件为：附属设施形状结构简单（如长方体的控制箱），模型库已有基础模型，附属设施数据包含一定的尺寸信息（如井深、附属设施三维尺寸），但实际附属设施的三方向尺寸与基础模型不一致。

该类建模通过将基础模型的三个方向进行不同比例缩放实现附属设施三维建模。为简化基础模型，该类基础模型的三方向原始尺寸完全一致，如边长为1m的控制柜基础模型。三个方向的缩放比例可按式(5.2)计算：

$$\begin{cases} K_X = L_{PX}/L_{MX} \\ K_Y = L_{PY}/L_{MY} \\ K_Z = L_{PZ}/L_{MZ} \end{cases} \quad (5.2)$$

式中，K_X、K_Y、K_Z 分别为三个坐标轴方向的模型缩放比例；L_{PX}、L_{PY}、L_{PZ} 为附属设施三个坐标轴方向的实际长度，m；L_{MX}、L_{MY}、L_{MZ} 为基础模型三个坐标轴方向的模型长度，m。

5.1.2.3 无基础模型三维建模

无基础模型三维建模适用条件为：附属设施结构复杂但无异形，管线数据包含详细的形状及尺寸信息，具备程序化建模的数据基础。

一般根据井室的形状、结构将地下管线检修井室分为多个类型，并用不同的代码表示，代码及图示见表5.2[79]。在管线点属性结构中，要求采集地下管线检修井室类型、井脖深、井盖尺寸、井室尺寸、地面设施尺寸等字段。该分类和数据标准体系适用于无基础模型的三维建模，是附属设施建模的基础。

表 5.2 地下管线检修井室分类代码

代码	图示	代码	图示
井代码 100		井代码 105	
井代码 101		井代码 106	
井代码 102		井代码 107	
井代码 103		井代码 108	
井代码 104		井代码 109	

地下管线检修井室的三维数据模型[80]以模型独立坐标系统作为其参考系统，定位参数方面设置井盖顶面几何中心为模型整体定位点，以井盖顶面距离几何中心的水平距离（偏心距）实现井盖/井脖定位；属性方面包括井盖直径、井室直径、井脖深、井深、井盖

材质、井室材质。建模软件通过数据库自动获取和生成三维模型的参数与属性值。按照三维自动建模的思路，以地下管线检修井室顶面中心为原点，管线走向为 X 轴，垂直于管线走向的方向为 Z 轴，垂直于地下管线检修井室顶面为 Y 轴，建立独立的地下管线检修井室建模三维坐标系统[81]，如图 5.1 所示。

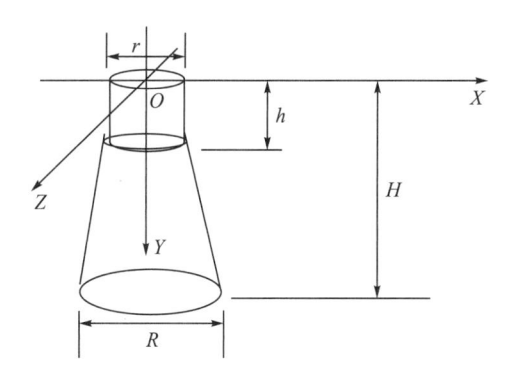

图 5.1 井室建模三维坐标系统

r 为井盖直径；R 为井室直径；h 为井脖深；H 为井深

基于空间三维几何算法，可得到地下管线检修井室对象上任意一点的三维坐标，计算坐标所需的四个关键参数 r、R、h、H 都是三维管线普查数据，不同形状的子对象采用不同的方法分别计算。

5.1.3 管道三维建模

5.1.3.1 地下管道模型分类

管线类型采用不同的颜色来区分，形态上可将管道分为圆管和方管(沟)，管线构成上分为管道和套管，套管是指管道与管道连接部分。

5.1.3.2 地下管道三维建模

由于地下管道形态仅包含方管和圆管，且各类型的地下管道的颜色按相关标准执行，故可建立地下管道三维模型库。地下管道三维模型库中的基础模型为单位尺寸的管道模型，方管为 1m×1m×1m 的正方体，如图 5.2 所示，圆管为底面直径 1m、长度 1m 的圆柱，各类型管线均包含对应颜色的圆管和方管三维基础模型。

地下管道三维建模采用基于三维基础模型的三方向不同比例缩放、旋转方式完成。长度为 Y 轴的缩放比例，断面尺寸为 X、Z 轴的缩放比例，Yaw(偏航角)、Pitch(倾斜角)、Roll(旋转角)分别为以 X、Y、Z 轴为旋转轴的旋转角度，如图 5.3 所示。

5.1.3.3 套管三维建模

套管并未在地下管线数据库中单独存储，故在地下管线三维建模时，套管是作为额外的三维模型存在的，其意义是达到平滑连接管道的作用。套管的三维建模包含两种方式：

构建弯管和建立多个辅助部件。

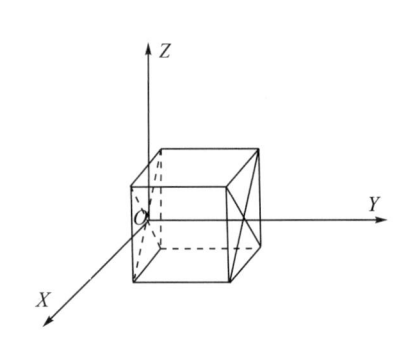

图 5.2　方管基础模型　　　　　　　图 5.3　旋转角度展示

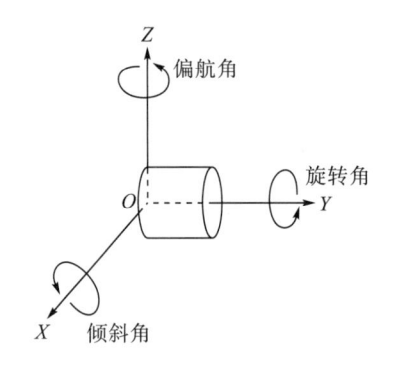

构建弯管是在两根管道之间创建一根平顺弯曲的中间连接管段。这种方式要求在创建管道模型时将弯管纳入统筹建模(图 5.4)。首先构造出弯管的弧段 T_1-T_2，计算出建模管段 P_1-T_1、T_2-P_3，并采用程序自动创建弯管 T_1-T_2，形成管道-套管-管道的过渡模型体系。采用该方式创建的管道存在一定的缺陷，即管道模型长度小于管道实际长度。

在三维建模过程中，不考虑管壁厚度，默认为薄壁几何体。在地下管线的实际形态中，同一管线的管道和管道之间是连通的，且在转折处平滑过渡。所以必须保证管道连接部件与管道良好套合，才能实现管道在转折点处的平滑过渡。为减少计算量、降低建模复杂度，将管道连接处拆分为三类部件的连接。三类部件分别为起始连接、终止连接、连接辅助。起始连接为管道起点位置的套管模型，终止连接为管道终点位置的套管模型，起始连接和终止连接主要是用于保证管道与管道的良好套合。连接辅助为起始连接和终止连接中间的过渡模型，主要提供管道间的平滑过渡。以图 5.5 为例，AO、BO、CO 三条管段在 O 点处形成了一个三通的汇合点，管件 1 为管段 AO 处的终止连接，管件 2 为管段 BO 处的起始连接，管件 3 为管段 CO 处的起始连接，管件 4 为 AO、BO、CO 三条管段在 O 点处的连接辅助，实际效果见图 5.6。此方法的优势在于它可以应用于任意角度与任意数量的管道连接的可视化表达，不用刻意地去制作三通、四通等管件模型[82]。

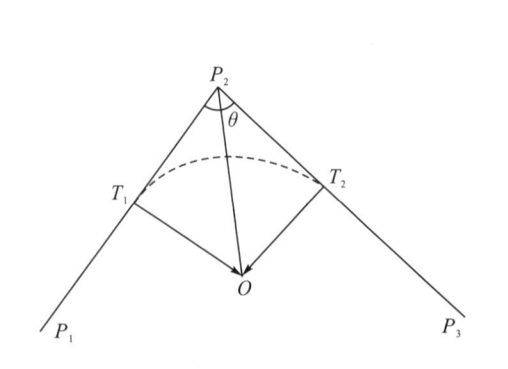

图 5.4　弯管与管道统筹建模示意图　　　　　　　图 5.5　管道连接部件

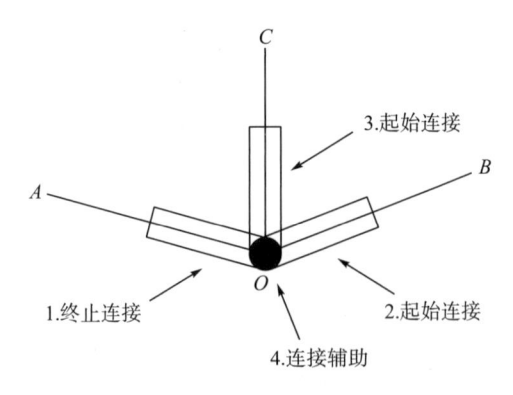

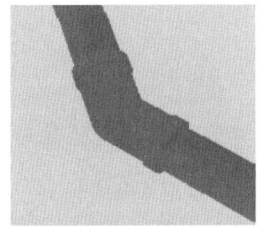

(a)三通处效果　　　　　　(b)圆管拐点效果　　　　　　(c)方管拐点效果

图 5.6　连接部件效果图

由于管道起始连接部件、终止连接部件和管道形态一致，连接辅助为球型，且各类型的管道颜色一般按标准执行，故可建立套管模型库。套管模型库中的基础模型为单位尺寸的管道模型，方管为 1m×1m×1m 的正方体，圆管为底面直径 1m、高 1m 的圆柱。

起始连接部件和终止连接部件的数据模型相同，其中参考系统与三维管线展示场景的 *XYZ* 三维坐标系一致；定位参数中模型整体定位点取模型底面中心；属性方面包括长度、断面尺寸、Yaw、Pitch、Roll 和 FileName（模型名称）。其中，长度取固定值，一般取 0.05m，断面尺寸一般取管道断面尺寸的 1.05 倍，Yaw 与管道一致或相反，Pitch、Roll 与管道一致。类似地，连接辅助部件的数据模型采用与三维管线展示场景一致的 *XYZ* 三维坐标系；定位参数中模型整体定位点取球心；属性方面包括直径和 FileName，连接辅助部件的直径一般取管道尺寸的 1.05 倍。

5.1.3.4　缺失管道三维建模

缺失管道是指在地下管线数据中并未记录，但实际存在的管道，也可称为数据缺失管道。一般包含两种类型：①平面投影重叠但垂面投影为线的管道，如图 5.7 的落差管道；②地下管线结束点至附属物的连接管道，这两类管道一般情况下都为垂向管道。

建立缺失管道的三维模型是构建完整管道网络的重要步骤，其首要工作是通过程序检查算法找出所有缺失管道，并获取管道的基本信息。管道基本信息的数据结构要求和管线表的数据结构一致，以保证管道的顺利生成。缺失管道的数据模型同起始连接部件，模型整体定位点取管道起点所在管道截面的中心，长度为计算所得高差 h_{AB}（图 5.7），断面尺寸取上下两端管道的最大尺寸。缺失管道方向垂直于地平面，Yaw 为 0°，Pitch 为 90°，Roll 为 0°。

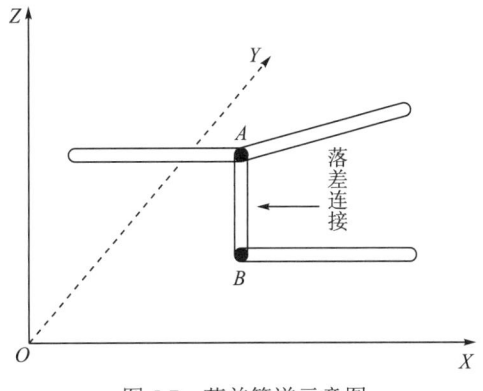

图 5.7　落差管道示意图

5.1.4　检查井井盖三维建模

从结构上讲，地下管线检查井井盖只是井类附属设施的一个组成部分，但为了实现井室和井盖的独立控制，井盖建模一般单独进行。

检查井井盖按平面形状分为矩形、方形和圆形，按材质可分为砼、铸铁及复合材料等。可以按照地下管线检查井井盖分类建立基础模型，若管点属性为《地下管线数据获取规程》中规定的类型，则各类型管线都需要建立不同形状、不同材质的井盖基础模型。表5.3为给水管线井盖基础模型清单。

井盖三维建模直接采用基于基础模型按比例缩放建模方式，根据井盖实际尺寸数据对基础模型进行缩放，缩放比例可按式(5.1)计算。若无实际尺寸数据，则缩放比例取1。三维井盖的数据模型采用与三维管线展示场景一致的 XYZ 三维坐标系；定位参数中模型整体定位点取管道起点所在管道截面的中心；属性方面包括平面尺寸和 FileName，其中平面尺寸即为管线记录的井盖真实尺寸。

表 5.3　给水管线井盖基础模型清单

管线类型	井盖类型	材质	模型名称
给水	圆形	复合	给水圆复合井盖.xpl2
		砼	给水圆砼井盖.xpl2
		铸铁	给水圆铸铁井盖.xpl2
	方形	复合	给水方复合井盖.xpl2
		砼	给水方砼井盖.xpl2
		铸铁	给水方铸铁井盖.xpl2

5.2　三维自动建模基础

地下管线的三维自动建模主要依赖地下管线数据库、数据规则库和三维实体模型库。其中，地下管线数据库主要提供管线几何与属性数据，是三维自动建模的数据基础；规则库将管线逻辑规则、管线数据质量要求等抽象为规则知识，采用数据库技术进行管理，用于地下管线数据质量检查，是三维自动建模质量与自动化程度的保障；模型库主要提供管道、管道连接部件、附属物等模型，是三维自动建模的三维呈现基础。地下管线数据库参考前面有关章节，本节重点介绍规则库和模型库。

5.2.1　数据规则库

地下管线空间数据是地下管线三维自动建模的基础，地下管线空间数据质量也决定着管线三维建模的质量。由于受探测技术、设备、人员操作水平等的限制，地下管线数据在获取时可能产生不同程度上的误差，从而影响地下管线三维建模的质量。传统人工检查已经无法满足地下管线三维自动建模的需要。为避免数据缺失以及数据精度等问题对地下管线三维建模自动化及三维展示效果的影响，基于数据规则库实现对城市地下管线数据的自动批量检查。

5.2.1.1 数据质量问题分析

在地下管线数据的质量元素中，影响地下管线三维自动建模的数据质量问题主要体现为以下几个方面[81,82]。

1. 数据完整性错误

数据完整性错误主要体现在表缺失、表结构错误两个方面。

表缺失：指数据录入时因操作失误等原因导致某些表的缺失，如表名不符合标准规范、部分表丢失或未入库等。通常管线数据库中各类表的命名方式是以"管线小类代码+表名"的方式来命名的，比如点表的命名形式为"XXPOINT"，线表的命名形式为"XXLINE"，要确保管线代码和表代码与标准规范保持一致。

表结构错误：地下管线数据库与标准数据中管点表、管线表的字段数量、字段名称、字段类型和字段长度应保持一致。表结构的错误表现为数据库某些表中字段与标准字段在名称、类型及长度上不一致，或者字段多余与缺失等。

2. 逻辑关系错误

地下管线数据的逻辑关系错误主要是指数据中存在孤立点或点线不一致两种情况。孤立点是指点表中的物探点号未被引用到线表的起点点号与终点点号中；点线不一致是指线表中的起点点号或终点点号在对应点表的物探点号当中不存在。

3. 地理精度问题

地理精度问题是指管点和管线的属性描述信息错误，主要体现为以下几种情况[83,84]：属性范围错误、属性枚举值错误、属性空值及属性重复等。

属性范围错误：是指属性值不在正确的取值范围之内，如管线埋深等。

属性枚举值错误：是指枚举型属性值不在正确的枚举值范围之内，如管材类型、管径等。

属性空值：包括必填字段未填写和必不填字段填写，都属于属性不完整。

属性重复：有些字段的属性值具有唯一性，比如物探点号等，不允许出现相同的属性值。

此外，空间参考系统、数据比例尺等也需要一致。

5.2.1.2 检查规则分析

数据质量规则和算法是数据质量检查的基础，数据质量检查流程是在规则和检查算子的基础上，先完成各个检查项的设置和设计检查方案，再实施自动检查。因此，规则和检查算子的定义与设计是整个检查流程的核心内容。

规则：对实际业务逻辑的一种描述，是对质检业务规则的形式化抽象描述。

检查算子：是对数据检查内容和过程的一种格式化描述，用于完成一个或多个特定要求的数据检查内容。

检查项：是指质量检查的最小单位，是质检算法的一个特定实例，定义了基本检查对象和检查算法。

因此，以城市地下管线三维自动建模对数据质量内容要求为依据[85]，提出相应检查算子，基于不同的检查算子建立相关的检查项，如表 5.4 所示。

表 5.4 城市地下管线数据检查项设计

检查内容	检查算子	检查项	备注
数据集完整性	表缺失检查	表缺失检查	检查点表、线表是否完整
	表结构完整性检查	表结构完整性检查	检查点表、线表中是否有字段缺失、多余等现象，并检查字段类型与长度与标准是否一致
属性精度	属性空值检查	物探点号空值检查	检查物探点号是否存在空值
		X 坐标空值检查	检查 X 坐标是否存在空值
		Y 坐标空值检查	检查 Y 坐标是否存在空值
		地面高程空值检查	检查地面高程是否存在空值
		起点点号空值检查	检查起点点号是否存在空值
		起点埋深空值检查	检查起点埋深是否存在空值
		终点点号空值检查	检查终点点号是否存在空值
		终点埋深空值检查	检查终点埋深是否存在空值
	属性唯一性检查	物探点号重复检查	检查物探点号是否有重复值
		管线重复检查	检查起点点号与终点点号是否同时重复
	属性范围检查	X 坐标值域检查	检查 X 坐标是否超出测区范围
		Y 坐标值域检查	检查 Y 坐标是否超出测区范围
		地面高程值域检查	检查地面高程是否超出范围
		起点埋深值域检查	检查起点埋深是否超出行业标准
		终点埋深值域检查	检查终点埋深是否超出行业标准
		断面尺寸值域检查	检查管道断面尺寸是否超出行业标准
	属性枚举值检查	附属物枚举值检查	检查附属物枚举值是否在规定枚举范围内
逻辑关系	孤立点检查	孤立点检查	检查点表中的物探点号是否在线表中的起点点号与终点点号中应用
	点线一致性检查	点线一致性检查	检查线表中的起点点号与终点点号是否存在于对应点表的物探点号中

5.2.1.3 数据规则库构建

采用自定义检查规则库的方式对地下管线数据进行自动检查，将先验性的数据约束条件以参数形式存储于规则库中，结合各种检查算子对管道数据进行质量检查，数据质检规则库框架如图 5.8 所示。

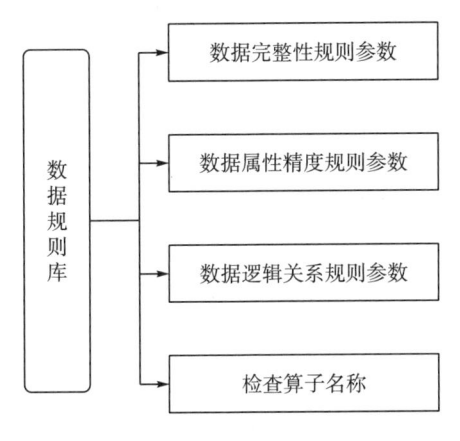

图 5.8　数据质检规则库框架

在实际操作中以数据库方式管理规则库，规则库中各类规则参数以数据表为单元记录，通过规则库中存储的检查算子名称来调用封装的检查算子并结合各项规则参数实现对地下管线数据的自动检查。

5.2.2　地下管线模型库

5.2.2.1　三维模型制作与处理

三维模型制作是三维建模的重要部分，本书中的管道三维模型、连接部件三维模型以及附属设施三维模型的建立以 3DMax 和 Skyline 软件进行模型创建与处理。模型原始文件是.3ds 文件，通过 3DMax 建模软件将几何体进行拉伸、旋转、组合等操作构建模型原型，然后将模型原型贴上相应的纹理[86]，流程如图 5.9 所示。

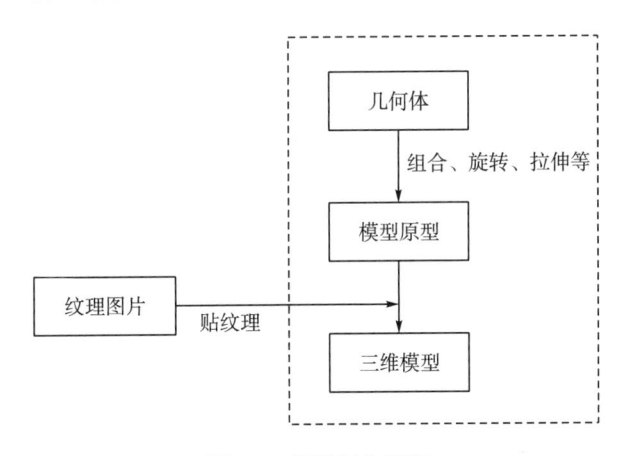

图 5.9　模型制作流程

由于 Skyline 三维 GIS 平台不能对.3ds 模型进行批量导入，所以管道三维自动建模之前需对三维模型数据进行处理，以便能将管道及附属设施三维模型直接生成 Skyline 可以加载的文件格式，方便三维模型的批量加载[87]。模型数据处理流程如下。

1. 模型归零点设置

通过 3DMax 读取.3ds 格式模型并将模型坐标归零，坐标归零是指根据不同管线模型的实际坐标点位将模型对应点位的坐标置为零。图 5.10 为圆管及连接部件归零点位设置，其中图 5.10(a)为圆管模型，直径、高度都为 1m 的空心圆柱，归零点位设置在圆柱顶面中心点；图 5.10(b)为圆管连接模型(圆管起始连接与终止连接模型)，底面直径和高均为 1m 的圆柱，归零点位设置在圆柱顶面中心点位；图 5.10(c)为圆管连接辅助，为直径 1m 的球体，归零点位设置在球心位置。

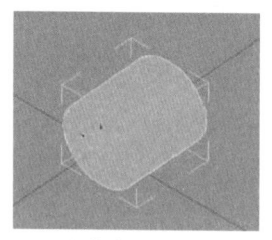

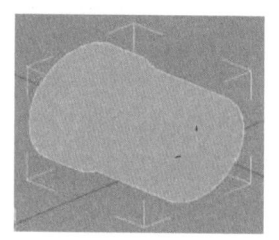

(a)圆管管道归零点位　　(b)圆管连接归零点位　　(c)圆管连接辅助归零点位

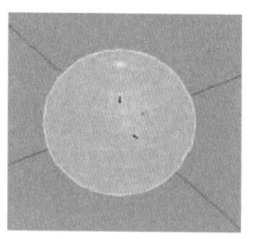

图 5.10　圆管及部件归零点位

图 5.11 为方管及连接部件归零点位设置，其中图 5.11(a)为方管模型，为长、宽、高均为 1m 的空心方柱，归零点位设置在方柱顶面中心点；图 5.11(b)为方管连接模型(方管起始连接与终止连接模型)，由边长稍大于 1m(1.05m)的正方体与半圆柱拼接而成，归零点位设置在半圆柱切面中心点位；图 5.11(c)为方管连接辅助，为底面直径、高均为 1m 的圆柱体，归零点位设置在圆柱中心位置。

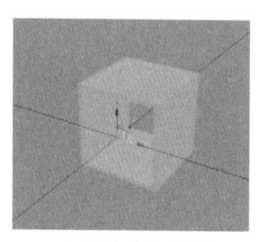

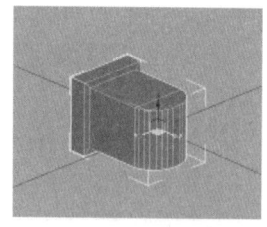

(a)方管管道归零点位　　(b)方管连接归零点位　　(c)方管连接辅助归零点位

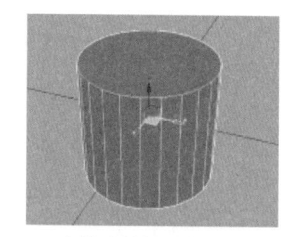

图 5.11　方管及部件归零点位

图 5.12 是根据附属物被测量标记的点位位置设置附属物的归零点位，如路灯的测量点位为路灯的地面位置，所以路灯归零点位应设置在地面中心位置；井室与井盖的测量点位为顶面的中心点位，故模型归零点位为井室与井盖顶面中心点位，其他的附属设施类似。归零点位确定之后，将点位的三维坐标赋值为(0, 0, 0)。

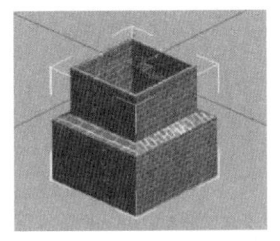

(a)路灯归零点位　　　　(b)井室归零点位　　　　(c)井盖归零点位

图 5.12　附属物归零点位

2. 数据格式转换

将归零点位设置好的.3ds 模型数据通过 Terra Explorer Pro 的转化工具 MakeXpl.exe 转换为 Terra Explorer Pro 可识别的模型文件格式.xpl2。注意，转换时选择创建 LOD（level of detail）（勾选 Generate objects level of detail）生成一组在纹理贴图上具有层次细节分级的金字塔模型文件，它包含.3ds 模型同其调用的所有贴图文件，Terra Explorer Pro 会根据贴图文件的精度自动判断生成几级 LOD 层次级别展示，最高为 4 级，导入 Skyline 中的模型是.xpl 格式的。

5.2.2.2　LOD 层次模型

LOD 是按照计算机显示环境中实体三维模型节点的重要程度与位置来决定实体渲染的资源分配，针对不重要的实体，将降低其面数与细节度，也就是说在同一场景中选择不同详细程度的模型[88]，这一点与栅格影像数据处理的多分辨率概念相似[89]。常用的 LOD 模型有层次细节映射和几何图元的简化，前者是通过算法预先将纹理过滤成大小不同的等级，然后按照透视变化效果选择等级不同的图像来映射，也就是对纹理图像分辨率进行实时更改，进而使模型渲染速度得以提升。图 5.13 为井室模型根据视点距离在三个视点所展示的纹理效果。几何图元的简化主要是利用多边形简化实现对三维模型几何描述的简化来提升三维模型绘制速度，多边形简化方法包括顶点对收缩、顶点消去、顶点聚合以及边收缩和面元聚合。

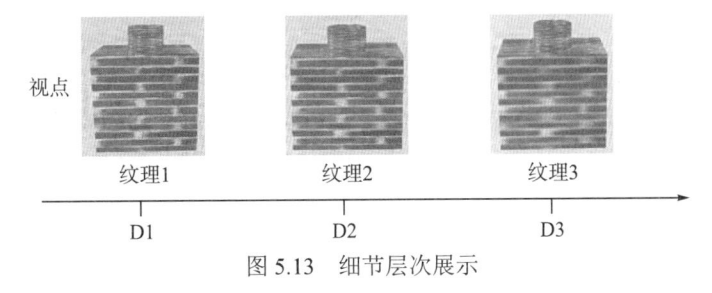

视点

纹理1　　　纹理2　　　纹理3

D1　　　　D2　　　　D3

图 5.13　细节层次展示

5.2.2.3　模型分类建库

地下管线可视化模型可归纳为八大类，分别为管道模型、起始连接模型、终止连接模型、连接辅助模型、落差连接模型、附属物模型、井室模型、井盖模型。模型库数据结构以模型类型作为模型库单元，其结构如图 5.14 所示。提前制作好的.xpl2 数据格式的模型按类型分别存储于相应的模型库中，其中管道模型库存储按管道大类划分的管道模型（如电力方管、通信方管、电力圆管、通信圆管等），管道模型库中所有方管模型的几何特征相同，但根据不同管线类型赋予不同纹理、颜色。同理，所有圆管的几何特征相同，根据不同管线类型赋予不同纹理、颜色。起始连接、终止连接、连接辅助、落差连接四类连接部件的模型库中分别存储对应的连接部件模型，与管道模型库类似，每类连接部件模型库中根据管道类型与管道几何特征存储着不同纹理颜色与不同几何形状的连接部件模型；附属物模型库存储除井室、井盖以外的附属设施模型（如路灯、消防栓、电线杆、阀门、水表等）；井室模型库只存储检修井、人孔井、阀门井、水表井等井室模型；井盖模型库存储检修井井盖、阀门井井盖、人孔井井盖等井盖模型。

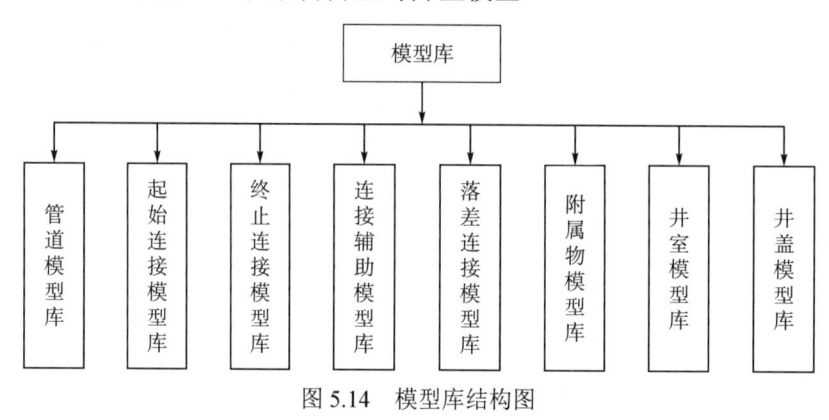

图 5.14　模型库结构图

5.3　三维自动建模技术

数据库、规则库和模型库三库驱动的地下管线三维自动建模流程如图 5.15 所示。

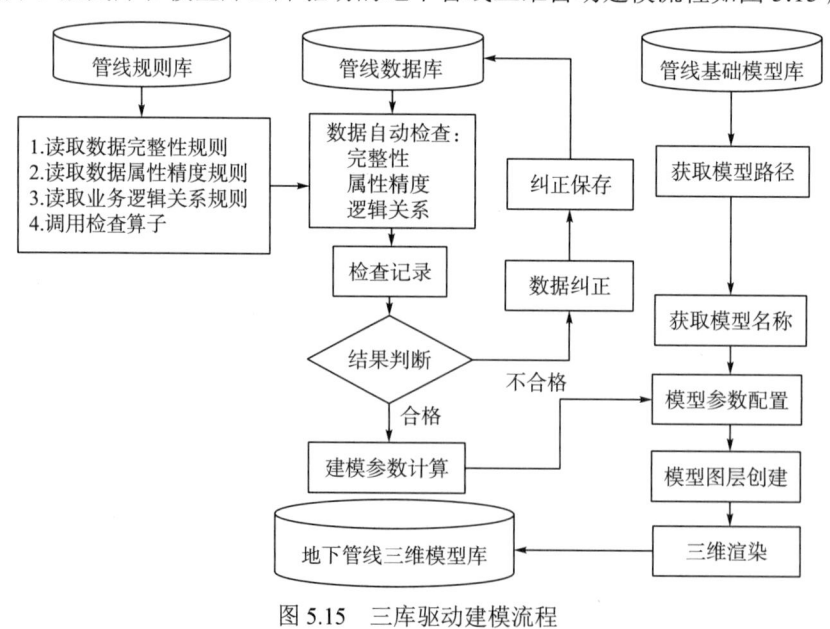

图 5.15　三库驱动建模流程

5.3.1 基于数据规则库检查管线数据

基于规则库的地下管线数据检查模块可以自动、批量、高效地完成大部分的检查工作，是三库驱动自动化建模的核心模块之一。依据不同的数据质量要求定制质检规则，将复杂的检查算子封装起来，为用户提供规则参数配置接口，用户可根据实际需求定制检查模板，从而实现多源数据检查。

根据地下管线三维自动建模对数据完整性、属性精度、逻辑关系上的质量要求，以 C#等为开发语言结合数据库接口技术编写表缺失、表结构、属性范围、属性空值、属性唯一性、属性枚举值、孤立点、点线一致性共 8 类检查算子。根据检查算子创建所有检查项，对地下管线数据进行自动检查，确保数据无误。下面详细说明各个检查算子的检查思路以及与之匹配的相关规则参数。

5.3.1.1 表缺失检查

表缺失检查的思路是通过地下管线数据库中的表名与标准命名规则进行对比，标准表名在检查前录入规则库的表名规则配置表中，配置表主要记录标准规范中管线数据的点、线表命名方式，以及表的数据类型和每张表所对应的管线类型。遍历数据库中的所有表名，并与配置表中的标准表名对比，若数据库中存在的表名在配置表中不存在则表名不符合规范或为多余表；若配置表中的表名在管线数据库中不存在则说明对应的缺失。

5.3.1.2 表结构检查

表结构检查主要是检查各表中字段的名称、类型、长度是否与标准一致，是否出现字段多余、缺少等现象。表结构检查前需要根据实际标准填写规则库中表结构规则配置表，表中记录着标准字段的名称、类型、长度以及数据类型。

检查思路是读取地下管线数据库中所有点表与线表，获取表中所有字段的名称、长度及类型，并根据表结构规则配置表中的数据类型获取点表与线表的字段名称、类型及长度信息，循环数据库中的每一个表与表结构规则配置表中的字段名称、类型、长度进行对比，判断是否一致，若一致则该表的结构符合建库要求，若不一致则记录错误信息。

5.3.1.3 属性空值检查

属性空值检查主要针对地下管线点表、线表属性值不能为空的字段，如点表的物探点号、X 坐标、Y 坐标、地面高程，线表中线的起点点号、终点点号等。类似地，对于不可填写的字段，检查方式类似。通过循环检查表，筛选出检查字段中存在空值的记录，并记录错误数据。

5.3.1.4 属性唯一性检查

属性唯一性是指字段值不能重复出现，比如物探点号。通过循环检查表的各条记录的属性唯一性字段，筛选出检查字段中重复值的记录，并记录错误数据。

5.3.1.5 属性范围检查

属性范围检查主要是针对数值型属性,其值具有约束范围,比如在管道设计时,埋深位置是必须大于标准值的。检查思路为循环所需检查表格的数据,判定检查字段的属性值是否在标准取值范围之内。

5.3.1.6 属性枚举值检查

属性枚举值检查的基本思路是设置检查字段及其所在的表名,根据管线类型及检查字段从枚举配置表中获取枚举值信息。循环所有表数据,判断字段的取值是否在标准枚举值中,若是则该行记录没有错误;否则,存在错误,对其进行记录。

5.3.1.7 孤立点检查

孤立点是指地下管线数据中物探点号未被引用到管道的起点点号与终点点号当中的点,如果出现孤立点需要对其进行分析,孤立点处可能记录着废弃的井室以及其他附属设施。

5.3.1.8 点线一致性检查

点线一致性检查主要检查线表中的起点点号和终点点号是否存在于同类型管线点表中,若不存在则说明管线两端点中的一个或两个端点不存在,就无法连成一条管线。

规则库中除了上述表名规则配置表、表结构规则配置表、属性枚举值规则配置表外,还有一个用于存储检查项的检查项配置表。该表用于存储除了表缺失和表结构检查以外的所有检查项。检查算子名称是用来调用程序中封装好的各个检查算子,检查项名称用来记录各个检查项,检查参数是设置需要检查的表名、检查的字段以检查结果输出字段等相关参数。检查项配置表配置完成后,通过遍历"检查项名称"列获取每个检查项的检查算子以及检查参数,结合程序中封装好的检查算子实现对每个检查项的检查。检查出的错误数据需结合相关行业标准人工分析校正,校正完成后继续检查,直到地下管线数据能通过所有检查项的检查才能作为三维自动建模合格数据。

5.3.2 基于管线数据计算模型参数

5.3.2.1 数据格式转换

三维展示中,模型尺寸比例和参考系统必须与制定三维场景的地理参考基准一致。三维模型在 Skyline 平台中展示,故采用 Skyline 开发接口计算管道三维参数。由于 Skyline 平台不兼容 MDB 格式的管线数据,所以要通过数据转换将 MDB 数据转换成为 Skyline 可识别的 Shape 格式。

Shape 文件是 ESRI 公司的 ArcView 和 ArcGIS 软件的数据格式,在 Geodatabase 数据库中要素被称为 Shape 的几何对象,它将地理空间数据以坐标点串的形式存储起来,同时存储空间图形以及属性数据。

管线 Shape 数据中包含"点"与"线"。在 MDB 管线数据转换为 Shapefile 文件的过程中，通过 OleDbConnection 连接 MDB 数据库，根据点表的字段结构调用 ArcGIS Engine 中 IFeatureWorkspace.CreateFeatureClass 方法生成点要素图层，并通过 IField 接口添加 Shape 字段，再遍历获取每一行记录，根据其中的 X、Y 坐标利用 IPoint 接口创建点要素，然后将点要素和属性赋值给 IFeatureBuffer，并更新到点要素图层中。

针对线表，通过调用 IFeatureWorkspace.CreateFeatureClass 方法创建线要素图层，根据起点点号和终点点号读取 X、Y 坐标，利用 IPoint 接口分别构建起点、终点的点要素，再利用 IPolyline 接口将起点、终点的点要素转换为线要素。遍历线表字段，通过 IField 接口添加 Shape 字段，创建 IFeatureBuffer 对属性赋值。

5.3.2.2 模型参数计算

在 Skyline 中批量创建三维模型的思路是在 Terra Explorer Pro 中加载 GIS 图层，基于图层中的点要素加载模型。模型能否准确、正常地创建与显示，主要由图层的属性参数决定，参数名称的作用如表 5.5 所示。由于圆管不受管线绕 Y 轴旋转的影响，所以旋转角（Roll）统一设置为 0°，偏航角（Yaw）与倾斜角（Pitch）则根据管线起点坐标与终点坐标计算可得。K_X、K_Y、K_Z 三个缩放比例参数的取值根据管道长度、圆管直径或方管的长、宽计算。

图 5.16 以管道的关键参数计算为例介绍接口的使用，首先通过 ArcGIS Engine 开发接口从线 Shape 数据中获取管线两端管点的三维空间坐标；再通过 Skyline 开发接口将地理坐标系统下的点位转换为三维平台支持的三维场景下的三维点位，通过起点和终点的三维场景点位构建该场景下的管道矢量，该数据既包含了坐标信息，又可以获取该管道的俯仰角、航偏角、滚转角及管道长度四个姿态参数。参数计算所需调用 Skyline 的接口、方法及作用如表 5.6 所示。

断面尺寸是记录管道横截面形状和尺寸的字段，方管断面尺寸记录方式为"方管长×方管宽"，圆管断面尺寸记录方式为"圆管直径"，所以当断面尺寸包含"×"字符时为方管，此时新建"Type"字段取值为 1，作为方管的标识；当断面尺寸不含"×"字符时为圆管，"Type"字段取值为 2，作为圆管的标识。利用 string.Split()方法对"断面尺寸"进行拆分，来对方管长、宽赋值。

以上参数计算完成后逐个追加到管线 Shape 图层，形成具有三维参数的管线图层。

表 5.5 三维建模所需参数

参数名称	参数作用
Yaw（偏航角）	模型以归零点位为原点，在三维坐标系中绕 Z 轴旋转的角度
Pitch（倾斜角）	模型以归零点位为原点，在三维坐标系中绕 X 轴旋转的角度
Roll（旋转角）	模型以归零点位为原点，在三维坐标系中绕 Y 轴旋转的角度
K_X	模型在三维坐标系中沿 X 方向缩放比例
K_Y	模型在三维坐标系中沿 Y 方向缩放比例
K_Z	模型在三维坐标系中沿 Z 方向缩放比例

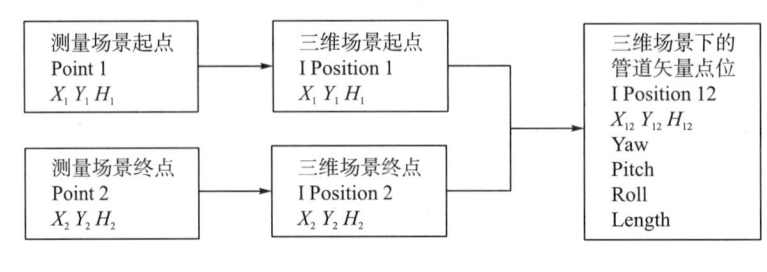

```
┌─────────────┐      ┌─────────────┐      ┌─────────────┐
│ 测量场景起点 │      │ 三维场景起点 │      │ 三维场景下的 │
│   Point 1   │─────▶│ I Position 1│      │ 管道矢量点位 │
│  $X_1 Y_1 H_1$  │      │  $X_1 Y_1 H_1$  │      │ I Position 12│
└─────────────┘      └─────────────┘      │ $X_{12} Y_{12} H_{12}$ │
                                     ───▶ │    Yaw      │
┌─────────────┐      ┌─────────────┐      │   Pitch     │
│ 测量场景终点 │      │ 三维场景终点 │      │   Roll      │
│   Point 2   │─────▶│ I Position 2│      │   Length    │
│  $X_2 Y_2 H_2$  │      │  $X_2 Y_2 H_2$  │      └─────────────┘
└─────────────┘      └─────────────┘
```

图 5.16　矢量管道构建

表 5.6　Skyline 接口调用

接口	方法/属性	作用
ICoordServices61	Reoroject	将一个给定坐标系转为另一个坐标系
IPosition61	AimTo.Yaw	计算 Yaw
	AimTo.Pitch	计算 Pitch
	DistanceTo	计算两坐标点之间的距离

5.3.3　模型参数配置

根据各类模型的三维构造及形态，结合管线数据库中管点、管线之间的几何关系，提炼形成三维管线数据及各类模型之间的连接规则，以 Microsoft Access 数据库管理地下管线三维模型参数配置文件，文件中按照模型分类创建模型参数配置表，在参数配置表中记录模型的名称、参数，为后续模型匹配做准备。

1. 管线模型参数配置表

管线模型参数配置表包括管道、起始连接、终止连接、连接辅助、落差连接的模型配置表，表结构如表 5.7 所示。表主要记录管线数据的大类名称，FileName 记录管道模型的名称，当 Type 字段取值为 1 时调用方管模型，当 Type 字段取值为 2 时调用圆管模型。每类模型参数赋值方式有多种，比如在程序中对这五类模型的三维参数赋值。

表 5.7　管道及连接部件模型配置表结构

序号	字段名称	类型	备注
1	ID	数字	序号
2	管线类型	文本	管线大类名称
3	FileName（Type=1）	文本	当为方管时调用的模型名称
4	FileName（Type=2）	文本	当为圆管时调用的模型名称

2. 附属物模型参数配置表

表 5.8 为附属物模型参数配置表，类似于管线模型参数配置表，区别在于管线模型参数配置表是根据管道类型与形状来调用模型，而附属物配置表则是根据点表的"附属物"字段的属性值来获取附属物模型名称，所以配置表中"附属物名称"字段的属性值须与管

线数据库中的"附属物"字段的属性值保持一致。每类附属物模型的三维姿态参数提前记录在配置表中，调用附属物模型时可同时获取对应的三维空间参数信息。

表 5.8 附属物模型参数配置表结构

序号	字段名称	类型	备注
1	ID	数字	序号
2	附属物名称	文本	附属物名称
3	模型名称	文本	附属物模型名称
4	Yaw	文本	偏航角
5	Pitch	文本	倾斜角
6	Roll	文本	旋转角
7	H	文本	附属物高程设置
8	K_X	文本	X 轴缩放比例
9	K_Y	文本	Y 轴缩放比例
10	K_Z	文本	Z 轴缩放比例

地下管线附属物模型可分为固定比例和非固定比例两类。固定比例的三维附属物模型是指在三维坐标系统下比例固定的模型，如路灯、信号灯、配电房、电话亭等，固定比例的附属物模型根据实际姿态对相应的参数字段设置固定的常数。

在地下管线的实际形态中，管线与部分附属物是连通的，具有直接的接触面，如给水管道与阀门。这类附属物需要根据管道的尺寸以及空间角度等信息来决定自身的空间姿态，这些附属物模型属于非固定比例的附属物模型。比如在进行阀门模型参数设置时，阀门的 Yaw、Pitch、Roll 需要与连接管道的旋转参数保持一致，高程与阀门所在管点的高程保持一致，K_X、K_Y、K_Z 根据管径尺寸来进行缩放。

3. 井室、井盖模型参数配置表

在实际地下管线中，井室与井盖是无缝覆盖的。基于此，可提取井室与井盖的如下四条关系规则。

(1) 井室与井盖成套，即井室与井盖必须是成对出现的。该规则决定了井室与井盖的关系为 1∶1 关系。在三维模型上表现为每一个井室对应一个井盖，一般情况下不能出现独立的井室或井盖。

(2) 井室与井盖接口形状一致，即井盖与井室地面套合开口的形状一致。

(3) 井室与井盖在接口处尺寸一致，即井盖与井室地面套合开口的尺寸一致。

(4) 井室与井盖在接口处的高程一致，即井室与井盖在地面套合的开口处的高程一致，也就是井室开口顶面中心和井盖顶面中心的高程必须一致。

基于以上规则，井室、井盖模型参数配置表如表 5.9 所示，其设计思路是根据附属物字段中的井室、井盖类型来调用对应的井室、井盖模型。为了保证井室、井盖成套配对，每一类井室模型都有匹配的井盖模型，如图 5.17 所示。为了使井室与井盖在接口处高程一致，将井室高程与井盖高程统一设置为井室与井盖所在管点处的地面高程。井室与井盖接口处尺寸一致的处理方法是将井室与井盖的 K_X、K_Y 的参数值保持一致。若为方井，K_X、K_Y 为井室长、宽的缩放比例；若为圆井，K_X 与 K_Y 统一设置为井室直径的缩放比例。井室的 K_Z 设置为井室高的缩放比例，井盖的 K_Z 设置为固定常数。

表 5.9 井室、井盖模型参数配置表结构

序号	字段名称	类型	备注
1	ID	数字	序号
2	井室名称	文本	附属物字段中的井室名称
3	井室类型	文本	可用表 5.2 井室代码列举
4	井盖类型	文本	圆形、方形井盖
5	Yaw	文本	偏航角
6	Pitch	文本	倾斜角
7	Roll	文本	旋转角
8	井室高程	文本	井室高程设置
9	井盖高程	文本	井盖高程设置
10	K_X	文本	X 轴缩放比例
11	K_Y	文本	Y 轴缩放比例
12	K_Z	文本	Z 轴缩放比例

(a)圆井　　　　(b)雨篦　　　　(c)方井

图 5.17 井室、井盖匹配

5.3.4 模型图层创建

模型图层的创建采用 ArcGIS Engine 开发接口，基于含三维参数的点、线 Shape 图层，自动创建 8 类模型的 Shape 图层，并结合模型参数配置文件对各类模型图层中的三维参数字段以及模型名称字段进行赋值。

1. 创建管道图层

在 Skyline 三维展示平台 Terra Explorer Pro 中，只有点图层可以调用三维模型，故需根据管线图层创建点图层。访问已生成三维参数的管线图层，创建管道图层即是将该图层

转化为点图层,此时选取管线的起点作为点图层的要素点。创建完成后图层中旋转角度属性信息保持不变,分别利用表 5.10 的赋值方式对 K_X、K_Y、K_Z、H、FileName 字段赋值。由于模型尺寸比例必须与三维场景保持一致,管道模型的 Y 轴缩放比例实际是指管道长度,所以 K_Y 取值为管道长度(Length);鉴于管道模型是在管道起点处加载,所以模型高程取值为管线起点高。FileName 字段用于记录模型存储路径,该字段是以"管道模型库路径+模型名称"的方式来取值,根据管线图层名称获取管线类型,调用管道模型参数配置表来获取图层中"Type"字段值。

表 5.10 管道图层参数赋值

字段名称	赋值
K_X	方管:方管长/1000　　圆管:直径/1000
K_Y	Length
K_Z	方管:方管宽/1000　　圆管:直径/1000
H	起点管线高
FileName	管道模型库路径+模型名称

2. 创建起始连接图层

起始连接图层中的点要素集是从点图层中筛选出特征点不为空的物探点号,然后在管线图层中筛选出以这些物探点号为起点的点要素记录,并插入到起始连接图层中。起始连接图层的旋转角度属性信息与线图层保持一致,类似于管道图层,利用表 5.11 的赋值方式对 K_X、K_Y、K_Z、H_1、FileName 等字段赋值。

表 5.11 起始连接参数赋值

字段名称	赋值
K_X	方管:方管长/1000　　圆管:直径/1000
K_Y	方管:方管长/1000　　圆管:直径/1000
K_Z	方管:方管宽/1000　　圆管:直径/1000
H_1	管线起点高
FileName	起始连接模型库路径+模型名称

3. 创建终止连接图层

终止连接图层中的点要素集是从点图层中筛选出特征点不为空的物探点号,然后在线图层中筛选出以这些物探点号为终点的点要素记录,并插入到终止连接图层中。由于终止连接模型与起始连接模型相同,但在场景中旋转角度与管道旋转角度呈反向姿态,所以终止连接模型偏航角要在管道偏航角的基础上加 180°,倾斜角为管道倾斜角的负数。K_X、K_Y、K_Z、H_2、FileName 等字段的赋值方式与起始连接图层相同(表 5.12)。

表 5.12　终止连接参数赋值

字段名称	赋值
Yaw	管道.Yaw+180°
Pitch	—(管道.Pitch)
Roll	0
K_X	方管：方管长/1000　圆管：直径/1000
K_Y	方管：方管长/1000　圆管：直径/1000
K_Z	方管：方管宽/1000　圆管：直径/1000
H_2	管线终点高
FileName	终止连接模型库路径+模型名称

4. 创建连接辅助图层

连接辅助图层中的点要素与起始连接图层中的点要素相同，可复制起始连接图层作为连接辅助图层。图层创建完成后，根据方管与圆管连接辅助模型在三维场景中的实际形态，按照表 5.13 模板对三维参数重新赋值。

表 5.13　连接辅助参数赋值

字段名称	赋值
Yaw	0°
Pitch	0°
Roll	0°
K_X	方管：方管长/1000　圆管：直径/1000
K_Y	方管：方管长/1000　圆管：直径/1000
K_Z	方管：方管宽/1000　圆管：直径/1000
H_1	管线起点高
FileName	连接辅助模型库路径+模型名称

5. 创建落差连接图层

落差连接点位的获取方式是，通过读取点表的物探点号，循环每个物探点号在线表中所匹配的起点点号以及终点点号，通过读取管线起点高与终点高两个字段的属性值获取同一平面点位所出现的最大高程(maxPipeHeight)与最小高程(minPipeHeight)，如果最大高程与最小高程值相等，就说明不存在落差，如果不相等则说明有落差，筛选出有落差的点号作为落差连接图层的点要素。由于落差连接实际是指垂直于地面的管道，所以本章利用圆管模型代替落差连接模型，并按照表 5.14 的各字段赋值方式对落差连接图层中的各项参数赋值。

表 5.14　落差连接图层三维参数赋值

字段名称	赋值
Yaw	0°
Pitch	90°
Roll	0°
K_X	方管：方管长/1000　圆管：直径/1000
K_Y	maxPipeHeight−minPipeHeight
K_Z	方管：方管宽/1000　圆管：直径/1000
H_1	minPipeHeight
FileName	落差连接模型库路径+模型名称

6. 创建附属物图层

通过 ArcGIS Engine 的 IField 接口在点图层中添加模型角度、缩放比例、高程、模型名称的字段 Yaw、Pitch、Roll、K_X、K_Y、K_Z、H、FileName。筛选点图层中附属物字段不为空，且不包含"井""孔""蓖"字符的点号记录作为附属物图层的点要素。由于阀门井、水表井的井室内部有阀门、水表，所以这两种井室可作为附属物来记录，如图 5.18 所示。通过调用附属物参数配置表，根据附属物名称来匹配相应的模型及参数，然后赋值给附属物图层的模型参数字段，若附属物参数配置表中参数值是常数可直接赋值，若是以字段名称记录（如<[Yaw]>、<[Pitch]>）给出则根据附属物的物探点号匹配线图层中的起点点号获取相应字段值。

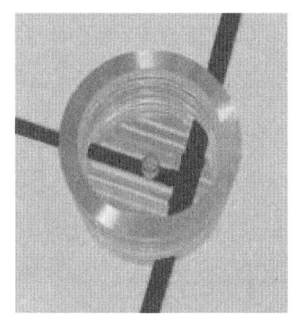

(a)阀门井　　　　　　　(b)井内阀门

图 5.18　阀门井及内部构造

7. 创建井室、井盖图层

井室图层与附属物图层类的创建方式类似，通过筛选点图层中附属物类型字段值为"井""孔""蓖"的点号记录作为井室图层的点要素。通过读取井室、井盖参数配置表对相应字段赋值。井盖图层通过直接复制井室图层，再根据井室、井盖参数配置表中的"井室类型、井盖类型"给 FileName 赋值。

5.3.5　三维渲染

模型图层创建完成之后，需要将模型图层导入到三维场景中，通过对图层属性进行参数配置，完成模型在三维场景中的三维创建与展示[90]，需要配置的参数见表 5.15。

表 5.15　模型图层配置属性表

参数名称	参数说明
Type	展示方式（点、文本、模型）
AltitudeMethod	模型的高程基准类型
H	模型对象高度
FileName	模型路径
Yaw	偏航角
Pitch	倾斜角
Roll	旋转角
K_X	模型在 X 轴上的比例
K_Y	模型在 Y 轴上的比例
K_Z	模型在 Z 轴上的比例
Max. Visibility Distance	最大可视距离
Ground Object	是否为地面对象

模型图层的自动加载是通过调用 Skyline 相关开发接口读取本地图层，遍历图层中所包含的属性字段，将图层自身包含的属性字段添加到其属性表中，自定义参数赋值模板对模型图层的属性表进行批量赋值，其中调用的接口及功能如表 5.16 所示，参数赋值模板如表 5.17 所示。

表 5.16　Skyline 接口调用

接口	方法	功能
ICreate61	CreateFeatureLayer	创建新图层
IAttribute61	DataSourceInfo.Attributes.ImportAll	将所有的图层属性导入
IFeatureGroup61	SetProperty	设置一个指定的属性值
	SetClassification	设置一组指定的属性值

表 5.17　参数赋值模板

参数名称	参数赋值
Type	3D Model
AltitudeMethod	1
H	[Altitude]
FileName	[FileName]
Yaw	[Yaw]
Pitch	[Pitch]
Roll	[Roll]
K_X	[Scale_X]
K_Y	[Scale_Y]
K_Z	[Scale_Z]
Max. Visibility Distance	1500
Ground Object	0

图 5.19 为上述 8 类管线三维图层加载效果展示，图中包含了管道、起始连接、连接辅助、终止连接、落差连接、附属物、井室、井盖模型图层。

图 5.19　总体模型图层展示

在上述配置模板中，各个参数解释如下：

(1) Type=3D Model，添加的图层以三维模型的方式展示。

(2) AltitudeMethod 表示高程基准，1 代表绝对海拔高程(Absolute)，0 代表相对地面高程(Relative to terrain)。

(3) FileName、H、Yaw、Pitch、Roll、K_X、K_Y、K_Z 表示模型的空间姿态、比例参数。

(4) Max.Visibility Distance 为最大可视距离，如果视角高度超过设置的最大可视距离，对象在 3D 窗口中不显示，本书将最大可视距离设置为 1500m(可视情况调整)。

(5) Ground Object 表示是否为地面对象，1 代表 Yes，0 代表 No。如果设置成 Yes，当改变地表透明度时，3D 对象的透明度也会随之改变；如果设置为 No，3D 对象不会随地表透明度变化而改变。通过地表透明度设置，可以轻松查看位于地面下的管道及附属设施模型。

第6章 地下管线时空分析基础

6.1 地下管线三维量算

地下管线三维量算是在三维渲染平台环境下，基于管线和地理环境的三维数据，采用地理信息技术、网络分析技术、数据库技术和虚拟现实技术，实现地下管线与地理空间环境的多维度量算分析，以辅助管网分析、规划建设、事故评估等。

6.1.1 基本空间量算

6.1.1.1 空间位置量算

空间实体的位置由其特征点的坐标表达和存储。因此，空间位置量算就是确定空间实体坐标的过程。三维管线坐标量算是指获取管线模型在三维场景中的定位坐标，输出模型归零点位在三维场景中的三维坐标。对于管道三维模型，其模型归零点位为管道起始端的截面中心，输出的三维坐标(x,y,z)为管道起点坐标。对于井室、井盖模型，其模型归零点位为井盖顶面的面心，输出的三维坐标(x,y,z)为井室所在管点的坐标。对于接线箱、控制柜、路灯等地面附属设施，模型归零点位为底面的中心，输出的三维坐标(x,y,z)为模型底面所在管点的坐标。对于阀门等与管道相连的附属设施，模型归零点位为模型底面的中心，输出的三维坐标(x,y,z)为模型底面所在管点的坐标。

6.1.1.2 长度与距离量算

长度是空间量算的基本参数，是空间量算的重要内容之一。它的值可以代表点、线、面、体间的距离，也可以代表线状目标的长度、宽度，面和体的周长等。空间目标间距离的量算，区分点、线、面、体等要素，其距离的量测有所不同。其中，两点间的距离和方向可以利用笛卡儿坐标系中两点间的距离公式及两点间相互关系获得。两点间的球面距离则是通过计算两点之间的大地线长度实现。

点到线的距离是计算点到直线的垂脚的欧式距离获得。点到面的距离分为三种情况，一是点到面的特定点的距离，如重心、中心（实际是计算两点之间的欧式距离）；二是计算点到面的所有点之间距离的最小值，称为最短距离；三是点到面中所有点之间距离的最大值，称为最大距离。其中第一种情况是计算两个点之间的距离；第二、三种情况则是计算一系列两点之间距离的最值。

线状实体间距离是两条线状目标的特征点（端点和中间特征点）之间距离的最小值，如果两线相交，则距离为零。

面状目标物间的距离包括最短距离、最大距离和重心距离、函数距离等。最短距离是指两目标最近点的距离;最大距离是两目标最远点间的距离;重心距离是两目标物重心点间的距离;函数距离是指如应急抢修、救援的阻抗距离。多数情况下,两目标物间的距离受很多因素制约而无法走直线,需要根据实际情况,构建两点间的函数距离,比如时间距离、曼哈顿(街道)距离或出租车距离等。

6.1.1.3 三维管线方位量算

三维管线方位量算主要是指基于管道的起点、终点的三维坐标,以三维场景所在的参考系统为基准,计算三维管道模型的三个方位角。若三维管道在三维展示平台中采用实时渲染的方法,则须实时计算三个方位角;若三维管道在三维展示平台中是采用调取已有模型的方法,则只需读取并输出三个方位角。三个方位角是指以三维场景所在参考系统的原点为零点,三维场景的三个方向轴为基准方向,模型与基准方向形成的三个角度,如图 5.3 所示。

对于实时渲染的三维管线,其方位计算的方法如下:

(1) 构建三维管线向量 $\overrightarrow{AB}$,$\overrightarrow{AB} = (D_x, D_y, D_z)$ 按式(6.1)计算:

$$\begin{cases} D_x = X_e - X_s \\ D_y = Y_e - Y_s \\ D_z = Z_e - Z_s \end{cases} \tag{6.1}$$

式中,X_s、Y_s、Z_s 为管线起点的三维坐标;X_e、Y_e、Z_e 为管线终点的三维坐标。

(2) 方位角计算,三个方位角可按式(6.2)计算获得:

$$\begin{cases} \text{Yaw} = \tan^{-1}(D_x / D_y) \\ \text{Pitch} = \tan^{-1}(D_z / D_y) \\ \text{Roll} = \tan^{-1}(D_z / D_x) \end{cases} \tag{6.2}$$

对于非实时渲染的三维管线,其方位计算主要通过调用既有管线矢量,直接读取其方位属性完成。

6.1.1.4 面积量算

面积是指由一组闭合弧段所包围的空间区域所占的平面图形的大小。对于长方形、三角形、圆、平行四边形和梯形等简单的几何图形,可按照标准的几何图形面积公式计算。对于复杂空间目标,其面积为上半边界积分值与下半边界积分值之差。

栅格结构数据的区域面积是格网单元面积与目标所占据的格网单元数量的乘积。

对于三维曲面的面积,一种计算方法是将三维曲面投影到二维平面上,计算其在平面上的投影面积。另一种方法是计算三维曲面的表面积,计算方法与空间曲面拟合的方法及实际使用的数据结构(规则格网或者三角形不规则格网)有关。

管线面积量算主要指井盖、井室、场站及开挖范围等的面积量算。对于圆形的井盖、井底等采用圆面积计算公式即可。不规则的管线井室、场站、开挖范围等面积量算可以采用二维平面上的多边形面积公式计算,如式(6.3):

$$C = \frac{1}{2} \sum_{i=1}^{n} (x_i y_{x+1} - x_{i+1} y_i) \tag{6.3}$$

式中，C 为多边形面积，m^2；n 为多边形顶点数；(x_i, y_i) 为第 i 个顶点的坐标，$x_{n+1} = x_1$、$y_{n+1} = y_1$。

6.1.1.5 体积量算

体积是指空间曲面与某一基准平面之间的容积，其计算方法因空间曲面的不同而不同。形状规则的空间实体体积量算简单；复杂山体的体积计算可以采用等值线法，其基本步骤是首先生成等值线图，然后量算各条等值线围成的面积，最后通过最上层（或最下层）等高线围成的面积和相应的高程差计算其体积并求和。数字管网中体积量算如管线施工涉及的挖填方计算等。

6.1.2 三维管网空间分析

6.1.2.1 碰撞分析

碰撞是指两根管道之间发生外壁接触或交叉穿越的现象。碰撞分析的基本思路是：首先由两根管道的起止点坐标生成两条三维向量；然后计算两个向量之间的最小距离，将最小距离减去两根管道的半径之和，若是小于或等于零为碰撞，否则为未碰撞；最后如图 6.1 所示，在碰撞位置创建一个立方体作为碰撞标识，也可将碰撞管道信息输出到表格。

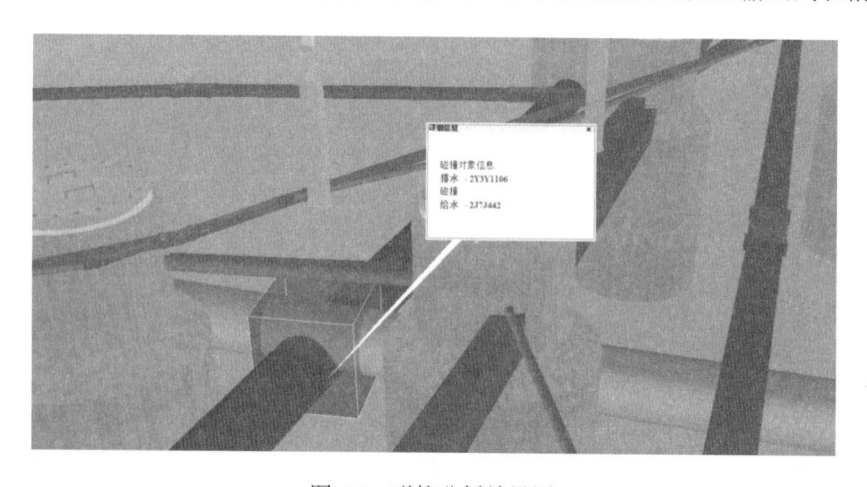

图 6.1 碰撞分析效果图

6.1.2.2 横断面分析

理论上，横断面是指垂直于水平面及道路走向或管道走向的剖面。实际工程中，一般是指在一定区域内，用户用画线段的方法确定横断面线，经过该线且垂直于水平面的断面即为横断面，横断面与若干管线基本正交，但不一定严格垂直。如图 6.2 所示，横断面分析是指计算和展示横断面上管线的截面形状、相对空间位置及分布，并表达管线在断面处的高程、埋深等基本信息。横断面分析的基本方法是：首先通过插值法计算各管线、道路（红线、车道线、中线等）与横断面的交点的三维坐标、埋深等基本信息；然后绘制管道横断面图，显示道路横断面、管线的截面形状以及相对位置、埋深等基本信息。

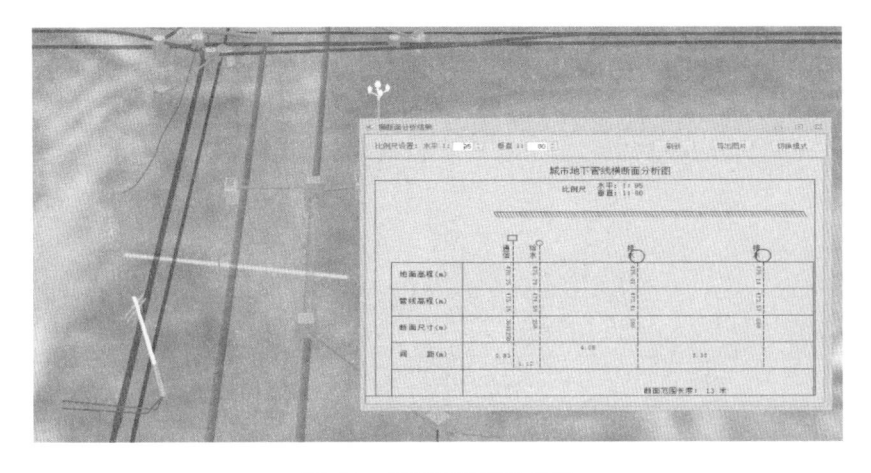

图 6.2　横断面分析效果图

6.1.2.3　纵断面分析

纵断面是指垂直于水平面且沿管道走向的剖面。纵断面分析是指在纵断面图上展示管道走向、起伏状态等基本信息的功能。纵断面分析基本方法是：首先拾取各管段起点和终点的三维坐标、埋深等基本信息；然后根据起、终点坐标绘制管道走向图，并计算坡度，标记基本信息，效果图如图 6.3 所示。

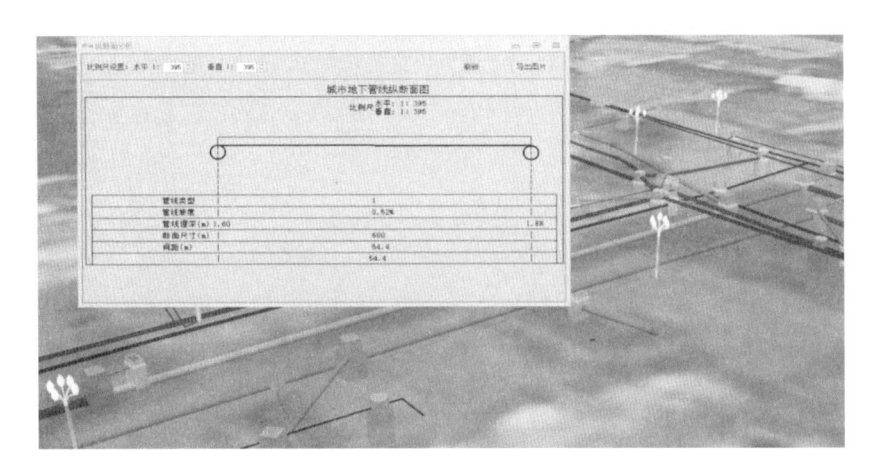

图 6.3　纵断面分析效果图

6.1.2.4　模拟开挖

模拟开挖包括沿线开挖和自定义开挖。

沿线开挖是指沿着制定的线路模拟开挖道路，并展示开挖区域的地下管网三维构造。沿线开挖的方法为：首先以拟定线路为中线，线路宽度的一半为缓冲区半径，作缓冲区(结果为以拟定线路为中线的矩形)，并以设置的开挖深度为缓冲体高度作缓冲体(结果为长方体)；然后将该缓冲体的三维模型贴图修改为透明状态，实现缓冲体空间范围的管线可视化。图 6.4 为沿线开挖的效果图。

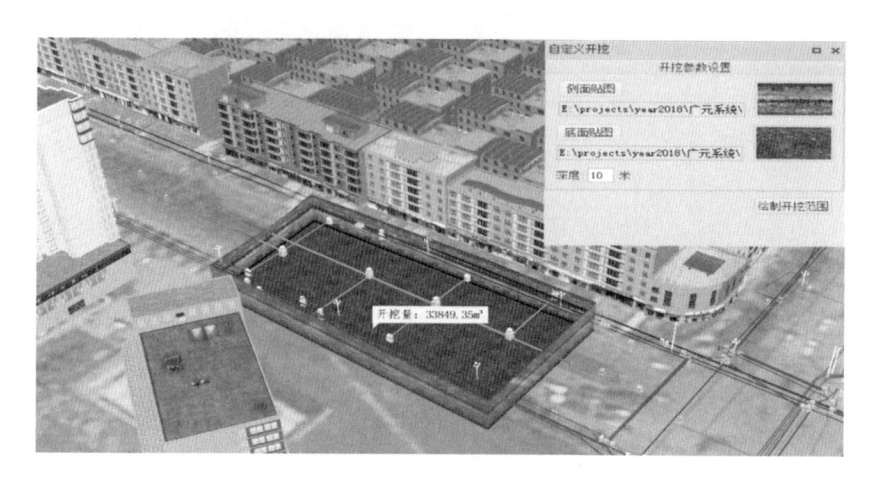

图 6.4　沿线开挖效果图

自定义开挖是指沿自定义的多边形区域开挖，并展示开挖区域地下管网三维构造。方法是：首先以自定义多边形为边界，以地面为开挖顶面，以设定的开挖深度为开挖体底面构建多面体；然后将该多面体的三维模型贴图修改为透明状态，实现开挖体空间范围的管线可视化，如图 6.5 所示。

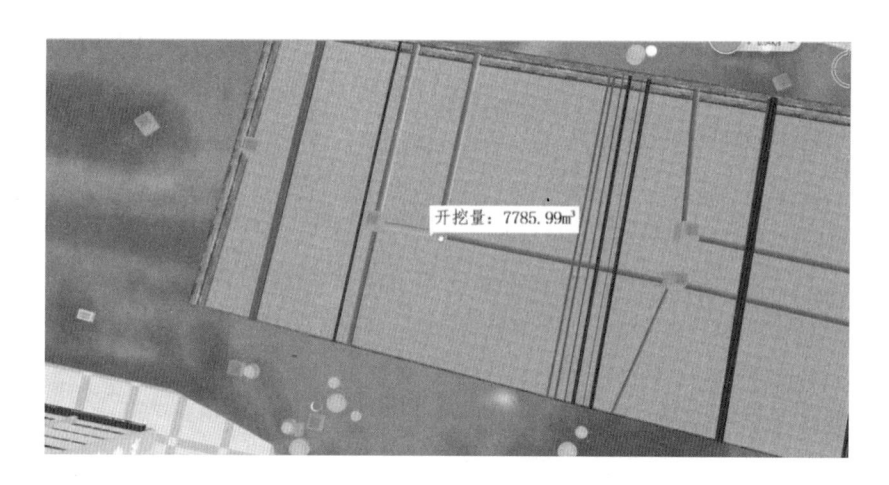

图 6.5　自定义开挖效果图

6.1.2.5　创建隧道

创建隧道是指沿设置的线路创建隧道三维模型，并展示开挖区域的地下管网三维构造。创建隧道的方法是首先以设置线路为隧道的中线，以中线上的内插节点为模型插入点，将隧道模型加载到节点处，形成隧道模型；然后，以设置的线路为中线、设置宽度的一半为缓冲区半径，并以设置的深度为隧道高度，将缓冲区构建为长方体；最后，将该长方体的三维模型贴图修改为透明状态，实现该隧道体空间范围的管线和隧道模型的可视化。创建隧道的效果图如图 6.6 和图 6.7 所示。

图 6.6　创建隧道效果图(开挖地表)

图 6.7　创建隧道效果图(建成效果)

6.1.2.6　爆管分析

爆管分析是指模拟压力管道发生失压、爆管事故后，分析受影响管道和需要关闭的阀门等。爆管分析的方法是：首先根据事故位置获取事故管道的唯一标识码，根据标识码分别沿管道上、下游搜寻附属设施；然后判断附属设施是否为可正常工作的阀门类，若是则记录管道和附属物，并停止该方向搜索，否则，继续往该方向搜索，直到各搜索方向都搜索完成即可；最后，将搜索到的管道和阀门类附属物进行三维渲染和表格信息输出。爆管分析的效果图如图 6.8、图 6.9 所示。

6.1.2.7　燃气泄漏模拟分析

燃气泄漏模拟是指模拟管道发生泄漏事故之后，分析受影响的区域、居民点及救援和撤离路线。分析方法是：首先获取泄漏管道的管径、流量、燃气类型，并通过网络通信获取当前的气象信息(如风力、风向、气温)。然后，借助高斯烟羽模型[91]，基于管道、气象和地形信息，计算受影响区域及影响程度，并对受影响区域进行危险度分级，形成多级危险度的危险区；结合危险区和基础地理信息数据与 POI 数据进行叠加分析，获得各级别危险区中的居民点、学校等重点对象；基于道路数据进行最短路径分析，获得救援点到事故点的最佳救援路径，及事故点到疏散安置点的最佳撤离路径。最后，通过三维渲染将影响区域、重点危险点、救援路径、撤离路径形象表达出来，效果图如图 6.10 所示。

图 6.8　爆管分析总体效果图

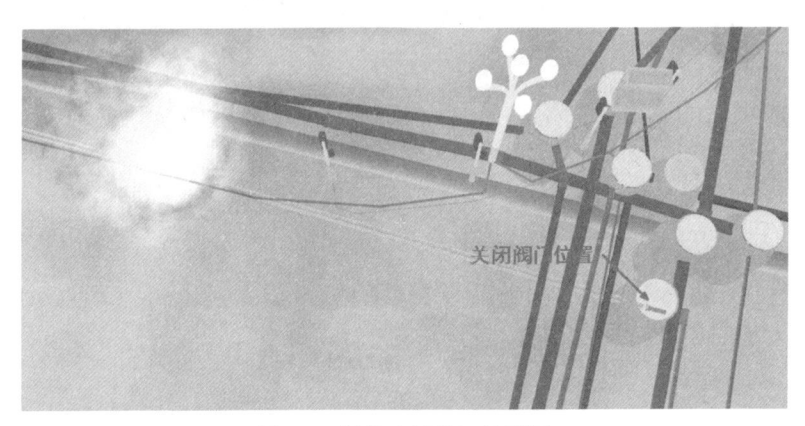

图 6.9　爆管分析关阀效果图

图 6.10　燃气泄漏模拟分析

6.2 时空数据可视化

时空数据可视化是以图的形式展示时空数据,是地理学的显微镜[92]。大数据分析是大数据研究领域的核心内容之一[93]。数据正在变得无处不在、触手可及;而数据的真正价值,在于我们能否提供进一步的稀缺的增值服务,这种服务就是数据分析[94]。数据中蕴含着信息,信息中蕴含着知识和智慧。大数据作为具有潜在价值的原始数据资产,只有通过深入分析才能挖掘出所需的信息、知识及智慧。人们的决策将日益依赖于大数据分析,而非单纯的经验和直觉。地下管线数据是具有时空特征的数据,通过可视化分析可以发现和挖掘地下管线数据中隐含的信息、知识和规律。

6.2.1 可视化分析理论

可视化理论模型包括支持分析过程的认知理论模型、信息可视化理论模型等。

6.2.1.1 支持分析过程的认知理论模型

意义建构理论模型认为,信息是由认知主体在特定时空情境(context)下主观建构所产生的关于认知客体的意义,知识也是认知主体的主观产物。信息意义的建构过程是人的认知与外部环境交互作用的结果。因此,信息不是被动观察的产物,而是需要人主观的交互行动。知识也是人在交互过程中通过不断建构、修正、扩展现存的知识结构而获得的,且与 Piaget 的认知发展理论[95](theory of cognitive development)一致,即经过图示、同化、顺应和平衡的建构过程,将从环境中获取的信息纳入并整合到已有的认知结构,并且改变原有的认知结构或者创造新的认知结构,以达到动态平衡。数据分析过程中搜索和获取信息的行为,本质上是一种意义建构行为,是一种认知过程。

人的强项是在感受到外界刺激(如可视化界面中的形状、色彩等元素)时,能瞬间将新感知的信息纳入已有的知识结构中;同时,对于与现有知识结构不一致的信息,也能够迅速找到相似的知识结构予以标记,或者创造一个新的知识结构。而计算机在分析推理过程中的强项则是其具有远远超过人的工作记忆,同时具有强大的计算能力以及信息处理能力,且不带有任何主观认知偏向性。为此,Green 等基于推理过程中人、机角色的特征,提出了支持人机交互可视化分析的用户认知模型[96]。

6.2.1.2 信息可视化理论模型

信息可视化是从原始数据到可视化形式再到人的感知认知系统的可调节的一系列转换过程[96]。首先,通过数据变换将原始数据转换为数据表的形式;然后,采用可视化映射将数据表映射为由空间基、标记及其标记的图形属性等可视化表征组成的可视化结构;最后,根据位置、比例、大小等参数设置将可视化结构显示在输出设备上,完成视图变换,实现信息可视化。

6.2.2 可视化分析技术

Shneiderman 根据信息特征把信息可视化技术分为一维信息(1-dimensional)、二维信息(2-dimensional)、三维信息(3-dimensional)、多维信息(multi-dimensional)、层次信息(tree)、网络信息(network)、时序信息(temporal)可视化。按照大数据的信息形式,可分为文本可视化、网络(图)可视化、时空及多维数据可视化。

6.2.2.1 文本可视化

文本信息是大数据时代非结构化数据的典型代表,是互联网中最主要的信息类型,也是各种传感器采集生成的主要数据类型,人们日常工作、生活中接触最多的电子文档也为文本形式。文本可视化能将文本中蕴含的语义特征(例如词频与重要度、逻辑结构、主题聚类、动态演化规律等)直观地展示出来。

6.2.2.2 网络(图)可视化

网络关联关系是大数据中最常见的关系,例如互联网与社交网络。层次结构数据也属于网络信息的一种特殊情况。基于网络节点和连接的拓扑关系,直观地展示网络中潜在的模式关系,例如节点或边的聚集性,是网络可视化的主要内容之一。大型网络中节点和边的海量性与计算机屏幕的有限性是大型网络可视化的难题之一。此外,大数据相关的网络往往具有动态演化性,动态网络特征的可视化也是网络可视化研究的重点和难点。

6.2.2.3 多维数据可视化

多维数据是具有多个维度属性的数据变量,广泛存在于传统关系数据库及数据仓库的应用中,如企业信息系统以及商业智能系统。多维数据可能包含数百或数千个维度,对于人来说是难以理解的,必须转换为低维表示以进行可视化和分析,便于分析和理解。多维数据分析的目标是探索多维数据项的分布规律和模式,揭示不同维度属性之间的隐含关系。多维数据可视化的基本方法包括基于几何图形、图表、像素、层次结构、图结构的方法及其混合方法。其中,基于几何图形的方法是近年来主要的研究方向,主要有散点图、投影和平行坐标等方法。

散点图(scatter plot)是最常用的多维可视化方法。二维散点图将多个维度中的两个维度属性值集合映射到两条坐标轴上,在二维坐标轴确定的平面内通过图形标记的不同视觉元素来反映其他维度属性值,如通过不同形状、颜色、尺寸等来代表连续或离散的属性值。二维散点图能够展示的维度十分有限,因此,人们将其扩展到三维空间,通过可旋转的 scatter plot 方块(dice)扩展了可映射维度的数目。尽管如此,散点图仅适合对有限数目的较为重要的维度进行可视化,无法同时展示太多维数,因此散点图不适于需要对所有维度同时进行展示的情况。

投影(projection)是一种展示多维数据的可视化方法。将各维度属性列集合通过投影映射到一个方块形图形标记中,根据维度之间的关联度对各个小方块进行布局[97,98],既可以反映维度属性值的分布规律,也可以直观展示多维度之间的语义关系。

平行坐标(parallel coordinates)是研究、应用最广的一种多维可视化技术,在维度与坐标轴之间建立映射,在多个平行轴之间以直线或曲线映射表示多维信息[99]。

将平行坐标与散点图等其他可视化技术进行集成,可实现平行坐标散点图 PCP(parallel coordinate plot)[100]。大数据条件下,平行坐标面临的主要问题之一是大规模数据项造成的线条密集与重叠覆盖问题,根据线条聚集特征对平行坐标图进行简化,是解决此问题的有效方法。

6.2.3 时空数据可视化

传感器与移动终端的迅速普及,使得时空数据成为大数据时代典型的数据类型[101,102]。时空数据可视化与地图学结合,重点对时间与空间维度以及与之相关的属性建立可视化表征,展示与时间、空间密切相关的模式及规律。大数据环境下时空数据的高维性、实时性等特点,也是时空数据可视化的研究重点。

时空轨迹用箭头符号和不同宽度、颜色的条带表示现象移动的方向、路径和数量、质量特征。为了反映对象随时间进展与空间位置所发生的变化,通常通过对象属性的可视化来展现,如洋流、风向、货物运输、资金流动、动物迁徙、军队行进、病毒传播等。其中箭头方向表示运动方向,线的位置表示移动路径(可精确,也可示意)。符号宽度表示数量特征,而符号的颜色、形状则用于表示运动对象的质量特征。Flow map(流式地图)是一种典型的将时间事件流与地图进行融合的表示方法[103]。Flow map 可视化中的图元交叉、覆盖等问题,是大数据环境下时空数据可视化的主要问题之一。解决此问题可借鉴并融合大规模图可视化中的边捆绑方法。此外,基于密度计算法也能有效解决时间事件流的融合处理问题。

时空立方体(space-time cube)是用于展示空间三维对象随时间变化的可视化技术,采用时空立方体能够直观地对战争过程中的地理位置变化、军队人员变化及特殊事件进行立体展现[104]。时空立方体同样面临着大规模数据造成的密集杂乱问题。一种解决方法是结合散点图和密度图对时空立方体进行优化;另一种方法是对二维和三维进行融合,在时空立方体中引入堆积图(stack graph),以拓展多维属性的显示空间。各类时空立方体适合对城市交通轨迹数据、飓风数据等大规模时空数据进行展现。当时空数据对象属性的维度较多时,也存在展现能力的局限性。因此多维数据可视化方法常与时空数据可视化进行融合。

时空剖面以距某地物远近(欧式或非欧距离)和时间为两个水平维度,以属性值为纵轴,实现在二维平面上表达三维图案,用以发现某属性与某地物的统计关联,并且表达这种关系随时间的变化[92]。

6.3 GIS 空间分析

空间分析是集空间数据分析和空间模拟于一体的技术方法,通过地理计算和空间表达挖掘潜在的空间信息,以解决实际问题[105,106]。常见的空间分析方法有空间量算、空间分析、空间统计分析、系统综合评价和空间插值等。

6.3.1 空间分析

6.3.1.1 缓冲区分析

缓冲区分析是确定地物近邻影响的一种空间分析方法[105]。缓冲是邻近空间中的概念，将空间分为两个区域：一个区域位于所选空间要素指定距离之内，称为缓冲区；另一个区域在距离之外。这里，指定的空间要素可以是点、线、面、体等地理空间对象。

矢量数据中点要素的缓冲区是以点为圆心，以缓冲距离为半径的圆，包括单点缓冲区、多点缓冲区和分级点要素的缓冲区等。线要素的缓冲区是以线要素为轴线，以缓冲距离为平移量向两侧作平行曲(折)线，在轴线两端构造两个半圆缓冲区弧最后形成圆头缓冲区，包括单线缓冲区、多线缓冲区和分级线要素缓冲区。面要素的缓冲区是以面要素的边界线为轴线，以缓冲距离为平移量向边界线的外侧或内侧作平行曲(折)线所形成的多边形，包括单一面状要素缓冲区、多面要素的缓冲区和分级面要素的缓冲区。体要素的缓冲区是以体要素的边界面为起始面，以缓冲区距离为平移量向边界面的外侧或内侧作平行曲(折)面所形成的多边三维体，包括单一体要素缓冲区、多体要素缓冲区和分级体要素缓冲区。

栅格数据结构中的点、线、面、体缓冲区的建立方法主要是像元加粗法，以分析目标生成像元，借助于缓冲距离 R 计算出像元的加粗次数，然后进行像元加粗形成缓冲区。

现实世界中很多空间对象或过程对于周围的影响并不是随着距离的变化而固定不变的。此时，需要建立动态缓冲区，根据空间实体对周围空间影响的变化性质，可以采用不同的分析模型。

(1) 当缓冲区内各处随着距离 r_i 变化，其影响度的变化速度相等时，采用如式(6.4)的线性模型：

$$F_i = f_0(1-r_i) \quad (6.4)$$

式中，f_0 表示参与缓冲区分析的一组空间实体的综合规模指数，一般需经最大值标准化后参与运算；$r_i = d_i/d_0$，d_0 表示该实体的最大影响距离，d_i 表示在该实体的最大影响距离之内的某点与该实体的实际距离，显然，$0 \leqslant r_i \leqslant 1$。

(2) 当距离近的地方比远的地方影响度的变化快时，采用如式(6.5)的二次模型：

$$F_i = f_0(1-r_i)^2 \quad (6.5)$$

(3) 当距离近的地方比远的地方影响度的变化更快时，采用如式(6.6)的指数模型：

$$F_i = f_0 \exp(1-r_i) \quad (6.6)$$

6.3.1.2 叠加分析

叠加分析是指将同一地区、同一比例尺、同一数学基础，两组或多组不同专题要素的图形或数据进行叠加，根据各类要素与多边形边界的交点或多边形属性建立具有多重属性组合的新图层，并对在结构和属性上既相互重叠，又相互联系的多种现象要素进行综合分析和评价；或者对反映不同时期同一地理现象的多边形图形进行多时相系列分析，揭示各种现象要素的内在联系及其发展规律的一种空间分析方法[106]。

矢量数据图形要素的叠加处理按要素类型可分为点与多边形的叠加、线与多边形的叠加、多边形与多边形的叠加三种。

根据叠加结果要保留的空间特征的不同，多边形叠加分析可分为三种类型的操作。

(1)并(union)：保留两个叠加图层的空间图形和属性信息，输入图层的一个多边形被叠加图层中的多边形弧段分割成多个多边形，输出图层综合了两个图层的属性。

(2)叠和(identity)：以其中一个输入图层为界，保留此边界内两个多边形的所有多边形，输入图层切割后的多边形也被赋予叠加图层的属性。identity 操作过程如图 6.11 所示，其中①所指的为输入要素，为灰色矩形；②所指浅灰色圆形为 identity 要素；③处深灰色矩形为输出要素。可见，此操作是以灰色矩形为控制边界，对其边界以外的要素进行删除，保留其边界以内的要素，同时对边界以内的要素进行 union 操作。

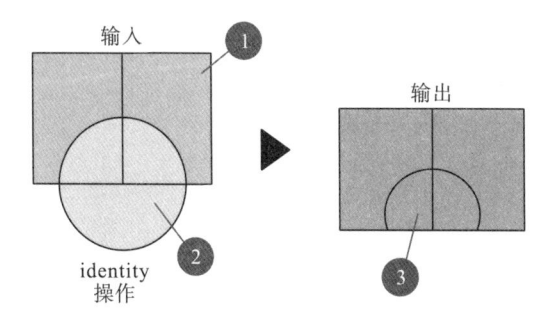

图 6.11　identity 操作示意图

(3)交(intersect)：只保留两个图层公共部分的空间图形，并综合两个叠加图层的属性。

在矢量数据中进行空间图形叠加处理之后，必须将相应图层的属性表关联起来，其属性值的计算就是空间要素属性叠加，包括代数叠加和逻辑叠加。其中，矢量数据属性叠加处理更多地使用逻辑叠加运算，即布尔逻辑运算中的包含、交、并、差等。

栅格数据最大的优点在于各个属性都可用规则格网和对应的属性表示，数据结构简单。对于任意的栅格单元，进行叠加分析只是属性表长度的增加。栅格数据的叠加分析操作主要通过栅格之间的各种运算来实现，如加、减、乘、除、指数、对数等。

6.3.1.3　网络分析

网络分析的数学基础是图论和运筹学，它通过网络模型抽象和表达网络的状态，分析资源在网络上的流动和分配情况，对网络结构及其资源等的优化问题进行研究[107]。

网络模型是一个由线或边连接在一起的顶点或结点的集合。由点集合 V 和 V 中的点与点之间连线的集合 E 构成的二元组 (V,E)，V 中的元素称为结点，E 中的元素称为边。设 $G=(V,E)$ 是一个图，$e=V_iV_j$ 是其中一条边，顶点 V_i、V_j 分别是边 e 的起点和终点，则顶点 V_i、V_j 是相邻的，e 与 V_i、V_j 是关联的。网络模型中，从结点 V_1 到结点 V_n 的路径是指顶点序列 $(V_1,V_2,\cdots,V_n)$，序列中结点不重复，则称该路径为简单路径。如果从结点 V_1 到结点 V_n 有路径，则称 V_1 和 V_n 是连通的。

网络分析包括路径分析、连通分析、流分析、动态分段、地址匹配等。

6.3.2 空间统计分析

空间统计分析是以具有地理空间特性的事物或现象的空间相互作用及变化规律为研究对象,以具有空间分布特点的区域化变量理论为基础的一门新学科[106]。空间统计分析方法由分析空间变异与结构的半变异函数(或称半方差函数)和用于空间局部估计的克立格插值法两个主要部分组成,是 GIS 空间分析的一个重要技术手段。

6.3.2.1 空间统计分析的概念

空间统计分析假设试验区中所有的值都是非独立的,相互之间存在相关性。在空间或时间范畴内,这种相关性被称为自相关。根据空间数据的自相关性,可以利用已知样点值对任意未知点进行预测。空间统计分析的两大任务:一是揭示空间数据的相关规律;二是利用相关规律进行未知点预测。

6.3.2.2 空间自相关分析理论

通过空间统计分析可以检测两种现象(统计量)的变化是否存在相关性,若所分析的统计量为不同观察对象的同一属性变量,则称之为自相关。空间自相关反映的是一个区域单元上的某种地理现象或某一属性值与邻近区域单元上同一现象或属性值的相关程度,是一种检测与量化从多个标定点中取样值变异的空间依赖性的空间统计方法。根据变异性质可以分为三种类型:绝对型变异、等级型变异、连续型变异。

对于同一属性,当某一点属性值高,而相邻点同一属性值也高时,称为空间正相关;反之,为空间负相关。当空间自相关仅与两点间距离有关时,称为各向同性;与方向相关时,称为各向异性。

6.3.2.3 空间自相关分析方法

相关位置上的数据间具有一定的空间自相关度,对这种相关程度的定量化是空间模式中依赖性和均匀性统计分析的基础。

空间自相关方法按功能大致分为两类:全域型自相关和区域型自相关。全域型自相关描述某现象的整体分布状况,判断是否有空间聚集特性存在,但并不能确切地指出聚集在哪些地区;若将全域型不同空间间隔的空间自相关统计量依序排列,可进一步得到空间自相关系数图,用于分析该现象在空间上是否有阶层性分布。区域型自相关能够推算出聚集地的范围,主要有两个原因:一是由统计显著性检验的方法,检测聚集空间单元的空间自相关度相对于整体研究范围是否足够大,若足够大,则表明该聚集空间单元自相关;二是度量空间单元对整个研究范围空间自相关的影响程度,影响程度大的往往是区域内的"特例"(outliers),这些"特例"点往往是空间现象的聚集点。

计算空间自相关的方法有多种,最常用的有 Moran's I、Geary's C、Getis、Join count 以及空间自相关系数图等。

6.3.3 系统综合评价

系统综合评价是人们根据评价目的,选择适合的评价形式,并据此选择多个方面的因子或指标,实现对评价对象进行客观、公正、合理评价的技术方法[108]。综合评价指标体系的建立及评价方法的选择,是实现地下管线与城市发展适应性评价的中心环节。常见的系统综合评价方法有综合指数法、层次分析法、主成分分析法、人工神经网络评价法、灰度关联评价法、模糊数学综合评价法等。

6.3.3.1 层次分析法

层次分析法(analytic hierarchy process,AHP)是美国运筹学家、匹兹堡大学的 Saaty 教授在 20 世纪 70 年代初提出的一种层次权重决策分析方法[109]。作为多准则分析模型的代表,AHP 能提供一个全面的解决方案,用于构建问题并表现、关联及量化元素。AHP 作为一种处理问题的决策思维方式,把复杂的问题分解为各个组成因素,按因素支配关系分组形成有序的层次结构,通过两两比较的方式确定各层次中诸因素的相对重要性,然后综合判断决定各因素相对重要性总的顺序[110]。其原理是将决策问题分解为目标、准则、指标等层次,在此基础上进行定性和定量分析。分析步骤如下:

(1)根据问题的性质以及所要达到的目标,把问题分解为不同的组成因素,并按各因素之间的隶属关系和关联程度分组,进而分解成若干个层次,形成一个多层次结构模型。

(2)通过对影响因素的两两比较,采用 Saaty 给出的 1~9 标度法构造判断矩阵,综合确定各层次、各指标之间的权重(表 6.1)。

表 6.1　标度判断说明

标度	优先度	说明
1	A_i 与 A_j 优劣(重要)相等	两者对目标的贡献相等
3	A_i 稍优(重要)于 A_j	根据经验一个比另一个评价稍重要
5	A_i 明显优(重要)于 A_j	根据经验一个比另一个评价更重要
7	A_i 强烈优(重要)于 A_j	根据经验一个比另一个评价非常重要
9	A_i 极端优(重要)于 A_j	重要程度为最高
2,4,6,8	两相邻标度的中间值	对 1,3,5,7,9 折中时采用
倒数	A_i 与 A_j 比较时,A_j 为 1~9 标度的倒数	

(3)根据判断矩阵计算评价指标的相对权值。假定 $R \in M_{n \times n}$ 为判断矩阵,$r_{ij} \in R$,$i=1,2,\cdots,n$,$j=1,2,\cdots,n$;$W=(W_1,W_2,\cdots,W_n)$ 为各指标的权重,计算方法如式(6.7)和式(6.8):

$$w = \left(\prod_{j=1}^{n} r_{ij}\right)^{1/n} \Big/ \sum_{i=1}^{n} \left(\prod_{j=1}^{n} r_{ij}\right)^{1/n} \tag{6.7}$$

$$\lambda_{\max} = \frac{1}{n}\sum_{i=1}^{n}\frac{[RW]_i}{[W]_i} \tag{6.8}$$

式中，r_{ij} 为矩阵的第 i 行第 j 列的元素；$\lambda_{\max}$ 为矩阵的最大特征值。

(4) 利用随机一致性比率(CR)进行判断矩阵的一致性检验，计算如式(6.9)：

$$CR = CI/RI \tag{6.9}$$
$$CI = (\lambda_{\max} - N)/(N-1) \tag{6.10}$$

式中，$\lambda_{\max}$ 为矩阵的最大特征值；N 为判断矩阵的阶数；CI 为判断矩阵的一致性指标；RI 为判断矩阵的平均随机一致性指标(表 6.2)。当 CR<0.1 时，则认为判断矩阵具有满意的一致性。

表 6.2 平均随机一致性指标

N	1	2	3	4	5	6	7	8	9	10	11	12	13	14	15
RI	0	0	0.58	0.9	1.12	1.24	1.32	1.41	1.45	1.49	1.51	1.53	1.56	1.57	1.59

6.3.3.2 统计回归模型

1. 普通最小二乘法

最小二乘法的基本思想是使因变量观察值与估计值之间的离差平方和达到最小[111]。最小二乘法通过最小化误差的平方和寻找数据的最佳函数匹配，在自然科学和社会科学中被广泛应用。基于普通最小二乘法的多元线性回归(multivariable linear regression，MLR)模型，其理论体系完备，统计推断方法可靠，可广泛应用于生态、地理、环境、地质等领域[112]。

2. 地理加权回归模型

地理学第一定律表明，空间上任何事物都是相关的，只是相近的事物关联更加紧密。局部回归技术将数据的空间结构嵌入回归模型中，有效地解决了非平稳空间数据采用多元线性回归模型时存在的问题。

Fotheringham 等在局部回归的基础上引入局部光滑的思想，提出了地理加权回归(geographically weighted regression，GWR)模型[113]。该模型采用回归原理，基于非参数建模思想，研究具有空间(或区域)分布特征的两个或多个变量之间的数量关系，既能很好地描述自变量和因变量之间的关系，又能考虑变量之间的空间变化特征，与普通线性回归方法相比，GWR 模型的回归系数在每个空间位置都要分别被估计，能有效解决空间非平稳性问题，模型如式(6.11)：

$$y(\mu) = \beta_0(\mu) + \sum_{k=1}^{p}\beta_k(\mu)x_k(\mu) + \varepsilon(\mu) \tag{6.11}$$

式中，$y(\mu)$ 为位置 μ 的因变量值；$x_k(\mu)$ 为位置 μ 的第 k 个协变量值；$\beta_0(\mu)$ 为截距项；$\beta_k(\mu)$ 为第 k 个协变量的回归系数；p 为回归项个数；$\varepsilon(\mu)$ 为位置 μ 的随机误差项。

6.3.3.3 机器学习模型

1. 支持向量机模型

支持向量机(support vector machine, SVM)模型由 Corinna Cortes 和 Vapnik 等于 1995 年首先提出[114],它在解决小样本、非线性及高维模式识别中表现出了许多特有的优势。SVM 是根据统计学的 VC 维理论和结构风险最小原理设计的,通过非线性映射将样本空间映射到高维特征空间中,从而将样本空间中的非线性问题转化为高维特征空间中的线性可分问题,即在模型的复杂性和学习能力间寻求平衡点,建立最优分类超平面,实现样本分类的目的。

SVM 是一种二分类模型,它的基本模型是定义在特征空间上的间隔最大的线性分类器,间隔最大使它有别于感知机;SVM 还包括核技巧,这使它成为实质上的非线性分类器。SVM 学习的基本思路是求解能够正确划分训练数据集并且几何间隔最大的分离超平面。对于线性可分的数据集来说,这样的超平面有无穷多个(即感知机),但是几何间隔最大的分离超平面却是唯一的。对于线性数据,利用分离超平面可以将样本分为两类,SVM 实际是求解最优化问题。

SVM 中核函数的选择对其性能和结果有着重要的影响。目前,常用的核函数有线性核函数、多项式核函数和径向基核函数。地理、灾害、地质等很多指标间的关系具有非线性特征,用线性模型来表达具有明显缺陷。

2. 神经网络模型

早期,BP(back propagation)神经网络主要用于函数逼近、模式识别等领域,尤其是函数逼近领域。由于良好的泛化及非线性逼近能力和模型易构建性,BP 算法在很多领域得到应用。但是,BP 算法存在无法规避的网络训练过程易陷入局部最小值、学习过程收敛慢、难以快速确定网络结构、泛化能力难以保证等四大缺陷[115,116]。

为了克服传统 BP 算法的缺点,人们提出了大量改进的 BP 算法,如 LM-BP(Levenberg Marquardt back propagation)算法,又称为阻尼最小二乘法,是梯度下降法与高斯-牛顿法的结合,既具有梯度下降法的全局搜索特性,又具有高斯-牛顿法的局部快速收敛特性,迭代过程不再沿着单一的负梯度方向,大大提高了网络的收敛速度和泛化能力[117]。LM-BP 算法的最大优点就是局部快速收敛性,为神经网络的训练节约了大量的时间,尤其是训练数据庞大的神经网络;其次,LM-BP 算法强大的全局搜索性保证了训练后的神经网络具有良好的泛化能力,即网络外推能力。

6.3.4 空间插值

空间数据插值即对一组已知空间数据(离散、分区数据形式)找到一个函数关系式,使该关系式最好地逼近已知的空间数据,并能根据关系式推求出区域范围内其他任意点或任意分区的值[118]。空间数据插值应用于空间数据获取、组织、处理、分析、应用的全过程,例如等高线的生成是由测量碎部点数据经插值获得,规则格网 DEM 的生产也需要在测量控制点、碎部点、等高线等数据的基础上经插值而成。根据所利用的数据不同空间插值分为局部插值、整体插值和区域插值三类。

6.3.4.1 局部插值法

(1) 泰森(Thiessen)多边形法是荷兰气象学家 A. H. Thiessen 提出的一种根据离散分布的气象站的降水来计算平均降水的方法[119]，用泰森多边形内所包含的一个唯一的气象站的降水量来表示这个多边形区域内的降水量。泰森多边形按数据点位置将区域分割成子区域，每个子区域包含一个数据点，各子区域内的点到所在子区域内数据点的距离小于到其他任何子区域的数据点的距离，并用其内数据点进行赋值。一个隐含的假设是任何地点的属性数据均使用距它最近的样本点数据。泰森多边形插值得到的结果图变化只发生在边界上，在边界内都是均质的、无变化的。在泰森多边形法的基础上发展了一种加权泰森多边形法[120]：由邻近点的各泰森多边形属性值与它们对应未知点泰森多边形的权值(如面积百分比)的加权平均得到。

(2) 反距离加权法是以待插值点与样本点之间的距离为权重的插值方法，插值点越近的样本点赋予的权重越大，其权重贡献与距离成反比。

(3) 移动拟合法通常以待定点为圆心或中心作一个圆或矩形窗口，用一个多项式曲面拟合该点附近(窗口内)的表面，以拟合面计算待定点的属性值；也可以在局部范围内(窗口内)计算多个数据点的平均值[118,120]。窗口大小对内插结果有决定性的影响，窗口越小，近距离样本数据的影响越大，窗口增大将增强远距离样本数据的影响，降低近距离样本数据的影响[121]。由地理学第一定律，在移动拟合插值时，依据数据点到待定点的距离给予适当的权重，权值与距离成反比，间距越小，对待求点测定值的影响应越大。

(4) 线性内插是利用线性内插的多项式函数 $Z = a_0 + a_1x + a_2y$，将内插点周围的 3 个数据点的数据值代入多项式，即可得多项式系数。

(5) 双线性多项式插值是利用最靠近待定点的四个数据点进行插值计算，内插多项式函数为 $Z = a_0 + a_1x + a_2y + a_3xy$，将内插点周围的 4 个数据点的数据值代入多项式，即可得到多项式函数的系数。双线性内插的优点是插值结果较为平滑、没有阶跃效应，插值精度较高。缺点是网格被平均化，具有低频滤波的效果；边缘被平滑，有些极值会丢失[108]。

(6) 样条函数是一个曲线段连接处连续的分段函数，进行一次拟合只有少数点拟合，因此，样条函数可以修改少数数据点配准而不必重新计算整条曲线，样条函数能够在视觉上得到令人满意的结果。缺点是插值误差不能直接估算，实践中还要解决样条块的定义，以及三维空间中"块"拼接成复杂曲面又不引入异常现象等问题。

(7) 克里金(Kriging)插值法由南非地质学家 D. G. Krige 于 1951 年提出，1962 年法国学者 G. Matheron 引入区域化变量概念，进一步推广和完善了克里金法[122]。克里金法最初用于矿山勘探，后逐步推广到地下水模拟、土壤制图等领域，成为 GIS 地理统计插值的重要方法。克里金法充分吸收了地理统计的思想，认为任何空间连续性变化的属性是非常不规则的，不能用简单的平滑数学函数模拟，可以用随机表面给予较恰当的描述。这种连续性变化的空间属性称为"区域性变量"，如气温、气压、高程及其他连续性变化的描述指标变量。克里金法着重于权重系数的确定，从而使内插函数处于最佳状态，即对给定点上的变量值提供最好的线性无偏估计。

除普通克里金法外，还有泛克里金法(universal Kriging)、指示克里金法(indicator Kriging)、析取克里金法(disjunctive Kriging)以及协同克里金法(co-Kriging)等。

6.3.4.2 整体插值法

(1)趋势面分析。某种地理特征在空间上的连续变化，可以用一个平滑的数学表面加以描述，即用已知采样点数据拟合出一个平滑的数学表面方程，再根据该方程计算无测量值的点的属性数据。这种只根据采样点的属性数据与地理坐标的关系，进行多元回归分析得到平滑数学表面方程的方法，称为趋势面分析。趋势面分析适用于能以空间的视点诠释趋势和残差；观测有限，内插也基于有限的数据的情况。趋势面是个平滑函数，很难正好通过原始数据点，只有在数据点少且趋势面次数高时曲面才能正好通过原始数据点，所以趋势面分析是一个近似插值方法。

(2)变换函数插值法。根据一个或多个空间参量的经验方程进行整体空间插值[123]，这种经验方程称为变换函数。变换函数插值法属于近似空间插值。

(3)多元回归分析。在各种统计方法中，使用较多的是回归分析，其特点是不需要分布的先验知识。多元回归在数学形式上与趋势面分析很相似，但又有显著区别：多元回归存在多重共线性，但它并非内在的，可以通过逐步回归解决。

此外，傅里叶级数法、小波变换方法等也属于整体插值法。

6.3.4.3 区域插值法

区域插值是在一种分区系统中以各统计单元的值，求同一试验区内另一种分区系统下各统计单元的值，在两种分区系统中各统计单元的边界一般是不兼容的。这两种分区系统分别称为源区(source zones)和目标区(target zones)[124]。区域插值一般应用于社会经济统计数据处理中，比如分析某地区GDP的发展变化时，由于行政区域的调整，不同历史阶段行政区域的范围发生改变，分析时必须统一到同一个试验区范围才有意义；不同部门为了不同的目标往往对同一区域统计单元的划分是不同的，例如人口统计值往往是根据行政区域进行统计，而水利分析则根据流域范围进行统计，在进行这两类要素的相关分析时需要统一到行政区或流域内进行。常用的区域插值方法有：

(1)叠置法。包括基于点的面插值法和面域比重法，基于点的面插值法是基于点对多边形的插值方法[125]。①计算每一个源区统计单元中的平均目标要素数据密度；②为每一个源区统计单元确立一个质点；③为每个质点赋予该质点所在统计单元的目标要素数据密度值；④使用这些质点内插一个规则网格的目标要素数据密度表面；⑤计算每一个网格的目标要素数据值；⑥将目标区与规则网格叠加；⑦计算目标区各统计单元的目标要素数据。

面域比重法是一种基于多边形对多边形进行分析，保持统计变量值不变的方法[124]。其插值步骤为：①假定研究要素数据在源区分布是均匀的，计算每个源区单元的研究要素数据密度；②将源区与目标区进行叠加，其边界相交形成重叠区域；③使用控制区的面域比重法，根据重叠区域面积及计算的源区单元研究要素数据密度来计算目标区单元的研究要素数据。

(2) Pycnophylactic 插值法，也称作比重法。在面状统计区上叠加一个密度栅格图，格网尺寸的大小应保证具有足够的内插精度；对每个统计区计算每个栅格的要素数据平均值；并计算每个栅格周围邻近栅格的平均值，用该平均值来代替原来栅格中的值；计算经过平滑后各统计单元的要素数据值；对比前后两次要素数据的总值，看其是否相等，若不等则调整所有栅格的值以保证每个统计单元的要素数据总数保持不变并重复上述步骤，直到对每个单元来说平滑，且调整的数值之间没有显著差别[126]。

该算法的特点是：①平滑前后的统计单元的属性总值保持一致；②不要求统计单元中变量分布的均质性。但单元边界处变量的较大变化会影响插值的效果，因此边界处的变量值差别不应太大[126]。

(3) 有辅助数据的面插值法。在叠置法的基础上加入辅助变量信息，并参与叠置分析。辅助变量可分成两类：限制变量和相关变量，限制变量严格定义事件的发生与否，相关变量表明事件发生之间的关系。如对人口统计数据而言，水体部分不会有人口分布。在不同的土地利用和覆盖类型下，人口的分布状况也会不同，将土地利用及覆盖类型与所要统计的数据叠加，在加入类似的辅助数据后，再对所研究的数据进行插值统计计算。类似的辅助信息可以从遥感影像等数据上提取[126]。

此外，还有一些其他区域插值方法，如人工神经网络方法等。

6.4 时空数据挖掘

数据挖掘(data mining, DM)是指从数据集合中提取人们感兴趣的知识，这些知识是隐含的、事先未知的、潜在有用的信息，提取的知识一般可表示为概念(concepts)、规则(rules)、规律(regularities)、模式(patterns)等形式。数据挖掘作为一门交叉学科，涉及人工智能、机器学习、模式识别、归纳推理、统计学、数据库、高性能计算、数据可视化等多种技术。关联规则的挖掘、分类、预测与聚类等较成熟的技术，被逐渐用于时间序列数据的挖掘和空间数据挖掘，以发现与时间和(或)空间相关的有价值的模式。目前，时空数据挖掘(spatio-temporal data mining)是数据挖掘研究的前沿领域之一，已吸引来自 GIS、时空推理、数据挖掘、机器学习和模式识别等众多领域的学者，取得了诸多研究成果。同时，时空数据挖掘在许多领域得到应用，如移动轨迹推算(位置服务)、土地利用分类及地域范围预测、全球气候变化监控(如海水面上升、雪线上升、沙漠化)、战争后果(战争导致夜光减少、建筑损毁等)分析、犯罪点发现(水、电使用异常)、交通协调与管理(交通中的局部失稳、道路查找)、疾病监控、水资源管理、自然灾害(如台风、滑坡)预警、公共卫生与医疗健康等。

6.4.1 时空数据挖掘任务

按照挖掘任务不同，时空数据挖掘主要可分为以下几类：时空模式挖掘、时空聚类、时空分类、时空异常检测等。

挖掘时空数据中有价值的模式(如频繁模式、周期模式、共现模式、关联模式等)一直是时空数据挖掘研究中的一个重要课题。人们感兴趣的是从一个时空序列里发现频繁重复的路径,即时空频繁模式。频繁重复模式能协助研究人员完成关于移动对象的分析、预测等任务,可应用于商业、旅游业和城市交通管理等方面的决策。除了轨迹数据之外,序列挖掘对象还包括诸如时空事件数据集等时空数据,这些数据中不是包含轨迹数据,而是不同类型的事件序列组成的集合。用于时空数据库中的频繁序列模式挖掘的 DFS_MINE 算法,通过扫描时空数据库产生映射图和轨迹信息列表,在映射图上进行深度优先遍历以寻找频繁轨迹模式。一些移动目标(如汽车、飞机、动物、移动电话用户等)在固定的时间区间内总是遵循相同或近似相同的路线(上下学路线、上下班路线、动物迁徙路径等),呈现出一定的周期性规律。周期模式可用于压缩移动数据、预测对象未来的移动方向。

时空共现模式是指两种或以上的事件在空间和时间上处于近邻。时空共现模式已在多个领域得到了应用,如军事领域中作战计划和策略制定、生态学领域中物种和污染物跟踪、交通领域中路网规划等。目前,对时空共现模式的研究还不多,相关算法大多是在空间共现模式基础上进行时间扩展实现的,能有效表达时空数据不确定性和噪声共现模式的挖掘算法还不成熟。

时空关联模式主要研究空间对象随时间变化的规律,即在传统关联分析的基础上加上时间和空间约束,以发现时空数据中处于一定时间间隔和空间位置的关联规则。发现这些关联模式具有重要的应用价值,如战场上的战术、调查动物捕食关系等。目前多数时空关联模式挖掘方法都是传统关联规则挖掘方法的扩展,高效的时空关联规则挖掘算法亟待深入研究。

时空数据聚类是指基于空间和时间相似度把具有相似行为的时空对象划分到同一组中,使组间差别尽量大,而组内差别尽量小。时空聚类可用于天气预测、交通拥挤预测、动物迁移分析、移动计算和异常点分析等方面。例如气象专家研究海岸线附近或海上飓风的共同行为,发现共同子轨迹有助于提高飓风登陆预测的准确性。

时空分类主要是基于时空对象的特征构建分类模型来预测时空对象所属类别或对象所在的具体空间位置。

时空异常。若某一个对象和它在空间上相邻并在一段连续时间内出现的邻居有着显著的差异,则该对象称为时空异常对象。时空异常检测旨在从时空数据中找出严重偏离正常模式的对象,寻找这些异常模式可以为诸多现实问题提供良好的决策支持。预测飓风路径突然变化对于提前发出疏散指令、实施有效疏散至关重要。预测某地区不寻常的降水行为,可以更好地对突如其来的洪涝灾害等极端事件做好充分的准备,以降低灾害损失。常见的时空异常检测方法有基于距离的方法、基于规则和模式的方法、基于密度和聚类的方法等。时空数据异常检测在很大程度上取决于待挖掘数据的尺度和分辨率。因此,时空数据异常检测方法还需进一步考虑空间实体间存在的度量(如距离)关系与非度量(如拓扑、方向、形状)关系等因素。

时空预测。面向大数据的时空预测主要是基于时空对象的特征构建预测模型,进而预测时空对象在未来特定时间、特定空间范围的行为或者状态。①位置预测主要是基于时空对象的特征构建预测模型来预测时空对象所在的具体空间位置。对于实时物流、实时交通管理、基于位置服务和导航等时空数据应用,预测单个或者一组对象未来的位置或目的地是至关重要的,它能使系统在延误的情况下采取必要的补救措施,避免拥堵,提高效率。轨迹预测可以推测移动对象的出行规律。例如,借助移动设备记录用户轨迹数据,通过"签到"应用(如微信、微博等)分享位置信息,分析这些轨迹数据,可以为用户推荐感兴趣的旅游景点及游览次序。②密度预测是将某个区域的对象密度定义为在给定时间点区域内对象数与该区域面积之比,这是一些对象随时间变化而呈现出的一个全局特征。例如,交通管理系统通过密度预测识别道路中交通拥堵路段和区域,帮助用户避免陷入交通阻塞,利于交通管理人员采取有效措施及时缓解交通拥堵。③事件预测是根据历史时间序列数据,结合地理区域密度估计(发现重要特征和时空地点)预测给定时间范围、空间位置的概率密度,譬如基于过去犯罪事件发生的地点、时间和城市经济等特征预测给定区域和时间段内犯罪发生的概率,进而预测犯罪的发展趋势,有效降低城市犯罪率。④结合空间的时间序列预测,则从时间的角度来考虑时空数据,与空间有关的时间序列彼此不是独立的,而是和空间相关的。例如,可以首先构造时间序列模型以获取每个独立空间区域的时间特性;然后,构造神经网络模型拟合隐含的空间相关性;最后,基于统计回归结合时间和空间预测获得综合预测[127]。

6.4.2 时空数据挖掘方法

6.4.2.1 关联规则挖掘

挖掘关联规则是发现存在于大数据集中的关联性或相关性的过程,用于产生关联规则的方法有很多,其中 Apriori 方法(在候选项集中找频繁项集)最具影响力。关联规则的挖掘过程主要包含两个阶段:第一阶段是先从数据集中找出所有的高频项目组(frequent item sets)。高频的意思是指某一项目组出现的频率相对于所有记录而言,必须达到某一水平。项目组出现的频率称为支持度(support),若某项目组支持度大于或等于所设定的最小支持度(minimum support)时,则称该项目组为高频项目组。第二阶段是产生关联规则(association rules)。若第一阶段的某高频项目在最小信赖度(minimum confidence)的条件下,则该高频项目可形成一条规则的信赖度满足最小信赖度,称此规则为关联规则[128]。

6.4.2.2 聚类分析

聚类分析(clustering analysis)主要是根据实体的特征进行聚类或分类,按一定的距离或相似测度在大型多维空间数据集中标识出聚类或稠密分布的区域,将数据分成一系列相互区分的组,以期从中发现数据集的整个空间分布规律和典型模式[129]。聚类分析是统计学的一个分支,与规则归类不同的是,聚类算法无需背景知识,能直接从空间数据库中发现有意义的空间聚类结构。已有的聚类算法多为模式识别设计,用特征表示的目标为多维特征空间的一个点,在特征空间中聚类。空间数据库中的聚类是对目标的图形直接聚类,聚类形状复杂、数据量庞大,使用经典的基于多元统计分析的聚类法则速度慢、效率低。这对空间数据挖掘中的聚类算法提出了更高的要求,如能处理点、线、面等任意形状,计算效率高,且算法需要的参数能自动确定或易确定。

聚类算法主要有分割和层次两类。分割算法根据目标到聚类中心的距离进行迭代聚类,适用于聚类为凸形、类间相距较远且直径相差不悬殊的情况,否则会分割错误[130]。层次算法将数据集分解成树状图子集,直到每个子集只包含一个目标,可用分裂或合并的方法构建。聚类算法无需参数,但需要定义终止条件。

6.4.2.3 决策树方法

决策树(decision tree)根据不同的特征以树型结构表示分类或决策集合产生规则和发现规律[131]。在空间数据挖掘中,首先利用训练空间实体集生成测试函数;其次,根据不同取值建立树的分支,在每个分支子集中重复建立下层结点和分支形成决策树;然后,对决策树进行剪枝处理,把决策树转化为据以对新实体进行分类的规则。

6.4.2.4 空间统计学

空间统计学(spatial statistics)是依靠有序的模型描述无序事件,根据不确定性和有限信息分析、评价和预测空间数据[132]。主要运用空间自协方差结构、变异函数或与其相关的自协变量或局部变量值的相似程度实现基于不确定性的空间数据挖掘。基于足够多的样本,在统计空间实体的几何特征量的最小值、最大值、均值、方差、众数或直方图的基础上,可以得到空间实体特征的先验概率,进而根据领域知识发现共性的几何知识。

空间统计学拥有较强的理论基础和大量的成熟算法,能改善 GIS 对随机过程的处理,估计模拟决策分析的不确定性范围,分析空间模型的误差传播规律,有效地综合处理数值型空间数据,分析空间过程,预测前景,并为分析连续域的空间相关性提供理论依据和量化工具等。所以空间统计学是基本的数据挖掘技术,特别是多元统计分析(如判别分析、主成分分析、因子分析、相关分析、多元回归分析等)。

6.4.2.5 神经网络

神经网络(neural network)是由大量神经元通过极其丰富和完善的连接而构成的自适应非线性动态系统,具有分布存储、联想记忆、大规模并行处理、自学习、自组织、自适应等功能[133]。神经网络由输入层、中间层和输出层组成。大量神经元集体通过训练来学习待分析数据中的模式,形成描述复杂非线性系统的非线性函数。神经网络适合从环境信息复杂、背景知识模糊、推理规则不明确的非线性空间系统中挖掘分类知识。在空间数据挖掘中可用来进行分类、聚类、特征挖掘等。以 MP 和 Hebb 学习规则为基础的神经网络可分为三类:用于预测、模式识别等的前馈式网络,如感知机(perceptron)、反向传播模型、函数型网络和模糊神经网络等;用于联想记忆和优化计算的反馈式网络,如 Hopfield 的离散模型和连续模型等;用于聚类的自组织网络,如 ART 模型和 Koholen 模型等[134]。此外,神经网络与遗传算法结合,也能优化网络连接强度和网络参数。

神经网络具有鲜明的"具体问题具体分析"特点,其收敛性、稳定性、局部最小值以及参数调整等问题尚待更深入地研究,尤其对于输入变量多、系统复杂且非线性程度大等情况。

6.4.2.6 规则归纳

规则归纳(rule induction)是在一定的知识背景下，对数据进行概括和综合，在空间数据库或空间数据仓库中搜索和挖掘以往不知道的规则和规律，得到以概念树形式(如 GIS 的属性概念树和空间关系概念树)表达的高层次的模式或特征。背景知识可以由空间数据挖掘与知识发现(spatial data mining and knowledge discovery，SDMKD)的用户提供，也可以作为 SDMKD 的任务之一自动提取。不同于基于公理和演绎规则的推理，以及基于公认知识的常识推理，归纳是根据事例或统计的大量事实和归纳规则进行的。决策规则是数据库中总的或部分数据之间的相关性，是归纳方法的扩充，其条件为归纳的前提，结果为归纳的结论。规则归纳数据挖掘大致包括关联规则、顺序规则、相似时间序列、If-Then 规则等的挖掘。

空间关联规则的发现是 SDMKD 的重要内容。目前的研究主要集中在提高算法的效率和发现多种形式的规则等方面，并以逻辑语言或类 SQL 语言方式描述规则，以使 SDMKD 趋于规范化和工程化。

6.4.2.7 空间在线数据挖掘

空间在线数据挖掘(spatial on-line analytical mining，SOLAM)建立在多维视图基础上，是基于网络的验证型空间数据挖掘和分析工具。它强调执行效率和对用户命令的及时响应，直接数据源一般是空间数据仓库。网络是巨大的分布式并行信息空间和极具价值的信息源，但因网络固有的开放性、动态性与异构性，使得用户很难准确、快捷地从网络上获取所需信息。在线数据挖掘的目的在于解决如何利用分散的异构环境数据源，得到准确的信息和知识的问题。它突破了局部限制，发现的知识也更具普遍意义。

SOLAM 通过数据分析与报表模块的查询和分析工具(OLAP、决策分析、数据挖掘)完成对信息和知识的提取，以满足决策的需要。它建立在 C/S 结构之上，用户驱动，支持多维数据分析，在用户的指导下验证设定的假设。SOLAM 的传输层使用了刷新与复制技术，数据传输、传送网络和中间件等构件，在硬件/软件平台间架起必要的桥梁。其中，刷新与复制技术包括传播和复制系统、数据库网关内定义的复制工具、数据仓库指定的产品。数据传输和传送网络包括网络协议、网络管理框架、网络操作系统、网络类型等。C/S 代理和中间件包括数据库网关、面向消息的中间件、对象请求代理等。这里，空间数据仓库居于核心地位，是 SOLAM 的基础。

另外，时空数据挖掘方法还有证据理论、模糊集理论、遗传算法、粗集方法等。

随着人工智能的发展和传感器的广泛应用，时空数据激增。SDMKD 应用正日益渗透到人们认识和改造空间世界的各个学科，如地理信息系统、遥感、交通、地质、水利、气象、导航、机器人等使用空间数据的领域。SDMKD 发现的知识将会促进这些学科的自动化和智能化。

但是，SDMKD 毕竟是空间信息科学的新兴领域，目前只是取得了一定的初步成果，仍有大量的理论与方法需要深入研究。其中，主要包括多源空间数据的清理、基于空间不确定性(位置、属性、时间等)的数据挖掘、递增式数据挖掘、栅格矢量一体化数据挖掘、多分辨率及多层次数据挖掘、并行数据挖掘、新算法和高效率算法的研究、空间数据挖掘查询语言、遥感图像数据库的数据挖掘、多媒体空间数据库的知识发现、网络空间数据的挖掘等方向。开发实现 SDMKD 理论和方法的计算机软件系统时，还要研究多源空间数据的集成、多算法的集成、存储空间和计算效率的降低、人机交互技术、可视化技术、SDMKD 系统与地理信息系统、空间数据仓库、空间决策支持系统和遥感解译专家系统的集成等问题。

此外，SDMKD 除了发展和完善自己的理论和方法，也要充分借鉴和汲取数据库、机器学习、人工智能、数理统计、可视化、地理信息系统、遥感、图形图像学、医疗、分子生物学等学科领域的成熟的理论和方法。

第7章 地下管线空间布局安全性分析

7.1 占 压 分 析

地下管线占压不仅影响管线安全运营,也对管线周边人民的生命、财产和周边环境的安全构成了严重威胁。因此,对城市地下管线进行占压分析具有重大现实意义。根据不同的管线占压方式,管线占压可以分为压线占压和近线占压两类。如图7.1所示,压线占压是指建(构)筑物直接占压在管道的上方,占压实体边界的投影包含或与管道相交。近线占压是指建(构)筑物没有直接占压在管道的上方,占压实体边界的投影在管道的一侧,但管道与占压物的水平净距小于规范要求[135]。

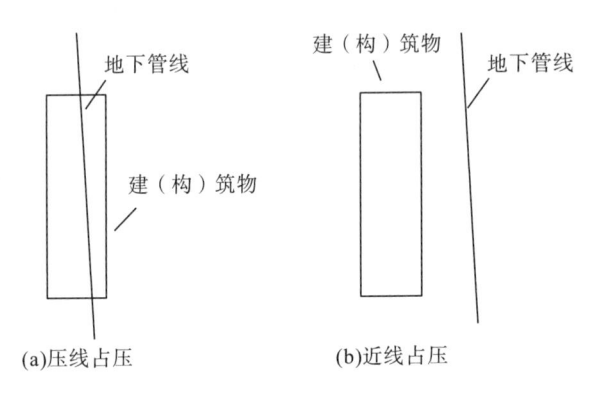

图 7.1 占压类型

7.1.1 压线占压

为了提高计算效率,首先排除远离建(构)筑物边线的管段,可以做建(构)筑物多边形的最小外接矩形[136],保留与外接矩形相交或在外接矩形内部的管线段,其具体方法如下。

比较多边形各顶点坐标的大小,求出其 X 坐标与 Y 坐标的最大和最小值 X_{max}、X_{min}、Y_{max}、Y_{min},则多边形的最小外接矩形左下角在 (X_{min}, Y_{min}),右上角在 (X_{max}, Y_{max}),如图7.2所示。

如果管段至少有一个端点坐标 (X_p, Y_p) 使得式(7.1)成立,则管段可能与多边形有交点或者包含于多边形内,如图7.2中管段 l_1、l_2、l_3、l_4,继续判定是否为压线占压;否则,该管段必然与多边形相离,如管段 l_5,继续判定是否为近线占压。

$$\begin{cases} X_{min} \leqslant X_p \leqslant X_{max} \\ Y_{min} \leqslant Y_p \leqslant Y_{max} \end{cases} \tag{7.1}$$

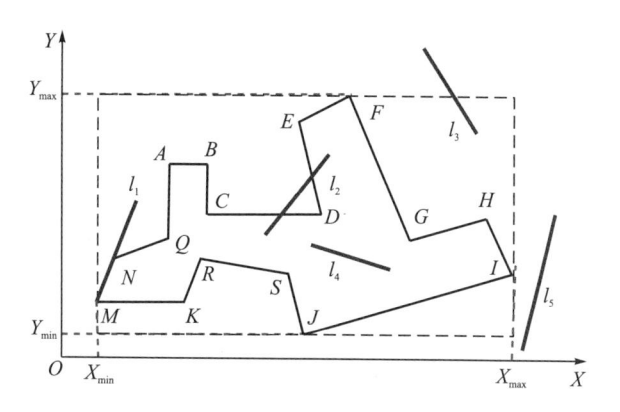

图 7.2 建(构)筑物边线的外接矩形

7.1.1.1 管线与建(构)筑物边线有部分重叠

图 7.3 中有管段 $l_1(P_1 \to P)$ 和建(构)筑物边线 MN，其中 $P_1(x_1,y_1)$、$P_2(x_2,y_2)$ 分别为管段 l_1 的两个端点，$M(x_3,y_3)$、$N(x_4,y_4)$ 分别为建(构)筑物多边形顶点，构造向量 $\overrightarrow{P_1P_2}(x_2-x_1,y_2-y_1,0)$，$\overrightarrow{MN}(x_4-x_3,y_4-y_3,0)$，设定方向向量 (i,j,k)，如果满足式(7.2)[137]，则管段 $l_1(P_1 \to P_2)$ 与建(构)筑物边线 MN 平行，可能存在部分重叠。再判断是否共线，构造向量：$\overrightarrow{P_2M}(x_3-x_2,y_3-y_2,0)$，如果满足式(7.3)[137]，则管段 l_1 与建(构)筑物边线 MN 共线，此时，若起点较小的管段(边线)终点大于或等于起点较大的边线(管段)起点，则判定有部分重叠，此时管线 l_1 一定被建(构)筑物压线占压。

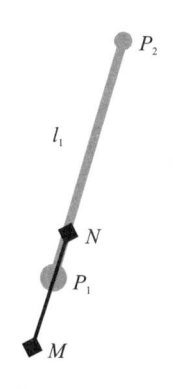

图 7.3 管线与建(构)筑物重叠

$$\overrightarrow{P_1P_2}\times\overrightarrow{MN}\begin{vmatrix} i & j & k \\ x_2-x_1 & y_2-y_1 & 0 \\ x_4-x_3 & y_4-y_3 & 0 \end{vmatrix}=0 \tag{7.2}$$

$$\overrightarrow{P_2M}\times\overrightarrow{MN}\begin{vmatrix} i & j & k \\ x_3-x_2 & y_3-y_2 & 0 \\ x_4-x_3 & y_4-y_3 & 0 \end{vmatrix}=0 \tag{7.3}$$

7.1.1.2 管线与建(构)筑物边线有部分相交

为了提高计算效率可先做快速排斥检测：将管线和建(构)筑物边线视为两个矩形的对角线，并构造出这两个矩形。如果构造的两个矩形没有重叠部分，如表 7.1 中(c)所示，即可判定为不相交。

然后执行跨立实验，如表 7.1 中(a)所示，有管段 $l_2(P_3 \to P_4)$ 和建(构)筑物边线 $\overrightarrow{CD}$，$P_3(x_5, y_5)$、$P_4(x_6, y_6)$ 分别为管段 l_2 的两个端点坐标，$C(x_7, y_7)$、$D(x_8, y_8)$ 分别为建(构)筑物多边形顶点 C、D 的坐标，构造向量：$\overrightarrow{P_3C}(x_7-x_5, y_7-y_5, 0)$、$\overrightarrow{P_3D}(x_8-x_5, y_8-y_5, 0)$、$\overrightarrow{CD}(x_8-x_7, y_8-y_7, 0)$。

如果向量关系满足式(7.4)[137]，则 $\overrightarrow{P_3C}$ 和 $\overrightarrow{P_3D}$ 位于 $\overrightarrow{CD}$ 的两侧，即 P_3、P_4 位于 $\overrightarrow{CD}$ 的两侧。如果向量关系满足式(7.5)[137]，则 P_3 在建(构)筑物边线 $\overrightarrow{CD}$ 上。

$$(\overrightarrow{P_3C} \times \overrightarrow{CD}) * (\overrightarrow{P_3D} \times \overrightarrow{CD}) < 0 \tag{7.4}$$

$$\overrightarrow{P_3C} \times \overrightarrow{CD} = 0 \text{ 或 } \overrightarrow{P_3D} \times \overrightarrow{CD} = 0 \tag{7.5}$$

如果向量关系满足式(7.6)[137]，可判定管线 l_2 在建(构)筑物边线 $\overrightarrow{CD}$ 的同一侧。此时，管线 l_2 与建(构)筑物无占压关系，如表 7.1 中(b)所示。

$$(\overrightarrow{P_3C} \times \overrightarrow{CD}) * (\overrightarrow{P_3D} \times \overrightarrow{CD}) > 0 \tag{7.6}$$

表 7.1 排斥跨立实验

	通过快速排斥实验	未通过快速排斥实验
通过跨立实验	(a)	(c)
未通过跨立实验	(b)	

7.1.1.3 管线在建(构)筑物边线内部

经上述重叠和相交的判定后，管线和建(构)筑物位置关系中，仅剩管线在建(构)筑物多边形内部或者外部的情况，即管线和建(构)筑物多边形位置关系仅有包含和相离两种情况，如图 7.4 所示。

判断管段是否在建(构)筑物内部，仅需判断管段上任意一点是否在建(构)筑物多边形内。为了方便，取管线任一端点，如图 7.4 中作多边形各顶点与 Y 轴的垂线，它的每条边（如 HI）与 Y 轴上对应垂点的连线（如 $H'I'$）之间形成一个梯形区域（如 $HII'H'$）。如表 7.2

所示，统计端点在梯形区域出现的次数(N)的奇偶性即可判断端点与多边形的位置，从而确定管线与建(构)筑物的位置关系。管线l_4的端点P_6仅在梯形$HII'H'$中，则$N=1$，可以判定P_6在多边形内部，因此，管段l_4在多边形内部，建(构)筑物对其必然构成压线占压。P_5在多边形中出现的次数$N=0$，因此，管线l_3在多边形外部，建(构)筑物对其一定不构成压线占压，是否构成近线占压还需进一步判定。

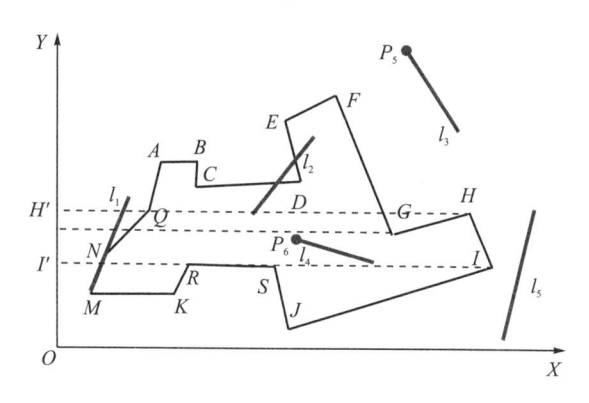

图7.4 管线在建(构)筑物边线内部判定

表7.2 N与管线的位置关系

位置关系	次数 N		
	奇数	偶数	零
位置	内部	外部	
是否压线占压	是	否	

7.1.2 近线占压

管线与建(构)筑物除压线占压关系外，还可能存在近线占压。近线占压判别是判断管线与建(构)筑物轮廓线的最短距离是否满足管线与建(构)筑物间的最小净距要求，如表7.3所示。

表7.3 管线与建(构)筑物的最小净距[138]

名称	给水管线		排水管线	燃气管线					热力管线		电力线		通信线	
	$d≤200mm$	$d>200mm$		低压	中压		高压		直埋	地沟	直埋	载沟	直埋	管道
					B	A	B	A						
建(构)筑物/m	1.0	3.0	2.5	0.7	1.5	2.0	4.0	6.0	2.5	0.5	0.5		1.0	1.5

7.1.3 综合占压分析

一般地，在实际分析过程中，把近线占压与压线占压结合起来进行分析。如图7.5所示，以管线与建(构)筑物的最小净距要求为半径 R，建立管线缓冲区，将缓冲区图层(b)

与建(构)筑物图层(a)进行叠置分析,得到图层(c),建筑物 1、2、4 与管线缓冲区有重叠,该管线存在安全隐患。经过 7.1.1 节的判定,建筑物 4 对管线构成压线占压[图 7.5(d)];建筑物 1、2 在管线缓冲区内,构成了近线占压[图 7.5(e)]。

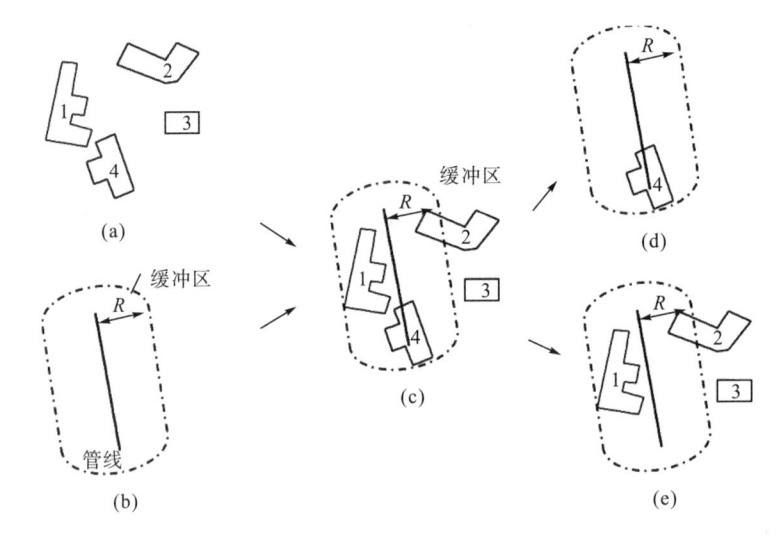

图 7.5 管线与建(构)筑物的占压分析

7.2 净 距 分 析

管线净距包括管线间的水平净距和垂直净距,水平净距是指管线间外壁的距离,垂直净距是指下面管道的外管顶与上面管道外管底之间的距离。

如图 7.6 所示,水平净距 D_l 是空间中两管线之间的最短距离在水平方向上的投影长度,垂直净距 D_v 是空间中两管线之间的最短距离在铅垂方向上的投影长度。P、Q 分别是管线 l_a 和 l_b 在两管线最短距离处对应的点,l_a 两端点坐标分别为 (x_1,y_1)、(x_2,y_2),l_b 两端点坐标分别为 (x_3,y_3)、(x_4,y_4),设参数 s、t,则 P、Q 点的坐标 (x_p,y_p,h_p)、(x_q,y_q,h_q) 分别如式(7.7)、式(7.8)[137]所示,由式(7.9)、式(7.10)可计算空间中两条管线间的最小距离。

$$\begin{cases} x_p = x_1 + s(x_2 - x_1) \\ y_p = y_1 + s(y_2 - y_1) \\ h_p = h_1 + s(h_2 - h_1) \end{cases} \tag{7.7}$$

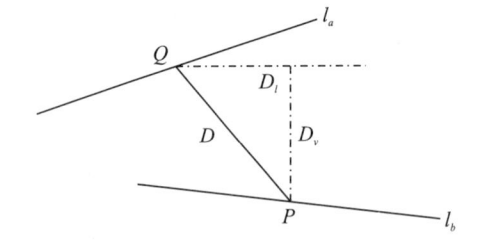

图 7.6 管线间的距离

$$\begin{cases} x_q = x_3 + t(x_4 - x_3) \\ y_q = y_3 + t(y_4 - y_3) \\ h_q = h_3 + t(h_4 - h_3) \end{cases} \tag{7.8}$$

$$f(s,t) = \left[(x_1 - x_3) + s(x_2 - x_1) - t(x_4 - x_3)\right]^2 + \left[(y_1 - y_3) + s(y_2 - y_1) - t(y_4 - y_3)\right]^2$$
$$+ \left[(h_1 - h_3) + s(h_2 - h_1) - t(h_4 - h_3)\right]^2 \tag{7.9}$$

$$D_{\min} = \sqrt{f(s,t)} \tag{7.10}$$

对 $f(s,t)$ 分别求关于 s、t 的偏导数，令式(7.11)，得到式(7.12)：

$$\begin{cases} \dfrac{\partial f(s,t)}{\partial s} = 0 \\ \dfrac{\partial f(s,t)}{\partial t} = 0 \end{cases} \tag{7.11}$$

$$\begin{cases} \left[(x_2-x_1)^2+(y_2-y_1)^2+(h_2-h_1)^2\right]s \\ \quad -\left[(x_2-x_1)(x_4-x_3)+(y_2-y_1)(y_4-y_3)+(h_2-h_1)(h_4-h_3)\right]t \\ =(x_1-x_2)(x_1-x_3)+(y_1-y_2)(y_1-y_3)+(h_1-h_2)(h_1-h_3) \\ -\left[(x_2-x_1)(x_4-x_3)+(y_2-y_1)(y_4-y_3)+(h_2-h_1)(h_4-h_3)\right]s \\ \quad +\left[(x_4-x_3)^2+(y_4-y_3)^2+(h_4-h_3)^2\right]t \\ =(x_1-x_3)(x_4-x_3)+(y_1-y_3)(y_4-y_3)+(h_1-h_3)(h_4-h_3) \end{cases} \tag{7.12}$$

解得偏导等于 0 时的极值 $f(s,t)$，由于两管线距离最小处可能在管线端点处，因此，还需计算 $s=0, t=1$ 的 $f(0,1)$ 和 $s=1, t=0$ 的 $f(1,0)$，这三者中的最小值开平方就是两管线间的最短距离。

根据式(7.7)、式(7.8)得到两管线最短距离处 P、Q 两点的坐标如式(7.13)：

$$\begin{cases} D_l = x_q - x_p \\ D_v = h_q - h_p \end{cases} \tag{7.13}$$

根据式(7.13)得到两条地下管线间的最短水平距离和垂直距离，将其与管线间最小安全净距(附表 2 和表 7.4)做比较，大于或等于最小净距则两管线间距离符合安全要求；小于最小净距则两管线间距离具有安全隐患。将净距隐患做等级划分，计算模型如式(7.14)：

$$K = \frac{D_{\min} - D}{D_{\min}} \tag{7.14}$$

式中，$D_{\min}$ 为管线间最小净距，m；D 为某两段管线间实际距离，m。

当 $K \leq 0$ 时，净距满足安全要求；$K > 0$ 时，存在安全隐患，K 值越大，则隐患越大。隐患等级划分为 A、B、C 三个等级，如表 7.5 所示。

表 7.4　管线间最小垂直净距[138]

上面管线名称		下面管线名称							
		给水管线	排水管线	热力管线	燃气管线	通信线		电力线	
						直埋	管块	直埋	管沟
给水管线		0.15							
排水管线		0.40	0.15						
热力管线		0.15	0.15	0.15					
燃气管线		0.15	0.15	0.15	0.15				
通信管线	直埋	0.50	0.15	0.50	0.50	0.25	0.25		
	管块	0.15	0.15	0.15	0.15	0.25	0.25		
电力管线	直埋	0.15	0.50	0.50	0.50	0.50	0.50	0.50	0.50
	管沟	0.15	0.50	0.50	0.15	0.50	0.50	0.50	0.50

表 7.5　净距隐患等级

K 值	$1 \geqslant K > 2/3$	$2/3 \geqslant K > 1/3$	$1/3 \geqslant K > 0$
净距隐患等级	A	B	C

7.3　顺 序 分 析

各类管线在地下纵横交错、杂乱重叠，可能导致灾难性的后果，因此，对管线布设顺序隐患的排除也十分必要。地下管线敷设顺序是根据管线性质、埋设深度等确定的，管线布设顺序包括水平顺序和垂直顺序。各类管线布设顺序除必须遵守相关技术规范以外，还要考虑各地方的习惯做法以及地形环境条件的约束。对管线布设顺序隐患进行分析时，地下管线水平布置从道路红线到道路中心线的一般顺序为：电力电缆、通信电缆、燃气配气、给水配水、热力干线、燃气输气、给水输水、雨水排水、污水排水；各种工程管线交叉时地下管线自地面向下垂直敷设的一般顺序为：电力管线、通信管线、热力管线、燃气管线、给水管线、雨水管线、污水管线。

7.3.1　水平顺序

如图 7.7(a)所示，道路 AB 与坐标轴有一定的夹角，因此，以道路中心线 r 的端点 A、B 连线的中点 P 为旋转中心，以该线与 Y 轴的夹角 α 为旋转角，将道路中心线 r 和管线整体进行坐标旋转，结果如图 7.7(b)所示。道路中心线端点坐标为 $A(x_a, y_a)$，$B(x_b, y_b)$，其连线的中点坐标为 $P\left(\dfrac{x_a + x_b}{2}, \dfrac{y_a + y_b}{2}\right)$。旋转后的各点坐标值计算如式(7.15)，旋转后道路中心线端点连线中点 P 的坐标计算式如式(7.16)：

$$\begin{pmatrix} x' \\ y' \end{pmatrix} = \begin{pmatrix} \cos\alpha & \sin\alpha \\ -\sin\alpha & \cos\alpha \end{pmatrix} \begin{pmatrix} x \\ y \end{pmatrix} \quad (7.15)$$

$$\begin{pmatrix} x'_p \\ y'_p \end{pmatrix} = \begin{pmatrix} \cos\alpha & \sin\alpha \\ -\sin\alpha & \cos\alpha \end{pmatrix} \begin{pmatrix} \dfrac{x_a + x_b}{2} \\ \dfrac{y_a + y_b}{2} \end{pmatrix} \quad (7.16)$$

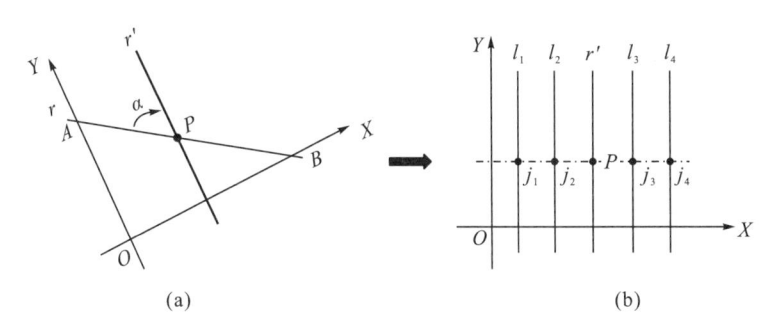

图 7.7 坐标旋转示意图

过道路中心线端点连线中点位置 P，作各管线的垂线段，依次得到各管线在 Y 坐标值为 y'_p 时的 X 坐标值，将 X 坐标值按从大到小排序，将得到的排序对比管线间的安全布设顺序，如果顺序一致表示不存在隐患，否则表示存在隐患。其中，实际管线缺少某一类或多类管线时，可跳过该类管线，其他管线顺序不变；当某一类或多类管线存在多条管线时，则同类管线应相邻；当某一类或多类管线顺序不符时，记录隐患管线的标识、位置及隐患类型。

7.3.2 垂直顺序

进行地下管线垂直顺序安全隐患排查时，应确定已有管线布设的垂直顺序，判断各类管线在垂直方向上是否存在交叉排列的情况。可以将管线在垂直方向上是否存在交叉转化为各类管线在平面上的投影是否存在交叉。

对各类管线两两进行分析，如图 7.8 所示，两类管线在平面上的投影线段 AB 和 CD 的端点坐标分别为 $A(x_a, y_a)$，$B(x_b, y_b)$，$C(x_c, y_c)$，$D(x_d, y_d)$，作辅助向量 $\overrightarrow{AZ}$，坐标设为 $(0,0,1)$，向量 $\overrightarrow{AB}$、$\overrightarrow{AC}$、$\overrightarrow{AZ}$ 在空间直角坐标系中的坐标分别为 $(x_b - x_a, y_b - y_a, 0)$、$(x_c - x_a, y_c - y_a, 0)$、$(x_d - x_a, y_d - y_a, 0)$，如图 7.8 所示。

如式 (7.17)[137]，计算向量 $\overrightarrow{AB}$、$\overrightarrow{AC}$、$\overrightarrow{AZ}$ 的混合积：

$$\left(\overrightarrow{AB}, \overrightarrow{AC}, \overrightarrow{AZ}\right) = \begin{vmatrix} x_b - x_a & x_c - x_a & 0 \\ y_b - y_a & y_c - y_a & 0 \\ 0 & 0 & 1 \end{vmatrix}$$
$$= (x_b - x_a)(y_c - y_a) - (x_c - x_a)(y_b - y_a) \quad (7.17)$$

如式 (7.18)[137]，计算向量 $\overrightarrow{AB}$、$\overrightarrow{AD}$、$\overrightarrow{AZ}$ 的混合积：

$$\left(\overrightarrow{AB},\overrightarrow{AD},\overrightarrow{AZ}\right)=\begin{vmatrix} x_b-x_a & x_d-x_a & 0 \\ y_b-y_a & y_d-y_a & 0 \\ 0 & 0 & 1 \end{vmatrix}$$

$$=(x_b-x_a)(y_d-y_a)-(x_d-x_a)(y_b-y_a) \quad (7.18)$$

当式(7.17)、式(7.18)满足式(7.19)时，则两条管线的投影线段在平面上存在交叉，因此，管线在垂直方向上存在交叉。交叉点 P 的平面坐标如式(7.20)[137]所示。

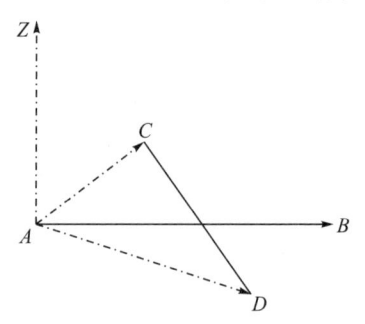

图 7.8 管线在平面上的投影

$$\begin{cases} (x_b-x_a)(y_c-y_a)-(x_c-x_a)(y_b-y_a) \geqslant 0 \\ (x_b-x_a)(y_d-y_a)-(x_d-x_a)(y_b-y_a) \leqslant 0 \end{cases} \quad (7.19)$$

$$\begin{cases} k_1 = \dfrac{y_a-y_b}{x_a-x_b} \\ k_2 = \dfrac{y_c-y_d}{x_c-x_d} \\ x = \dfrac{k_1 x_a - k_2 x_c + y_c - y_a}{k_1 - k_2} \\ y = y_a + (x-x_a)k_1 \end{cases} \quad (7.20)$$

如图 7.9 所示，已知各管线的起点和终点埋深，线性内插得到管线交叉点 P 处的埋深，如式(7.21)：

$$h_p = \frac{x_p - x_a}{x_b - x_a}(h_b - h_a) + h_a \quad (7.21)$$

图 7.9 点的内插

依次计算垂直方向上各交叉点的埋深,将埋深值从小到大依次排序,检测是否按照自地面向下电力管线、通信管线、热力管线、燃气管线、给水管线、雨水管线、污水管线的顺序排列,当缺少某一类或多类管线时,可跳过该类管线,其他管线顺序不变;当某一类或多类管线存在多条管线时,则同类管线应相邻;当某一类或多类管线顺序不符时,记录其位置,表明该管线存在垂直顺序隐患。

7.4 埋深分析

地下管线安全性与管线埋设深度的关系密不可分,随着管线覆盖土层厚度的增加,管线事故发生率明显降低。但是,如果管线埋深过深,敷设成本将大幅增加。实际敷设中由于成本、操作等问题,部分管线覆土深度没有达到安全要求。因此,排查地下管线覆土隐患意义重大。

管线埋设深度是指地下管线管顶(或管底)至地表面的垂直距离,严寒地区的给水、排水、燃气等工程管线埋设深度应根据土壤冻土深度确定,敷设在冻土层以下。热力、通信、电力电缆等工程管线以及严寒或者寒冷地区以外的其他管线埋设深度应根据土壤性质和地面承受荷载的大小所确定,同类管线地面荷载越大,埋设深度越深[138]。

管线长度较长时需将管线分段进行埋深分析,一般依据管线普查的探测标志点将管线分段。探测标志点一般设置在地下管线特征点或者管线附属物上,当管线间两特征点或附属物之间的距离大于 75m 时,应加设管线探测标志点[139]。一般城市 75m 的范围内地形起伏不太明显,因此,地下管线埋深分析可以假定城市地表面没有高差起伏。

如图 7.10 所示,计算管段实际最小埋设深度,就是对比管段的端点(A)和终点(B)埋深的大小,则 $\min(h_a, h_b)$ 为管线实际最小埋设深度。将其与管线规范规定的最小埋设深度(表 7.6)做比较,大于或等于规范最小埋设深度则管线埋深符合安全要求;小于规范最小埋设深度则管线具有安全隐患。

如图 7.11(a)所示,分别提取人行道、车行道的边线 b_1、b_2、b_3、b_4,在边线的一端点处作垂直于道路中心线的直线,分别得到各边线与该垂线的交点,将交点按照 x 或 y 坐标值的大小顺序对各交点进行排序,交点序号分别为 1、2、3、4,其中奇数到偶数(1—2、3—4)形成封闭区域,如图 7.11(b)所示多边形 PL_1 和 PL_2。此后,分析每个多边形区域内具有埋深隐患的管线。

表 7.6 管线在人行道和车行道下的最小埋设深度[138]

管线名称		电力管线		通信管线		热力管线		燃气管线	给水管线	雨水管线	污水管线
		直埋	管沟	直埋	管沟	直埋	管沟				
最小埋深/m	人行道下	0.5	0.4	0.7	0.4	0.5	0.2	0.6	0.6	0.6	0.6
	车行道下	0.7	0.5	0.8	0.7	0.7	0.2	0.8	0.7	0.7	0.7

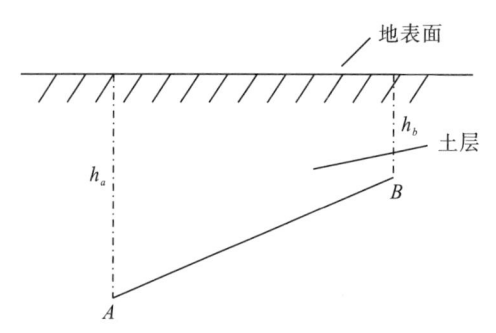

图 7.10 地下管线埋深示意图

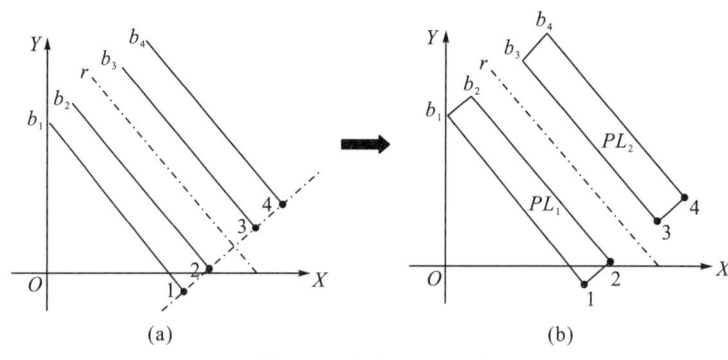

图 7.11 多边形提取图

埋深隐患计算模型如式(7.22)：
$$K = (h_{min} - h) / h_{min} \tag{7.22}$$
式中，K 为管线埋设隐患系数；h_{min} 为管线最小安全埋设深度，m；h 为管线实际埋设的最小深度，m。

当 K 值为零或负数时，埋设深度满足安全要求；K 值为正数时，管线埋设具有安全隐患，K 值越大，隐患越大。隐患等级划分为 A、B、C 三个等级，如表 7.7 所示。

表 7.7 埋深隐患等级

K 值	$K>2/3$	$2/3 \geqslant K > 1/3$	$1/3 \geqslant K > 0$
埋深隐患等级	A	B	C

7.5 综合分析

地下管线空间布局安全性受占压、净距、顺序、埋深等多个指标共同影响，进行地下管线空间布局安全性评价时既要考虑各单项指标的独立作用，也要考虑多个指标的综合作用。区域地下管线空间布局安全性不仅与区域内各类隐患的数量有关，还与区域的面积以及各类隐患的权重有关，地下管线空间布局安全性综合评价模型如式(7.23)。区域地下管线空间布局安全性与 D 值成反比，D 值越小，区域安全性越高；反之，D 值越大，安全性越低。

$$D=(\sum_{i=1}^{n}w_{i}n_{i})/L \tag{7.23}$$

式中，w_i为第i类隐患类型的权重；n_i为第i类隐患的数量，个；L为区域内所有管线的总长度，km。

向业界有关专家学者发放专家问卷调查表，将各专家学者的意见进行反馈并整理，建立判断矩阵，计算确定各指标的权重如表 7.8 所示。

表 7.8 地下管线空间布局安全性指标权重

一级指标	权重	二级指标	权重
管线占压	0.53	压线占压	0.80
		近线占压	0.20
管线净距	0.14	A 类净距	0.64
		B 类净距	0.26
		C 类净距	0.10
管线顺序	0.07	水平顺序	0.67
		垂直顺序	0.33
管线埋深	0.26	A 类埋深	0.65
		B 类埋深	0.25
		C 类埋深	0.10

7.6 应用实例

7.6.1 试验区及试验数据

W 市位于岷江中游地段，是我国西南地区重要的科技、商贸、金融中心和交通、通信枢纽，是长江上游经济带、丝绸之路经济带、成渝经济区的核心城市。近年来，随着城市化的发展，其城市格局开始逐步从"摊大饼"式、单中心向辐射式、多中心发展。如图 7.12 所示，选取红线范围内面积约 10km² 的街区作为试验区，区内包含居民区、工商业区，横跨 W 市的主城区和城乡接合部。近几年，试验区内正在着力打造全市规模最大、聚集度最高，服务全省、辐射中西部的"商贸之都"，发展迅速，以该区域作为试验区开展地下管线空间布局安全性分析具有代表性。

试验区主要包含给水、排水、燃气、通信、电力和热力等地下管线，其中给水管线 2791 段，排水管线 5528 段，燃气管线 299 段，通信管线 3043 段，电力管线 2313 段，所有管线总长为 507.42km。数据来源主要有基础地理信息数据、地下管线数据以及控制性详细规划数据等。

1. 基础地理信息数据

试验区数据为航测影像生产的 1∶2000 地形图(DLG)和分辨率为 0.5m 的遥感影像数据，数据格式分别为.MDB 和.TIF，坐标系统为 W 市平面坐标系和 1985 国家高程基准。

主要用于提取城市道路面、城市道路中心线、城市绿化带、房屋建筑物等数据。

2. 地下管线数据

地下管线数据包括试验区的地下管线普查数据（2006～2007 年）、竣工测量数据（2007～2015 年），主要有给水、排水、燃气、通信、电力以及热力等管线数据，描述了管线的类别、走向、规划要求及规划时间，数据格式为.MDB，坐标系统为 W 市平面坐标系和 1985 国家高程基准。

3. 控制性详细规划数据

试验区控制性详细规划数据为.MDB 格式，坐标系统为 W 市平面坐标系和 1985 国家高程基准。包括绿地注记、地块注记、管线、道路红线等 35 个图层，能为分析提供道路红线、管段类别及管线走向等信息以及为地下管线空间布局安全性分析提供分区依据。

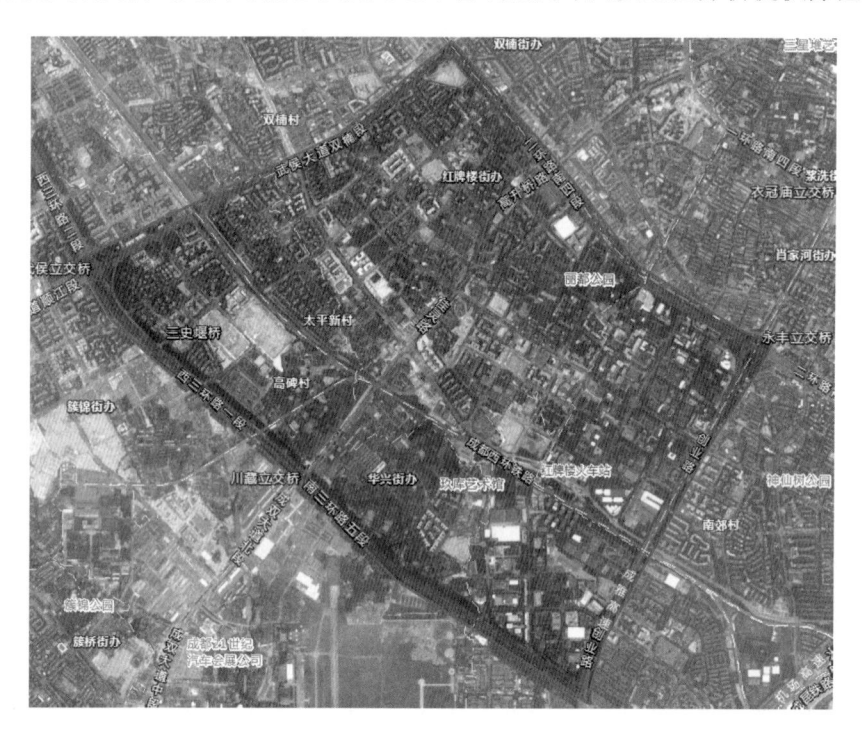

图 7.12　试验区范围

7.6.2　占压分析

试验区地下管线占压分析是利用数字线划地形图、地下管线数据，并提取地面房屋建筑物信息以及地下管线的类型、权属、几何位置等信息，运用占压分析模型实现占压隐患管线点的提取，得到试验区占压隐患管段的数量、类型、严重程度等信息，参照控制性详细规划分区情况对输出数据进行分区统计，得到占压隐患统计数据如表 7.9 所示。图 7.13 为试验区地下管线占压隐患空间分布图，由此可得：试验区管线存在占压隐患 495 处，占全部管段的 3.54%，每千米管长占压隐患数量为 0.98 处，其中压线占压 209 处，近线占压

286 处。按片区统计，B 片区地下管线占压隐患相对较好，存在隐患 11 处，占试验区总占压隐患的 2.22%。E 片区地下管线占压隐患较严重，存在隐患 146 处，占试验区总占压隐患的 29.49%。

经调查，E 片区地下管线占压隐患情况相对严重的原因为：E 片区是 W 市着力打造中西部"商贸之都"的重点建设区域，在打造初期片区内建设项目多、规模大，然而许多已有的地下管线设施并没有重新规划，造成管线存在大量占压隐患。

表 7.9 占压管线数据统计表 （单位：处）

隐患等级	A 片区	B 片区	C 片区	D 片区	E 片区	F 片区	G 片区	H 片区	总计
A	1	7	81	5	53	8	41	13	209
B	30	4	32	19	93	21	74	13	286
总计	31	11	113	24	146	29	115	26	495

图 7.13 试验区管线占压隐患分布图

7.6.3 净距分析

试验区净距分析是利用地下管线的分类编码、权属、几何位置等信息，通过净距分析模型实现净距隐患管线点的提取，分析得到试验区净距隐患管线数量、类型、严重程度等信息，分区统计数据如表 7.10 所示，图 7.14 为试验区地下管线净距隐患空间分布图。

由表 7.10 和图 7.14 可知：试验区管线存在净距隐患 2704 处，占全部管段的 19.35%，每千米管线有 5.33 处，其中 A 类净距隐患 1042 处，B 类净距隐患 595 处，C 类净距隐患 1067 处。按片区统计，F 片区相对较好，存在净距隐患 76 处，占试验区管线隐患总数的 2.81%；G 片区较严重，存在净距隐患 866 处，占试验区管线隐患总数的 32.03%。

经调查，G 片区地下管线净距隐患较多的原因为：G 片区正处于蓬勃建设期，区内的地下管线经多次敷设，施工单位各自为政，管线布局缺乏统一规划管理，导致管线间净距隐患安全问题多。

表 7.10　净距隐患管线数据统计表　　　　　　　　　（单位：处）

隐患等级	A 片区	B 片区	C 片区	D 片区	E 片区	F 片区	G 片区	H 片区	总计
A	165	53	68	120	157	46	362	71	1042
B	101	22	63	66	108	18	154	63	595
C	173	43	93	111	193	12	350	92	1067
总计	439	118	224	297	458	76	866	226	2704

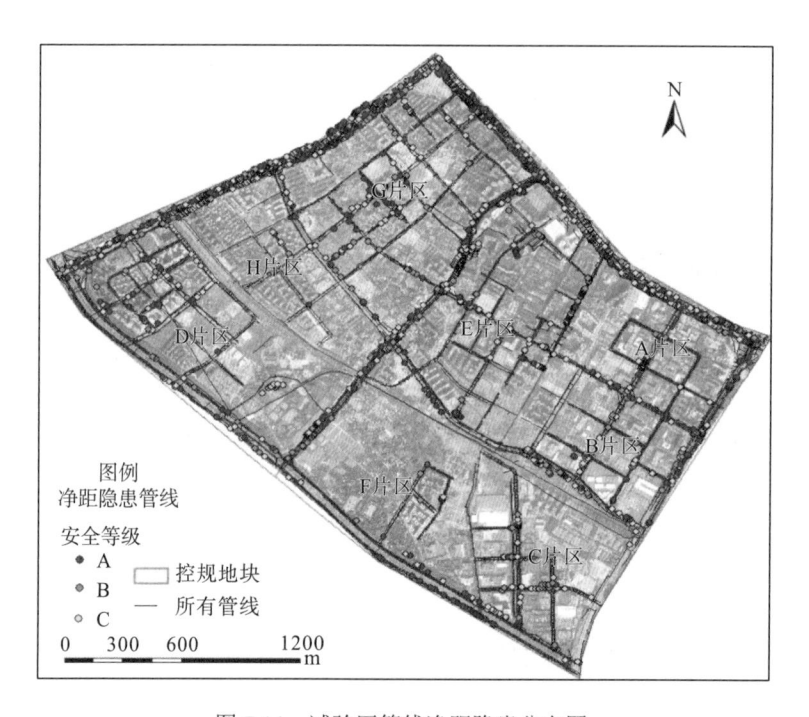

图 7.14　试验区管线净距隐患分布图

7.6.4　顺序分析

试验区顺序分析是利用基础地理信息数据提取道路中心线、城市道路面等信息，并结合地下管线的分类分级编码、权属、几何位置等信息，运用顺序分析模型实现管线水平顺序和垂直顺序隐患点的提取，分区统计数据如表 7.11 所示，图 7.15 为试验区地下管线水平顺序隐患空间分布图。

依据表 7.11 和图 7.15 可知，试验区存在水平顺序隐患的管段 669 处，占全部管段的 4.79%，每千米管道存在水平顺序隐患数量为 1.32 处，其中电力管线存在水平顺序隐患 194 处，给水管线存在水平顺序隐患 219 处，排水管线存在水平顺序隐患 249 处，通信管线存在水平顺序隐患 7 处。按片区统计，H 片区地下管线间水平顺序情况相对较好，存在水平顺序隐患 5 处，占试验区水平顺序隐患总量的 0.75%；A 片区地下管线间水平顺序隐患情况较严重，存在水平顺序隐患 220 处，占试验区水平顺序隐患总量的 32.88%。

表 7.11　水平顺序隐患管线数据统计表　　　　　　　　　　　　（单位：处）

管线类别	A 片区	B 片区	C 片区	D 片区	E 片区	F 片区	G 片区	H 片区	总计
电力	95	1	0	11	40	2	45	0	194
给水	63	6	1	34	43	13	55	4	219
排水	58	4	8	31	60	21	66	1	249
通信	4	0	0	1	0	0	2	0	7
总计	220	11	9	77	143	36	168	5	669

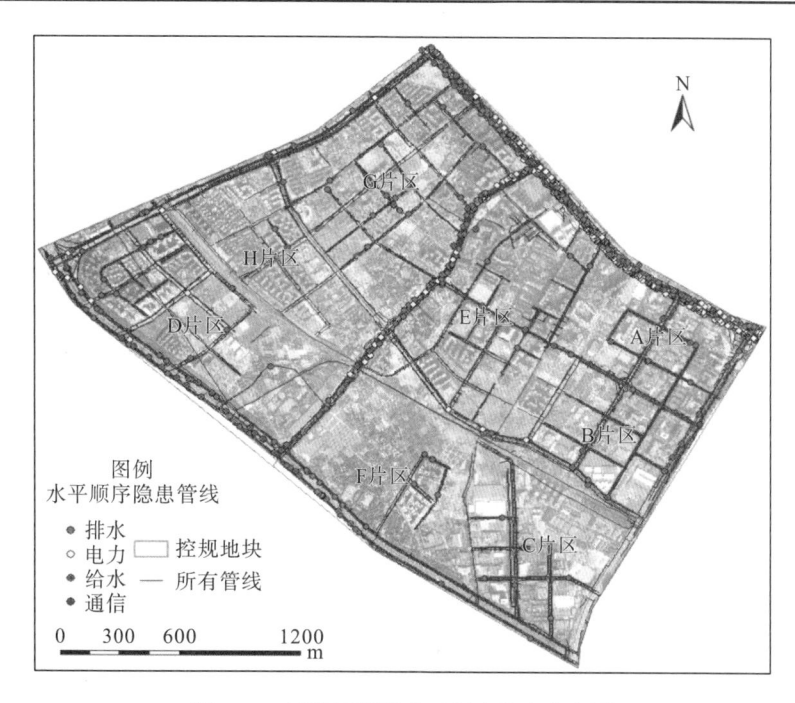

图 7.15　试验区管线水平顺序隐患分布图

由表 7.12 和图 7.16 可知，试验区管线存在垂直顺序隐患 1208 处，占全部管段的 8.64%，每千米管道存在垂直顺序隐患数量为 2.38 处，其中电力管线存在垂直顺序隐患 228 处，给水管线存在垂直顺序隐患 329 处，排水管线存在垂直顺序隐患 173 处，燃气管线存在垂直顺序隐患 116 处，通信管线存在垂直顺序隐患 362 处。按片区统计，F 片区情况相对较好，存在管线垂直顺序隐患 76 处，占试验区垂直顺序隐患总量的 6.29%；G 片区情况较严重，存在管线垂直顺序隐患 329 处，占试验区垂直顺序隐患总量的 27.24%。

表 7.12　垂直顺序隐患管线数据统计表　　　　　　　　　　　（单位：处）

管线类别	A 片区	B 片区	C 片区	D 片区	E 片区	F 片区	G 片区	H 片区	总计
电力	33	11	16	27	38	12	73	18	228
给水	49	32	33	53	30	26	70	36	329
排水	29	10	10	32	31	13	35	13	173
燃气	18	10	4	27	13	7	26	11	116
通信	72	22	20	50	40	18	125	15	362
总计	201	85	83	189	152	76	329	93	1208

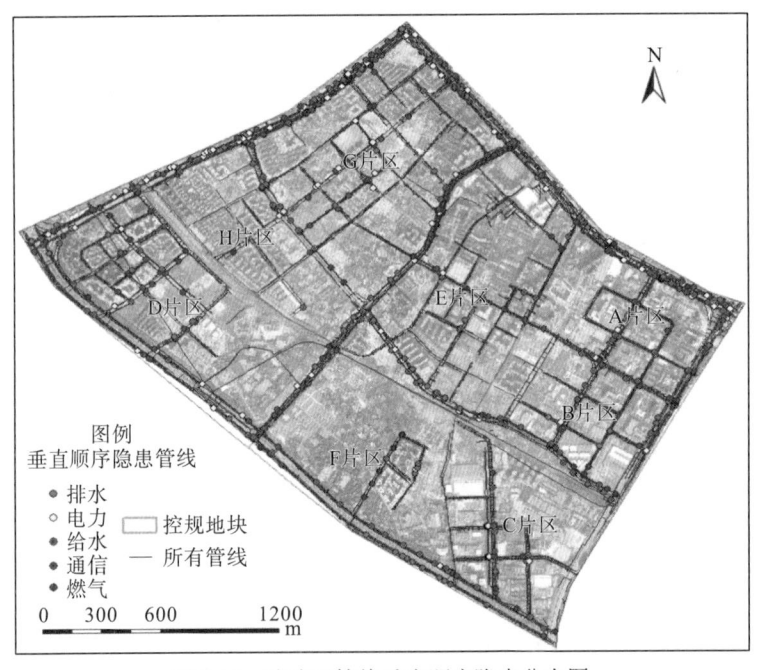

图 7.16　试验区管线垂直顺序隐患分布图

经调查，G 片区地下管线存在垂直顺序隐患数量较多的原因是：片区正处于高速发展建设时期，片区内道路、地下管线等经历多次施工，导致片区内原有的地下管线垂直敷设顺序被破坏，管线垂直顺序隐患增多。

7.6.5　埋深分析

试验区埋深分析是利用数字线划地形图和航测影像数据提取人行道、车行道等信息，并结合地下管线的分类分级编码、权属、几何位置等信息，运用埋深分析模型实现管线埋深隐患点的提取与统计分析。分析得到试验区埋深隐患管线数量、类型、严重程度等信息，经分区统计数据如表 7.13 所示，图 7.17 为试验区地下管线埋深隐患空间分布图。

依据表 7.13 和图 7.17 可知，试验区管线存在埋深隐患 2233 处，占全部管段的 15.98%，每千米管道存在埋深隐患数量为 4.40 处，其中 A 类埋深隐患 1195 处，B 类埋深隐患 879 处，C 类埋深隐患 159 处。按片区统计，H 片区地下管线存在埋深隐患 50 处，占试验区管线隐患总数的 2.24%，情况相对较好；G 片区地下管线埋深隐患情况较严重，存在埋深隐患 643 处，占试验区管线隐患总数的 28.80%。

经调查，G 片区管线埋深隐患数量较多的原因为，片区内存在地铁 3 号线和地铁 7 号线两条在建地铁，由于地铁的施工影响，片区内原有地下管线埋深情况被破坏。

表 7.13　埋深隐患管线数据统计表　　　　　　　　　　（单位：处）

隐患等级	A 片区	B 片区	C 片区	D 片区	E 片区	F 片区	G 片区	H 片区	总计
A	308	82	60	106	208	72	330	29	1195
B	186	38	23	125	149	45	297	16	879
C	48	17	10	28	22	13	16	5	159
总计	542	137	93	259	379	130	643	50	2233

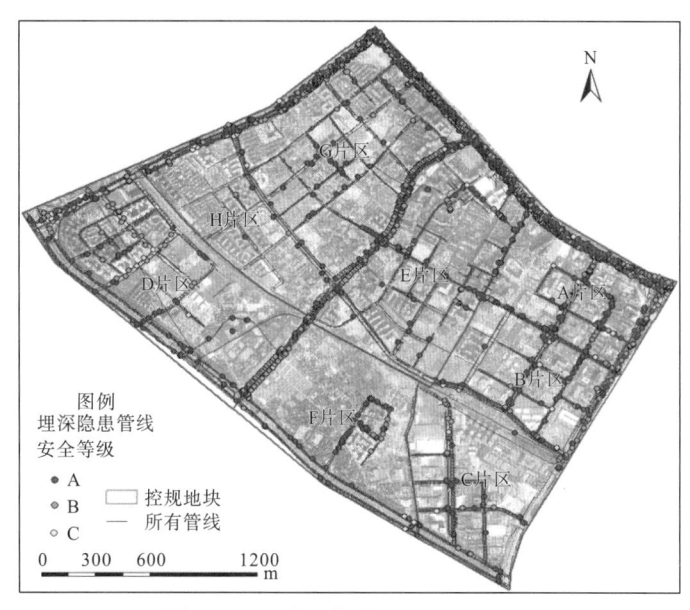

图 7.17　试验区管线埋深隐患分布图

7.6.6　试验区评价结果及分析

综合起来，试验区存在各类地下管线空间布局安全隐患共 7309 处，如表 7.14 所示。

表 7.14　试验区隐患管线综合数据统计表　　　　　　　　（单位：处）

		A 片区	B 片区	C 片区	D 片区	E 片区	F 片区	G 片区	H 片区	总计
管段数量		2103	953	1190	2148	2387	936	3515	739	13971
隐患数量	占压	31	11	113	24	146	29	115	26	495
	净距	439	118	224	297	458	76	866	226	2704
	水平顺序	220	11	9	77	143	36	168	5	669
	垂直顺序	201	85	83	189	152	76	329	93	1208
	埋深	542	137	93	259	379	130	643	50	2233
	总计	1433	362	522	846	1278	347	2121	400	7309

由表 7.14 可得：试验区有地下管线 13971 段，总长 507.42km，空间安全布局隐患总量有 7309 处，平均每千米管线有隐患 14.40 处。其中占压隐患 495 处，占地下管线空间安全布局隐患的 6.77%，平均每千米管线有 0.98 处，数量最多的为 E 片区；净距隐患 2704 处，占地下管线空间安全布局隐患的 37.00%，平均每千米管线有 5.33 处，数量最多的为 G 片区；水平顺序隐患有 669 处，占地下管线空间安全布局隐患的 9.15%，平均每千米管线有 1.32 处，数量最多的为 A 片区；垂直顺序隐患有 1208 处，占地下管线空间安全布局隐患的 16.53%，平均每千米管线有 2.38 处，数量最多的为 G 片区；埋深隐患 2233 处，占地下管线空间安全布局隐患的 30.55%，平均每千米管线有 4.40 处，数量最多的为 G 片区。

各片区地下管线空间布局安全性不仅与片区内各类管线隐患数量有关，还与片区内地下管线的密度有关，运用综合评价模型，计算得试验区各片区地下管线空间布局安全性值如图 7.18 所示，地下管线空间布局安全性分布如图 7.19 所示。

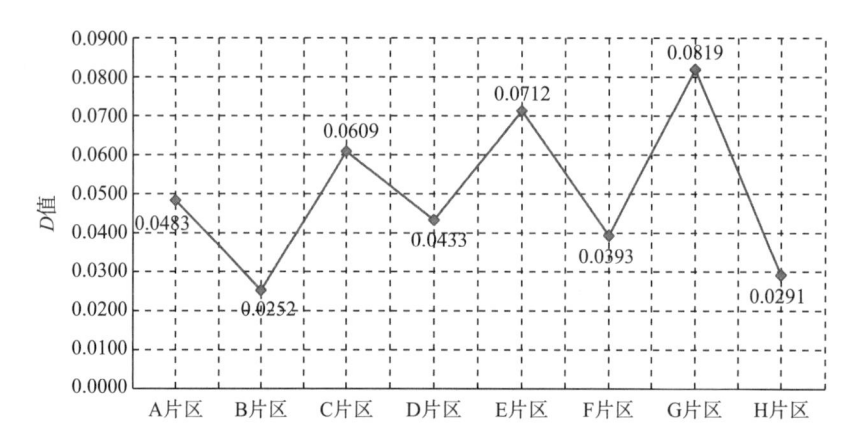

图 7.18 试验区各片区地下管线空间布局安全性值

图 7.19 试验区地下管线空间布局安全分布图

从图 7.18 和图 7.19 可知：试验区安全性值最高的为 G 片区，其次为 E 片区，最低为 B 片区。因此，试验区内各片区中 G 片区安全程度最低，其次为 E 片区，B 片区安全程度相对较高。

综上，得到占压隐患最多的片区为 E 片区，净距隐患、垂直顺序隐患、埋深隐患管线数量最多的为 G 片区，水平顺序隐患最多的为 A 片区。分析隐患原因为区域高速发展，大型建设项目众多，已有的地下管线设施并未重新规划；区域内地下管线多次敷设，缺乏统一的规划管理；管线施工单位各自为政，没有进行综合部署；管线建设资料缺失，道路及管道等的改造、新建缺乏资料依据；区域内在建地铁施工影响，破坏原有地下管线空间布局。

G 片区地下管线空间布局安全性较低，原因为该片区近年来实行道路改造，管线分属不同的权属单位，管线规划、施工、维护以及管理等都由各专业单位独自完成，道路改造施工时对已有地下管线大多没有考虑综合平衡问题。同时，片区内建设施工项目较多，项目施工时忽略了其对地下管线的影响，使得片区内原有地下管线空间布局被破坏。

第8章 管网承载力与调峰分析

8.1 地下管网承载力

城市问题始终伴随着城市化发展过程,随着城市规模的增长和功能集聚,各种城市问题随之增多。城市的发展受到诸多因素的制约,由此引发我们对城市承载力的思考。城市可持续发展与城市综合承载力相协调,不仅关系到城市自身未来的发展命运,同时也关系到周边地区能否实现可持续发展。城市承载力主要包括城市的资源、环境、生态、基础设施、安全、公共服务等承载力[140],它们是城市综合承载力的主要构成部分,起着决定性作用。城市地下管网是一种重要的城市基础设施,其承载力属于城市基础设施承载力。因此,城市地下管网承载力对城市可持续发展具有重要作用。国务院印发的《关于深入推进新型城镇化建设的若干意见》(国发〔2016〕8号)中指出,要实施城市地下管网改造工程,统筹城市地上地下设施规划建设,加强城市地下基础设施建设和改造,合理布局电力、通信、广电、给排水、热力、燃气等地下管网。通过地下管网改造,提高地下管网承载力,使之适应城市发展需要。

8.1.1 承载力基本概念

承载力一词最早源于力学概念,定义为实体在发生破坏之前可承受的限值载荷。承载力最早应用于地基和桥梁的受力分析中,后来逐渐被引入到生态学领域,定义为生态系统对生活在其中的种群的承载数量。随后该概念被广泛传播,现已演化为描述发展的限制程度的概念之一,在经济、社会和环境等领域均有所延伸。近年来,随着可持续发展理念的广泛推广,承载力被认为是可持续发展的重要组成部分。生态、资源、环境、人口及基础设施的协调发展是承载力的核心内容。

虽然承载力的形式具有多样性,但其基本内涵主要体现在以下三方面[140,141]:

一是承载力的主体均是某一区域可供利用的内部或外部资源和环境系统,客体均是以人类为核心的社会经济系统。

二是每种承载力都体现了外部环境对内部系统的约束和限制。

三是承载力的发展遵循可持续发展的原则。

城市承载力是城市环境、生态、资源和基础设施承载力的统称。市政基础设施是以政府为主导的一系列重要公共服务系统的集合,涵盖水资源供应、能源供应、防洪排水、通信、环卫等众多领域,是城市发展必不可少的物质保障。市政基础设施承载力是指某个区域和某段时期内,基础设施系统能够满足人类生活需求和社会发展的程度。

城市地下管网承载力是承载力的概念延伸到城市地下管网体系的结果,是指某段时间内，若城市地下管网功能正常、系统完善，其输送生活用水、能源、信息和排出雨水、污水的数量和质量水平满足城市生产、生活需求的特性[142]。相对于其他基础设施，城市地下管线工程投资大、技术含量高，并且在出现事故时输送的介质不能立刻停止，造成浪费的同时往往容易引发次生灾害。因此，近年来，国内城市规划专家相继呼吁加强城市地下管网承载力评估工作。研究城市地下管网承载力，其核心是城市的可持续发展，可有效提高城市综合竞争力，为城市规划、建设和发展决策提供依据，也是实现城市适应经济社会发展的必然要求，意义重大。

8.1.2 城市地下管网承载力特征

城市地下管网承载力的内涵至少包括以下三个方面：一是人们在一定生活水平和生活质量要求下的输送能力和输送质量，反映为城市地下管网本身要符合设计标准和规范，以及人们对输送物质的质量要求；二是城市地下管网可支撑城市社会经济可持续发展的规模，而这又与人们的生产和生活方式有关；三是城市地下管网维持和调节能力，是城市地下管网承载力的支撑部分，城市发展规模对城市地下管网承载力的阈值有一定限制作用。不同类型的地下管线以一定方式组合在一起，形成了网状结构，使城市地下管网系统具有了一定的维持和调节能力，在一定程度上，可以抵御外界一定的冲击和变化。然而这种抵抗外界冲击和变化的能力是有限的，如果超过一定的阈值，城市地下管网系统的结构就会遭到破坏，单纯依靠地下管网自身的维持和调节能力无法恢复，进而导致其功能的丧失，这时便需要对其进行改造。本质上，城市地下管网的承载力是由管网本身和外界需求共同决定的，是地下管网系统与城市发展进行物质输送、能量交换、信息反馈、废物排输的能力和自我调节能力的表现，体现了地下管网与城市可持续发展之间的联系，当城市经济发展超越了地下管网所能承受的限度时，将反过来影响人类的生存和发展。

城市地下管网功能不仅包括管网系统内在的基本功能，更重要的是服务于城市发展的供给功能。在评价城市地下管网承载力时，必须结合城市发展需求进行评价。城市地下管网系统的调控机制多是通过城市发展需求反馈来完成，进而对地下管网的布设进行改进，使之适应城市发展的需求。城市地下管网承载力从本质上体现了地下管网对城市经济发展和人们生活需求的支持能力，同时也反映了社会经济发展过程中城市基础设施需求的变化。概括起来，地下管网承载力具有如下特征：

(1) 客观性。一定时期、一定条件下，城市地下管网的结构和功能是客观存在的。一定功能结构的地下管网系统，具有承受人类活动、满足城市发展需求的支持能力。城市不但具有地下管网容量方面的限度，而且有社会经济方面的限度，具体表现为地下管网建设、管理技术和社会生产力的水平是有限的。在一定的历史时期，地下管网系统对城市发展总有一个客观存在的承载阈值。在该阈值内，城市地下管网承载力能自我调节。若超过了这个阈值，某些功能就会受到影响，承载力就会下降，从而制约城市发展。

(2) 主观性。城市地下管网承载力大小很大程度上取决于主观因素，从不同角度用不同方法来衡量同一城市的地下管网承载力，可能会得出不同的结论。因此，城市地下管网承载力涉及人们的生活期望和判断标准，具有主观性。

(3) 动态性。由于城市社会、经济系统都是动态的，地下管网承载力往往也随之动态变化。例如，不同时段，人们对于用水量、用电量会有不同的需求，在地下管网输送能力范围内，能动态适应人们的需求。城市地下管网承载力的动态性在很大程度上可以由人类活动加以控制。人们在掌握地下管网信息的基础上，根据自身需求，对地下管网进行改造和扩建，使之朝着人们期望的方向变化，适应城市发展的需要。

(4) 模糊性。由于城市地下管网系统的复杂性、影响因素的不确定性和人类认识的局限性，城市地下管网承载力的大小会有一定的模糊性。

8.1.3 城市地下管网承载力与城市发展的关系

随着城市人口增加、规模扩大，容易出现一些城市问题，如交通堵塞、能源供不应求、城市污染等。其中，城市地下管网承载力与人民生活和城市建设息息相关。城市不可能无限制地发展，城市极限容量到底是多少，与城市地下管网承载力有很大关系。通过城市地下管网承载力评价，客观反映城市地下管网的资源获取、输送能力和安全可靠程度，评估现有城市地下管网的开发利用强度和进一步满足经济社会发展需求、提供基础服务的潜力，同时寻求提升城市地下管网承载力的措施，科学决策，使之与城市发展相适应。

城市发展适应性与城市的可持续发展在本质上是一致的，都是针对当前面临的人口、经济和社会方面的现实问题提出来的，都强调发展与人口、资源环境之间的关系，解决的核心问题都是社会发展与资源环境的关系问题。

承载力与城市发展适应性的不同点是两者考虑问题的角度不同，是一个问题的两个方面，城市发展适应性是以一个比较高的视角看问题，强调发展的可持续性、协调性和公平性，强调发展不能脱离自然资源与环境的约束。承载力则是从基础出发，以城市发展适应为目标，根据实际情况，确定城市的资源开发、环境利用以及各种基础设施发展的速度与规模，强调城市发展的极限性。城市地下管网承载力与城市发展适应性的关系主要体现在以下几方面：

(1) 城市地下管网承载力是城市发展适应性的重要判断依据。城市发展适应性建立在可持续发展基础之上，而地下管网承载力反映的是目前人类对社会经济和城市地下管网系统的认识。在一个相对较短的时期内，人类的认识水平和技术水平是相对稳定的，因此，城市地下管网承载力在一定时期内具有稳定性，能够为城市发展适应性判断提供支撑。当城市地下管网承载力满足当前社会经济发展和人们生活需要时，说明城市发展正在朝着适应社会经济和人们需求的方向发展，反之，城市发展适应性有待提高。

(2) 城市地下管网承载力和城市发展相辅相成。一个区域的地下管网建设必定是以消耗一定的人力、财力和物力为基础的，从城市地下管网承载力的角度看，这种消耗水平必须与社会经济发展相一致。城市地下管网承载力的高低在一定程度上反映了社会经济发展水平，较高的地下管网承载力具有较为适宜的人口规模、较好的经济环境和较高的科技含量。因此，一方面，地下管网承载力的提高是以所在城市经济发展为物质基础的；另一方面，城市地下管网承载力的提高有利于促进城市经济社会的发展。

(3)城市发展适应性体现在城市内部各要素的发展及相互间的互动反馈作用。城市内部各要素的发展及相互间的互动反馈作用表现为支撑城市可持续发展的整体能力，而城市地下管网承载力是城市承载力的重要组成部分，体现在对城市发展的适应性水平。

综上，城市地下管网承载力与城市发展适应性具有一定的联系，二者相互影响，相互作用。因此，在进行城市地下管网承载力分析时，要以城市的可持续发展为原则，把城市地下管网承载力置于城市可持续发展的构架下进行讨论。城市的可持续发展是城市发展适应性的目标，也是一种理念，而城市地下管网承载力是城市是否可持续发展的条件和支撑之一。只有城市地下管网承载力能动态适应城市生产、生活的需要，城市才能可持续发展；反之城市发展是不可持续的。

8.2 城市地下管线承载力评价

通过地下管线承载力分析，客观反映地下管线系统的资源获取、输送能力和安全可靠程度，评估现有城市地下管线开发利用强度和进一步满足经济社会发展需求、提供基础服务的潜力，同时寻求提升地下管网承载力的措施，使之与当前或规划的城市社会、经济、人口发展相适应。

本节以城市燃气管线为例开展地下管线承载力分析。

8.2.1 燃气管网承载力评价体系

影响城市燃气管网承载力的因素有很多，综合燃气用户需求、管网服务水平及管网运行情况等，按照层次分析法建立了多层次指标体系，包括目标层、准则层、指标层三个层次。

1. 目标层

目标层反映了城市燃气管网承载力水平，综合体现了对社会、经济、燃气资源和管网协调发展水平的满意程度，也体现了在未来一段时间燃气供给量及燃气管网输配能力对城市发展的保障能力。

2. 准则层

准则层反映了与燃气管网承载力密切相关的影响因素，包括燃气管网及设施能力、技术经济性、安全性和运行管理等指标。

3. 指标层

指标层体现了准则层的具体内容。通过综合分析初选 19 个单项指标，如表 8.1 所示。根据城市燃气管网的特点和数据获取情况，采用专家调研法对初选指标体系进行优化，综合考虑各指标的可量化性和相关性，最终确定了城市燃气管网承载力的指标体系如表 8.2 所示。

燃气管网密度 $\rho_{燃气}$ 的计算式为

$$\rho_{燃气} = \frac{L_{总}}{S_{总}} \tag{8.1}$$

式中，$L_{总}$ 为区域内燃气管线总长度，m；$S_{总}$ 为燃气管网供气区域总面积，km²。

城市管道燃气覆盖率（$\text{Per}_{覆盖}$）体现燃气管网对城市发展的承载力大小，计算式为

$$\text{Per}_{覆盖} = \frac{N_{安装}}{N_{总}} \times 100\% \tag{8.2}$$

式中，$N_{安装}$ 为安装燃气管道的用户数；$N_{总}$ 为供气区居民总户数。

表 8.1 城市燃气管网承载力指标初选表

目标层	准则层	指标层
燃气管网承载力	管网及设施能力性指标	场站的储备能力
		管线的水力工况
		管线密度
		管道燃气覆盖率
	技术经济性指标	燃气管线利用率
		管线设计压力
		场站作用半径
		管道管材构成
		钢管防腐水平
	安全性指标	发生事故时对周围建筑物的危害程度
		管线风险等级
		管线事故率
		管线的泄漏率
		管线老旧指数
		管线第三方破坏率
	运行管理指标	管线泄漏自查率
		沿路敷设时与其他管线协调度
		运行管理水平
		信息化水平

表 8.2 城市燃气管网承载力指标体系

目标层	准则层	指标层
燃气管网承载力	燃气管线及设施能力性指标	燃气管线密度 C_1/(km/km²)
		管道燃气覆盖率 C_2/%
	技术经济性指标	燃气管线利用率 C_3/%
		管道管材构成 C_4

续表

目标层	准则层	指标层
燃气管网承载力	安全性指标	燃气管线风险等级 C_5
		燃气管线事故率 C_6/[次/(km·a)]
		燃气管线泄漏率 C_7/%
		燃气管线泄漏自查率 C_8/%
		燃气管线第三方破坏率 C_9/[次/(km·a)]
	运行管理指标	燃气管线老旧指数 C_{10}/%

如式(8.3)，燃气管线利用率($\text{Per}_{利用}$)指用户可有效利用的管线长度占管道总长的百分比，在一定程度上反映管线布置的合理性。

$$\text{Per}_{利用} = \frac{L_{有效}}{L_{总}} \times 100\% \tag{8.3}$$

式中，$L_{有效}$为可有效利用的管道长度，m；$L_{总}$为燃气管道总长度，m。

如式(8.4)为管道管材构成比(PM)。燃气管道施工中的管材有很多，管材选择是否得当直接影响工程投资、建设质量、维护需求等。燃气管线中最重要的因素即为承压能力、抗腐蚀性及投资大小，管材选择是否恰当对燃气管网承载力影响较大。

$$\text{PM} = L_{ij} / L_i \times 100\% \tag{8.4}$$

式中，i为管道设计压力(包括次高压、中压、低压)；j为管材类型(包括铸铁、钢管、PE管)；L_{ij}为第i类压力管道中第j类管材管道长度，m；L_i为第i类压力管道总长度，m。

燃气管线风险等级。管线的风险对管网的承载力影响也较大，它是一个定性指标。据调研分析，一般燃气管线的风险等级可分为低、较低、中等、较高、高五个等级。

如式(8.5)，燃气管线事故率($\text{Per}_{事故}$)为平均每千千米管线事故数，反映整个燃气管网系统因为城市改建、运营等引起的安全事故情况，反映了管网系统的运行管理能力。

$$\text{Per}_{事故} = \frac{N_{事故}}{L_{总}} \times 1000 \times 100\% \tag{8.5}$$

式中，$N_{事故}$表示某年某城市发生燃气管线事故的总次数，次；$L_{总}$为城市燃气管道的总长度，km。

如式(8.6)，燃气管线的泄漏率$\text{Per}_{泄}$指城市管道供气系统泄漏气量占供气总量的百分比，泄漏率越低，燃气管网的承载能力越强。

$$\text{Per}_{泄} = \frac{V_{泄}}{V_{供}} \times 100\% \tag{8.6}$$

式中，$V_{泄}$为燃气泄漏总量，m^3；$V_{供}$为燃气供气总量，m^3。

燃气泄漏危害严重，企业(机构)如果能够避免、及时发现并有效处置燃气泄漏，防止事故发生尤为重要。燃气管线的泄漏自查率($\text{Per}_{自}$)越高越好，如式(8.7)：

$$\text{Per}_{自} = \frac{V_{自}}{V_{泄}} \times 100\% \tag{8.7}$$

式中，$V_{自}$为某年自查泄漏总次数，次；$V_{泄}$为该年燃气泄漏的总次数，次。

如式(8.8)，燃气管线第三方施工破坏率($\text{Per}_{三}$)指每年因第三方破坏引起的燃气管道事故的比例。

$$\text{Per}_{三} = \frac{N_{三}}{\left(L_{总}/1000\right)} \times 100\% \tag{8.8}$$

式中，$N_{三}$为某年燃气管线被第三方破坏的总次数，次。

如式(8.9)，燃气管线系统老旧指数 C 是衡量燃气管线系统使用年限的重要指标。

$$C = \sum c_i \times L_i / \sum L_i \tag{8.9}$$

式中，c_i 为使用年限/设计年限，是管段 i 的老旧指数。

钢管设计寿命一般按 25~30 年算，PE 管为 50 年。老旧指数值大于 1，表明管线已经超过使用年限；该值小于 1 且接近 1 说明管线已接近使用年限；该值接近于 0，说明管线较新。

8.2.2　燃气管网承载力分析

1. 承载力指标权重的确定

城市燃气管网承载力的影响因素有很多，在建立评价指标体系时，需要从多角度、多层面综合考虑，确定各层次、各个指标的权重系数，使之能够准确地反映燃气用户需求、服务水平以及管线运行状况等。

指标权重的确定主要有主观赋权法、客观赋权法和组合赋权法三种。主观赋权法是由评价人员根据主观上对各指标的重视程度来决定权重系数的一类方法，常见的有专家调查法、循环打分法、二项系数法和层次分析法(AHP)等。客观赋权法是指利用指标值所反映的客观信息确定权系数的一种方法，其原始数据由各指标在被评价对象中的实际数据形成，常见的有熵权法、均方差法、主成分分析法、离差最大化法、代表计数法等。组合赋权法是利用比较完善的数学理论与方法，将主观和客观赋权法综合起来的方法。根据试点区域特征，采用专家调研法确定表 8.2 中指标的权重值如表 8.3 所示。

表 8.3　指标权重综合表

指标层	C_1	C_2	C_3	C_4	C_5	C_6	C_7	C_8	C_9	C_{10}
权重	0.15	0.07	0.07	0.01	0.22	0.22	0.09	0.07	0.06	0.04

2. 承载力指标数据及标准化

试点区燃气管线承载力指标数据来源于该市某燃气公司提供的监测区域 2013、2014 年的供气统计资料及相关的统计年鉴，如表 8.4 所示。

表 8.4　试点区燃气管线承载力指标数据

评价指标	统计数据	
	2013 年	2014 年
燃气管线密度 C_1/(km/km^2)	11.84	12.22
管道燃气覆盖率 C_2/%	96.95	97.29
燃气管线利用率 C_3/%	96.43	97.00
管道管材构成 C_4	基本合理	基本合理
燃气管线风险等级 C_5	较高	较高
燃气管线事故率 C_6/[次/(km·a)]	1.77	1.53
燃气管线泄漏率 C_7/%	1.89	2.00
燃气管线泄漏自查率 C_8/%	87.14	88.51
燃气管线第三方破坏率 C_9/[次/(km·a)]	1.22	1.12
燃气管线老旧指数 C_{10}/%	10.33	8.27

由于各指标数据在数据单位、数据范围等方面的差异，难以进行同一比较和分析，需进行标准化处理，指标的标准化处理包括一致化和无量纲化处理。

指标一致化处理是将不同类型的指标转化为同一类型的指标。指标分为极大型、极小型、居中型和区间型等类型。指标取值越大，承载力越好，称为极大型指标；取值越小，承载力越好，称为极小型指标；指标取值越接近于某个居中固定值，承载力越好，称为居中型指标；指标取值越接近某个区间，承载力越好，称为区间型指标。

在对各备选方案进行综合评价之前，必须将评价指标的类型作一致化处理，否则在评价过程中将无法用统一的评价标准来判断各指标值的优劣。各类指标一致化处理如式(8.10)~式(8.12)。

(1) 极小型指标 x，令

$$x^* = M - x \text{ 或 } x^* = \frac{1}{x}(x>0) \tag{8.10}$$

式中，M 为指标 x 的最大允许上界值。

(2) 居中型指标 x，令

$$x^* = \begin{cases} 2(x-m), & m \leqslant x \leqslant \dfrac{M+m}{2} \\ 2(M-x), & \dfrac{M+m}{2} \leqslant x \leqslant M \end{cases} \tag{8.11}$$

式中，m 为指标 x 的一个允许下界值；M 为指标 x 的一个允许上界值。

(3) 区间型指标 x，令

$$x^* = \begin{cases} 1.0 - \dfrac{q_1 - x}{\max\{q_1 - m, M - q_1\}}, & x < q_1 \\ 1.0, & x \in [q_1, q_2] \\ 1.0 - \dfrac{q_2 - x}{\max\{q_2 - m, M - q_2\}}, & x > q_2 \end{cases} \tag{8.12}$$

式中，$[q_1,q_2]$ 为指标 x 的最佳稳定区间。

指标的无量纲化是通过数学变换来消除原始指标量纲影响的方法。不同指标由于量纲、数量级（即计量指标 x_j 的数量级）的不同而存在不可共度性，给综合评价带来了困难。一方面，具有不同量纲的属性值无法做各种集结的运算；另一方面，即使量纲相同，如果各指标的取值区间差异很大，也会使某个指标所起作用过大或过小，造成综合评价结果不合理。因此，为了尽可能地反映实际情况，排除由于各项指标的量纲不同及数量级悬殊所带来的影响，避免不合理现象的发生，需要对评价指标作无量纲化处理。

对于极大型指标 $x_j(j=1,2,\cdots,m)$，其观测值为 $\{x_{ij}\,|\,i=1,2,\cdots,n;\ j=1,2,\cdots,m\}$，常用的有标准化、极值、均值三种无量纲化方法。

(4) 标准化处理法为

$$x_{ij}^* = \frac{x_{ij} - \overline{x}_j}{s_j} \tag{8.13}$$

式中，$\overline{x}_j$ 为第 j 项指标观测值的样本平均值；$s_j(j=1,2,\cdots,m)$ 为第 j 项指标观测值的样本均方差；x_{ij}^* 称为标准观测值。

(5) 极值处理法为

$$x_{ij}^* = \frac{x_{ij} - \min_i\{x_{ij}\}}{\max_i\{x_{ij}\} - \min_i\{x_{ij}\}} \tag{8.14}$$

极值处理法的特点在于 $x_{ij}^* \in [0,1]$，不适合指标值为常数的情况。

(6) 均值处理法为

$$x_{ij}^* = \frac{x_{ij}}{\frac{1}{m}\sum_{j=1}^{m} x_{ij}} \tag{8.15}$$

此外，还有线性比例法、归一化法、向量规范法、功效系数法或内插法等，目的是使各指标数据取值范围（或数量级）相同。

对被评价对象的综合评价或排序结果将取决于所选用的评价模型、评价指标的权重系数、指标类型的一致化方法和指标无量纲化方法。因此，无量纲化方法的选择直接影响着评价结果的准确性，选择无量纲化方法的原则为：在评价模型、评价指标的权重系数、指标类型的一致化方法都已确定的情况下，应尽量选择能体现被评价对象之间差异的无量纲化方法。

运用上述方法对数据进行标准化处理，结果如表 8.5 所示。

表 8.5 试点区燃气管线承载力指标数据标准化值

评价指标	标准化值	
	2013 年	2014 年
管线密度 C_1	0.77	0.80
管道燃气覆盖率 C_2	0.97	0.97
管线利用率 C_3	0.96	0.97

续表

评价指标	标准化值	
	2013 年	2014 年
管道管材构成 C_4	0.70	0.70
管线风险等级 C_5	0.70	0.70
管线事故率 C_6	0.77	0.81
管线泄漏率 C_7	0.90	0.89
管线泄漏自查率 C_8	0.96	0.98
管线第三方破坏率 C_9	0.80	0.82
管线老旧指数 C_{10}	0.83	0.86

3. 燃气管线承载力评价结果

试点区燃气管线承载力分析采用综合指数评价法,评价指标及权重见表 8.3 和表 8.4。据此,2013 年、2014 年燃气管网承载力计算分别如下:

$$F_{2013} = 0.15 f_{2013C_1} + 0.07 f_{2013C_2} + 0.07 f_{2013C_3} + 0.01 f_{2013C_4} + 0.22 f_{2013C_5} + 0.22 f_{2013C_6} \\ + 0.09 f_{2013C_7} + 0.07 f_{2013C_8} + 0.06 f_{2013C_9} + 0.04 f_{2013C_{10}}$$

$$F_{2014} = 0.15 f_{2014C_1} + 0.07 f_{2014C_2} + 0.07 f_{2014C_3} + 0.01 f_{2014C_4} + 0.22 f_{2014C_5} + 0.22 f_{2014C_6} \\ + 0.09 f_{2014C_7} + 0.07 f_{2014C_8} + 0.06 f_{2014C_9} + 0.04 f_{2014C_{10}}$$

得到 $F_{2013}=0.81$,$F_{2014}=0.82$。

依据以上分析结果,2013 年城市燃气管网承载力值为 0.81,2014 年为 0.82,均处于良好水平,2013~2014 年城市地下燃气管网的承载力水平较稳定,略有发展。对比分析,2014 年试验区燃气管线密度、管线事故率、管线泄漏自查率、管线第三方破坏率、管线老旧指数等指标较 2013 年有所提高,而管道燃气覆盖率、管线利用率、管道管材构成、管线风险等级、管线泄漏率等指标值基本保持稳定。

从分析结果来看,试点区的燃气管网承载力是与区域的发展相适应的,良好的燃气管网承载能力为城市的可持续发展提供了重要的物质基础和安全保障。总的来说,试点区域燃气管网承载力处于相对较好的水平,可以从一定角度反映试验区作为长江上游经济带、丝绸之路经济带、成渝经济区的核心城市,其燃气管线建设、运营、维护水平较高。

8.3 地下管网调峰概念

8.3.1 地下管线调峰基本概念

城市地下管线是城市的生命线,为城市生产、生活提供水、电、气等资源,并排出污水保持城市环境。通常,管线的输送能力是有限的,而且输送能力越大,建设、维护成本越高。因此,在地下管线的规划、设计、建设中往往根据城市或者一定区域社会经济的现状和未来一定时期的发展,确定合理的管线输送能力。因此,在一定时期内,城市地下管线的输送能力是一定的、不变的。但是，由于各种因素的影响，地下管线的负荷通常是变化的，因此，地下管线就产生了调峰的需求。

1. 电网调峰

电力系统是由发电厂、送变电线路、供配电所(站)和用电等环节组成的电能生产与消费系统。其功能是将自然界的一次能源通过发电动力装置转化成电能，再经输电、变电和配电将电能供应到各用户。为实现这一功能，电力系统在各个环节和不同层次还具有相应的信息与控制系统，对电能的生产过程进行测量、调节、控制、保护、通信和调度，以保证用户获得安全、优质的电能。

电能不能大量储存，电能的生产和使用是同步的，所以需要多少电量，发电部门就必须同步发出多少电量。电力系统中的用电负荷经常处于变化之中，为了维持用电和发电功率平衡，保持电力系统频率稳定，需要发电部门相应地改变发电机的输出功率以适应用电负荷的变化，这就叫做电力调峰。在用电高峰时，电网往往超负荷，此时需要投入正常运行以外的发电机组以满足用电需求，这些用于调节用电高峰的机组称为调峰机组。区别于一般机组，调峰机组的要求是启动和停止方便快捷，以便并网时易于同步调整。常用的调峰机组有燃气轮机组、抽水蓄能机组等[143]。

2. 供热调峰

供热系统主要包括供暖、通风、热水供应和工艺用热系统等，根据供热方式的不同，分为供水供热和蒸汽供热两大类系统[144]。供热系统的热负荷并不恒定，如热水供应和工艺用热会随着使用条件等因素而不断变化。为保证供热质量以及热能制备、输送、应用的经济合理，需要对系统进行供热调节。供热调节分为质调节和间隙性调节。

供水供热系统的质调节是在网路循环流量不变的条件下，随着室外空气温度的变化，改变系统中供回水温度的调节方式。分阶段改变流量的质调节方式是在供暖期间按照室外温度高低划分若干时段，在室外温度较低时，保持最大流量；室外温度高时，保持较小流量。在同一时段内，网路的循环水量始终保持不变，而是通过改变网路供水温度的方式进行供热调节。分阶段改变流量的质调节系统一般配备不同规格的循环水泵，如在大型系统中配备100%、80%、60%三组不同流量规格的水泵，中小型系统则配备100%、70%～80%两组不同流量规格的水泵。间歇性调节是指在室外温度升高时，不改变网路的循环水量和供水温度，只减少每天的供暖小时数，这种方式适合在室外温度较高的供暖初期和末期，作为一种辅助调节措施。

蒸汽供热系统的运行分为连续运行和定期运行两种模式。其中，连续运行系统一般采用质调节，而定期运行系统一般采用间歇性调节。蒸汽供热系统的质调节也称压力调节，是通过改变蒸汽锅炉的蒸汽压力，从而改变系统蒸汽热量，实现对系统调节的方法。由于高压蒸汽采暖系统中离热源近的一些散热器内的蒸汽很难保证其会全部凝结，因此不采用质调节，一般采用间歇性调节。蒸汽供热系统的间歇性调节与热水供热系统的间歇性调节一样，也是只减少每天的供暖时长。但是，由于蒸汽的热惰性小，间歇性调节会引起室内温度剧烈波动，使室内工作和生活的人们感到不舒服。解决这个问题的方式是把送汽、停汽间隔与房间温度及室外温度联系起来,温度越低,送汽时间越长,反之送汽时间越短[144]。

3. 供水调峰

城市供水系统是保障城市、工业企业等用水的各项构筑物和输配水管网组成的系统。城市供水管网的供水量通常是按照最高日用水量设计的。要满足水量水压的要求,常设置水泵进行增压,在消防给水系统中,为保障消防所需压力,也需要设置水泵增压。供水管网一般采用离心泵增压,在离心水泵作用下,水流过水泵叶轮一次,即受一次增压,这种泵称为单级离心泵。为了获得较大的供水压力,在高层建筑中常使用多级离心泵,水依次流过多个叶轮,形成多次增压,这种泵称为多级离心泵。

无论是城市生产还是生活用水,其每小时用水量都是变化的。供水系统既要保证最高日用水量,又要满足各小时用水变化的需要,要满足最高日、最高时用水需求,如果仅仅依靠调节二级泵站的流量来适应这种变化,不仅运行管理困难,而且也不经济。因此,需要设置调峰设施解决供水和用水量变化中的不平衡问题,改善水泵运行条件。常见的调峰设施有水塔、高地水池、加压泵站和调节水厂等。以二级泵站+水塔调峰为例,选择几台组合运行的水泵,每种组合在一定时间内供水量为一个固定值,这种方式称为分级供水。二级泵站分级供水时,每小时的供水量与用水量不相等,当水泵输水量大于用水量时,多余的水进入水塔储存;当用水量超过输水量时,不足部分由水塔流出补充。这样水塔就起到调节水量和稳定水压的作用。

小城镇、居民点或企业内部,一般采用水塔调峰。但因为水塔造价高,容积过大且不经济,大中城市中一般不设置水塔,往往采用调节水池和加压泵站;或设置调节水厂,采用多水源集中调度、分级供水等办法解决供水与用水之间的不平衡问题。而位于山区、丘陵地区的城市或工业区,如果地形条件允许,且高地水池距用水区较近时,可设置高地水池或对置高地水池用于供水调节。若地形条件适合,有小型水厂建于山上,则清水池可兼作高地水池蓄水与供水调节。此外,水厂清水池也是一种水量调节设施,它位于一级水泵与二级水泵之间[145]。

4. 排水调峰

将城市污水、降雨有组织地排除与处理的工程设施称为排水系统。城市排水可分为生活污水、工业废水和降水径流三类。这三种水,均需及时妥善地处置,如处理不当,将会污染水体,影响环境卫生、工农业生产和人民生活,并对人们身体健康带来严重危害。除初期雨水外,降雨水质是比较清洁的,直接排入水体,不致于影响环境卫生,也不致于降低水体经济价值。因此,规划城市排水管线时,一般采用雨污分流体制,雨水直接排入自然水体;而污水一般集中到污水处理厂进行净化处理,达到排放标准后再排入自然水体。城市建设早期建成的排水系统往往采用雨污合(混)流模式,这种模式加大了污水处理量,降低了污水处理效率,增加了处理成本,需要进行排查、改造。城市污水管道规划设计时需要确定居住区的最高日污水流量和最高时污水流量,常由平均日污水量与总变化系数求得[145]。工业企业的生活污水主要来自生产区的食堂、浴室、厕所等,其污水量与工业企业的性质、脏污程度、卫业要求等因素有关。工业企业职工的生活污水量标准应根据车间性质确定，一般采用25～35L／人·班，时变系数为2.5～3.0。工业企业废水量通常按工厂或车间的日产量和单位产品的废水量计算。在城市污水管道规划设计中，污水量通常是将居民生活污水、企业职工生活污水、工业企业废水量进行累加计算。

降落在地面上的雨水，只有一部分沿地面流入雨水管渠和水体，这部分雨水称为地面径流，排水工程中常称为径流量。雨水径流的总量并不大，即使在我国长江以南的一些大城市，在同一面积上，全年的雨水总量也不过和全年日常生活污水量相近，而径流量还不到雨水量的一半。但是，全年雨水的绝大部分常在极短时间内降下，这种短时间内的强降雨，往往形成数十倍、上百倍于生活污水量的径流量，若不及时排除，危害巨大。为防止暴雨径流危害，保证城市居住区与工业企业不被洪水淹没，保障生产、生活和人民生命财产安全，需要修建雨水排除系统，以便有组织地及时将暴雨径流排入水体。雨水管渠的任务是及时排除地面雨水，最理想的情况是能排除当地的最大暴雨径流量。但是，这是不现实的，因为这样设计的管渠断面尺寸会很大，工程造价高，而且平时又不能发挥作用。所以管渠应按若干年内出现一次的降雨量进行设计，这个若干年出现一次的期限称为重现期，是指相等或者更大降雨强度发生的时间间隔的平均值，一般以年为单位。对于超过重现期雨量的暴雨，利用城市中的洼地和池塘，或者有计划地开挖一些池塘，以便贮存因雨量过大而雨水管渠一时排除不了的径流量，避免地面积水。这正是海绵城市遵循的"渗、滞、蓄、净、用、排"六字方针，发挥洼地和池塘的滞留、集蓄功能，减少城市内涝[13]。这样，雨水管渠可以不按过高重现期设计，以减小管渠断面，节约投资。这类水体称为雨水调节池，可供游览、娱乐，缺水地区还可以用于市郊农田灌溉[144]。在地下隧道等处的雨水管道也配备离心水泵，在雨量大时加大排水能力。

可见，在城市地下管线中，电力、供热、给排水等系统均存在调峰问题，但是不同的管线在输送介质、负荷波动因素与波动特征及调峰方式上均存在差异。本书以城市燃气管网为例，介绍地下管线调峰的影响因素、时空特征及调峰措施。

8.3.2 城镇燃气用户及特点

城镇燃气系统主要有居民用户、商业用户、工业用户、燃气汽车用户、采暖空调用户等[146]。

城镇居民用户主要使用燃气进行炊事活动、生活用水的加热等[147]。居民用户的用气特点为：单个用户用气量不大，用气的随机性较强；用气受季节、气温、生活作息习惯等多种因素影响，但人均年用气量在连续的年份中相对稳定[148]。

商业用户主要包括与居民社区相配套的公共服务设施(如医院、学校、酒店、饭店等)、机关单位、科研机构等，主要用途为食品加工及用水加热、研究用气等。商业用户的用气特点为：单个用户用气量不大，用气时间、用气范围和用气量有一定规律[149]。

工业用户主要是将燃气作为燃料和原料使用。燃料主要是用于生产工艺的热加工，原料主要是用于生产化工原料[150]。工业用户的用气特点为：用气较有规律，用气量大且较为均衡。一般来说，工矿企业都具有规律的作业时间，因此，用气时间和用气量也与企业生产作息时间有关[151]。

随着人民物质生活水平的提高和环保力度的加大，土暖等非环保取暖方式逐渐被淘汰，燃气取暖发展迅速[152]。燃气采暖用户用气的特点是：地域差异很大，北方用气量大，南方用气量相对较小。空调和采暖用气随季节变化，在我国北方地区的冬季，燃气采暖总用气量非常大，日用气量较为稳定，但随着气温的变化有一定波动。燃气空调用户用气特点为：在夏季使用燃气空调，有利于平衡峰谷差；具有缓解夏季用电高峰、减少环境污染、提高燃气管线利用率等优点[153]。

由于燃气的经济性与环保性，燃气汽车逐步发展起来。燃气汽车主要以公交车、出租车为主，主要燃料有液化石油气、压缩天然气和液化天然气等[154]。燃气汽车用气特点为：用气量主要受燃气汽车数量、运营里程等影响，而季节等外界因素的影响较小[155]。

燃气发电是使用低污染的燃气燃烧发电，是今后清洁能源应用的一大方向[156]。随着综合能源、综合电网的发展，以及生态文明建设和环境保护的需要，燃气发电可能成为煤炭发电的重要替代。由于冬季水力发电减少，燃气发电需求会有所增加；而到了夏季丰水期，水力发电会增加，燃气发电相对减少。一年四季，燃气发电的用气量会有季节性变化，且变化幅度大。在天然气消耗总量中燃气发电用气占比较大，主要原因是燃气电厂单位时间耗气量大，燃气消耗量与电厂规模、运行时间等因素有关[157]。

燃气应用具有不平衡性，从发生原因来看，可以分为偶然性不平衡和规律性不平衡。其中偶然性的不平衡因素主要有灾害、天气突然变化、系统故障等。规律性不平衡如一年四季的季节性变化、一日三餐的时段性变化等。从时空来看，可以分为时间不平衡和空间不平衡两种特征。

8.3.3 燃气需求时间不平衡性

燃气种类有很多，主要有天然气、液化石油气、人工燃气和沼气等。城镇燃气输配系统中，各类用户的燃气需用量随季、月、日和时的变化而变化，而城镇燃气供气相对较为稳定，难以完全按照用气工况的变化而调整。为了解决这种不平衡性，使城镇各类用户能够得到稳定的燃气供应，必须采取合适的方法，解决城镇的用气调峰问题，使燃气输配系统供需平衡。

用气工况是一种时间过程，即用气量随时间而变化。各类终端用户用气的工况都是不同的，表示用气工况的指标按时间单位不同分为月不均匀系数、日不均匀系数和小时不均匀系数[158]。

1. 月不均匀系数

月不均匀系数的定义是某月的日平均用气量与该年的日平均用气量的比值，月不均匀系数表示月用气工况，用 K_m 表示，如式(8.16)：

$$K_m = \overline{V_i} / \overline{V_j} \tag{8.16}$$

式中，$\overline{V_i}$ 为某月的日均用气量，m^3；$\overline{V_j}$ 为所在年份的日均用气量，m^3。

一年中最大的月不均匀系数称为月高峰系数，用 $K_{m\max}$ 表示，月高峰系数所在的月份称为高峰月。

影响月用气工况的主要因素是气候条件。气温较低的月份，用气量较大；反之，用气量较小，这对大多数用户类型都适用。特别是有采暖用气时，这种差别更大。从月不均匀性看，一般城市冬季平均用气量是夏季的2~3倍，北方冬季供暖城市甚至可以达到7~8倍或更高[159]。空调用气的月用气量与气温关系在数值上是正相关关系，与其他用气类型相反。

各种不同类型的燃气用户，月用气量具有明显的年周期性，这主要由于气候变化的年周期性所致，也与社会生活的年周期性有关。对于尚处于发展阶段的城镇，其燃气系统的月用气量的变化会强烈地受到用户数量增长的影响。因此，月用气量的周期性是相对于城镇发展已趋于成熟、其经济和社会状况呈现较稳定状态的城市而言的。

2. 日不均匀系数

日不均匀系数的定义是某月(某周)某日的用气量与该月(该周)平均日用气量的比值，日不均匀系数表示日用气工况，用K_d表示，如式(8.17)：

$$K_d = V_i / \overline{V} \tag{8.17}$$

式中，V_i为某月(或某周)的某日的用气量，m^3；$\overline{V}$为该月(或周)的平均日用气量，m^3。

月(或周)最大日不均匀系数称为日高峰系数，用$K_{d\max}$表示，日高峰系数所在日称为高峰日。

在一个较短的时间段内，例如一周内考察日用气量的变化，会看到影响日用气量的原因主要是由社会生产和生活节奏所引起。如广大上班族每周工作五天，周六、周日休息。一些单位生产是非连续性的，每周生产日为五天，商业服务业也相应呈现出一周内活动强度的起伏。但大型工业用户则几乎不会在一周内表现出生产活动的周期性。由此可以推论，由于对总用气量有加权作用，因而一个城镇的燃气用户结构也是影响日用气量的一种因素，所以一般存在日用气量的周期性。随着我国城镇社会和经济的发展，这种周期性在形态上发生了一些变化。在相当长的时间内，周日一直是用气高峰日，但是近年来这一情况有了改变，削平了周日的用气高峰，但也有可能又形成新的周六、周日用气的特点。

3. 小时不均匀系数

小时不均匀系数的定义是计算日某小时用气量与该日平均小时用气量的比值，小时不均匀系数表示小时用气工况，用K_h表示，如式(8.18)：

$$K_h = V_{hi} / \overline{V_h} \tag{8.18}$$

式中，V_{hi}为某日的某小时用气量，m^3；$\overline{V_h}$为该日的平均小时用气量，m^3。

日最大的小时不均匀系数称为小时高峰系数，用$K_{h\max}$表示，小时高峰系数所在小时称为高峰小时。

不同燃气用户的小时用气工况差异很大，其中居民生活和商业用气的小时不均匀性最为显著。居民用户的燃气主要用于饮食和制备热水，因而每日会有两个或三个用气高峰期。用气量的变化与居民作息习惯、用气户数、居民生活的社会化程度、居民职业类型、商业服务业发展程度等有关。

工业用户用气的小时不均匀性与生产班制密切相关。三班制生产用户的用气量最为平稳，一班制生产用户的用气量则只在生产时段内均匀分布。

汽车用气量在一日之内也是不均匀的。汽车加气一般在晚间或清晨形成高峰，但由于加气站的储气能力有限，汽车加气量并不直接对城镇燃气管线系统的小时不均匀性产生太大影响，加气站储气的加气工况才对城镇燃气管线系统产生直接影响。

采暖和空调的用气与其运行制度有关，在冬季有可能形成对城镇小时用气量的冲击。

概括起来，对于城镇总用气量的小时不均匀性而言，居民、商业用气量与工业用气量的比例有很大关系，工业用气量比重越大，小时不均匀性越小，因为工业用气相对稳定。

8.3.4 燃气需求空间不平衡性

燃气需求除了具有时间的不平衡性外，还具有空间的不平衡性。空间不平衡性表现为不同空间层次。我国北方冬季取暖会加大燃气需求，而夏季南方炎热天气会加大空调用气量。在城市空间层次上，由于功能区的不同，城市用气具有不同量的特征；人们上班、休息、游玩等在空间上的迁移，也会反映在燃气用量上空间的变化，人在城市空间位置上的动态流动对小尺度范围内用户用气具有较大的影响。

通常依据功能的不同将城市划分为都市功能核心区和都市功能拓展区[160]。都市功能核心区主要是以主城区为基础，一般都是老城区，具有较长历史，是城市的政治、经济、文化中心。而都市功能拓展区一般是都市功能核心区的向外扩张，属于核心区功能的拓展，往往承担核心区部分产业功能的转移。核心区往往已经完全城市化，主要以现代服务经济为主，进一步的发展方向是城市优化提升、精细化管理等。拓展区则是城市新增人口的聚集区，主要以生产性服务行业为主，包括商贸物流、制造业、教育科研、会展等行业。城市的规划布局不同，各区域的功能定位也不同。定位不同，能源使用的特点就会有所差异。都市功能核心区的居民和商业用户较多，燃气需求量也将会随之增加，因为工业企业逐步搬离，工业用户用气量将会慢慢降低，甚至没有工业用气，所以都市功能核心区燃气用气日不均匀性和时不均匀性大。相反，由于承接核心区的产业转移，拓展区的工业用气量将会大幅增加，逐渐成为城市工业用气的主体，都市功能拓展区工业用气占比大，日不均匀性和时不均匀性小。对有燃气采暖用户的城市来说，一些老旧小区未敷设市政供暖管道，而这些小区主要集中在城市核心区域，燃气取暖用气量较小[161]。随着互联网的发展，网约车数量越来越多，都市功能核心区人口密度大、用车多，未来燃气汽车的用气量将会增大。

区域分级。区域尺度常用来表示地理空间的大小。但实际上，尺寸只是用来表示尺度的物理数据，而尺度则表示人在空间生活中生理与心理上所体会到的空间大小的综合感觉。在空间上，尺度一般是指开展研究所采用的空间单位（或空间单元）大小的量度。行政区划的划分通常是为了方便政府管理，考虑政治、经济、文化、人口、环境、资源等众多因素的影响，把领土范围划分为若干大小不同的区域[162]。而区域则是一个空间的概念，按照一定标准划分的连续有限的空间范围，在自然、社会经济等方面具有同质性的地域单位。区域的划分以地理和经济特征为基础，在实际应用时常以行政区划为界限。城市燃气运营企业为了实际运营管理的需求,一般都会细分燃气供气范围与实际管理区域,而这种细分方法主要是基于城市行政区划来划分,以此形成的燃气需求范围称为区域尺度。这种区域尺度不仅具有连续的空间范围,也包含了这个空间范围内影响燃气用气的各类定性、定量因素,如用户结构、气化率、人口、经济条件等。按照行政区划进行区域划分,可以分为省(自治区、直辖市)、市、市辖区、街道、小区多个层次;按照燃气供气范围,可以分为燃气企业(供气区)、枝状管网、调压箱(柜)、庭院、楼栋等不同层次供气服务区。除了选择不同层次的行政区、供气区为评价单元,也可以城市规则格网(如100m边长)划分评价区。

8.4 地下管网调峰措施及能力

城市燃气调峰分析,是在所选择的空间区域层次上,计算所有用户的调峰需求,以及相应区域燃气系统的调峰能力。通过调峰需求与调峰能力大小的比较,可以确定一个区域的调峰能力是否能够满足调峰需求,从而确定相应区域调峰能力改造需求及其紧迫性。

8.4.1 调峰需求计算

燃气需求预测的准确性直接关系到燃气调峰调度的科学性、安全保障能力、投资计划的科学性等。

燃气需求预测方法有很多,由于受到生活习惯、生产规律、燃气价格、储气策略等因素影响,与长输系统、区域分输系统的需求预测均有所不同,城市燃气的需求还受到如电能、煤炭等其他能源价格的影响。区域分输管网系统预测更多地取决于天气因素,城市燃气需求则是综合考虑温度、季节、风速等一系列天气因素,得出 CWV(复合天气变量,composite weather variable),使得燃气销售额与 CWV 呈线性变化,从而预测未来市场的燃气销售量,确定燃气需求。

燃气销售量和温度的关系如图 8.1 所示,销售量和 CWV 的关系如图 8.2 所示。

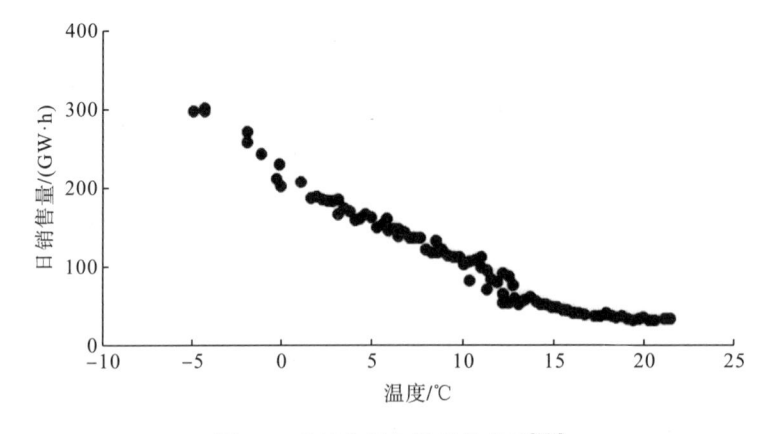

图 8.1 日销售量和温度的关系[162]

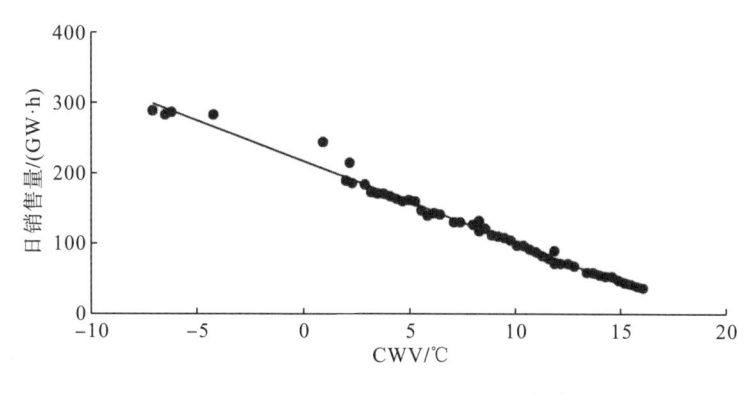

图 8.2 日销售量和 CWV 的关系[162]

由图 8.2 可知，由于没有电厂天然气用量的销售干扰，区域分输管网系统的销售量和 CWV 呈显著的线性关系，有利于准确预测燃气需求，值得借鉴。

通过预测将来的燃气需求，结合燃气供应量的改变幅度，峰谷部分通过燃气储存方式进行调节，即燃气管网调峰。在应对季节/月份/日/小时供求匹配方面，日常调峰需求量的计算方法，中国与英国一致，如图 8.3 所示。英国的经验是居民用户调峰需求量是其平均负荷的 2.5 倍，从中国调研的情况看，这个数据可达 4.0 的水平。而工业用户调峰需求量只有其平均负荷的 1.3 倍。研究表明，调峰幅度相对于平均负荷的大小，主要取决于燃气居民用户占燃气总用户比重的多少。季节和月份的调峰需求量也可以用类似方法求得。

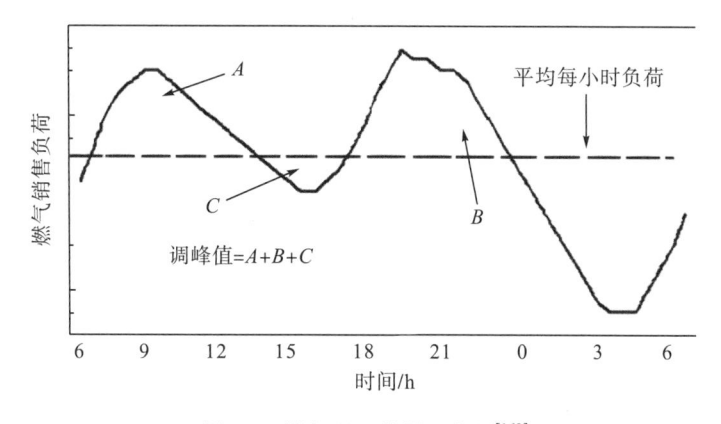

图 8.3 燃气日调峰量示意图[162]

调峰需求量减去燃气供应量所能改变的幅度即为需要通过燃气储存设施来调节的量。图 8.4 为一天之内，燃气储存量的变化，其最大储存量减去当日最小储存量即为用于燃气调峰的量。日常调峰需求量也可以用高峰系数乘以平均用气量再减去燃气供应量所能改变的幅度确定。需要注意的是，天然气高压管道沿线储气的最低压力需满足天然气电厂的压力需求，且主要用于日/小时调峰。季节和月调峰主要依靠 LNG 储罐和地下储气库实现，可以用类似日调峰需求量计算方法求得。

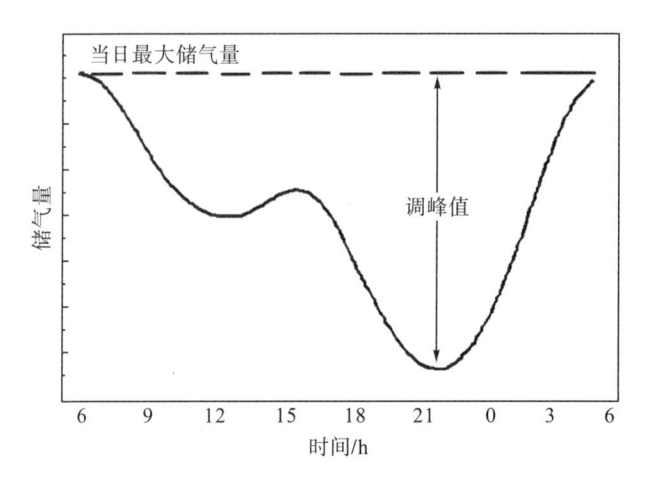

图 8.4 燃气日储存量变化示意图[162]

在应急调峰需求量计算方面,英国的经验是能满足 20 年一遇寒冷冬季的日调峰和 50 年一遇寒冷冬季的月调峰需求。因此,可以用本年往前追溯 20 年以来最大的高峰系数乘以平均用气量再减去燃气供应量所能改变的最大幅度,来计算日应急调峰需求量。日高峰系数 $K_{d\max}$ 的计算式为

$$K_{d\max} = V_{d\max} / \overline{V_d} \tag{8.19}$$

式中,$V_{d\max}$ 是某月中最大日用气量,m^3;$\overline{V_d}$ 是该月中的平均日用气量,m^3。

日应急调峰需求量 $V_{d\text{EMER}}$ 的计算式为

$$V_{d\text{EMER}} = \text{MAX}(K_{d\max i}) \times \overline{V}_{d\text{FCST}} - V_{d\max} \tag{8.20}$$

式中,$K_{d\max i}$ 为近 20 年日高峰系数,$i=0,1,\cdots,19$;$\overline{V}_{d\text{FCST}}$ 为日平均用气量预测值,m^3;$V_{d\max}$ 为日最大燃气供应量,m^3。

以此类推,用小时高峰系数和日高峰系数,也能求得对应的日、月应急调峰需求量。值得注意的是,在计算日应急调峰需求量后,需要计算当日小时最大调峰幅度。在满足日应急调峰需求量的情况下,天然气高压、次高压管道沿线的小时压力降最大幅度应在可控范围内。

不同年份的燃气销售负荷有所不同,寒冬的年份燃气销售负荷偏高,对燃气管网调峰能力要求提高;反之在暖冬的年份,对燃气管网调峰能力的要求降低。提升管网调峰能力首先要能准确预测燃气销售(需求)负荷,在此基础上,改造燃气储存和燃气供应量的调节能力,从而平衡燃气供应和需求。

8.4.2 调峰措施

城市燃气调峰措施包括气源调峰、缓冲用户调峰和储气调峰等。

1. 气源调峰

利用上游气源生产负荷变化的可能性和变化幅度,对城镇用气的季节不平衡性进行调节,可对城镇用气进行季节调峰或日调峰。可采用应急移动调峰装置作为临时气源,在供

气主管道事故工况或停气检修时对居民用户和重要工业用户进行应急供气；同时，用于供气不均匀系数较大的城市，也可以对城镇燃气管网系统的供气量进行调节。

2. 缓冲用户调峰

为增强城镇用气的季节调峰能力，可设立一定数量的缓冲用户。燃气用户可以划分为不可中断、可短暂中断、可临时中断、可较长时间中断几种类型。在用气低谷季节，保证其天然气供应；用气高峰季节，可以改用其他燃料，如油、液化石油气等。缓冲用户企业需要拥有两套燃料系统，除燃气系统外，还需要建立石油、液化石油气等燃料系统。因此，缓冲用户在设备投资方面会有所提高。

此外，可通过天然气工业用户企业休息日的调整、调配，调节城镇用气的日不均匀性。

3. 储气调峰

城镇用气的时不均匀性表现较为突出，储气设备调峰是解决时不均匀性的有效途径和常用方法。地下储气库和液化天然气常用于调节用气的季节不均匀性，储气罐储气则用于调节日不均匀性和时不均匀性，长输管线末段储气和高压管束储气可用于调节时不均匀用气。

1) 地下储气库储气

地下储气库已经发展成为欧美国家的主要调峰方式[163]。储气库能缓解月不均匀性和日不均匀性，减少天然气消费波动对居民生活和工业生产的影响，从而避免造成经济损失，这对北方采暖地区尤为重要[164]。1915 年，加拿大在安大略省利用枯竭气藏建成了世界上第一座储气库。1915~1916 年美国在纽约州建成了世界上第二座储气库，容积达 $6200 \times 10^4 m^3$。据国际燃气联盟(International Gas Union，IGU)的统计，2015 年全球已建成 715 座地下储气库，其中北美 37%，欧洲 28%。储气库的总工作气量达到 3930 亿 m^3，其中 67%在北美，欧洲 20%。美国储气库工作气量占全年消费量的 17%，欧盟为 25%，而中国仅为 3.3%，仍处于初级阶段[165]。中国已建成的气藏型和盐穴型储气库 25 座，设计总工作气量 189 亿 m^3，调峰能力达 100 亿 m^3，日供气量达 9000 万 m^3。其中油藏型储气库主要建在大港油田、华北油田、江苏油田、辽河油田、新疆油田、西南油气田、中原油田、大庆油田、长庆油田、吉林油田、胜利油田等；盐穴型储气库主要建在湖北、河南、江苏、云南、湖南等省份；另外，大港、华北等油田也在开展含水层储气库的筛选等研究[166]。即使这样，我国地下储气库总数、工作气量及调峰能力与欧美都还存在较大的差距。

地下储气库是主要的储气措施，同时也是世界上使用最为广泛的储气手段[166]。地下储气库的容量较大，其储气量一般在几亿到几十亿立方米，且储气压力较高，初期成本较低。地下储气库的储气量在世界天然气总储气量中占 90%以上，显然，地下储气库已经成为天然气输配系统中的重要组成部分，在季节性调峰中起着重要作用，可确保持续稳定的天然气供应。地下储气库主要有枯竭油气藏、含水层、盐穴、岩洞和废弃矿坑等类型。在运营的地下储气库中，枯竭油气藏型占总数的 74.1%，含水层型 13.7%，盐穴型 11.7%，岩洞占 0.3%，废弃矿坑占 0.2%[163]。

除了用于调峰，地下储气库还可发挥如下作用：①在输气管道突发事故或者自然灾害、检修停供时，通过地下储气库可连续向下游用户供气，保证应急安全供气。②优化管道的运行，储气库可使上游气田生产系统的操作和管道系统的运行不受市场消费变化的影响，通过储气库实现生产和输气，提高上游气田和管道运行效率。③战略储备。④利用天然气季节性或月差、市场波动等，进行商业运作提高经济效益等。

2) 储气罐储气

根据储气压力，天然气储气罐分为低压气罐和高压气罐，其中低压气罐包括湿式和干式两种。低压湿式储气罐是在水槽内放置钟罩和塔节，钟罩和塔节随着燃气的进出而升降，并利用水封隔断内外气体来储存燃气的容器，罐的容积随燃气量变化而变化。单节低压湿式气罐容积一般不超过 3000 m³，大容量的为多节气罐。低压干式储气罐采用干式密封，用塑胶和棉织品薄膜制成的密封垫圈安装在活塞的外周，借助连杆和平衡重物的作用紧密地压在侧板内壁上。这种结构能满足气体密封的要求，但为了使活塞能够灵活平稳地沿侧板滑动，需定期注入润滑脂。干式储气罐没有水封，大大减少了罐的基础荷载，有利于建造大型气罐并节约金属，但密封问题复杂，施工质量要求高[167]。

高压储气罐可以分别储存气态和液态燃气。根据储存的介质不同，储罐设有不同的附件，但所有的燃气储罐均设有进出口管、安全阀、压力表、人孔、梯子和平台。高压储气罐的储气原理为：在储气罐几何容积一定时，通过改变球罐中存储的燃气压力进行存储。一般来说，储气容积越大，储气压力越低。球形储气罐节省钢材，投资较少，故大多数燃气企业选择球形储气罐储存燃气[168]。

3) 天然气管道储气

天然气管道储气主要包括：长输管道末段储气、城镇高压外环储气和高压管束储气三种。管道储气不占地，无配套设施，运行管理简单方便，技术上优于球形储气罐储气[167]。尤其是和球形储罐储气调峰比较，管道储气调峰运行费用低、技术成熟、经济性好。管道调峰能满足小时调峰需求，投资优势较储气库调峰更明显，且管径有一定的富余能力，可满足部分日调峰需求。但是，管道储气调峰不能满足全部日调峰和月调峰的需要[168]。

4) 天然气液化储存

天然气的主要成分为甲烷，在 0.056MPa、-161℃时就会液化。液态储存天然气的最大优点是占用容积可缩小至气态时的 1/600，设备简单，调度灵活，便于储存，还可以减少储存站场的占地面积，是一种先进的储气方式，可用于季节及事故调峰。但这种储存方式运行费用高，特别是装置规模小时，经济性较差。如能充分利用液化天然气的冷能量，则可降低运行费用。

5) 天然气固态储存

天然气固态储存是将天然气(主要是甲烷)在一定压力和温度下转变成固体结晶水化物，储存于钢制储罐中。

综上所述，利用城镇高压管道和管束(或球罐)储气调节日不均匀性用气比较经济合理；对于大规模的城镇用气，必须考虑季节调峰和事故储备气，如果没有建造地下储气库的自然条件，可通过调节气源的供应能力和设置移动气源等方法解决。

8.4.3 调峰能力计算

在用气负荷低峰时段,利用燃气输配系统的储气设施进行储气,用气高峰时放气,低峰时的储气量即为调峰时的供给量。在城镇燃气调峰中,解决季节性调峰主要依靠上游供气企业改变燃气供应量实现,日调峰和小时调峰主要依靠燃气运营企业解决。日调峰可以通过发展缓冲用户、建设高压罐、LNG 储配站等应急气源来解决;小时调峰通常依靠地面高压储气罐、高压管道就能实现[169]。若上游企业供气压力高,气量充足,利用城市储气设施调峰是一种解决用气不均匀性的有效方式。

1. 地面高压罐储气能力计算

高压储气罐可以用来平衡日或小时用气不均匀性,一般有1000m³、2000m³、3000m³、5000m³ 以及10000m³ 等容积规格。高压储气罐的储气量计算如式(8.21)[170]所示:

$$V_c = \frac{V_0}{P_0}(P_1 - P_2) \tag{8.21}$$

式中,V_c 为高压储气罐储气量,m³;V_0 为高压储气罐容积,m³;P_0 为工程标准工况压力,$P_0 = 0.101325\text{MPa}$;P_1 为高压储气罐最高绝对压力,MPa;P_2 为高压储气罐最低绝对压力,MPa。

2. 高压管道储气能力计算

一般将高压管道储气以稳态流动或非稳态流动[171]来看待,采用供气量等于用气量瞬时的稳定工况来代替燃气流动不稳定工况,以计算管道结束储气时平均压力下的存气量减去开始储气时平均绝对压力下的存气量[172],差值即为高压储气罐的储气量。非稳态计算结果更加准确,而稳态流动计算方法简便,且计算结果偏于安全,十分可靠[173,174]。因此,本书以稳态法计算天然气高压管道储气量。在忽略压缩因子和 $T_0=T$ 时,高压管网储气量计算如式(8.22)[175]。如果考虑气体的压缩因子且 $T_0=T$,则高压管网储气量计算如式(8.23)所示。

$$V_g = V\frac{P_{g,\max} - P_{g,\min}}{P_0} \tag{8.22}$$

$$V_g = \frac{VT_0}{P_0 T}\left(\frac{P_{g,\max}}{Z_2} - \frac{P_{g,\min}}{Z_1}\right) \tag{8.23}$$

式中,V_g 为管道储气量,m³;P_0 为工程标准工况压力,$P_0 = 0.101325\text{MPa}$;T_0 为工程标准工况温度,$T_0 = 293\text{K}$;V 为管道几何体积,m³;T 为管道内气体的平均温度,K;T_0 为管道中天然气量最大时的平均绝对压力,MPa;$P_{g,\min}$ 为管道中天然气量最小时的平均绝对压力,MPa;Z_1 为管道中天然气量最小时的压缩因子;Z_2 为管道中天然气量最大时的压缩因子,压缩因子可根据温度和压力查询,无单位。

高压管道燃气储量最大、最小时的平均绝对压力可分别通过式(8.24)和式(8.25)求解。

$$P_{g,\max} = \frac{2}{3}(P_{Q,\max} + \frac{P_{Z,\max}^2}{P_{Q,\max} + P_{Z,\max}}) \tag{8.24}$$

$$P_{g,\min} = \frac{2}{3}(P_{Q,\min} + \frac{P_{Z,\min}^2}{P_{Q,\min} + P_{Z,\min}}) \tag{8.25}$$

式中，$P_{Q,\max}$ 为管段起点的最高绝对压力，MPa；$P_{Z,\max}$ 为管段末端的最高绝对压力，MPa；$P_{Q,\min}$ 为管段起点的最小绝对压力，MPa；$P_{Z,\min}$ 为管段末端的最小绝对压力，MPa。

8.5 燃气管线时空调峰

地下管线时空调峰的根本目的在于提高地下管线保障城市服务的质量和水平，是地下管线精准服务的重要内容。燃气管线时空调峰的基本思路是在时间和空间上进行详细的划分，在细分的空间区域内分析单位时间内的燃气供给能力与需求之间的差异，计算相应区域的调峰需求及调峰的时空差异，为精细化调峰控制和管线改造提供依据。

8.5.1 时空调峰分析主要内容

8.5.1.1 区域划分与供气能力计算

一般燃气管线是指在城市空间范围内，自气源厂（或天然气远程干线门站）到储配站再到调压室调压后连接到用户楼栋立管的管线。广义上还包括将天然气由产地（包括进口）输送到消费地的天然气长距离输送管线。因此，燃气地下管线可以进行空间上的多层次划分。

(1) 按行政区域划分：全国范围、省份、城市、区、街道。
(2) 按空间格网化划分：以规则格网单元的大小来划分，格网尺寸如 1km、500m、100m 等。
(3) 基于地下管网逻辑关系的空间划分：按照地下管线的拓扑关系进行划分，特别是枝状管网可以分为不同的层次。

在区域划分的基础上，对每个区域单元依次进行供气能力的计算。依据区域在燃气管网系统的结构及其参数计算区域流入和流出的节点流量[176]，从而获得该区域的燃气供气能力。

8.5.1.2 需求量计算

在确定城镇燃气用气量时，由于燃气用户类型、数量及用户用气指标各不相同，因此城镇燃气用户的用气量一般根据用户类型分别计算，然后汇总得出。在一个时段内的需用量以及用气量随时间的变化称为燃气负荷[177]。计算城市燃气需求的目的是确定区域燃气的总需求量，从而进一步确定气源、管网和设备通过能力。该方法是根据区域人口来计算燃气需求量，同样适用于根据格网人口来计算燃气需求量。

计算内容包括相应区域的指定时段内居民用气（日常生活、取暖、空调等）、商业用气、工业用气及未预见量之和。未预见量主要包括管网燃气漏损量和城市发展过程中出现的不确定性。

8.5.1.3 调峰能力与调峰需求计算

区域调峰能力的计算，为区域范围内的气源调峰、缓冲用户调峰和储气调峰等措施的总和。计算方法见本章 8.4 小节。

调峰需求则由空间单元单位时间内的用户需求、供气能力结合进行计算。

8.5.2 燃气时空调峰实例

C 市 S 区为繁华区域，主要是居民生活和商业街区，因此在时间不均匀性分析上只以典型的居民和商业用气为例。试验数据来自中国科学院地理科学与资源研究所的资源环境科学与数据中心(http://www.resdc.cn/)提供的全国人口空间分布 1 公里网格数据，插值获得百米格网人口数据，以试验区内 52 个乡镇行政区、城市环路所分隔的街区为对象，以矢量格式录入。

S 区供气量、用气量、储气量、供需差的变化曲线如图 8.5 所示。在时间上，从当日 21:00～7:00(次日)输气管网供气量大于用气量，管网处于储气状态，供需差为正值；早晨 7:00～21:00 用气量大于供气量，在 18:00 用气量达到一天中的顶峰，为 15815m³，此时的供需差最大为 7500m³。比较可知，S 区内现有管网储气能力可满足整体调峰用气。若全部以高压储气罐来储气，假设储罐最高压力为 1.6MPa，最低压力为 0.4MPa，可算得需要高压储气罐的容积为 633m³，即建设 1000m³ 规格的高压储气罐即可满足 S 区小时调峰需要。若全部以高压管道来储气，假设高压管道最高压力为 4.0MPa，最低压力为 1.6MPa，可算得需要长度为 2744m 的高压管道即可满足要求。

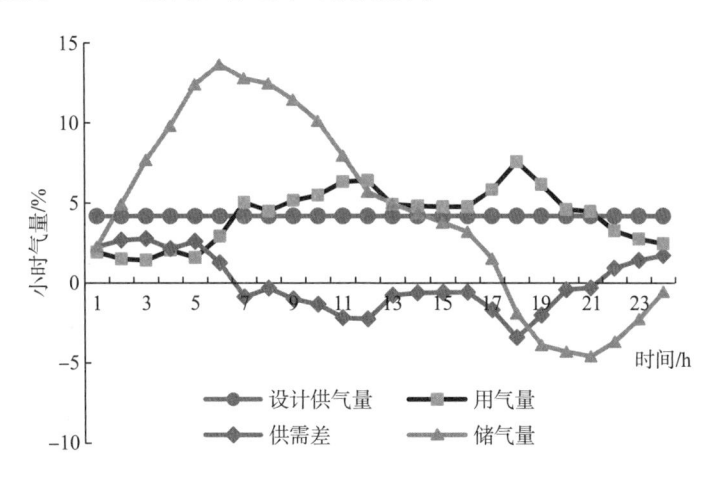

图 8.5　小时供需量曲线与储气量曲线图

按 C 市经济和人口发展及燃气需求预测，2022 年该市调峰储气需求量为 $108\times10^4\mathrm{m}^3$。现有调峰设施储气能力为 $52\times10^4\mathrm{m}^3$，在建绕城天然气高压输储气管道储气能力为 $77\times10^4\mathrm{m}^3$，中压管道输储气能力为 26163m³，则核心区总调峰储气能力为 $131\times10^4\mathrm{m}^3$，超过 2022 年调峰储气需求。因此，从全市空间尺度来看，在现有供气设施的基础上，完成绕城高压输储气管线的建设后能够保障该市核心区新增用户用气需求，可有效解决原来调峰能力严重不足的问题。

但是，管网局部输储气能力不足，供需存在差异。图 8.6 为各街道年总用气量分布图，符号的大小表示所在街道总用气需求量的大小。统计出一环路年总用气需求量为 $6732×10^4 m^3$，占 S 区年总用气需求量的 23%。二环（包括一环）年总用气需求量为 $13998×10^4 m^3$，占 S 区年总用气需求量的 47%。

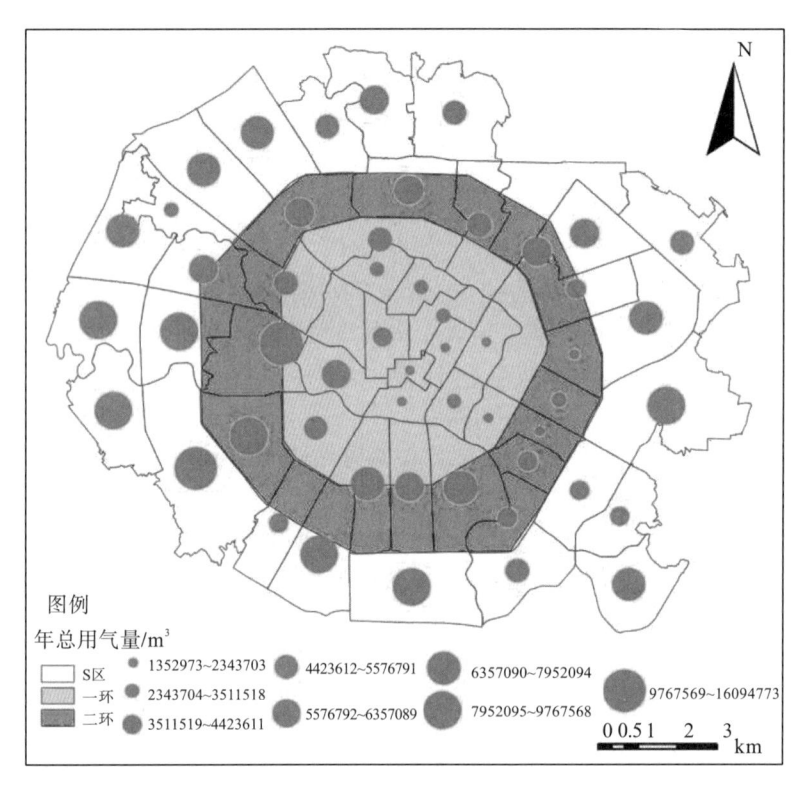

图 8.6　各街道年总用气量

S 区一、二环内，在 18:00 的小时用气顶峰最大用气需求量为 $3594m^3$，二环内（包括一环）为 $7474m^3$。仅在 S 区 TDH 街道和 WNC 街道建设有高压储气罐，其余均为中压管网进行调峰储气。经计算一环的管网储气供给量为 $4035m^3$，二环的管网储气供给量为 $11230m^3$。因此，一、二环内燃气管线供给能力均超过需求。其中，一环虽然供给能满足需求，但是供需差仅为 $441m^3$，随着未来核心区域人口的增加，以及生活娱乐设施的升级，需求量可能超过供给量，出现用气短缺。二环供需差为 $3756m^3$，近期来看可满足该地区用气，由于一、二环紧密相连，在对一环进行改造的同时，会增加二环的储气供给能力。

图 8.7 为试验区各街道的用气量空间分布图，图中点状阴影区域为用气量排名前 15 的街道，年总用气量为 1.37 亿 m^3，占区域年总用气量的 46%。统计表明，试验区用气需

求量最大的为 HPL 街道，该街道人口也最多；面积排名第二的 WNC 街道，用气需求量则排名第五。随着人口的减少，用气需求量也随之减少。因此，人口是影响用气需求量的主要因素，人口多的地方用气需求量大，而面积大的地方用气需求量不一定大。由图可看出，用气量排名前 15 的街道主要分布在 S 区的西边、南边，东北边则无街道排名进前 15。从环路来看，主要分布在二环及二环外，一环路内只有 CT 街道、YL 街道、WJL 街道的一部分。根据以上分析可看出，S 区用气呈现出西边用气量大，东边用气量小，外环用气量大，内环用气量小的特点，而现有输配系统则呈现出东强西弱的输气格局。

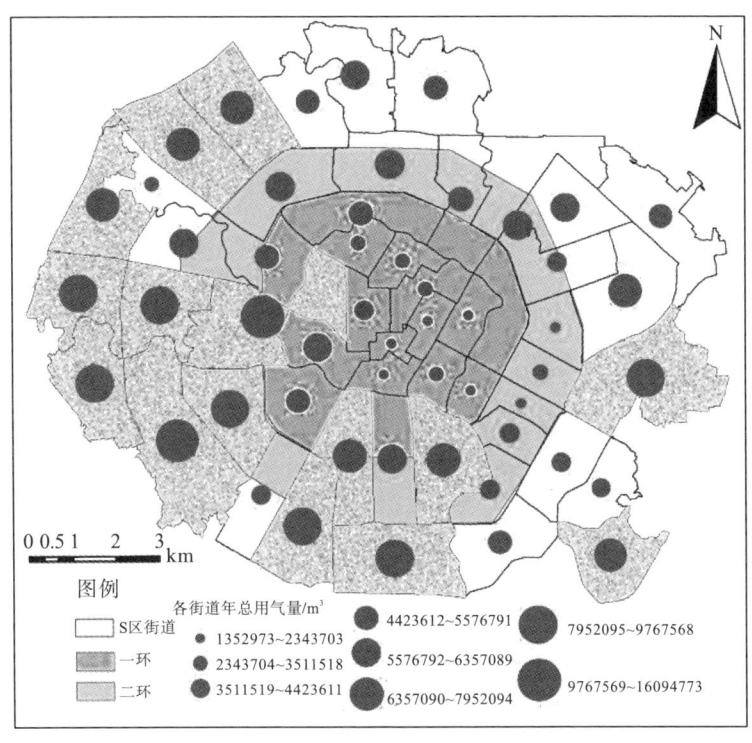

图 8.7 年总用气量较大街道

由各区域供气与用气需求量计算出的供需差如图 8.8 所示，其中，圆圈大小表示供需差大小，深色圆圈表示供需差为正值，即供大于求，浅色圆圈表示供需差为负值，即供小于求。由图可知，东边和北边供需差值普遍较大，西边、南边供需差值小。这表明西边、南边用户需求大，东边、北边管网供给能力强，因此造成了东边、北边调峰能力强，西边、南边调峰能力弱。S 区 52 个街道有 50 个街道供大于求，只有 CT 街道和 HPL 街道供不应求，且所需小时调峰量较小，分别为 53m³ 和 73m³，在未来绕城高压输储气管道建设完成后，通过在西边和南边建设高压输出气管道接入点，CT 街道和 HPL 街道的供给将会有所增加。

在城市层次上，绕城高压输储气管道建设前，储气调峰能力不足；建成后，可有效解决试验区燃气管线调峰能力不足的问题，保障未来 S 区用气安全。但是，由于输配系统不完善，局部区域还是会出现供需不平衡现象。出于安全和用地效益考虑，不必要进一步在 S 区建设地面高压储气罐。由于西边用气需求量大，调峰能力相对较差，可考虑建设高压或次高压管线连接绕城高压输储气管道进行输气和储气，并进一步增加中压管网的覆盖率。高压管线建设和运行成本低，占地面积小，符合 S 区实际情况。根据该市"加快能源结构调整实施方案"的规划，可以建设分布式能源及 LNG 加气站来缓解区域和结构用气不均匀。在中心城区、医院、工业区、商业综合体等能源负荷中心建设分布式能源项目，推动清洁能源的高效利用。在工业区、物流园区、公交场站等区域建设 LNG 加气站，保证汽车用户用气。

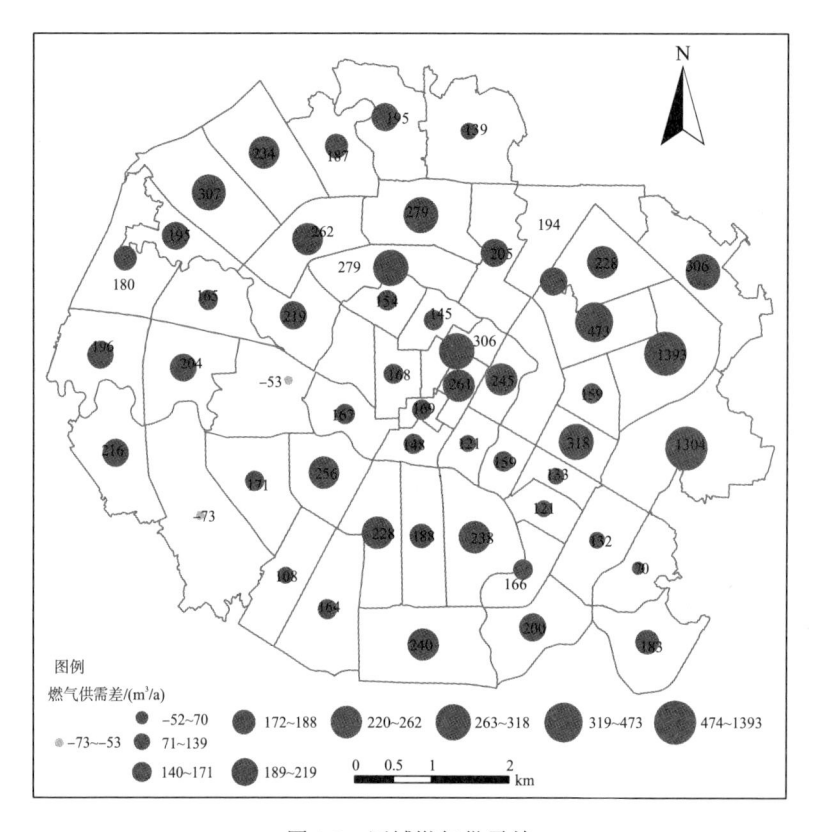

图 8.8　区域燃气供需差

第9章 地下管线灾害易损性评价

灾害后果由灾害的危险性和承灾体的易损性共同决定。灾害的危险性包括气候、地形、地貌等条件,这些因素一般较为稳定,且很难改变;而承灾体的易损性主要是人为因素作用,相对容易改变。对承灾体的易损性进行评估至关重要,是进行灾害风险评价、风险控制的重要依据。早在2001年联合国国际减灾战略秘书处就把国际减灾日的主题确定为"抵御灾害,减轻易损性",认为降低易损性是降低灾害风险的重要途径,是抵御灾害的重要措施[178]。本书以燃气管道为例进行地下管线易损性分析。

燃气管道作为城市生命线工程的重要组成部分,一旦发生灾害事故,影响范围广,损失严重。将易损性概念引入燃气管道火灾研究中,界定燃气管道火灾承灾体易损性的定义,构建易损性评价指标体系,借助GIS技术和模糊数学方法进行燃气管道火灾承灾体易损性评价,掌握燃气管道火灾承灾体的特征与易损性的分布情况,对城市防灾减灾规划、政策措施的制定具有重要参考意义。

9.1 燃气管道易损性评价基本概念

9.1.1 易损性概念及研究现状

"易损性"一词源于英文单词"vulnerability",常用于灾害和风险研究,已发展成为全球变化、环境发展和地理学的重要词汇[179]。在自然灾害领域多译为易损性,强调可能遭受的损失或威胁程度[180];其他领域常译为脆弱性,强调系统承受不利影响的能力[181]。国外易损性研究起步较早,最早认识到易损性重要性的是英国布拉德福德大学的地理学者Westgate和O'Keefe领导的灾害研究中心,并大力开展灾害易损性的研究[182]。1978年牛津大学Burton等提出:易损性是指易于遭受自然灾害的破坏和损害的特性[183]。1976年,奥基夫等(O'Keefe, Westgate and Wisner)在《自然》杂志上发表的"Taking the naturalness out of natural disasters"论文中认为:自然灾害不仅仅是"天灾"(act of god),而由经济条件决定的人群脆弱性才是造成自然灾害的真正原因。不同领域的学者对易损性有不同的理解和定义,易损性的概念界定仍未达到统一。红十字会与红新月会国际联合会把脆弱性的概念扩大到包含人为灾害在内的所有灾害,定义为:"关于预测、处置、抵御和从自然或人为灾害影响中恢复过来的能力的个人或团体性质"。概括起来,国际上对易损性的研究基本分为两方面,一是对重大自然灾害的易损性评价;二是针对国家、城市、社区等不同尺度区域的易损性评价。前者主要分析灾害对承灾系统可能造成的损失程度,重视保险业以及国际相关组织的力量;后者侧重于挖掘特定区域易损性的影响因素,分析风险的可能原因,以便采取措施减少或避免灾害的发生[184]。

9.1.2 城镇燃气及事故特点

9.1.2.1 城镇燃气性质

城镇燃气主要是天然气、液化石油气、煤制气等，都具有如下特点：

(1) 易燃易爆性。城镇燃气的点火能量较低，一般在 0.19~0.28MJ 之间，且燃烧后火焰传播速度快。据统计，城镇燃气管道火灾中至少有一半以上由爆炸引起。城镇燃气在一定浓度范围时会发生爆炸，其中天然气爆炸浓度极限为 5%~15%，液化石油气爆炸浓度极限为 2%~14%，气体爆炸范围越宽，下限浓度越低，火灾危险性越大[185]。

(2) 易扩散性。燃气一旦泄漏，就会迅速向四周蔓延，且其密度大于空气，在蔓延的同时也将向区域地面聚集。当气体的密度和扩散系数较强时，往往造成火势的迅速蔓延，灾害面积迅速扩大。

(3) 易缩胀性。城镇燃气具有明显的压缩和膨胀性质，一般压缩后进行存储运输，管道中会存在一定压力；燃气一旦泄漏，压力减小，体积会迅速膨胀，尤其在室内环境下泄漏燃气更易引起火灾。

9.1.2.2 城镇燃气事故的特点

燃气事故遵循一般事故发生的规律，是由于人的不安全行为(包括违章违纪、失误和无知)、物的不安全状态(设备工具缺陷、损坏)、环境不良(通风不畅、作业空间狭小等)造成的[186]，特点如下：

(1) 普遍性。城镇燃气管道及设施布置范围广，只要有燃气设施的地方，都有可能发生燃气事故。

(2) 突发性。燃气设备及管道损坏，包括外力破坏，一般都是在没有先兆的情况下发生的。因此，燃气事故一般具有突发性，往往在人们毫不察觉时发生泄漏，进而引起火灾或爆炸。

(3) 不可预见性。有些事故可以根据环境因素做出预测。但城镇燃气事故一般与气候等原因无关，任何季节、天气，都有可能发生，无法提前预测。

(4) 影响范围大。燃气事故一旦发生，不但影响生产、输送、使用场所，周围一定区域都会受到影响。

(5) 后果严重。一般燃气事故都会造成人员伤亡或财产损失，有些事故后果还很严重。

(6) 既可是主灾害，也可能是次生灾害。燃气事故本身可以形成主灾害，也可能由于地震、滑坡、火灾等灾害使燃气设施遭到破坏引发燃气事故，形成次生灾害。

9.1.2.3 城镇燃气火灾事故的特点

(1) 瞬时性。城镇燃气泄漏时，燃气充斥在空气中，由于燃点较低，空气中燃气达到一定浓度时，遇到点火源极易瞬间燃烧。尤其在不能及时察觉的情况下，燃气管道燃气大量泄漏，极易造成火灾事故发生，给人民的生命财产带来严重威胁。

(2) 爆炸威力大，破坏性强。城镇燃气供应区域多为人员密集的居民区，当发生燃气爆炸事故时，容易造成人员的大量伤亡和财产损失。同时，燃气爆炸事故的危险性与燃气泄漏量相关，当泄漏量较大时，容易引起二次爆炸，加重事故损失。

(3) 火焰喷射高，火势蔓延快。燃气的易扩散性与膨胀性，使得燃气火灾火势猛、火焰高。同时气体迅速扩散，导致火势蔓延快，过火面积大，尤其在高密度住宅区极易造成人员的重大伤亡。

9.2 燃气管道火灾承灾体易损性评估体系

城市燃气管道火灾承灾体的易损性是指承灾体本身固有属性在火灾事故中的损失情况，若承灾体本身不存在易损性，火灾也不会产生事故后果。这里的承灾体一般包括人员、建筑设施、生态环境等。

9.2.1 火灾易损性评估指标选取原则和方法

9.2.1.1 评估指标选取原则

一个区域火灾承灾体的易损性与许多因素有关，不仅取决于该地区承灾体的暴露度和敏感度，还取决于该区域的抗灾能力等。如果把所有与火灾承灾体易损性相关的因素都考虑在内，指标体系将非常庞大，使得评价过程复杂化，还会忽视主要指标的作用。因此，指标的选取应遵循如下原则：

(1) 科学性。所选指标尽可能地反映承灾体易损性的特征属性，能够科学地评价承灾体易损程度，同时选取的指标要避免与火灾危险性因素相混淆。

(2) 代表性。指标应具有典型意义，能反映影响承灾体易损性的主要因素，同时不宜过于复杂，便于计算。

(3) 独立性。应尽量减少指标之间的相关性，避免不同准则层间评价因子的相互重叠，影响评估精度。

(4) 可获性。所选评价指标的数据资料要易获取，且数据易处理。

(5) 结构性。应从影响承灾体易损性的原因出发，使所选评价指标具有一定的结构性和层次性，便于后续评估。

9.2.1.2 评估指标选取方法

首先，根据易损性的概念确定评估的目标层、准则层和指标层。

其次，基于已有研究的评价指标选取方法，参照前人提出的评价因子，结合试验区域特征，对评价因子指标进行罗列汇总，形成初步评价指标。

最后，采用反推法初选评价指标，根据区域历史灾情，反推造成承灾体损失的影响因素，参照指标体系选取的基本原则对影响因子进行进一步筛选。

9.2.2 燃气管道火灾承灾体分类

燃气管道火灾承灾体较为复杂，包括暴露在火灾影响下的人员、建筑、交通设施、自然生态环境、生命线工程等。借鉴其他灾害易损性评价，考虑分类的科学性、合理性等原则，我们选取人员、建筑设施、生态环境三大类作为燃气管道火灾的主要承灾体，同时兼顾区域的防灾能力，对承灾体的易损性进行分析。其中建筑设施主要是指以居民区、商用住宅区、公共设施为主体的建筑物；生态环境包括以公园、广场、绿化带等为载体的绿化设施和土地利用情况，考虑到分析的复杂性与不确定性，研究中不考虑气象情况与火灾的相互影响；区域抗灾能力包括道路交通情况、燃气管网密度、医院和消防设施的分布等。

9.2.3 城镇燃气管道火灾承灾体易损性评价

结合城镇燃气管道火灾承灾体易损性的特点，以目标层、准则层、指标层三层架构为框架构建评估体系，其中目标层为区域燃气管道火灾易损性的评价结果，准则层则选取人员易损性、建筑设施易损性、生态环境易损性和区域抗灾能力四个方面。

9.2.3.1 人员易损性

人作为社会的主体，也是燃气重要的承灾体。人由于固有属性和生存条件的不同，在面对火灾时的反应和应对能力具有较大的差异。区域人口密度、弱势群体密度以及人员文化程度是影响区域人员易损性的主要因素。

（1）人口密度。由火灾人员伤亡事故统计与分析[187]和建筑物火灾危险性的模糊评价[188]可知，人口密度直接影响火灾的实际受灾人数。不同区域的人员多表现出一定的聚集规律，如居民区、学校学生公寓、超市等人员聚集密度较高，火灾发生时往往不能及时疏散，会造成大量人员伤亡。如式(9.1)，一定区域不同时段人口总数除以该地块的面积，得到该地块上相应时段的人口密度。

$$\rho = \frac{\mathrm{NP}(t)}{A} \tag{9.1}$$

式中，ρ 为人口密度，人/m²；NP 为单一地块上人员计数，人；A 为区域面积，m²；t 为时间，本书采用 24 小时制进行时段划分。

（2）弱势群体密度。研究发现[189]，年龄和性别是火灾发生时人的行为特点的主要影响因素，从一般个体差异来看，多把老弱妇幼归结为火灾承灾能力的弱势群体。性别差异方面，一般认为女性比男性体质弱，火灾发生时女性的承灾能力明显低于男性，往往会受到较大伤害。从年龄组成看，一般认为 60 岁以上老年人，由于身体机能退化，火灾疏散时会行动不便，也是易受损的主要群体。据国内外研究[190,191]，4 岁以下儿童在火灾面前也属于弱势人群，最易受到伤害。因此，以人口的年龄和性别组成构造弱势群体密度因子，计算方法如下：

$$D_m = \frac{S_w + A_0}{A}(t) \tag{9.2}$$

式中，D_m 为区域弱势群体密度，人/m^2；S_w 为区域的女性人口数，人；A_0 为区域的老少人口数，人；A 为区域面积，m^2。

(3) 人口文化程度。一般认为文化程度高的人对火灾的认识比文化程度低的人深入，在面对火灾时所表现的应急逃生能力更强，造成的损失也更小。参照相关研究，以大专文化为指标划分界线构建区域人口文化教育评价指标，式(9.3)为人口文化教育密度算式。

$$E_\rho = \frac{\text{NE}}{A}(t) \tag{9.3}$$

式中，E_ρ 为人口文化教育指标，人/m^2；NE 为单一地块上大专以上文化人员的数量，人；A 为区域面积，m^2。

9.2.3.2 建筑设施易损性

建筑设施的易损性主要表现为火灾对建筑物及其内部设施、财产造成的损失。区域建筑物的密度、类型、耐火等级、消防器材配套设施情况等都会影响建筑物的火灾易损性。

(1) 建筑密度。建筑密度是建筑物火灾易损性的主要因素。建筑密度是指在一定区域范围内，所有建筑物的基底总面积与区域面积之比，是反映区域建筑拥挤程度的一个重要指标[192]。一般认为区域的建筑密度越高，火灾越容易蔓延，越不利于人群疏散，造成的经济财产损失越高。同时，还考虑楼层高度对建筑物的影响，把建筑面积乘以楼层数作为权重计算建筑密度，计算公式为

$$W_B = A \times N \tag{9.4}$$

式中，W_B 为区域建筑的权重系数，m^2；A 为单体建筑的面积，m^2；N 为建筑的楼层数，层。

(2) 建筑类型。建筑类型与火灾的形成有着直接的关系。建筑物可细分为历史文化建筑、商业区、居民住宅、商住混合等建筑类型。不同类型的建筑其经济价值和文化价值都有所差异，把建筑价值作为代表建筑类型的指标值，那么建筑价值越高，火灾发生时造成的经济损失越大。

(3) 建筑耐火等级。建筑物耐火等级是体现建筑物发生火灾后承灾能力的重要指标，是指建筑物在火灾高温作用下，墙、梁、柱、楼顶、疏散楼梯等建筑构件在一定时间段内不被破坏，能够起到延缓和阻止火灾蔓延的作用，为人员的疏散和物资抢救创造条件的性能。

(4) 建筑消防覆盖率。灭火系统是建筑物发生火灾后控制火情的关键因素。建筑消防覆盖率是指建筑物发生火灾后，各类消防设施、器材等可有效作用的建筑物的面积占区域建筑物总面积的比率，计算方法如式(9.5)。消防覆盖率越高，建筑物火灾易损性越低，对人员和财产实施有效救援的可能性也越大。

$$C = \frac{T \cup S \cup H \cup E}{M} \tag{9.5}$$

式中，C 为消防设施可有效作用于建筑物的覆盖率，无单位；$\cup$ 为并集运算符；T 为消防车作用面积，m^2；S 为自动喷淋灭火系统的作用面积，m^2；H 为消火栓的作用面积，m^2；E 为灭火器的作用面积，m^2；M 为建筑物的总面积，m^2。

(5)建筑疏散能力。建筑疏散能力用疏散时间来表示,疏散时间是指从开始疏散到全体人员疏散至安全地点所需要的时间。疏散时间越短,疏散能力越强,如式(9.6)[193]。

$$T_e = \frac{\sum_{i=1}^{n} Q_i}{N_r b_{r-1}} + r t_s \tag{9.6}$$

式中,T_e 为总疏散时间,s;Q_i 为第 i 层的人数,人;N_r 为人员通过楼梯下行的单位宽度人流量,即流动系数(表9.1),人/(m·s);r 为楼层数,层;b_{r-1} 为第 $r-1$ 层与第 r 层之间的楼梯宽度,m;t_s 为未受阻挡的人流下行一个楼层的时间,s,t_s 的计算方法为

$$t_s = \frac{S_i}{V_s} \tag{9.7}$$

式中,S_i 为下行一个楼层的距离,m;V_s 为步行速度,m/s。

表9.1 应急状态下通道、出入口的流动系数

出入口类型	流动系数/[人/(m·s)]
走道	1.5
楼梯间出入口	1.3
避难间出入口	1.5

建筑物的用途类型也会对人员的步行速度造成一定的影响,经大量统计得出的人员在不同建筑物中步行速度的参考值[194],如表9.2所示。

表9.2 人员在不同建筑物中的步行速度

建筑物或房间用途	各部分分类	步行速度/(m/s)
剧场及类似用途的建筑	楼梯	上0.4、下0.6
	坐席	0.5
	其他	1.0
百货商店、展览馆及类似用途的建筑;公共住宅楼、宾馆及类似用途建筑	楼梯	上0.45、下0.6
	其他	1.0
学校办公楼及类似用途的建筑	楼梯	上0.58、下0.78
	其他	1.3

9.2.3.3 生态环境易损性

生态环境的火灾易损性评价指标包括区域的绿色设施密度、土地利用、气象水文等。生态环境易损性体现城市的规划理念和环保意识,采用城市绿化率和土地利用作为评价因子。选取公园、广场、绿化带等为载体的绿化设施情况和土地利用作为主要评价指标。

(1)绿化设施密度。绿化设施包括公园、树木、草坪等非建筑性设施,一般认为绿化设施对火灾蔓延能起到一定的隔离作用,也对人员疏散、抢险救援、消防灭火起到重要作用。如式(9.8),以各绿化设施(多边形)的几何中心为计算点位,以绿化设施的面积为权重,计算绿化设施的密度。

$$f_h(a) = \frac{1}{nh}\sum_{i=1}^{n} K\left(\frac{a-a_i}{h}\right) \tag{9.8}$$

式中，$f_h(x)$ 为密度估计；K 为核函数(非负、积分为1，符合概率密度性质，并且均值为0)；n 为样本个数，个；h 为搜索带宽，m；a_i 为搜索带宽范围内第 i 个样本的值。

(2)土地利用。土地利用类型指标也被广泛运用于生态环境易损性的评价，不同土地利用对于火灾的应对能力都有所差异，如邻近水源区、空旷用地等在面对火灾时易损性更低，密集居民区在发生火灾时易损性可能更高。

9.2.3.4 区域抗灾能力

(1)燃气管道密度。一般认为区域燃气管网密度越大，承灾体的易损性越大，即在发生燃气管网火灾时，离燃气管网的距离越近，承灾体的受损越严重。区域燃气管网密度的计算式如式(9.9)：

$$G_D = \frac{\sum_{i=1}^{n}(L_i \times V_i)}{S} \tag{9.9}$$

式中，G_D 为燃气管道密度，m/km²；L_i 为区域内 i 类燃气管道长度，m；V_i 为 i 类管道权重因子，如半径作为权重系数，无单位；S 为区域面积，m²。

(2)区域消防可达性。消防设备可达性越高，火灾承灾体易损性越低。以消防车辆可通行道路的中心线为基准，消防车有效作用消防距离为半径进行缓冲区计算，得到的缓冲区就是消防车可作用的范围。区域内消防车可作用面积比例越高，区域消防的可达性越高。

(3)距消防站阻抗距离。燃气管道火灾承灾体的易损性不仅与承灾体本身固有属性有关，还与其所处的区位条件相联系，尤其在燃气管道火灾较大时，很难用周围小型消防灭火器控制，消防车越快到达的区域，承灾体受火灾作用的持续时间将越短，造成的损失也将越小。消防时间达标情况是衡量消防水平的重要评价因子，其中消防水平又是衡量区域火灾承灾体易损性的评价因子。因此，将消防阻抗距离作为区域抗灾能力评价的指标，阻抗距离计算式为

$$\begin{cases} DX = D \times YZ \\ YZ = T_r/T_z \end{cases} \tag{9.10}$$

式中，DX 为距消防站阻抗距离，m；D 为实际的路网距离，m；YZ 为拥堵延时指数，无单位；t_r 为实际通行时间，s；T_z 为自由流(畅通)通行时间，s。

(4)距医院阻抗距离。医疗救援的完善程度和救援时间直接影响着救援效果。医院作为抢救受伤人员的重要机构，火灾发生地距医院越近，救护就能越快到达，受伤人员能够得到及时的治疗，有助于降低人员的易损性。道路拥堵情况下距医院的阻抗距离作为区域抗灾能力的一个指标因子，计算式为

$$DH = D \times YZ \tag{9.11}$$

式中，DH 为距医院阻抗距离，m；D 为实际的路网距离，m；YZ 为拥堵延时指数，无单位。

根据上述评估指标筛选原则，选择了 4 个准则层，14 个评估指标，如表 9.3 所示。其中，人口密度、弱势群体密度、建筑类型、建筑密度、建筑耐火等级、距消防站阻抗距离、距医院阻抗距离、燃气管道密度与区域火灾承灾体易损性成正比；其余指标与区域火灾承灾体易损性成反比。

表 9.3 城镇燃气管道火灾承灾体易损性评估体系

目标层	准则层	指标层	指标层说明
燃气管道火灾承灾体易损性评价	人员易损性	人口密度	人口越集中，造成伤亡的程度可能越严重
		弱势群体密度	女生在面对火灾时逃生能力不如男生，老、幼逃生能力不如青壮年
		人口文化程度	文化程度高所具备的自救能力比较高，造成伤亡的可能越小
	建筑设施易损性	建筑类型	建筑价值越高，火灾易损性越大
		建筑密度	建筑越密集，越容易造成火灾蔓延，易损性越高
		建筑耐火等级	结构耐火等级越高，易损性越低
		建筑消防覆盖率	考虑建筑消防设施水平覆盖和楼梯间覆盖的基础上，建筑消防设施覆盖率越大，应对能力越强，易损性越低
		建筑疏散能力	疏散时间越短，建筑物的疏散能力越强，易损性越低
	生态环境易损性	绿化设施密度	区域绿化设施密度越高，对火灾蔓延的阻隔作用越强，易损性越低
		土地利用	不同的土地利用类型对火灾的应对能力不同
	区域抗灾能力	距消防站阻抗距离	考虑道路拥挤状态下，离消防站阻抗距离越近，救援速度越快，火灾易损性越低
		距医院阻抗距离	考虑道路拥挤状态下，离医院阻抗距离越近，救援速度越快，火灾易损性越低
		区域消防可达性	消防可达性越高，火灾易损性越低
		燃气管道密度	燃气管道越密集，承灾体发生火灾的敏感性越高，易损性越高

9.2.4 评价指标标准化

为了消除不同指标间量纲的影响，有必要对数据进行标准化处理，以便于后续各评价指标间数学模型的运算，处理式如式(9.12)：

$$X^* = \frac{X_i - X_{\min}}{X_{\max} - X_{\min}} \tag{9.12}$$

式中，X^* 为标准化值；X_i 为第 i 个样本值；$X_{\min}$ 为指标数据的最小值；$X_{\max}$ 为指标数据的最大值。

9.3 应用实践

以某高校及附近住宅和商业小区为试验区，该校在校生 3 万余人。学校东为还建小区，商铺多以餐饮、酒吧、KTV 和短租房为主，乱搭乱建、改建情况较为严重。

9.3.1 评价指标分析

一般认为，在一定时间内建筑和生态环境因子是稳定不变的，所以主要从人员和区域火灾响应能力方面分析一天内不同时段的时空分布特征。以每天 8:00～11:30、11:30～13:00、13:00～17:30、17:30～19:00、19:00～21:30、21:30～8:00（次日）共六个时段的人口分布、道路拥挤情况，讨论燃气管道火灾承灾体的时空易损性。

9.3.1.1 人员指标

(1) 人口密度。对统计数据进行空间插值得到不同时段人口密度分布如附图 1 所示。由图可知，8:00～11:30 医院和教学区人口密度较高；教工住宅区和还建小区人口密度较小。11:30～13:00 学生下课返回寝室和外出就餐的人数增加，学生宿舍区、食堂和还建小区人口密度变大。13:00～17:30 医院人口密度有所降低；午饭后外出游玩人数增加，还建小区人口密度升高。17:30～19:00 学生下课，教师、家属和附近居民下班回家就餐，学生公寓、教师公寓、还建小区等人口密度较高；部分上晚自习的学生出现在二期教学楼，所以二期教学区呈现人口密度上升态势；同时，该时段也是医院人口密度最高的时段。19:00～21:30 较前一时段变化最大的为教工住宅区、还建小区、学生公寓的人口密度有所增加。21:30～8:00（次日）教工住宅区和学生宿舍区人口密度最高。

(2) 弱势群体密度。采用式(9.2)计算调查人口数据得到弱势群体的时空分布，如附图 2 所示。8:00～11:30 时段，医院弱势群体密度最高，因为医院主要接诊的患者以幼儿和妇女为主，其次为学生宿舍区和校内幼儿园。11:30～13:00 学生宿舍区的弱势群体密度有所上升。13:00～17:30 医院的弱势群体密度最高。17:30～19:00 老年人结束锻炼返回家中，幼儿园下课，所以教工住宅区弱势群体的密度有所上升，幼儿园所在区域的弱势群体密度下降。19:00～21:30 教工住宅区弱势群体的密度最高。21:30～8:00（次日）学生宿舍该指标开始升高。

(3) 人口文化程度。将实地调查数据进行空间插值，得到每天不同时段人员文化程度指标的分布情况，如附图 3 所示。8:00～11:30 时段为上课时间，教学楼的人口文化程度最高。11:30～13:00，学生下课返回寝室，宿舍区的人口文化程度最高。13:00～17:30 宿舍区和教工区的人口文化程度有所上升。17:30～19:00 与 11:30～13:00 的情况类似，教工住宅区的人口文化程度较 11:30～13:00 有所升高。19:00～21:30，教工区、研发楼、图书馆和学生宿舍区的人口文化程度最高，晚自习学生多集中在研发楼、图书馆，一部分会选择在寝室，同时该时段课程安排较少，多数学生已回到寝室休息。21:30～8:00（次日），人口文化程度最高的区域集中出现在教工宿舍区和学生宿舍区。

9.3.1.2 建筑指标

(1) 建筑密度。考虑建筑物面积和层数，由式(9.4)计算获得试验区建筑密度如附图 4 所示。

(2) 建筑类型。建筑物价值的影响因素有两方面：一是建筑物实体因素，包括建筑物的功能、结构、设计、材料等；二是火灾因素，包括火灾承灾体的受损情况、修复费用、人员安置费用及停产损失等。建筑物因素可根据修建费用分为高价值、较高价值、中等价值、较低价值和低价值建筑。试验区内建筑以钢筋混凝土结构房屋为主，火灾受损情况可根据结构剩余承载力来表示。受损情况越严重，修复难度越大，修复费用越高；建筑价值越高，建筑设施易损性越高。试验区建筑价值分布如附图 5 所示，建筑物价值以绿、青、黄、橙、红分别表示低价值、较低价值、中等价值、较高价值、高价值。

(3) 建筑耐火等级。根据调查数据，结合建筑耐火等级标准，试验区建筑耐火等级为一级、二级、三级、四级，分别以绿、黄、橙、红四种颜色表示，试验区建筑物耐火等级空间分布如附图 6 所示。

(4) 建筑消防覆盖率。通过实地调查建筑物内消防喷淋、消防栓与灭火器的数量及性能参数，同时考虑楼层数和楼层面积，根据式(9.5)计算得到试验区建筑消防设施覆盖率如附图 7 所示。

(5) 建筑疏散能力。通过实地调查建筑物内各时段人口数量，由式(9.6)计算得到建筑物疏散能力，如附图 8 所示。

由附图 8 可知，8:00～11:30 时段思学楼、图书馆和还建小区建筑物疏散能力最低，因为该时段校园内这两个区域的人口最为集中，校园外的两个小区楼层较高，楼梯实际有效宽度较窄，所以有效疏散能力最低；同时，该时段还建区和教工住宅区的建筑物疏散能力相对最高，因为楼层低且室内人数少；学生宿舍区呈中等程度疏散能力，因为一些学生外出上课或活动，区内人数减少。11:30～13:00 时段学生宿舍区的建筑物疏散能力有所降低，图书馆、教学楼疏散能力有所升高，因为学生下课离开图书馆、教学楼回寝。13:00～17:30 时段与 8:00～11:30 时段情况类似。17:30～19:00 时段相较前一时段学生回到宿舍区，建筑物疏散能力有所降低，因为学生回到了宿舍区，而图书馆的疏散能力有所升高。19:00～21:30 时段学生大量进入图书馆学习，图书馆的建筑物疏散能力有所降低。21:30～8:00(次日)，因为学生离开图书馆，该区域疏散能力有所上升，呈中等疏散能力；同时，学生宿舍建筑物呈低疏散能力。

9.3.1.3 生态指标

(1) 绿化设施密度。从 DLG 中提取公园、草地、广场等绿化设施数据，利用 GIS 得到试验区绿化设施密度如附图 9 所示。

(2) 土地利用。水域、道路、空旷地、绿化地、建筑设施等五类土地利用类型火灾易损性依次升高，试验区土地利用情况如附图 10 所示。

9.3.1.4 区域抗灾能力

(1) 燃气管道密度。附图 11 为试验区燃气管网密度图，管道密度越高，火灾易损性可能也越高。

(2) 区域消防可达性。由 DLG 提取可通行消防车的道路数据，以道路中心线为基准，以消防车有效射程为缓冲区半径，进行缓冲区分析得到消防车可覆盖区域。同一位置可被消防覆盖越多，可达性值越高，试验区消防可达性如附图 12 所示，其中 0 值代表消防不能覆盖区域；值越高，消防覆盖越强，易损性越低。

(3) 距消防站阻抗距离。以式(9.10)计算消防救援距离，每天不同时段的道路拥堵延时指数参照实时路况信息，其中畅通路况延时指数为 1、缓行路况延时指数为 1.5、拥堵路况延时指数为 2、严重拥堵路况延时指数为 2.5[193]。利用网络分析工具，算得不同时段的消防救援阻抗距离如附图 13 所示。

(4) 距医院阻抗距离。考虑不同时段的路况，以各区域到医院平均距离作为指标因子，以式(9.11)计算每天不同时段距医院的阻抗距离，如附图 14 所示。

8:00～11:30 时段阻抗距离较远的区域主要集中在二期教学楼区域和医学院小区。11:30～13:00 时段，随着下课或下班，外出就餐和活动人数增加，距医院阻抗距离较远的区域面积出现延伸，包括正因村及周边商业区。13:00～17:30 时段距医院阻抗距离较远的区域面积有所减小。17:30～19:00 时段随着学校下课和交通晚高峰的来临，距医院阻抗距离较远的区域面积再次增大，并且成为全天面积最大的时段。19:00～21:30 时段和 21:30～8:00（次日）时段情况较为类似。

9.3.2 评价指标权重值计算与综合评判

9.3.2.1 准则层权重计算

在承灾体易损性评估指标的基础上，采用 AHP 层次分析法计算各指标权重值。首先确定各准则层权重，其次分别计算各准则层构成指标的权重系数，最后把准则层权重乘以各自对应的构成指标权重系数，得到最终评价指标权重值。

(1) 收集专家意见获得判断矩阵。在承灾体易损性评估中，人员、建筑设施、生态环境易损性和区域抗灾能力四个准则层指标的重要性依次递减，计算得到评价准则层指标判断矩阵如表 9.4 所示。

(2) 准则层判断矩阵归一化处理，算得元素的一般项如表 9.5 所示。

(3) 根据归一化矩阵，可求得 $\boldsymbol{W} = (W_1, W_1, \cdots, W_n)^{\mathrm{T}}$ 即为所求特征向量的近似解，判断矩阵的最大特征根为：$\lambda_{\max} = 4.17$。

(4) 判断矩阵一致性检验，一致性系数 CR=0.062＜0.1，通过一致性检验，准则层因子的特征向量近似解可用作准则层因子权重，如表 9.6 所示。

表 9.4 准则层指标判断矩阵

	人员易损性	建筑设施易损性	生态环境易损性	区域抗灾能力
人员易损性	1	2	3	4
建筑设施易损性	1/2	1	2	3
生态环境易损性	1/3	1/2	1	1/2
区域抗灾能力	1/4	1/3	2	1

表 9.5 准则层判断矩阵列归一化

	人员易损性	建筑设施易损性	生态环境易损性	区域抗灾能力
人员易损性	0.48	0.52	0.38	0.47
建筑设施易损性	0.24	0.26	0.25	0.35
生态环境易损性	0.16	0.13	0.12	0.06
区域抗灾能力	0.12	0.09	0.25	0.12

表 9.6 各准则层权重指标

准则层	人员易损性	建筑设施易损性	生态环境易损性	区域抗灾能力
权重	0.46	0.27	0.12	0.15

9.3.2.2 人员易损性构成指标权重

(1) 收集专家意见获得判断矩阵。人员易损性指标的判断矩阵如表 9.7 所示。

(2) 和积法计算特征向量。对人员易损性指标判断矩阵的各列元素分别作归一化处理，计算得到元素的一般项如表 9.8 所示。

(3) 计算特征向量，判断矩阵的最大特征根为：λ_{max} =3.002。

(4) 判断矩阵一致性检验，一致性系数 CR=0.001＜0.1，通过一致性检验，人员易损性指标因子的特征向量近似解可作为人员易损性指标权重因子，如表 9.9 所示。

表 9.7 人员易损性构成指标判断矩阵

	人口密度	弱势群体密度	人口文化程度
人口密度	1	2	3
弱势群体密度	1/2	1	2
人口文化程度	1/3	1/2	1

表 9.8 人员易损性指标判断矩阵列归一化

	人口密度	弱势群体密度	人口文化程度
人口密度	0.54	0.57	0.50
弱势群体密度	0.27	0.29	0.33
人口文化程度	0.19	0.14	0.17

表 9.9 人员易损性因子权重指标

评价因子	人口密度	弱势群体密度	人口文化程度
权重	0.53	0.30	0.17

9.3.2.3 建筑设施易损性构成指标权重

(1) 收集专家意见获得判断矩阵。结合已有分析，将建筑耐火等级、建筑密度、建筑消防覆盖率、建筑类型和建筑疏散能力作为建筑设施易损性评价指标，且重要性依次递减[194,195]，计算得到建筑设施易损性指标的判断矩阵如表 9.10 所示。

(2) 和积法计算特征向量，对建筑设施易损性判断矩阵的各列元素归一化处理，算得元素的一般项如表 9.11 所示。

(3) 计算特征向量，判断矩阵的最大特征根为：λ_{max} =5.10。

(4) 判断矩阵一致性检验，一致性系数 CR=0.022＜0.1，通过一致性检验，特征向量近似解可用，建筑设施易损性指标因子权重如表 9.12 所示。

表 9.10　建筑设施易损性指标判断矩阵

	建筑类型	建筑密度	建筑耐火等级	建筑消防覆盖率	建筑疏散能力
建筑类型	1	1/4	1/6	1/3	2
建筑密度	4	1	1/2	2	5
建筑耐火等级	6	2	1	4	7
建筑消防覆盖率	3	1/2	1/4	1	4
建筑疏散能力	1/2	1/5	1/7	1/4	1

表 9.11　建筑设施易损性判断矩阵列归一化

	建筑类型	建筑密度	建筑耐火等级	建筑消防覆盖率	建筑疏散能力
建筑类型	0.07	0.06	0.08	0.04	0.11
建筑密度	0.28	0.25	0.24	0.26	0.26
建筑耐火等级	0.41	0.51	0.49	0.53	0.37
建筑消防覆盖率	0.21	0.13	0.12	0.13	0.21
建筑疏散能力	0.03	0.05	0.07	0.04	0.05

表 9.12　建筑设施易损性权重指标

评价因子	建筑类型	建筑密度	建筑耐火等级	建筑消防覆盖率	建筑疏散能力
权重	0.07	0.26	0.46	0.16	0.05

9.3.2.4　生态环境易损性构成指标权重

以区域绿化设施密度和土地利用为评价指标，权重因子分别设定为 0.5，如表 9.13 所示。

表 9.13　生态环境易损性权重指标

评价因子	绿化设施密度	土地利用
权重	0.5	0.5

9.3.2.5　区域抗灾能力构成指标权重

(1) 收集专家意见获得判断矩阵，算得区域抗灾能力指标的判断矩阵如表 9.14 所示。
(2) 和积法计算特征向量，对判断矩阵各列元素归一化处理结果如表 9.15 所示。
(3) 计算特征向量，判断矩阵的最大特征根为：$\lambda_{\max}$ =4.06。
(4) 判断矩阵一致性检验，一致性系数 CR=0.022＜0.1，通过一致性检验。区域抗灾能力指标因子特征向量近似解可作为区域抗灾能力指标权重因子，如表 9.16 所示。

表 9.14　区域抗灾能力指标判断矩阵

	距消防站阻抗距离	距医院阻抗距离	区域消防可达性	燃气管道密度
距消防站阻抗距离	1	4	3	1/2
距医院阻抗距离	1/4	1	1/2	1/5
区域消防可达性	1/3	2	1	1/4
燃气管道密度	2	5	4	1

表 9.15 区域抗灾能力判断矩阵列归一化

	距消防站阻抗距离	距医院阻抗距离	区域消防可达性	燃气管道密度
距消防站阻抗距离	0.28	0.33	0.35	0.26
距医院阻抗距离	0.07	0.08	0.06	0.10
区域消防可达性	0.09	0.17	0.12	0.13
燃气管道密度	0.56	0.42	0.47	0.51

表 9.16 区域抗灾能力权重指标

评价因子	距消防站阻抗距离	距医院阻抗距离	区域消防可达性	燃气管道密度
权重	0.31	0.08	0.12	0.49

9.3.2.6 评价指标权重值

如式(9.13)，准则层权重系数乘以指标层各因子权重系数得到各指标层权重系数如表 9.17 所示。

$$W_i = I_i \times C_n \tag{9.13}$$

式中，W_i 为第 i 个评价指标权重；C_n 为准则层第 n 个指标权重；I_i 为指标层第 i 个评价指标权重。

表 9.17 评价指标权重

目标层	准则层	指标层	权重系数
城镇燃气管道火灾承灾体易损性评价	人员易损性	人口密度	0.243
		弱势群体密度	0.138
		人口文化程度	0.079
	建筑设施易损性	建筑类型	0.019
		建筑密度	0.070
		建筑耐火等级	0.124
		建筑消防覆盖率	0.043
		建筑疏散能力	0.014
	生态环境易损性	绿化设施密度	0.060
		土地利用	0.060
	区域抗灾能力	距消防站阻抗距离	0.046
		距医院阻抗距离	0.012
		区域消防可达性	0.018
		燃气管道密度	0.074

9.3.2.7 基于 GIS 的模糊综合评判

1. 评价指标集

首先，建立第一层评价因子集，即 $X=\{$人员易损性 X_1，建筑设施易损性 X_2，生态环

境易损性 X_3，区域抗灾能力 X_4）。然后，建立第二层评价指标：X_1={人口密度，弱势群体密度，人口文化程度}，X_2={建筑类型，建筑密度，建筑耐火等级，建筑消防覆盖率，建筑疏散能力}，X_3={绿化设施密度，土地利用}，X_4={距消防站阻抗距离，距医院阻抗距离，区域消防可达性，燃气管道密度}。

2. 评价集

将评价集分为五个等级，即 V={低易损性 V_1，较低易损性 V_2，中易损性 V_3，较高易损性 V_4，高易损性 V_5}，对应评价等级的量化取值根据数据特征确定，其中定性数据的评价等级量化取值依次为 V={0～0.2，0.2～0.4，0.4～0.6，0.6～0.8，0.8～1.0}；定量指标评价等级的量化取值，则考虑数据分布特征，利用自然间断点分级，得到 8:00～11:30 时段人口密度评价集 V_1～V_5 分别为：0.06，0.20，0.41，0.74，1.00。其他定量数据评价集取值参照人口密度评价取值方法，如表 9.18～表 9.21 所示。

表 9.18 人员易损性评价集取值

评价集	时段	V_1	V_2	V_3	V_4	V_5
人口密度	8:00～11:30	0.06	0.20	0.41	0.74	1.0
	11:30～13:00	0.10	0.27	0.48	0.78	1.0
	13:00～17:30	0.07	0.22	0.43	0.73	1.0
	17:30～19:00	0.07	0.22	0.44	0.76	1.0
	19:00～21:30	0.09	0.26	0.47	0.76	1.0
	21:30～8:00(次日)	0.07	0.20	0.40	0.73	1.0
弱势群体密度	8:00～11:30	0.07	0.20	0.41	0.75	1.0
	11:30～13:00	0.09	0.26	0.49	0.80	1.0
	13:00～17:30	0.06	0.21	0.44	0.76	1.0
	17:30～19:00	0.09	0.24	0.45	0.75	1.0
	19:00～21:30	0.11	0.27	0.48	0.77	1.0
	21:30～8:00(次日)	0.06	0.22	0.45	0.78	1.0
人口文化程度	8:00～11:30	0.12	0.28	0.49	0.78	1.0
	11:30～13:00	0.28	0.38	0.56	0.82	1.0
	13:00～17:30	0.07	0.23	0.47	0.77	1.0
	17:30～19:00	0.05	0.18	0.39	0.73	1.0
	19:00～21:30	0.07	0.23	0.45	0.76	1.0
	21:30～8:00(次日)	0.13	0.38	0.65	0.87	1.0

表 9.19 建筑设施易损性评价集取值

评价集	时段	V_1	V_2	V_3	V_4	V_5
建筑类型	全天	0.2	0.4	0.6	0.8	1.0
建筑密度	全天	0.08	0.24	0.46	0.79	1.0
建筑耐火等级	全天	0.2	0.4	0.6	0.8	1.0

续表

建筑消防覆盖率	全天	0.07	0.15	0.30	0.60	1.0
建筑疏散能力	8:00~11:30	0.04	0.11	0.21	0.35	1.0
	11:30~13:00	0.09	0.22	0.37	0.75	1.0
	13:00~17:30	0.03	0.07	0.14	0.26	1.0
	17:30~19:00	0.20	0.35	0.64	0.82	1.0
	19:00~21:30	0.21	0.50	0.82	0.90	1.0
	21:30~8:00(次日)	0.06	0.17	0.31	0.58	1.0

表 9.20 生态环境易损性评价集取值

评价集	V_1	V_2	V_3	V_4	V_5
绿化设施密度	0.05	0.20	0.43	0.74	1.0
土地利用	0.2	0.4	0.6	0.8	1.0

表 9.21 区域抗灾能力评价集取值

评价集	时段	V_1	V_2	V_3	V_4	V_5
距消防站阻抗距离	8:00~11:30	0.26	0.42	0.59	0.78	1.0
	11:30~13:00	0.11	0.34	0.54	0.72	1.0
	13:00~17:30	0.12	0.35	0.55	0.76	1.0
	17:30~19:00	0.11	0.33	0.54	0.72	1.0
	19:00~21:30	0.13	0.37	0.58	0.79	1.0
	21:30~8:00(次日)	0.13	0.36	0.55	0.75	1.0
距医院阻抗距离	8:00~11:30	0.23	0.41	0.55	0.72	1.0
	11:30~13:00	0.10	0.31	0.50	0.68	1.0
	13:00~17:30	0.13	0.37	0.58	0.76	1.0
	17:30~19:00	0.10	0.29	0.47	0.63	1.0
	19:00~21:30	0.07	0.24	0.41	0.57	1.0
	21:30~8:00(次日)	0.10	0.32	0.55	0.74	1.0
区域消防可达性	全天	0.16	0.28	0.44	0.64	1.0
燃气管道密度	全天	0.16	0.38	0.52	0.75	1.0

3. 评价指标的隶属集

在指标集与评价集评价的基础上，采用半梯形分布函数计算各评价指标集的隶属度。根据评价指标的性质分为定性和定量指标，分别计算隶属集。

1) 定性指标隶属集

评价体系中包括建筑耐火等级、建筑类型(价值)和土地利用三个定性指标，分别利用 0~1 之间的易损系数进行标度，值越大，易损性越高。从表 9.22 可知，上述三个指标的评价集为 $V=\{V_1, V_2, V_3, V_4, V_5\}$={低易损性，较低易损性，中易损性，较高易损性，高易损性}={0～0.2,0.2～0.4,0.4～0.6,0.6～0.8,0.8～1.0},基于评价集和隶属度函数分别计算上述指标的隶属度。以半梯形分布函数作为隶属函数公式[196],可计算获得建筑耐火等级的隶属度如表 9.23 所示。同理,可得建筑类型隶属度(表 9.24)、土地利用隶属度(表 9.25)。设高价值建筑易损系数为 0.9,较高价值建筑易损系数为 0.7,中等价值建筑易损系数为 0.5,较低价值建筑易损系数为 0.3,低价值建筑易损系数为 0.1。由半梯形隶属度函数,计算获得建筑类型(价值)隶属度如表 9.24 所示。

表 9.22 建筑物耐火等级评价

评价集	V_1	V_2	V_3	V_4	V_5
建筑耐火等级	0.2	0.4	0.6	0.8	1.0

表 9.23 建筑耐火等级隶属度

建筑耐火等级	V_1	V_2	V_3	V_4	V_5
一级	1	0	0	0	0
二级	0.25	0.75	0	0	0
三级	0	0	0.75	0.25	0
四级	0	0	0	0.5	0.5

表 9.24 建筑类型隶属度

建筑价值	V_1	V_2	V_3	V_4	V_5
低价值建筑	1	0	0	0	0
较低价值建筑	0.5	0.5	0	0	0
中等价值建筑	0	0.5	0.5	0	0
较高价值建筑	0	0	0.5	0.5	0
高价值建筑	0	0	0	0.5	0.5

综合土地利用类型特征,设定水域易损性最低为 0.1,道路 0.35、空旷地 0.25、绿化地 0.5,建筑设施用地易损性最高为 0.85。由半梯形隶属度函数,计算得到土地利用类型隶属度如表 9.25 所示。

表 9.25 土地利用隶属度

土地利用	V_1	V_2	V_3	V_4	V_5
水域	1	0	0	0	0
道路	0.25	0.75	0	0	0
空旷地	0.75	0.25	0	0	0
绿化地	0	0	0	0.5	0.5
建筑设施用地	0	0	0	0.75	0.25

2) 定量指标隶属集

评价体系包括:人口密度、弱势群体密度、人口文化程度、建筑密度、建筑疏散能力、建筑消防覆盖率、绿化设施密度、距医院阻抗距离、距消防站阻抗距离、区域消防可达性和燃气管道密度，共 11 个定量指标。

9.3.3 区域火灾承灾体易损性评价

分别计算得到试验区燃气管道火灾承灾体的人员时空易损性、建筑设施易损性、生态环境易损性以及区域的时空综合易损性。

9.3.3.1 人员时空易损性

根据人口密度、弱势群体密度、人口文化程度指标数据，结合模糊综合评判算法，基于人员易损性评价模型，计算得到试验区人员时空易损性如附图 15 所示。

附图 15(a) 为 8:00~11:30 时段，桂林小学、学生食堂、学生公寓、幼儿园、思学楼等区域人员易损性较高。附图 15(b) 为 11:30~13:00 时段，学生食堂、教工宿舍、正因社区、桂林小学等区域人员易损性较高，校内教学楼的人员易损性则有所降低。附图 15(c) 为 13:00~17:30 时段，桂林小学、幼儿园、校内教学楼等区域由于学生上课的原因，呈现出较高的人员易损性。附图 15(d) 为 17:30~19:00 时段，校内教工宿舍、学生公寓、食堂以及校外正因社区和靠近校园东侧的部分餐馆、商铺等表现出较高的人员易损性。附图 15(e) 为 19:00~21:30 时段，校内教工宿舍、一些商铺区、教学楼等都表现出较高的人员易损性；校外正因社区、正兴小区、福缘小区等由于人员的回归，易损性等级有所提高。附图 15(f) 为 21:30~8:00(次日)时段，易损性较高的区域主要集中在校内的教工宿舍、学生公寓和校外的居民住宅区等。

可以看出，随着人员的流动，不同时段的区域易损性有所差异，如桂林小学在 8:00~17:30 时段，人员较为集中，如若发生管道火灾，人员易损性会较高；其他时段，该区域易损性则较低。其他区域如幼儿园和校内的学生公寓、食堂、教工宿舍，校外的正因社区、正兴小区、妇幼保健医院等也表现出随着作息时间人员流动引起的区域易损性的时空变化特征。

9.3.3.2 建筑设施易损性

附图 16 是试验区建筑设施易损性时空分布图。由图可知，建筑设施的时空易损性因其一天中不同时段的疏散能力不同而有所差异。但易损性总体分布较为一致，建筑易损性较高的区域都主要集中于校外东侧的还建房住宅区，该区域建筑密度高、人员集中、建筑种类多，包括商业小区、餐馆、居民住宅区等，乱改乱搭现象较为普遍，建筑防火能力较为薄弱。同时，该区域燃气管道密度较为集中，一旦发生管道火灾，极易造成建筑设施受损。相反，校内建筑设施易损性都相对较低，原因是校内建筑楼间距较大，建筑密度较低，消防配套设施较完善，建筑耐火等级较高。

9.3.3.3 生态环境易损性

利用生态环境易损性模型，计算绿化设施密度和土地利用数据，获得试验区生态环境易损性结果分布图，如附图 17 所示。

附图 17 为仅考虑生态环境因子作用下燃气管道火灾承灾体易损性分布图，可以看出建筑设施的生态易损性普遍较高，水域、操场、道路和绿化用地的生态易损性则较低。从整个试验区来看，校内区域绿化度较高，生态易损性等级低于校外区域。

9.3.3.4 时空综合易损性

综合上述人员、建筑设施、生态环境易损性和区域抗灾能力等 14 个指标，采用模糊综合评判算法，结合 GIS 方法获得试验区燃气管道火灾承灾体时空易损性(附图 18)。附图 18(a)为 8:00～11:30 时段，易损性较大的区域主要分布在桂林小学、幼儿园、思学楼、学生食堂、妇幼保健医院等，这些区域在该时段人员较为集中，特别是桂林小学和幼儿园区域，人员多为弱势群体，一旦管道发生泄漏或爆炸引起火灾，极易造成人员受损。附图 18(b)为 11:30～13:00 时段，校内易损性较高区域主要集中于教工宿舍、学生食堂、学生公寓等区域，教学区易损性较低；校外桂林小学、正兴小区以及校外东侧的部分餐馆等区域易损性都较高。附图 18(c)为 13:00～17:30 时段，校内易损性较高区域主要集中于教学楼，如思学楼、博学楼、四大明楼等，校内东侧的一些商铺区和学生公寓也呈现出较高的易损性；校外桂林小学、幼儿园、正因社区部分区域易损性较高。附图 18(d)为 17:30～19:00 时段，校内易损性较高的区域主要集中于学生食堂、学生公寓、教师宿舍等；校外东侧还建房小区的餐馆、商城、正因小区、正兴小区等区域易损性也普遍较高。附图 18(e)为 19:00～21:30 时段，校内易损性较高的区域主要集中于教工宿舍、学生宿舍、教学楼等；校外正因社区、正兴小区和周围的一些服装店、商城都表现出较高的易损性。附图 18(f)为 21:30～8:00(次日)时段，校内区域易损性较高的区域主要集中于教工宿舍、学生公寓，教学区的易损性则有所降低；校外一些住宅区易损性有所升高，如福缘小区、正因社区、正兴小区、医学院小区等。

从附图 18 可以看出，燃气管道火灾承灾体易损性在一天中时空变化显著，人员作为最重要的承灾体，人员空间流动对区域易损性具有重要的影响。从校内看，上课阶段教学区人员较为集中，一旦发生管道火灾，容易造成人员伤害，因此上课阶段都表现出较高的易损性；晚间休息阶段，随着人员离开，教学区的易损性逐渐降低。在学生就餐时间段，校内食堂、校园东侧小区的部分餐馆都表现出高易损性。在晚间休息时段，由于人员大量回归宿舍，教工宿舍和学生公寓都呈现出较高的易损性，而此时校内的其他区域易损性都有所降低。校外来看，因为人员流动较校内更为复杂，但从总体呈现相似的特征，如在晚间休息阶段，人员大量回归，一些住宅区的易损性逐渐提高，小学、幼儿园和餐馆区域等也呈现出与人员流动相似的易损性特征。除了人员流动对区域易损性有影响外，每天不同时段道路拥挤情况，也会对救援响应时间造成影响，如早晚高峰期道路拥挤情况，造成消防和医院的救援响应时间都有所差异，在一定程度上影响区域承灾体的易损性。

综上所述，影响时空易损性高低的因素有两点，第一是时间，第二是承灾体自身属性。学校及其周边区域人群活动状态具有一定的时间规律性。在相同的区域，例如在 11:30～13:00 时段，学生食堂的易损性较高，因为该时段正是学生下课就餐时间；而 19:00～21:30 时段，学生食堂的易损性则较低，因为该时段学生已结束用餐。这说明其易损性的时空变化与作息时间有着紧密的关系；其次，承载体的易损性高低还与自身属性有着极强的关联，这些属性包含承灾体的作用、性质或结构类型。例如在 8:00～11:30 时间段内，易损性较大的区域主要分布在桂林小学、幼儿园、思学楼、学生食堂、妇幼保健医院等区域，是因为这个时段该区域的人员较为集中，特别是幼儿园和妇幼保健院区域，人员多为弱势群体。在相同的时间段内，教工宿舍区的易损性就较低。

第 10 章　地下管线风险评价

10.1　地下管线事故

10.1.1　地下管线事故现状

随着城市的快速化发展，地下管线建设步伐不断加快，伴随而来的地下管线运行管理问题愈发复杂[197,198]，2008~2010 年的三年间，国内每年发生城市地下管线事故千余起。有的事故损失巨大，如 2013 年 11 月 22 日 10 时 25 分，位于山东省青岛经济技术开发区的中石化股份有限公司管道储运分公司东黄输油管道原油泄漏发生爆炸，造成 62 人死亡，136 人受伤，直接经济损失达 7.5 亿元。事故的直接原因是：输油管道与排水暗渠交汇处管道腐蚀减薄、管道破裂、原油泄漏，流入排水暗渠后反冲到路面。原油泄漏后，现场处置人员采用液压破碎锤在暗渠盖板上打孔破碎，产生撞击火花引发暗渠内油气爆炸[199]。此次事故暴露出油气管道规划设计缺陷、公司内检发现缺陷点未进行彻底整改、公司对事故风险研判失误、抢修违规违章作业等问题。

2010 年 7 月 28 日上午，位于南京市栖霞区迈皋桥街道的南京塑料四厂地块拆除工地发生地下丙烯管道泄漏爆燃事故，共造成 22 人死亡，120 人受伤，直接经济损失 4784 万元。事故调查认定直接原因为个体施工队伍擅自组织开挖地下管道，现场盲目指挥。间接原因是开发办等相关单位违反招投标规定将拆除工程直接指定给无资质的个体拆除业务承揽人，且业主未履行应承担的安全管理工作职责，管道所属单位安全监管不力[200]。这起重大事故暴露了我国某些城市在地下管线违法占压、安全距离不达标、管网交叉建设底数不清、开挖施工安全不达标等问题监管不力。十堰"6·13"燃气爆炸事故导致 26 人死亡、138 人受伤[201]。事故调查报告称，事故直接原因是天然气中压钢管严重锈蚀破裂，泄漏的天然气在建筑物下方河道内密闭空间聚集，遇餐饮商户排油烟管道火星发生爆炸。间接原因则包括管道周边违规建设形成隐患且长期未整改，以及物业管理混乱、现场应急处置不当等问题[201]。

据不完全统计，国内每年因建设施工而引起的管线事故所造成的直接经济损失达数十亿元，间接经济损失数百亿元，同时还伴有大量的人员伤亡，损失之大触目惊心，造成不良社会影响。地下管线的安全形势十分严峻[13]。

10.1.2　**地下管线事故类型及影响因素**

地下管线事故灾害主要指管网的中断、阻断、裂管、爆管等事件，致使城市部分区域发生火灾、爆炸、内涝、坍塌、水害、中毒或窒息、断气、断水、断电、断通信、管道破损、水体污染事故等。地下管线事故主要分为三类：管线本体（腐蚀、穿孔、泄漏等）事故、第三方破坏(开挖破坏、占压等)事故和自然灾害(地面沉降、地震等)事故。地下管线的影响因素主要有管线本体、第三方破坏、自然环境等三方面。

10.1.2.1 本体因素

地下管线自身原因导致的事故灾害，主要包括管道缺陷、强度不足、接口不良、变形位移、腐蚀、超期服役、施工质量差、内压力不均衡、缺管失养等。其中，事故发生频率较高、危害较大的是管道的腐蚀破坏和日常维护缺失。

管道腐蚀破坏包括燃气杂质腐蚀、电化学腐蚀、杂散电流腐蚀、防腐层破坏等。

我国不少城市存在权属不清的地下管线，安全监管严重缺失。部分无单位管理和维修的管线，仍在运行使用。部分企业自建自营的地下管线因企业改制、灭失、迁移后，原权属企业的管线与城市公共运营的管线没有并网和进行移交管理，致使仍在使用中的管线缺乏维护和监管。企业迁移改造后，埋设在原生产区域地下的工业管道没有进行必要的安全处置，成为潜伏在城市地下的"定时炸弹"，随时可能发生灾害事故。

10.1.2.2 第三方破坏

第三方破坏导致的地下管线事故灾害，主要包括外部施工破坏、管线占压、偷盗、重型车辆碾压，以及相邻管道的不利影响等。其中比较典型的是施工破坏和管线占压。

10.1.2.3 自然环境影响

地下空洞、土质疏松、邻近水囊、地面沉降等地质环境缺陷，植物根系破坏，以及极端天气、冻害、地震等都会对地下管线运行产生不利影响，其中比较常见或危害较大的是地面沉降和地震。

调查表明，地面沉降和地震作用下管道接口损坏占管道破坏总数的比例在70%左右。如1994年美国北岭(Northridge)地震，城市供气系统出现1500多处漏气现象，引起火灾97起，由于燃气泄漏导致的火灾54起。1976年中国唐山大地震，总长度为110km(DN>75mm)的城市供水管网在444处遭到不同程度的破坏。2009年12月8日10时，中国长春市DN1600mm原水管线突发漏水，造成市区1/5面积停水，原因为事故前天气变化幅度较大，地质条件发生变化，管道被挤压破裂。

10.2 地下管线风险概念

风险(risk)一词的英文是在17世纪60年代从意大利语中的riscare一词演化而来，是指可能产生潜在损失的征兆[201]。风险在现实中是客观存在的，贯穿于人类征服与改造自然的全过程，随着生产力的不断发展而不断发生变化。《ISO 31000：2009-风险管理原则与实施指南》对风险的定义是"不确定性对目标的影响"，风险与其所在的客观环境以及时空条件有着密切关系，还涉及政治、经济、社会科学以及自然科学等诸多领域。因此，从不同的角度，"风险"有着不同的定义和表述形式。综合起来，风险有如下定义：

(1) 某一危险事件发生的概率以及事件后果，风险与某一特定的危险事件有关。

(2) 人类活动或者事件造成的后果对现有价值造成伤害的概率。
(3) 造成资产(包括人员本身)处于危险的情况或者事件,而结果是不确定的。
(4) 在特定的时间段内,某种困难情况导致某一负面事件发生的概率。
(5) 风险是指未来事件和结果的不确定性。

概括起来,风险有如下特点:

(1) 客观性。风险是客观存在的,不受人的意识控制,也不以人的意志为转移。现实中,人们只能通过风险控制措施来降低风险发生的概率及遭受损失的程度,但是不能彻底消除风险。

(2) 普遍性。人们生产和生活的各个方面都存在风险,同时还会不断出现新的风险,并且所造成的损失也会越来越大。比如,核工业会产生核污染及核辐射风险;航天领域会存在巨额损失风险等。

(3) 具体发生的偶然性。风险是客观存在的,但是风险的发生却具有一定的偶然性,是一个随机事件。比如,地震是自然界客观存在的一种自然灾害,但是地震发生的具体时间、地点、等级等却是人们无法准确预知的。

(4) 大量风险发生的必然性。具体事故的发生具有一定偶然性,大量事故的发生却是必然的,并且通常具有明显的规律性。

(5) 风险的可变性。在一定条件下,风险可以相互转化,主要表现为,风险量的改变、一些风险在一定条件下可以被消除或者出现新的风险。

因此,地下管线风险是指造成管道破坏的概率和导致的生命、财产、管道安全、环境等各类损失。地下管线风险评价就是地下管线事故发生的概率,以及管道事故对管道及业务、周围环境的影响进行定量描述的系统过程。基于空间思维,将风险定义为事故危险度(失效概率与危害强度之积)与承灾体易损性的乘积[202],如式(10.1)。通过评估事故危险度和承灾体易损性来计算风险程度,实现风险因素的对比分析。

$$\begin{cases} R = S \times V \\ S = \sum_{i=1}^{n} f_i S_i \end{cases} \quad (10.1)$$

式中,R 为管道风险;S 为事故的危险度;S_i 为失效模式 i 的危害严重度;f_i 为失效模式 i 的失效概率;V 为承灾体的易损性。

10.3　地下管线风险评价

10.3.1　地下管线风险评价指标体系

根据风险的定义,地下管线风险评价的指标体系也须紧紧围绕管道危险性和易损性两个方面来建立。管道危险性指标体系主要反映在两个方面:一是管线受到第三方破坏(开挖破坏、占压等)所引发的危险;二是自然灾害(地震、泥石流、滑坡等)所造成的危险。管道易损性的指标选择应该从管道本体信息、管道敷设状况、管道运营管理等方面进行考虑,以构建全面的指标体系。

试图将所有反映风险的要素都纳入管道风险评价中是不现实的。为了满足管道风险评价的需要，指标选取应遵循以下原则[203]：

(1) 系统性原则。指标体系应尽可能全面、系统地反映管道自身以及周围环境的情况，评价目标和指标必须有机地联系起来组成一个层次分明的整体。

(2) 分主次原则。建立评价指标体系时要分清主次，将对管道风险具有重要作用或直接关系的要素指标纳入风险分析，舍去次要的、间接的指标。

(3) 针对性原则。应结合具体城市地下管线的复杂情况及特点，建立相应的风险指标体系和评价模型。我国地下管线工程所涉及的范围非常广，在进行风险评价时既要有总体思路也要对症下药，要及时掌握风险指标的变动等。

(4) 简明性和可操作性原则。简明性就是评价指标尽可能简单、明确，具有代表性。可操作性就是评价指标值可以比较方便地获取或实现。

根据以上原则，在前人研究的工作基础上[204,205]，本书梳理出管道风险评价指标体系(图10.1)。此评价指标体系包括危险性和易损性两个方面，其中危险性包括管道本体、自然环境和第三方破坏三类评价指标。管道本体因素主要考虑管道材质、线路状况、运营时间、安全预警度等能直接反映管道本身稳定性的指标；自然条件因素主要包括土壤酸碱度、地下水位、高程、坡度、年均降水量、NDVI(normalized difference vegetation index，归一化植被指数)、最大日降水量等能够反映自然灾害发生危险性的指标；第三方因素主要反映人类活动对管道的影响，包括周边居民状况、地面活动强度、车辆荷载等指标。

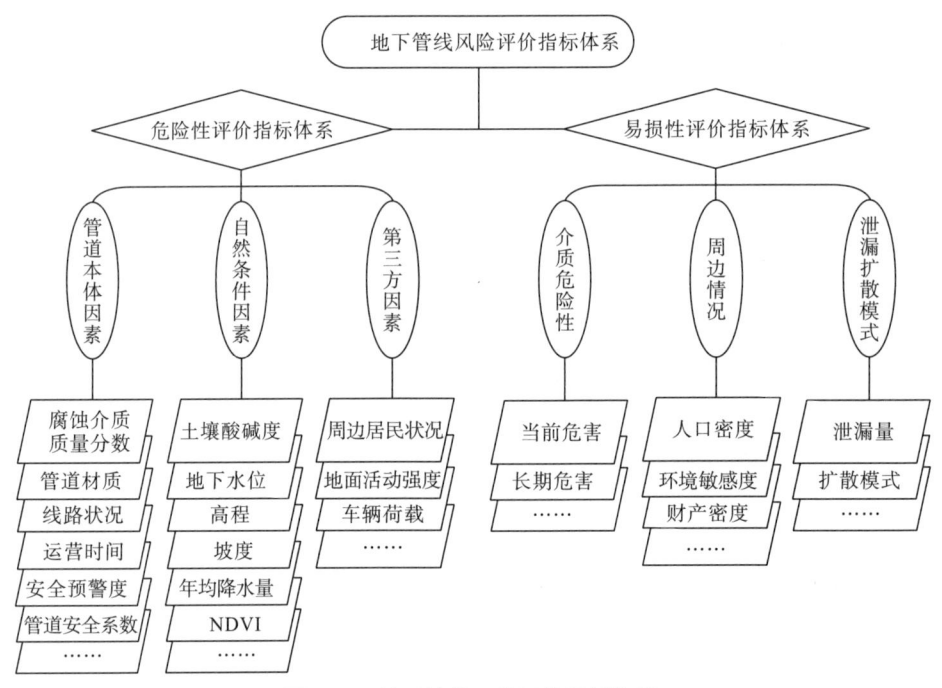

图10.1 地下管线风险评价指标体系

在管道易损性评价指标体系中，从管道运输介质的危险性、周边情况以及泄漏扩散模式来选择指标。介质危险性主要包括当前危害和长期危害；周边情况包括人口密度、环境敏感度、财产密度等反映事故发生后生命和财产可能受到影响程度的指标；泄漏扩散模式考虑泄漏量、扩散模式等指标。

10.3.2 地下管线风险评价方法

经过40年的发展，地下管线风险评价领域已经形成了定性、半定量和定量三类评价方法。

10.3.2.1 定性评价

定性评价主要根据经验对管道系统的工艺、设备、地质灾害环境、人员等方面进行定性分析，主要作用是找出管道系统存在哪些灾害危险、诱发事故的因素、这些因素对系统产生的影响程度及在何种条件下会导致管道失效，最终确定控制管道事故的措施。定性评价的特点是过程简单，不必建立精确的数学模型和计算方法，能够低成本、快速地得到答案、划分影响因素的细致性、层次性等，具有直观、简便、快速、实用性强的特点，便于推广应用。但是，定性评价的主观性较强，结果易受参评人员专业知识深度及经验多少的影响。对于复杂系统，由于它不能量化管道灾害风险程度，有时难以得到令公众和管道管理部门信服的评价结果。定性评价常用于基本方案的风险评价、初始阶段的风险评价，用来确定潜在危险最大或重大风险的区域，为制定进一步风险评价方案提供依据。主要有安全检查表分析、预先危险性分析、危险与可操作性分析等方法。

安全检查表分析(safety checklist analysis，SCA)是安全评价方法中最初步、最基础的一种。常用于检查管道系统的不安全因素，查明薄弱环节的所在。首先需根据检查对象的特点、有关规范及标准的要求，确定检查项目和要点。以提问的方式，把检查项目和要点逐项编制成安全检查表。评价时对表中所列项目进行检查和评判。

预先危险性分析(preliminary hazard analysis，PHA)又称初步危险分析或假设预测分析法，是指在管道工程活动(包括设计、施工、生产和维修等)前，通过假设提问的方法列出系统可能存在的各种灾害危险因素，然后对其可能产生的后果进行宏观、概略的分析，并提出安全防治措施。主要用于对灾害体和管道的主要区域进行分析，功能主要有：大体识别与管道系统有关的主要灾害危险；识别危险的因素；估计事故出现对人体及管道系统产生的影响；判定已识别的危险性等级(表10.1)，并采取消除或控制危险性的技术和管理措施。预先危险性分析前，应根据项目实际情况，由工程技术、操作和管理人员共同组成一个小组，在对工程环境、操作程序、工艺描述和其他相关信息研究的基础上，按照流程进行分析。

表 10.1 PHA 危险性等级划分表

I	安全	不会造成人员伤亡及系统损坏
II	临界	处于事故的边缘状态，暂时不至于造成人员伤亡、系统损坏或降低系统性能，但应予以排除或采取控制措施
III	危险	会造成人员伤亡和系统损坏，要立即采取防范对策措施
IV	灾难性	造成人员重大伤亡及系统严重破坏的灾难性事故，必须予以果断排除并进行重点防范

危险与可操作性分析(hazard and operability study，HAZOP)是英国帝国化学工业公司(Imperial Chemical Industries，ICI)为解决除草剂制造过程中的危害，于 1960 年发展起来的一套以引导词为主体的危害分析方法，用来检查设计的安全以及危害的因果来源。HAZOP 分析方法是用来识别和估计过程的安全危险以及操作性问题，虽然这些操作性问题可能没有什么危险性，但通过可操作性分析以保证装置达到设计能力。该方法最初是为缺乏预报危险和操作性问题经验的分析组设计的，后发现该方法同样适用于已投入运行管道的灾害风险评价。HAZOP 分析的目的是系统、详细地对工艺过程和操作进行检查，以确定过程的偏差是否导致不希望的后果。HAZOP 分析可用于连续或间歇过程，还可以对管道灾害情况进行分析，将列出引起危害的原因、后果，以及针对这些危害及后果已使用的安全措施，当分析确信对这些危害的保护措施不当时，将提出相应的改进措施。

总之，定性评价法可以根据专家的观点提供高、中、低风险的相对等级，是风险管理中识别潜在灾害事故的第一步。但是管道灾害的发生频率和事故损失后果等均不能量化。比如，确定管道维修或防治的优先次序时，就可按定性风险分析法提供的资料确定系统中哪段管道最需要维护，哪种防治措施最合适，为科学制定管线灾害防治方案提供依据。

10.3.2.2 半定量评价

半定量评价是以风险的数量指标为基础，以管道系统中的灾害致灾体和管道系统为评价对象，对管道事故损失后果和灾害事故发生概率按权重值各自分配一个指标，然后用一定的数学模型综合处理并将两个对应事故概率和后果严重程度的指标进行组合，从而形成一个相对风险指标。最常用的是专家评分法[206]，最具代表的是 W. Kent Muhlbauer 主编的《管道风险管理手册》(Pipe Risk Management Manual)。目前，该书所介绍的评价模型已为世界各国普遍采用，国内外大多数管道风险评价软件都是基于该书所提出的基本原理进行编制的。

专家评分法是指通过匿名方式征询有关专家的意见，对专家意见进行统计、处理、分析和归纳，客观地综合多数专家经验与主观判断，对大量难以采用技术方法进行定量分析的因素作出合理估算，经过多轮意见征询、反馈和调整后，对管道灾害风险进行分析的方法。该方法适用于存在诸多不确定因素、采用其他方法难以进行定量分析的管道灾害风险评价。专家评分法的程序如下：

(1)选择专家。
(2)确定影响灾害风险的因素，设计分析对象征询意见表。
(3)向专家提供灾害背景资料，以匿名方式征询专家意见。
(4)对专家意见进行分析汇总，将统计结果反馈给专家。
(5)专家根据反馈结果修正自己的意见。
(6)经过多轮匿名征询和意见反馈，形成最终分析结论。

使用专家评分法应当注意：①选取的专家应当熟悉管道灾害相关理论，有较高权威性和代表性，人数适当；②对影响管道灾害风险每项因素的权重及分值均应向专家征询意见；③多轮评分后统计方差如果不能趋于合理，应当慎重使用专家评分结论。

10.3.2.3 定量评价

定量评价是管道风险评价的高级阶段,具有严密的数学基础,在失效概率和失效结果直接评价基础上的一种定量计算绝对事故概率的方法。由于定量评价预先把灾害事故发生概率和事故损失后果都约定一个具有明确物理意义且可计算的量,所以其评价结果是最严密和最准确的。该方法综合考虑管道失效的单个事件,可以计算最终事故的发生概率和事故损失后果。定量法为管道经营者提供了最大的洞察能力,评估结果还可以用于风险、成本、效益的分析,这是前两类方法无法做到的。常用的定量评价方法有故障树分析法(fault tree analysis,FTA)和概率风险评估法(probabilistic risk assessment,PRA)等。

FTA 是主要的安全风险分析方法,由美国贝尔电话实验室于 1962 年首先提出。我国于 1976 年开始介绍并且研究这种方法,并在核工业、航空、航天、机械、电子、地质等领域广泛应用,为提高产品的安全性和可靠性发挥了重要作用,具有广阔的应用前景和发展前途。故障树由若干节点和连接节点的线段组成(图 10.2),每个节点表示某一具体事件,而连线则表示事件之间的某种特定关系。

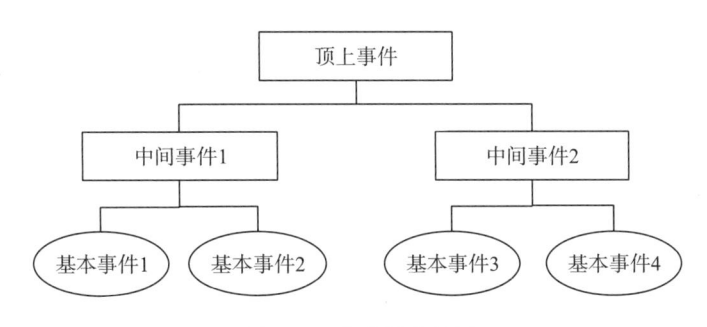

图 10.2 故障树分析图

FTA 是一种逻辑演绎分析工具,用于分析所有事故的现象、原因和结果事件及它们的组合,从而找到避免事故的措施。FTA 是分析系统事故和原因之间关系的因果逻辑模型,从某一特定的事故开始,运用逻辑推理方法找出各种可能引起事故的原因,也就是识别各种潜在的影响因素,求出事故发生的概率,并提出各种控制风险的方案。FTA 法既可做定性分析,又可做定量分析。若按事件是否发生对顶上事件的影响来做定性分析,可以查明系统由初始状态(基本事件)发展到事故状态(顶上事件)的途径,求出引发事故的最小事件组合,发现系统安全的薄弱环节,为改善安全提供对策及方案,则属于定性评价方法。若采用定量分析,则需要已知各基本事件发生的概率,按逻辑代数计算法则,计算顶上事件发生的概率及基本事件的影响程度,则属于定量评价方法。

概率风险评估法(probabilistic risk assessment,PRA)是运用数理统计的概率方法,分析灾害危害因素、事故后果之间的数量关系及其变化规律,对事故概率及系统风险进行定量评定。它将各种灾害因素处理成随机变量或随机过程,量化事故频率及失效后果。概率理论分析、马尔可夫模型分析、可靠度分析等均属于这种评价方法。这类方法能够给出系统发生事故的概率、各种危害因素的重要度,便于对不同因素进行比较。管道灾害概率风险评价中,由于致灾体危害因素繁多,引发管道失效事故的类型也很复杂,常常需要应用结构力学、地质力学、块体断裂力学、水力学等理论，根据管道在运营条件下的灾害体发生发展趋势等，结合管道事故统计数据与分析资料，利用数学模型求解，求得管道事故的发生概率。该评估法对数据资料的完整性、数学模型的准确性和分析方法的合理性要求很高，没有较完整的风险评价数据库和相关技术标准及研究基础的支持，很难得到精确的定量评价结果。

综上所述，管道灾害风险评价是集合管道及附属设施灾害危险性评价、易损性评价和后果分析的成果，获取一个风险估量。目前，较常用的是定性和半定量评价方法。定性和半定量的方法容易实现，易于理解，但难以进行各灾害点之间的比较。潜在灾害发生概率和管道破坏概率在数量上变化很大，因此采用概率论来估算风险更易于接受。将概率值与后果损失值相结合（定量方法）来确定灾害的真实风险，这样的结果对社会、环境、运营商来说更有意义，而定性或半定量方法难以达到这种程度。上述三类评价方法的对比见表10.2。

表 10.2 定性、半定量和定量方法对比

对比项	定性方法	半定量方法	定量方法
评价需要的资料	历史与现状数据	简单的调查数据	详细的勘察资料
可操作性	简单，易于操作	稍简单，易于操作	复杂，专业水平较高
评价结果	灾害相对风险	灾害相对风险	灾害实际风险
适用工作阶段	巡查阶段	调查阶段	重点灾害点风险控制

如本书 6.3.3 节，地下管线风险评价可以采用层次分析法、普通最小二乘法[207]和地理加权回归模型、支持向量机模型和神经网络模型。这些模型各有优缺点，哪种模型最好，哪种模型在某个特定的条件下最为适用都尚无定论。可具体问题具体分析，也存在进一步研究的必要。

10.3.3 地下管线风险评价案例

10.3.3.1 试验区概况

兰成渝输油管道是我国首条长距离、多出口的成品油输送管道，管道从兰州市出发，经甘肃、陕西、四川，最终到达重庆。广元市位于四川盆地东北部的边缘，是由山地向盆地过渡地带，地形变化明显，河流切割强烈，多数河谷呈"V"形，为滑坡地质灾害的发生提供了必要的地形条件。兰成渝管道经过的广元市区域为滑坡地质灾害高发区，仅朝天区、利州区内已查明的滑坡地质灾害就有 300 余处。选取兰成渝成品油输油管道 K558～K642 里程段（广元段）为研究对象，管道全长约 82km（图 10.3），试验区位于四川省广元市境内，东经 105°15′～106°4′，北纬 32°3′～32°45′，由北向南跨朝天区、利州区、昭化区、青川县、剑阁县共三区二县的 19 个乡镇（以 2019 年行政区划为准）。区内滑坡地质灾害有 100 余处，部分滑坡距离管道不足 100m，这些滑坡对管道的安全运营、周边居民及国民经济构成了极大的威胁。

第 10 章　地下管线风险评价

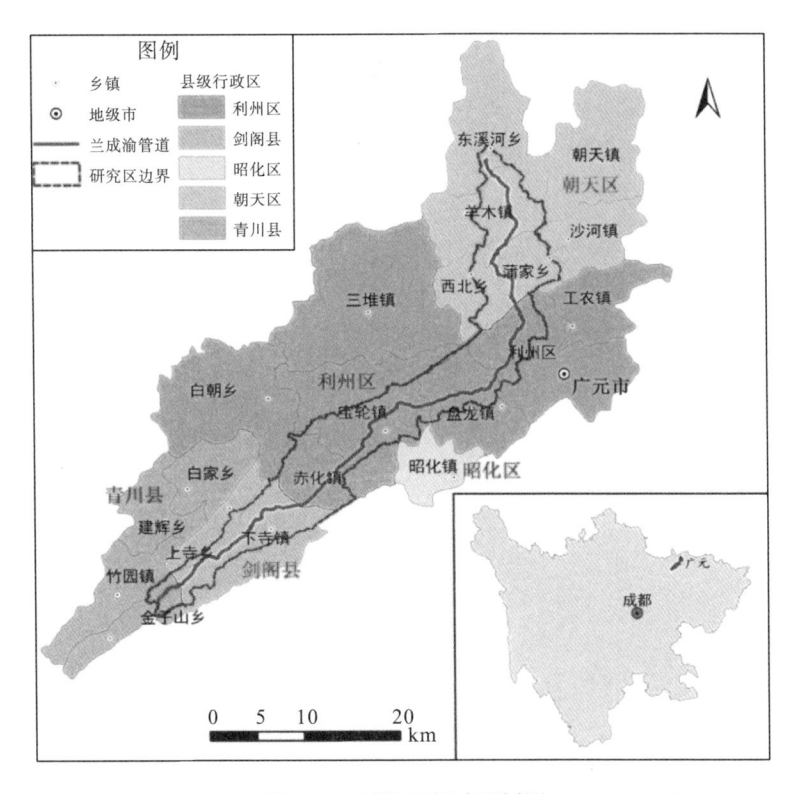

图 10.3　试验区行政区划图

10.3.3.2　管线滑坡危险性评价

滑坡危险性评价是管道滑坡风险评价的基础,按照评价区域大小可分为单体滑坡危险性评价和区域滑坡危险性评价。区域滑坡危险性评价是针对评价单元,以滑坡发育的影响因素(评价指标)为基础,建立评价模型进行分析评价。

1. 数据来源及处理

试验区滑坡危险性评价所用基础数据如表 10.3 所示。

表 10.3　区域滑坡危险性评价所用基础数据表

数据名称	数据类型	分辨率或比例尺	数据来源
DEM（ASTER V2）	栅格(.tif)	30m	地理空间数据云
四川省县级行政区划图	矢量(.shp)	1∶100 万	国家地球系统科学数据共享平台
四川省乡镇分界图	栅格(扫描)(.jpg)	1∶25 万	国家地球系统科学数据共享平台
高分一号遥感影像	栅格(.tif)	全色 2m,多光谱 8m	四川遥感中心
四川省 145 个气象站点年降水数据	表格(.xlsx)	—	中国气象数据网
四川省地质图	栅格(扫描)(.jpg)	1∶20 万	四川省地质环境总站
试验区已发生滑坡灾害数据库	表格(.xlsx)	—	四川省地质环境监测总站

滑坡灾害点数据库反映了 1990~2015 年发生在试验区内的滑坡信息，包括灾害点位置、发生时间、规模等信息。基于以上数据及指标体系，本书以斜坡单元为评价对象展开分析。滑坡单元的划分细则及方法参考 Li 等[206]和 Duman 等[208]的论文。如图 10.4 所示，本试验区共分为 315 个斜坡单元。

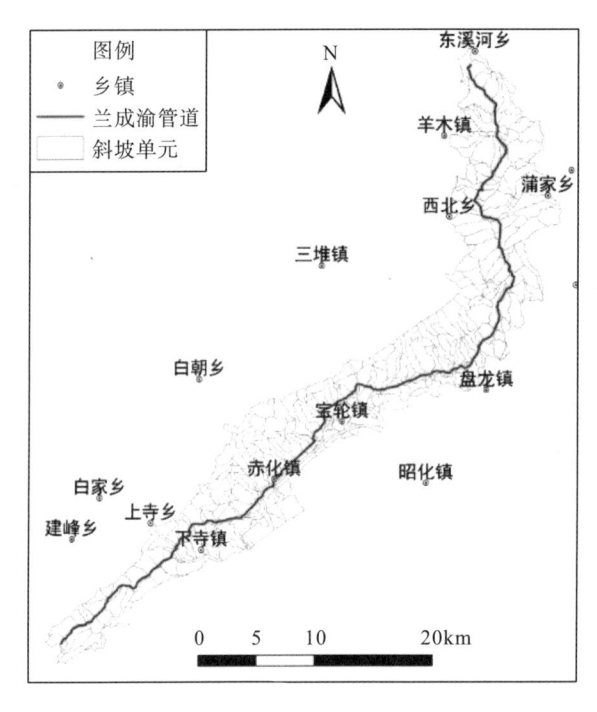

图 10.4　斜坡单元划分结果图

2. 滑坡危险性评价指标体系

1）初始评价指标体系选取

根据指标选取原则，本书的初始指标共包含内因和外因两大类，内因包括地形地貌、地质构造、地层岩性和地表覆盖，外因包括降水量及其变化系数。初始指标可归为四类，分别为地貌、地表覆盖、降水、地质，如表 10.4 所示。

地貌类指标包括：高程(Elevation)，坡度(Slope)，坡向(Aspect)，高差(Height-Difference)，地形剖面曲率(Curvature)。

地表覆盖类指标包括：NDVI，NDWI(normalized difference water index，归一化差异水体指数)。

降水类指标包括：年均降水量(Rain)，降水年际变差系数(Rain-Ratio)。

地质类指标包括：岩性(Lithology)，距断层距离(Distance)。

高程、坡度、坡向、高差、地形剖面曲率数据是基于 ASTER GDEM V2 数据直接或计算获得。

表 10.4 滑坡危险性评价初始指标

一级指标	二级指标	指标量化变量名
地貌	高程	Elevation
	坡度	Slope
	坡向	Aspect
	高差	Height-Difference
	地形剖面曲率	Curvature
地表覆盖	NDVI	NDVI
	NDWI	NDWI
降水	年均降水量	Rain
	降水年际变差系数	Rain-Ratio
地质	岩性	Lithology
	距断层距离	Distance

2) 评价指标体系的建立

通过斜坡单元图层与各指标图层叠加分析，获取各斜坡单元 11 个初始指标的量化值，得到试验区共 315 行(单元)11 列(项)的初始指标矩阵 $A_{315\times11}$，初始指标的样本均值、样本数、样本标准差、极小值和极大值见表 10.5。根据指标独立性原则，将 $A_{315\times11}$ 矩阵利用相关软件进行指标相关性分析，得到 11 个初始指标两两之间的相关系数 ρ 如表 10.6 所示。ρ_{XY} 为变量 X 与 Y 的相关系数，$\rho_{XY} \in [-1,1]$。当 $\rho_{XY} > 0$ 时，X 与 Y 正相关；当 $\rho_{XY} < 0$ 时，X 与 Y 负相关；当 $\rho_{XY} = 0$ 时，称 X、Y 不相关；当 $|\rho_{XY}| = 1$ 时，称 X、Y 完全相关，此时，X、Y 之间具有线性函数关系；当 $|\rho_{XY}| < 1$ 时，X 的变动引起 Y 的部分变动，$|\rho_{XY}|$ 值越大，X 的变动引起 Y 的变动就越大，$|\rho_{XY}| > 0.8$ 时称为高度相关，当 $|\rho_{XY}| < 0.3$ 时称为低度相关，当 $0.3 \leqslant |\rho_{XY}| \leqslant 0.8$ 时称为中度相关。

表 10.5 各指标统计量

	Aspect /(°)	Slope /(°)	Elevation /m	NDVI	Rain-Ratio	Rain /mm	Height-Difference/m	Curvature	NDWI	Distance /km	Lithology
均值	154.3	21.76	801.9	0.710	0.179	974.8	414.5	0.003	0.631	6.630	2.130
标准差	46.81	5.194	197.49	0.117	0.001	20.38	195.9	0.050	0.112	4.885	0.821
极小值	29.00	4.100	438.0	−0.230	0.177	908.0	28.00	−0.584	−0.324	0.500	1.000
极大值	275.6	38.00	1441	0.851	0.180	1023	1163	0.628	0.785	25.000	4.000

表 10.6 滑坡危险性评价初始评价指标间相关系数表

Pearson 相关性	NDVI	NDWI	Aspect /(°)	Slope /(°)	Elevation /m	Rain-Ratio	Rain /mm	Height-Difference /m	Curvature	Distance /km	Lithology
NDVI	1.000	0.983	0.119	0.419	0.568	−0.225	−0.167	0.353	0.229	−0.101	−0.082
NDWI	0.983	1.000	0.085	0.367	0.570	−0.252	−0.190	0.331	0.238	−0.087	−0.078

续表

Pearson 相关性	NDVI	NDWI	Aspect /(°)	Slope /(°)	Elevation /m	Rain-Ratio	Rain /mm	Height-Difference /m	Curvature	Distance /km	Lithology
Aspect	0.119	0.085	1.000	0.256	0.178	0.034	0.018	0.181	0.128	-0.006	-0.010
Slope	0.419	0.367	0.256	1.000	0.490	-0.313	-0.394	0.638	0.138	-0.390	-0.153
Elevation	0.568	0.570	0.178	0.490	1.000	-0.295	-0.293	0.414	0.053	-0.169	-0.141
Rain-Ratio	-0.225	-0.252	0.034	-0.313	-0.295	1.000	0.953	-0.300	-0.003	0.492	0.264
Rain	-0.167	-0.190	0.018	-0.394	-0.293	0.953	1.000	-0.376	-0.012	0.557	0.329
Height-Difference	0.353	0.331	0.181	0.638	0.414	-0.300	-0.376	1.000	0.078	-0.262	-0.196
Curvature	0.229	0.238	0.128	0.138	0.053	-0.003	-0.012	0.078	1.000	-0.017	-0.010
Distance	-0.101	-0.087	-0.006	-0.390	-0.169	0.492	0.557	-0.262	-0.017	1.000	0.316
Lithology	-0.082	-0.078	-0.010	-0.153	-0.141	0.264	0.329	-0.196	-0.010	0.316	1.000

由表 10.6 可知，NDVI 与 NDWI 的相关系数为 0.983，Rain 与 Rain-Ratio 的相关系数为 0.953，皆超过了 0.8，为高度相关。总体上，Rain 与除 Rain-Ratio 之外的其他指标的相关系数绝对值比 Rain-Ratio 与除 Rain 之外的其他指标的相关系数绝对值要更小一些，即 Rain 与其他指标的相关性更低，且 Rain（多年年均降水量）在滑坡危险性评价中使用更广泛。NDVI 与除 NDWI 之外的其他指标的相关系数绝对值和 NDWI 与除 NDVI 之外的其他指标的相关系数绝对值相差不大。但是，NDVI 的标准差约为 0.117，NDWI 的标准差约为 0.112，NDVI 的标准差大于 NDWI，且 NDVI 与 NDWI 的量纲和值区间相同，可以认为 NDVI 这一指标比 NDWI 这一指标提供的信息量大。综合考虑，从初始评价指标体系中删除 NDWI、Rain-Ratio。因此，选择 NDVI、Aspect、Slope、Elevation、Rain、Height-Difference、Curvature、Distance、Lithology 共 9 个评价指标构成本试验区滑坡危险性评价指标体系。

3. 基于 LM-BP 神经网络的滑坡危险性评价

如图 10.5 收集拓展试验区历史滑坡灾害 106 处，其中 23 处位于试验区内，虽然其余大部分滑坡不位于试验区，但是这些滑坡离管道最远也不足 20km，且由于环境的相似性，这些不在试验区内的滑坡仍能反映出试验区的滑坡与评价指标的关系。

在 GIS 系统中将滑坡点图层与斜坡单元面图层进行叠加，得到已发生灾害斜坡单元并将其所有的属性表导出，并输入相关分析软件中，得到每个评价指标的频率分布直方图或方向分布雷达图。根据频率分布直方图或方向分布雷达图，划分滑坡危险性等级的区间界线，建立各指标的滑坡危险性等级划分表。将滑坡危险性等级共划分为：低危险（Ⅰ）、中危险（Ⅱ）、高危险（Ⅲ）、极高危险（Ⅳ）四个级别。

1）神经网络标准样本建立

训练样本和测试样本的构建方法相似，仅各自样本容量不同，训练样本的构建步骤如下：

第一步：构建空矩阵。为了使 LM-BP 神经网络训练快速收敛，每个滑坡危险性级别的学习样本容量均设置为 200，因此，训练样本的容量为 800，共 9 个评价指标，首先构

建空矩阵 $\boldsymbol{X}_{800\times 9}$。

第二步：构建输入向量。按照危险度从低到高的顺序，在每个区间内按区间单调性插值，分别构建每个评价指标的样本向量，每 200 个样本向量一个危险性等级，每个评价指标的样本向量长度均为 800。

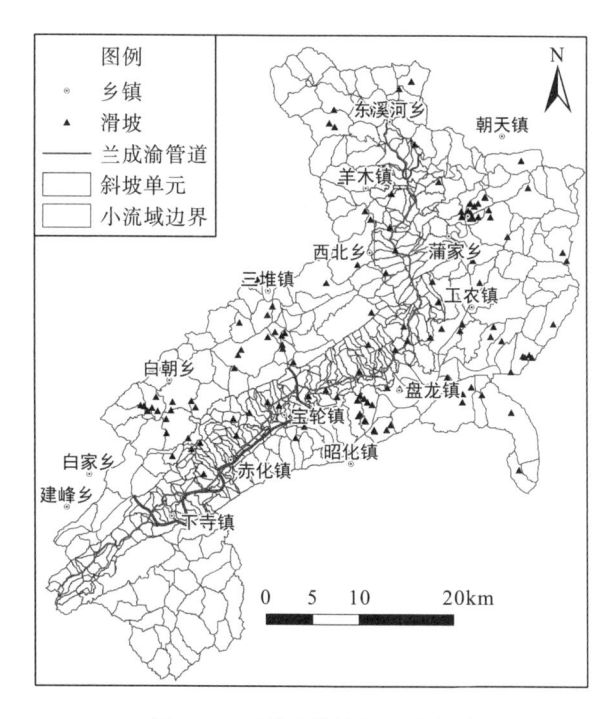

图 10.5 已发生滑坡位置分布图

第三步：构建输出向量。危险度的取值区间是[0,1]，输出向量为在[0,1]区间等距内插 800 个值所得。

第四步：合并。将 9 个评价指标的输入向量和输出向量合并为一个矩阵。

按上述步骤构建了用于训练 LM-BP 神经网络的标准训练样本矩阵（表 10.7），标准测试样本矩阵如表 10.8 所示。

表 10.7 部分标准训练样本矩阵

Number	Input									Output
	Aspect /(°)	Slope /(°)	Elevation /m	NDVI	Rain /mm	Height-Difference /m	Curvature	Distance /km	Lithology	
1	0.2	89.9	438	−1	908.1	33	−0.582	25	1	0
50	35.2	82.8	453	0	912.2	79	−0.456	23.47	1	0.06
100	297.1	75.7	469	0.88	916.3	115	−0.33	21.90	1	0.12
150	329.3	67.6	485	0.95	920.4	167	−0.168	20.34	1	0.19
200	359.5	60	499	1	924.9	200	0.628	18.77	1	0.25
250	68.4	3.8	1293	0.73	930.4	1097	0.486	17.21	2	0.31

续表

Number	Input									Output
	Aspect /(°)	Slope /(°)	Elevation /m	NDVI	Rain /mm	Height-Difference /m	Curvature	Distance /km	Lithology	
300	89.3	8.2	1206	0.65	938	1039	0.326	15.64	2	0.37
350	246	12	1102	0.56	943.6	977	0.183	14.08	2	0.44
400	269.3	15	1002	0.50	949.8	902	−0.142	12.52	2	0.50
450	113.4	52.9	952	0.46	960.6	848	−0.018	10.95	3	0.56
500	134.8	46.3	905	0.40	972.6	757	−0.012	9.39	3	0.62
550	202	39.2	849	0.34	984.9	667	−0.006	7.82	3	0.69
600	224.4	30.2	802	0.30	999.9	600	0	6.26	3	0.75
650	171.1	19.1	594	0.21	1006.2	332	0.019	4.69	4	0.81
700	158.8	22.5	666	0.14	1011.3	421	0.014	3.13	4	0.87
750	149.5	26.4	723	0.06	1017.1	492	0.007	1.56	4	0.94
800	135.1	30	798	0	1023.2	599	0	0	4	1

表 10.8 标准测试样本矩阵

Number	Input									Output
	Aspect /(°)	Slope /(°)	Elevation/m	NDVI	Rain/mm	Height-Difference/m	Curvature	Distance/km	Lithology	
1	27.2	72.3	458	0.80	911.6	59	−0.544	25	1	0
2	28.5	71.6	468	0.81	914.3	74	−0.453	23.69	1	0.06
3	31.5	69.5	488	0.85	915.8	86	−0.381	22.37	1	0.11
4	37.8	66.2	490	0.86	917.1	100	−0.228	21.06	1	0.16
5	38.6	62.1	497	0.86	919.1	152	−0.03	19.74	1	0.22
6	56.1	4.4	1141	0.70	934.2	939	0.439	18.43	2	0.27
7	57.3	6.6	1240	0.68	939.6	941	0.429	17.11	2	0.32
8	65.3	9.8	1257	0.66	945.1	1124	0.413	15.79	2	0.37
9	68.2	11	1290	0.56	948.8	1135	0.318	14.48	2	0.43
10	74.7	11.9	1382	0.53	949.9	1146	0.148	13.16	2	0.48
11	92.4	30.4	848	0.47	963.4	613	−0.019	11.85	3	0.53
12	92.7	31.8	853	0.45	970.5	683	−0.016	10.53	3	0.58
13	101.9	44.7	900	0.45	980.5	737	−0.015	9.22	3	0.64
14	110.1	50.9	917	0.35	987	817	−0.015	7.90	3	0.69
15	115.6	57.5	933	0.32	994.2	835	−0.015	6.58	3	0.74
16	140.6	15.6	502	0.14	1001.5	245	0.019	5.27	4	0.79
17	155.4	20	626	0.14	1002.3	256	0.008	3.95	4	0.85
18	157.1	24.8	690	0.08	1010.6	293	0.007	2.64	4	0.90
19	177.6	27.3	765	0.06	1012.7	392	0.004	1.32	4	0.95
20	178.3	29.6	795	0.04	1022.7	446	0.001	0	4	1

2) LM-BP 神经网络模型的建立

本试验中 LM-BP 神经网络结构为 3 层，分别为输入层、隐含层和输出层。输入层节点个数 n 为 9，输出层节点数设置为 1。经过反复测试，最终确定 LM-BP 神经网络的隐含层节点数为 10。对于 BP 神经网络而言，其层与层之间需要传递函数进行衔接。其传递函数有多种，Log-sigmoid 型函数的输入值可取任意值，输出值为 0~1 之间；tan-sigmod 型传递函数 tansig 的输入值可取任意值，输出值为-1~+1 之间；线性传递函数 purelin 的输入与输出值可取任意值。本案例的隐含层和输出层使用的传递函数分别为 tansig，purelin。

本案例的训练函数为 trainlm，训练参数如下：

net.trainParam.show=60;

net.trainParam.lr=0.5;

net.trainParam.epochs=1000;

net.trainParam.goal=1×10^{-8}。

需说明的是，测试样本数据在神经网络仿真前也需要进行归一化处理。预测数据就是试验区的 315 个斜坡单元的 9 评价指标值组成的数据矩阵 $Y_{315\times9}$，将其进行归一化处理后输入到 LM-BP 神经网络 Net 进行仿真，输出各个斜坡单元的滑坡危险度值。

3) 基于 LM-BP 神经网络模型的区域滑坡危险性评价

按上述步骤进行 LM-BP 神经网络训练，经过 182 次迭代后停止。此时网络均方根误差为 9.93×10^{-9}，达到预设精度。训练结果和收敛曲线如图 10.6 和图 10.7 所示。

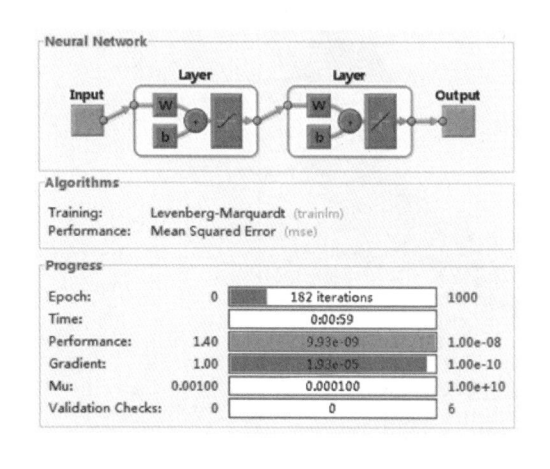

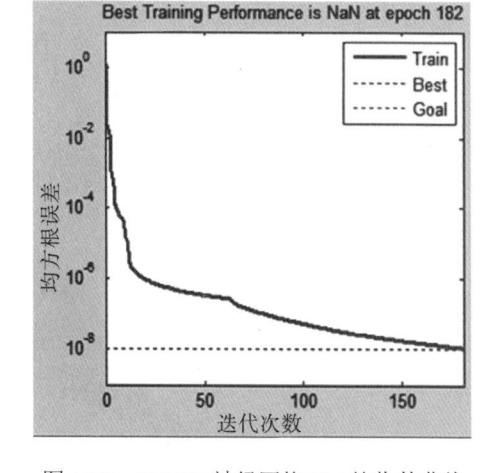

图 10.6 LM-BP 神经网络 Net 训练结果　　图 10.7 LM-BP 神经网络 Net 的收敛曲线

为测试 LM-BP 神经网络 Net 的泛化能力，测试矩阵如表 10.8，误差如表 10.9 所示。由表 10.9 可知，20 组测试数据的误差绝对值均小于 0.02，满足区域滑坡危险性评价的要求，泛化能力良好。因此，网络 Net 可以对试验区各评价单元进行滑坡危险度值预测。

表 10.9 LM-BP 神经网络测试误差表

序号	1	2	3	4	5	6	7	8	9	10
期望值	0	0.06	0.11	0.16	0.22	0.27	0.32	0.37	0.43	0.48
网络输出值	0.0006	0.0548	0.1113	0.1699	0.2302	0.2614	0.315	0.3697	0.4266	0.4899
误差	0.0006	-0.0052	0.0013	0.0099	0.0102	-0.0086	-0.005	-0.0003	-0.0034	0.0099
序号	11	12	13	14	15	16	17	18	19	20
期望值	0.53	0.58	0.64	0.69	0.74	0.79	0.85	0.9	0.95	1
网络输出值	0.5153	0.5765	0.6405	0.701	0.7523	0.8094	0.8616	0.9155	0.9675	1.0173
误差	-0.0147	-0.0035	0.0005	0.011	0.0123	0.0194	0.0116	0.0155	0.0175	0.0173

4) 滑坡危险性分区及分析

采取等间距法对滑坡危险性划分四个等级。在 GIS 平台上，将试验区 315 个斜坡单元的滑坡危险度值关联到斜坡单元图层，滑坡危险度值在 0~0.25 的单元危险性为 I 级，0.25~0.5 的为 II 级，0.5~0.75 的为 III 级，0.75~1.0 的为 IV 级。试验区滑坡危险性分区如图 10.8 所示。

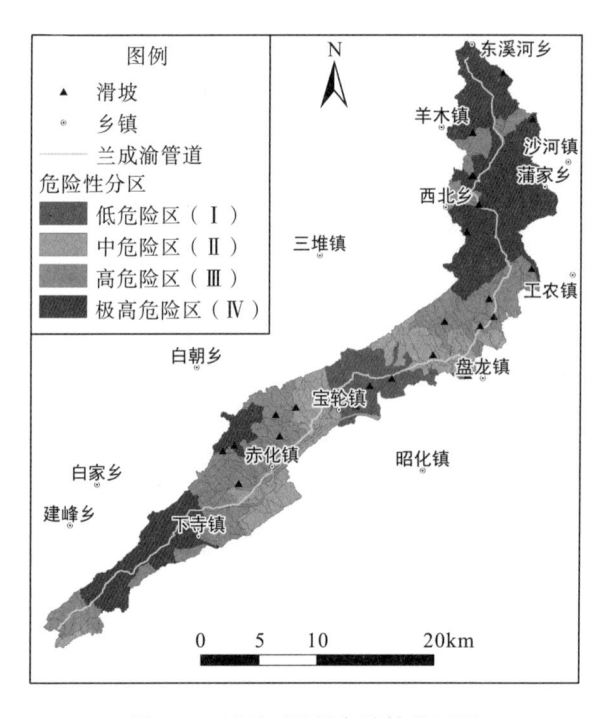

图 10.8 试验区滑坡危险性分区图

通过对试验区 23 个已发生滑坡灾害点与危险性分区的叠加分析，3 个位于低危险区 (I)，占已发生滑坡灾害点的 13.0%；5 个位于中危险区 (II)，占已发生滑坡灾害点的 21.7%；7 个位于高危险区 (III)，占已发生滑坡灾害点的 30.4%；8 个位于极高危险区 (IV)，占已发生滑坡灾害点的 34.8%。概括起来，87.0%的已发生滑坡灾害点位于中危险区 (II)、高危险区(Ⅲ)和极高危险区(Ⅳ)。可看出，评价结果能较好地反映试验区滑坡的分布趋势与规律。

各等级危险区统计如表 10.10 所示，处于高危险区(Ⅲ)、极高危险区(Ⅳ)的斜坡个数和面积均约占总数的 70%，试验区滑坡发生概率偏高，这一结果与试验区为滑坡地质灾害多发区的事实相吻合。

表 10.10　各等级危险性统计

滑坡危险性等级	斜坡数/个	斜坡百分比/%	面积/km²	面积百分比/%
低危险区(Ⅰ)	33	10.48	32.63	8.76
中危险区(Ⅱ)	62	19.68	65.53	17.60
高危险区(Ⅲ)	112	35.56	123.55	33.18
极高危险区(Ⅳ)	108	34.29	150.65	40.46
合计	315	100	372.36	100

10.3.3.3　管线滑坡易损性评价

1. 数据来源及处理

基础数据包括管道平面位置与高程三维坐标、埋深、材质、管径等。

2. 管道滑坡易损性评价指标体系及模型的建立

为克服权重赋值法的弊端，采用熵权法赋值理论建立管道滑坡易损性评价模型[209]。

1) 评价单元划分

由于不同区段管道属性的差异性和周边环境的差异性，不同区间管道的易损性是不同的，对目标管道进行合理的评价单元的划分是管道滑坡易损性评价的基础。易损性评价单元的划分就是对管道进行合理的、准确的管道区段(简称管段)划分，管段划分结果即为易损性评价单元。管段划分方法包括随机分段法、Kent 分段法、逐级分段法、综合分段法等。针对研究区特点，本试验选取地形变化点、管道穿跨越点等作为管段划分点，基于 GIS 进行管段划分，流程如下：

第一步：在 GIS 中，将管道线图层与斜坡单元面图层做叠加分析，划分管段，并导出管段数据，使每个管段都处于独立的斜坡单元内。

第二步：在 GIS 中，分别加载预处理后的高分一号遥感影像、第一步输出管段图层，在管道穿越或跨越河流、居民区、高速公路、场站处插入划分点，同样利用 Intersect 工具将管段进一步分段，导出结果。

第三步：对第二步输出结果进行检查，并对不合理处手动修改，包括对碎裂管段、划分错误管段的合并等。

最终，试验区管道分为 180 段，最长段约 1.7km，最短段仅约 10m。

2) 初始指标体系确定

结合前人研究及管道多年运行、陈旧、位于山区等特点，确定如表 10.11 所示的 9 项初始评价指标。管道本体类指标包括：管道缺陷密度(Defect Density)、管道壁厚

(Thickness)、内压(Pressure)、管材(Materials)、管径(Diameter)、输送介质(Media)。

管道与滑坡空间关系类指标包括：管道埋深(Depth)、管道位置(Position)、管道与滑坡夹角(Angle)。

鉴于试验区管道皆为高压管道、管材皆为钢管、管径皆为 610mm、输送介质皆为成品油，根据熵权法赋值理论，不将内压(Pressure)、管材(Materials)、管径(Diameter)、输送介质(Media)四项指标纳入管道滑坡易损性最终评价体系。

表 10.11 管道滑坡易损性初始指标

一级指标	二级指标	指标量化变量名
管道本体	管道缺陷密度	Defect Density
	管道壁厚	Thickness
	内压	Pressure
	管材	Materials
	管径	Diameter
	输送介质	Media
管道与滑坡空间关系	管道埋深	Depth
	管道位置	Position
	管道与滑坡夹角	Angle

3) 评价指标体系的建立

根据各管段 5 个初始指标的量化值，求得管道滑坡易损性评价初始矩阵 $\boldsymbol{B}_{180\times5}$。

根据指标相对独立原则，将矩阵 $\boldsymbol{B}_{5\times180}$ 的转置矩阵 $\hat{\boldsymbol{B}}_{180\times5}$ 导入相关性分析软件，得到 5 个初始指标两两之间的相关系数 ρ。由表 10.12 可知，5 个初始指标两两之间都呈弱相关性，故选择 Depth(管道埋深)、Angle(管道与滑坡夹角)、Defect Density(管道缺陷密度)、Thickness(管道壁厚)、Position(管道位置)5 个指标构成管道滑坡易损性评价指标体系。

表 10.12 易损性评价初始指标间相关系数

Pearson 相关性	Depth	Angle	Defect Density	Thickness	Position
Depth	1	−0.048	0.092	−0.122	−0.054
Angle	−0.048	1	0.062	−0.020	0.097
Defect Density	0.092	0.062	1	0.244	0.156
Thickness	−0.122	−0.020	0.244	1	0.080
Position	−0.054	0.097	0.156	0.080	1

4) 熵权的确定

确定熵权的基本思路是根据指标差异性的大小来确定客观权重[210]。一般地，指标的熵越小，指标值的差异程度就越大，提供的信息量也越多，在评价中发挥的作用就越大，其权重也就越大；反之，某个指标的熵越大，指标值的差异程度越小，提供的信息量越少，

在评价中发挥的作用越小,其权重也就越小[211]。熵权计算包括以下四个步骤:

(1) 原始数据归一化。设有 m 个评价指标,n 个评价单元,原始矩阵如式(10.2):

$$\boldsymbol{X} = \begin{bmatrix} x_{11} & x_{12} & x_{13} & \cdots & x_{1n} \\ x_{21} & x_{22} & x_{23} & \cdots & x_{2n} \\ \vdots & \vdots & \vdots & & \vdots \\ x_{m1} & x_{m2} & x_{m3} & \cdots & x_{mn} \end{bmatrix} \tag{10.2}$$

对矩阵 $\boldsymbol{X}$ 进行归一化处理,可得

$$\boldsymbol{R} = \begin{bmatrix} r_{11} & r_{12} & r_{13} & \cdots & r_{1n} \\ r_{21} & r_{22} & r_{23} & \cdots & r_{2n} \\ \vdots & \vdots & \vdots & & \vdots \\ r_{m1} & r_{m2} & r_{m3} & \cdots & r_{mn} \end{bmatrix} \tag{10.3}$$

式中,r_{ij} 为 j 个评价单元在第 i 个评价指标上的归一化值,$r_{ij} = [0,1]$。

对于收益性指标,有

$$r_{ij} = \frac{x_{ij} - \min_j\{x_{ij}\}}{\max_j\{x_{ij}\} - \min_j\{x_{ij}\}} \tag{10.4}$$

对于成本性指标,有

$$r_{ij} = \frac{\max_j\{x_{ij}\} - x_{ij}}{\max_j\{x_{ij}\} - \min_j\{x_{ij}\}} \tag{10.5}$$

(2) 定义熵。如式(10.6),在 m 个评价指标、n 个评价单元的易损性评价中,第 i 个评价指标的熵定义为

$$e_i = \frac{\sum_{j=1}^{n} p(x_{ij}) \ln p(x_{ij})}{\ln(n)} \tag{10.6}$$

式中,$p(x_{ij}) = r_{ij} / \sum_{j=1}^{n} r_{ij}$。

(3) 定义熵权。设 w_i 为第 i 个评价指标的熵权,如式(10.7):

$$w_i = (1 - e_i) / (m - \sum_{i=1}^{m} e_i) \tag{10.7}$$

式中,$0 \leqslant w_i \leqslant 1$;$\sum_{i=1}^{m} e_i = 1$。

按照上述步骤,在 MATLAB 中编程实现指标的熵权计算,结果如表 10.13 所示。

表 10.13 评价指标的熵权计算结果

	Depth	Angle	Defect Density	Thickness	Position
熵权	0.010007	0.101553	0.678851	0.154322	0.055266
熵	0.997322	0.97282	0.818308	0.958696	0.985208

3. 管道滑坡易损性评价

由式(10.2)、式(10.3)将管道滑坡易损性评价的原始矩阵 $\boldsymbol{B}_{5\times180}$ 进行归一化处理得到 $\overline{\boldsymbol{B}}_{5\times180}$，按式(10.8)计算管道滑坡易损度值。在 GIS 上，将 180 条管段的易损性值关联到管段图层，得到管道滑坡易损性分区结果如图 10.9 所示。

$$V_j = \sum_{i=1}^{m} w_i r_{ij} \tag{10.8}$$

式中，V_j 为第 j 条管段的滑坡易损性评价值；w_i 为第 i 个评价指标的权重(熵权)；r_{ij} 为第 j 条管段在第 i 个评价指标上的归一化值。

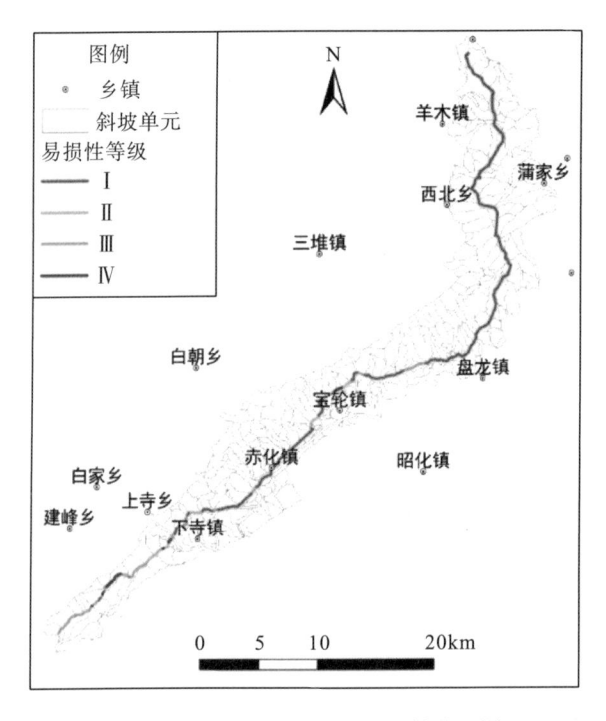

图 10.9 试验区管道滑坡易损性分区图

采取等间距法对管道易损性进行四等级划分，易损性在 0～0.25 的为 I 级，0.25～0.5 的为 II 级，0.5～0.75 的为III级，0.75～1.0 的为IV级。易损性统计如表 10.14 所示，可知，处于高易损区(III)、极高易损区(IV)管段个数与长度均约占总数的 12%。

表 10.14　各等级易损性统计

管段易损性等级	管段数/个	管段个数百分比/%	长度/km	长度百分比/%
低易损性(I)	120	66.67	50.417	62.07
中易损性(II)	37	20.56	20.888	25.72
高易损性(III)	22	12.22	9.833	12.11
极高易损性(IV)	1	0.56	0.087	0.11
合计	180	100	81.225	100

10.3.3.4 管道滑坡风险评价

1. 管道滑坡风险区划

根据联合国对自然灾害风险的定义，泥石流风险度计算如式(10.9)：

$$R = H \times V \tag{10.9}$$

式中，R 为风险度，$R \in [0,1]$；H 为危险度，$H \in [0,1]$；V 为易损度，$V \in [0,1]$。

危险度和易损度均按等间距法分级，在 0~1 范围内等分为 0~0.25、0.25~0.5、0.5~0.75、0.75~1 四个数值区域，将风险分成四个等级：0~0.0625 的风险等级为 Ⅰ 级，0.0625~0.25 的为 Ⅱ 级，0.25~0.5625 的为 Ⅲ 级，0.5625~1.0 的为 Ⅳ 级。将 180 条管段的风险度值关联到管段图层，得到管道滑坡风险等级如表 10.15 所示，空间分布如图 10.10 所示。

表 10.15　各等级风险统计

管段风险等级	管段数/个	管段个数百分比/%	长度/km	长度百分比/%
低风险（Ⅰ）	37	20.56	14.469	17.81
中风险（Ⅱ）	106	58.89	50.757	62.49
高风险（Ⅲ）	33	18.33	13.461	16.57
极高风险（Ⅳ）	4	2.22	2.538	3.12
合计	180	100	81.225	100

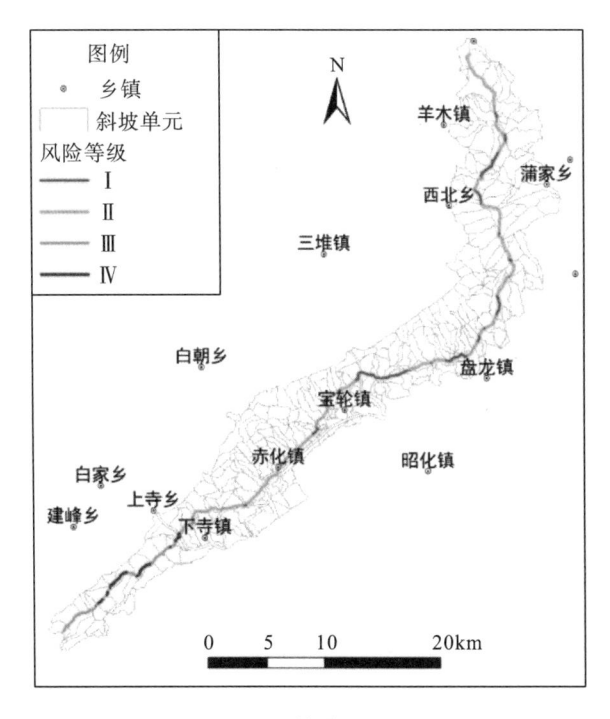

图 10.10　试验区管道滑坡风险分区图

低风险管段 37 个,占管段总数的 20.56%,长度为 14.469km,占管道总长的 17.81%;中风险管段 106 个,占管段总数的 58.89%,长度为 50.757km,占管道总长的 62.49%;高风险管段 33 个,占管段总数的 18.33%,长度为 13.461km,占管道总长的 16.57%;极高风险管段 4 个,占管段总数的 2.22%,长度为 2.538km,占管道总长的 3.12%。

综合起来,处于高风险区(Ⅲ)、极高风险区(Ⅳ)的管段数和长度均约占总数的 20%。青川县、剑阁县境内的管道风险相对较高。

2. 风险评价结果分析

1)极高风险区

极高风险区以发生大型或巨型滑坡为主,且正在变形中,或近期(2 年内)有过明显变形,裂隙明显可见。有较多缺陷或损伤、处于滑坡灾害内部,管道随时可能会有安全问题。有很大危害,如管道破裂、断裂造成介质大量泄漏,或严重扭曲变形而中断运输,属不可接受风险,需在短期内实施防治工程。据分析,试验区极高风险段如下。

(1)下寺镇下寺村

该区段位于试验区南部,为桩号 K628~K630,剑门河右岸。区内海拔 500~600m,沟壑纵横,相对高差大于 100m,坡度为 15°~25°,坡向为东北向,滑坡发育地形条件良好。区内出露岩石多为页岩、石英砂岩,管道距离断层约 2km,归一化差异植被指数约为 0.8,多年平均降水量约为 970mm,滑坡发育条件充分,该区斜坡危险性等级均为极高危险(Ⅳ)等级。管道埋深约为 2.0~2.5m,缺陷较多,多斜穿斜坡,且多位于斜坡下部,属高易损性(Ⅲ)等级。

(2)下寺镇石瓮村—麻柳村

该区段位于试验区南部,为桩号 K635~K637。区内海拔 600~750m,沟壑纵横,相对高差大于 100m,坡度为 25°~30°,坡向为东南方向,为滑坡发育提供了良好的地形条件。区内出露岩石多为页岩,属易滑岩组,管道距离断层约 2km,归一化差异植被指数约为 0.7,多年平均降水量约为 970mm,滑坡发育地形条件充分,该区斜坡危险性等级均为极高危险(Ⅳ)等级。管道埋深约为 1.5~2.0m,埋深较浅,缺陷较多,几乎都横穿斜坡且多位于斜坡中部,属极高易损性(Ⅳ)或高易损性(Ⅲ)等级。

2)高风险区

高风险区以发生中、小型滑坡为主,且正在变形中,或近期(2 年内)有过明显变形,如滑坡体上出现明显裂缝、沉降或前缘鼓胀甚至剪出。管道有缺陷,埋深较浅,在滑坡影响范围内,一旦发生滑坡,会影响到管道安全。有较大危害,如管道悬空、漂浮、损伤等,可能会引起少量介质泄漏,但可对管道进行在线补焊或处理,须重点监测或采用风险减缓措施。据分析,试验区管道高风险区段分布如下。

(1)下寺镇下寺村—石瓮村

该区段位于试验区南部,为桩号 K622~K633。区内海拔 450~800m,沟壑纵横,相对高差大于 100m,坡度为 15°~40°,坡向有东南、东北、正南、正北方向等,为滑坡发育提供了良好的地形条件。区内出露岩石多为石英砂岩,属易滑岩组,该区段管道距离断层约 2km,归一化差异植被指数约为 0.7~0.8,多年平均降水量约为 970~980mm,这些为滑坡的发育提供了充分的条件，该区斜坡危险性等级为极高危险(Ⅳ)或高危险(Ⅲ)等级。管道埋深约为1.5~2.5m，缺陷较多，多横穿、斜穿斜坡，且多位于斜坡中部、下部，属高易损性(Ⅲ)或中易损性(Ⅱ)等级。

(2) 下寺镇麻柳村—金子山乡大磉村

该区段位于试验区南部，为桩号K635~K642。区内海拔600~750m，沟壑纵横，相对高差大于100m，坡度为25°~30°，坡向为东南、正南、西北、东北、正北方向等，为滑坡发育提供了良好的地形条件。区内出露岩石多为砂岩、石英砂岩，属易滑岩组，该区段管道距离断层约3km，归一化差异植被指数约为0.6~0.8，多年平均降水量约为960mm，这些为滑坡的发育提供了充分的条件，该区斜坡危险性等级均为高危险(Ⅲ)等级。管道埋深约为1.5~2.5m，缺陷较多，几乎都是横穿斜坡，多位于斜坡中部、上部，属高易损性(Ⅲ)或中易损性(Ⅱ)等级。

3) 中风险区

中风险区以发生小型滑坡为主，滑坡基本无变形迹象，但从地质构造、地形地貌等分析，有发生滑坡的趋势。管道基本完整，埋深较深，但在恶劣条件下，滑坡可能会影响管道安全。有危害，如管道裸露、变形等，需重点巡检或简易监测。据分析，中风险区主要分布如下。

(1) 东溪河乡三龙村—盘龙镇东升村

该区段位于试验区北部，为桩号K559~K593，此段跨度较大，区段内也有部分其他风险等级的管段。区内海拔460~1400m，沟壑纵横，相对高差大于80m，坡度为10°~30°，为滑坡发育提供了地形条件。区内出露岩石种类繁多，有石英砂岩、石英片岩、灰岩、砂岩、页岩、石英砾岩，管道距离断层约2~4km，归一化差异植被指数约为0.6~0.9，多年平均降水量约为950~990mm，这些为滑坡的发育提供了条件，该区斜坡危险性等级除低危险性等级外，其他等级均有分布。管道埋深约为1.5~3.0m，以斜穿方式为主穿越斜坡，属低易损性(Ⅰ)等级。

(2) 盘龙镇勤劳村—五爱村

该区段位于试验区南部，为桩号K595~K597。区内海拔600~750m，相对高差大于80m，坡度为5°~20°，坡向为正东、东北，斜坡体基本稳定。区内出露岩石多为砂岩，管道距离断层约4km，归一化差异植被指数约为0.8，多年平均降水量约为980mm，该区斜坡危险性等级均为中危险(Ⅱ)等级。管道埋深约为2.0~2.5m，以斜穿方式为主穿越斜坡，属中易损性(Ⅱ)等级或低易损性(Ⅰ)等级。

(3) 宝轮镇老林沟村—下寺镇友于村

该区段位于试验区管道南部，为桩号K599~K630。区内海拔500~750m，坡度为5°~15°，坡向为正东、东南、正南，斜坡体基本稳定。区内出露岩石多为砂岩、石英砂岩，管道距离断层约3~10km，归一化差异植被指数约为0.7~0.9，多年平均降水量约为970mm，该区斜坡四个危险性等级中均有分布。管道埋深约为2.0~3.0m，以斜穿、横穿方式为主穿越斜坡，属中易损性(Ⅱ)等级或低易损性(Ⅰ)等级。

4) 低风险区

低风险区一般条件下不会发生滑坡地质灾害，但在强震、长时间连续降雨或特大暴雨条件下可能发生滑坡。管道完整，埋深很深，且几乎不处于滑坡灾害的影响区域内。不对管道构成明显危害，滑坡地质灾害对管道安全的威胁可能性很小。为保证管道绝对安全运营，需定期巡检。据分析，管道低风险区主要分布在以下几个区段。

(1) 盘龙镇东升村—勤劳村

该区段位于试验区管道南部，为桩号 K591～K597，区段内也有部分其他风险等级的管段。区内海拔 500～600m，坡度为 5°～15°，斜坡体稳定。区内出露岩石多为砂岩，管道距离断层约 8km，归一化差异植被指数约为 0.9，多年平均降水量约为 990mm，该区斜坡危险性等级为中危险(II)等级或高危险(III)等级。管道埋深约为 2.0～2.5m，以斜穿方式为主穿越斜坡，属低易损性(I)等级。

(2) 宝轮镇肖家村—宝轮镇老林沟村

该区段位于试验区管道南部，为桩号 K599～K608，区段内也有部分其他风险等级的管段。区内海拔 450～600m，坡度为 5°～15°，斜坡体稳定。区内出露岩石多为砂岩，该区段管道距离断层约 10～15km，归一化差异植被指数约为 0.11～0.9，植被发育，多年平均降水量约为 980mm，该区斜坡危险性等级为中危险(II)等级或低危险(I)等级。管道埋深约为 2.0～3.5m，管道以斜穿方式为主穿越斜坡，属中易损性(II)等级或低易损性(I)等级。

综合起来，试验区管道滑坡风险等级如表 10.16 所示。

表 10.16 管道风险等级描述表

管道风险等级	滑坡危险性描述	管道易损性描述	风险描述	建议风险控制措施
低风险(I)	基本稳定，一般条件下不会发生滑坡地质灾害，但在强震、长时间连续降雨或特大暴雨条件下可能发生滑坡	管道完整，埋深很深，且几乎不处于滑坡灾害的影响区域内	不对管道构成明显危害，滑坡地质灾害对管道安全的威胁可能性很小	巡检
中风险(II)	潜在不稳定，存在小型滑坡，滑坡基本无变形迹象，但从地质构造、地形地貌等分析，有发生滑坡的趋势	管道基本完整，埋深较深，但在恶劣条件下，滑坡可能会影响到管道安全	有危害，如管道裸露、变形等	重点巡检或简易监测
高风险(III)	不稳定，存在中小型滑坡，且正在变形中，或近期有过明显变形，如滑坡体上出现明显裂缝、沉降或前缘鼓胀甚至剪出	管道有缺陷，埋深较浅，在滑坡影响范围内，一旦发生滑坡，会影响到管道安全	有较大危害，如管道悬空、漂浮、损伤等，可能会引起少量介质泄漏，但可对管道进行在线补焊或处理	重点监测或风险减缓
极高风险(IV)	极不稳定，存在大型或巨型滑坡，且正在变形中，或近期有过明显变形，裂隙明显可见	管道有较多缺陷或损伤，管道处于滑坡灾害内部，随时可能会影响到管道的安全	有很大危害，如管道破裂、断裂造成介质大量泄漏，或严重扭曲变形而中断运输	短期内实施防治工程

10.4 地下管线风险防控

地下管线风险防控是针对确定的系统或者某项行为，识别、分析、评价系统或者某项行为相关的潜在威胁，寻找并引入风险防控手段，消除或至少减轻这些威胁对人员、环境或者其他资产的潜在威胁。

10.4.1 地下管线风险防控机制

地下管线的风险防控机制包括规划建设和运行维护各个阶段的风险防控[210]。

管线规划建设阶段的风险防控主要从国家宏观调控的手段与政策形成、实施工具和城市未来空间架构的引导三个方面实现。地下管线规划风险防控的主要规则包括平面控制规则、避让规则和预留控制规则等，见本书2.1节。

10.4.1.1 地下管线建设施工中的风险防控

1. 开工前准备和统筹

1）开工前准备
开工前各道路建设单位必须和管线权属单位做好准备工作，并具备下列条件。
(1)办妥与相关管线权属单位的管线交底手续，取得道路管线监护交底卡。
(2)取得掘路施工许可证和其他相关的行政许可手续。
(3)按规定取得建设工程施工许可证。

2）施工统筹
(1)施工前召开管线协调会，并作会议纪要。
(2)工程项目的具体施工方案。
(3)管线施工图。
(4)对相邻管线的详细保护方案。

2. 施工前的测量放线和探测

地下管线工程开工前，管线权属单位应当委托具备资质的测绘单位进行放线。
工程施工前由负责统筹的单位或者管线权属单位组织工程详查。

3. 建设施工中的风险防控管理要求

管线权属单位应当按照国家有关技术标准，确定管线平面位置和纵向标高，并根据管线的口径大小、埋深和管线性质，科学、合理地组织施工。

管线施工单位应综合利用已有地下管线信息开展精细、安全施工；已有管线单位应提供或共享所拥有或管理管线的数据，保障共享信息的实时性、有效性。

10.4.1.2 地下管线运行维护风险防控

城市地下管线安全问题，尤其是隐患排查治理以及日常的巡检排查，已成为城市安全研究中的热点问题和城市科学管理的重要内容。

1. 地下管线隐患的专项排查与防控

各管线行业主管部门应制定所管理范围内的地下管线及相关设施事故隐患排查判定标准，建立安全隐患排查评价标准体系。在此基础上，建立地下管线隐患排查制度。
(1)明确地下管线隐患排查主体责任。

(2)建立地下管线隐患排查相关工作制度。

(3)加大管线改造维护力度。

2. 日常巡检与运维管理

为保证其正常工作,地下管道在建成运行后必须进行定期养护和管理。地下管道内常见的故障有:污物淤塞管道、过重的外荷载、地基不均匀沉陷或污水的侵蚀作用,使管渠损坏、产生裂缝或腐蚀等。

1)日常巡检的任务

(1)检测地下管线的侵蚀作用。

(2)监督管渠使用规则的执行。

(3)经常检查冲洗或清通排水管渠,维持其运送能力。

(4)修理管渠及其构筑物,并处理意外事故等。

2)日常巡检的一般规定

(1)定期巡视,及时发现和修理管道功能性与结构性缺陷。

(2)定期清除透气井内的浮渣。

(3)保持排气阀、压力井、透气井等附属设施的完好有效。

(4)定期开盖检查压力井盖板,发现盖板锈蚀、密封垫老化、井体裂缝、管内积泥等情况应及时维修和保养。

10.4.2 地下管线风险防控与处置措施

10.4.2.1 风险事先防控

1. 落实所有管线的安全管理主体责任

目前,地下管线管理的一些环节存在管理职责不清晰的现象。此外,存在大量的缺管失养等问题,急需推进安全管理职责的落实。因此,应完善政府监管方式、内容和手段,进一步明确地下管线安全生产属地监管"条块结合、属地为主"的原则;明确各层级、各环节地下管线管理主体安全监管的职责;促进各地下管线安全管理部门、权属单位或地下管线专业管理单位分别落实各自主体责任。

2. 创新机制,保障安全管理工作的有效性

明确规划、建设及运行管理的要求和程序,建立三阶段沟通协调机制。实行联席会议制度,召集对地下管线负有安全监管职责的部门及区域内地下管线权属单位进行专题研究、解决安全隐患问题。建立并完善管线施工全过程风险防控的监管工作机制,保障各项工作及工作程序的有效性。

3. 完善地下管线风险防控系统框架建设

建立管线安全风险评估系统。根据管道的管材、压力、气体温度、施工质量、使用年限、应力腐蚀、剩余强度、地面环境、土壤环境、防腐层材料、防腐层质量、阴极保护状

况等因素，统计不同安全等级管道所占的比例。

建立电力、燃气和供水等专业管线风险矩阵分析评估系统，对事故风险进行分类分级，运用事故树和因果图进行事故的分析、计算和风险评估等，并积极引导、落实风险评估所提出的各项措施。

4. 积极采取应对性的技术对策措施

积极开展地下管线风险评估和风险防控管理，依靠科技保障管线安全运行，加大技术创新，推进行业科技进步，提高专业技术水平和地下管线安全保障服务能力。

针对腐蚀破坏可采取的措施：防腐层、阴极保护、防腐层缺陷检测、阴极保护状况监测和评价、建立管线安全诊断评估系统。

针对地面沉降可采取的措施：给水和热力管道探漏；排水管道健康状况全面检测；工程施工过程中采取适宜的防护措施，按照一定周期和频次对管道的水平位移和高程变化进行监测；回填土压实；严格路面检测，以防止工程施工、给排水泄漏形成的地下空洞对地下管线造成伤害。

针对地震灾害可采取的措施：尽量选择抗震强度较高的管材，提高地下管道自身的抗震能力；采用具有抗震性的柔性接口。确保主干管道在一般地震中所承载的所有机能不受损，重大地震中可以轻微受损，但其承载的所有机能不能有重大影响；非主干管道在一般地震中其承载的所有机能可以轻微受损，但不能有重大影响[211]。

10.4.2.2 事后应急处置与措施

地下管线抢修是指地下管网发生危及安全的泄漏以及引起中毒、火灾、爆炸等事故时，采取紧急作业措施。从保障管道安全运行方面讲，地下管线抢修的目标在于快速处理管网的泄漏，降低管网事故的影响。尤其在管网由于腐蚀、第三方破坏等发生突然泄漏的情况下，合理有效地进行抢修能够保证管网正常运行，把事故带来的损失降到最低。

应急处置参与单位。燃气事故发生后，事发相关单位及所在社区应当在判定事故性质、特点、危害程度和影响范围的基础上，立即组织有关应急力量实施即时处置，开展必要的人员疏散和自救互救行动，采取应急措施排除故障，防止事态扩大。当地应急联动中心应当立即指挥调度相关应急救援队伍，组织抢险救援，实施先期处置，营救遇险人员，控制并消除危险状态，减少人员伤亡和财产损失。相关联动单位应当按照指令，立即赶赴现场，根据各自职责分工和处置要求，快速、高效地开展联动处置。处置过程中，应急联动中心要实时掌握现场动态信息并进行综合研判及上报。

现场指挥长。涉及人员生命救助的燃气事故救援，现场救援指挥长由综合性应急救援队伍现场最高指挥员担任。无人员伤亡或者生命救助结束后，现场指挥长由燃气行政主管部门的现场最高负责人担任，指挥实施专业处置。根据属地响应原则，由相关区市县成立现场处置指挥部，对属地第一时间应急响应实施统一指挥，总指挥由事发地所在区市县领导担任，或者由区市县领导确定。

现场处置措施如下：

(1) 事发地所在区公安机关立即设置事故现场警戒，实施场所封闭、隔离、限制使用及周边防火、防静电等措施，维持社会治安，防止事态扩大和蔓延，避免造成进一步的人员伤害。

(2) 公安、消防、燃气行业政府主管部门应急力量迅速营救遇险人员，控制和切断危险链。卫生计生部门负责组织开展对事故伤亡人员的紧急医疗救护和现场卫生处置。

(3) 及时清除、转移事故区域的车辆，组织抢修被损坏的燃气设施，根据专家意见，实施修复等措施。

(4) 燃气企业及时判断可能引发停气的时间、区域和涉及用户数，按照指令制订停气、调度和临时供气方案，力争事故处置与恢复供气同时进行。

(5) 必要时，组织疏散、撤离和安置周边群众，并搞好必要的安全防护。

(6) 法律、法规规定的其他措施。

参 考 文 献

[1] 倪丽萍, 蒋欣, 郭亨波. 城市地下空间信息基础平台建设与管理[M]. 上海: 同济大学出版社, 2019.

[2] 中国城市轨道交通协会. 城市轨道交通 2019 年度统计和分析报告[R]. 中国城市轨道交通协会信息，2020(2). https://www.camet.org.cn/tjxx/5133, 2020-12-12.

[3] 中华人民共和国住房和城乡建设部. 城市地下管线探测技术规程(CJJ 61—2017)[S]. 北京: 中国建筑工业出版社, 2017.

[4] 国家统计局. 1996、2001、2011、2016、2020 中国统计年鉴[M]. 北京: 中国统计出版社. http://www.stats.gov.cn/sj/ndsj/.

[5] 2019-2020 年中国城市地下空间发展蓝皮书[OL]. http://www.doc88.com/p-66016936000117.html, 2020-12-12.

[6] 王超, 李伟, 杨志刚. 基于时态 GIS 的城市地下管线数据库建设[J]. 中国市政工程, 2011(6):71-73, 87.

[7] 中华人民共和国建设部. 城市地下管线探测技术规程(CJJ 61—2003)[S]. 北京: 中国建筑工业出版社, 2003.

[8] 中华人民共和国国家质量监督检验检疫总局. 地下管线数据获取规程(GB/T 35644—2017)[S]. 北京: 中国标准出版社, 2017.

[9] 中国标准化协会. 地下管线核验测量与竣工测量技术规程(T/CAS 427—2020)[S]. 北京: 中国建筑工业出版社, 2020.

[10] 陈勇, 陈朝高, 张芳, 等. 地下管线普查数据与专业数据融合模型研究[J]. 测绘与空间地理信息, 2019, 42(11): 25-29.

[11] 陈肖阳. 智能燃气管网的探讨[J]. 煤气与热力, 2012, 32(6): 25-29.

[12] 国务院灾害调查组. 河南郑州"7·20"特大暴雨灾害调查报告[R]. 2022

[13] 王泽根, 陈勇, 甄艳, 等. 地下管线监测与城市发展适应性分析[M]. 北京: 科学出版社, 2017.

[14] 田应中, 张正禄, 杨旭. 地下管线网探测与信息管理[M]. 北京: 测绘出版社, 1997.

[15] 江贻芳. 我国地级市地下管线普查开展情况调查分析[J]. 中国建设信息化, 2015(23): 12-15.

[16] 李凤之. 地下管线探测方法技术与探测队伍施工组织[J]. 测绘通报, 2013(S2): 83-85, 92.

[17] 邹延延. 地下管线探测技术综述[J]. 勘探地球物理进展, 2006, 29(1): 14-20.

[18] 王勇, 陈勇. 近间距平行地下线探测方法研究[J]. 测绘通报, 2011(3): 22-25.

[19] 张汉春, 黄昀鹏. 长距离深埋管线的探测效果[J]. 物探与化探, 2006, 30(4): 87-90.

[20] 韩志国, 周昌贤. 城市地下管线探查方法分析[J]. 中国高新技术企业技术论坛, 2008(18):114-115.

[21] 彭武林. 地下管线探测技术[J]. 建材地质, 1994(3): 33-37.

[22] 王正成, 钱荣毅, 曾校丰, 等. 天线阵雷达探测地下管线技术[J]. 市政技术, 2005, 23(3): 194-196.

[23] 王慧濂. 探地雷达概论[J]. 地球科学, 1993(4): 22-24.

[24] 何继善. 频率域电法的新进展[J]. 地球物理学进展, 2007, 22(4): 1250-1254.

[25] 赖思静, 杨建国, 贾学明. 综合物探技术及工程应用[J]. 公路交通技术, 2005, 10(5): 49-53.

[26] 杨成林. 瑞雷波勘探[M]. 北京: 地质出版社, 1993.

[27] 杨兴其, 赵伟, 张世明. 地震波映像法在援厄下水道改造工程中的应用[J]. 西部探矿工程, 2000(5): 67-68.

[28] 范中原, 许刚林. 综合物探技术研究及其应用[J]. 水力发电, 2001(8): 30-31.

[29] 王水强, 黄永进, 李凤生, 等. 磁梯度法探测非开挖金属管线的研究[J]. 工程地球物理学报, 2005, 2(5): 353-357.

[30] 李军, 马新龙. 高密度电法在水库大坝塌陷勘测中的应用[J]. 工程勘察, 2010(1):89-93.

[31] 顾孝烈, 鲍峰, 程效军. 测量学(第四版)[M]. 上海: 同济大学出版社, 2010.

[32] 中华人民共和国住房和城乡建设部. 卫星定位城市测量技术标准(CJJ/T 73—2019)[S]. 北京: 中国建筑工业出版社, 2019.

[33] 中华人民共和国国家质量监督检验检疫总局. 国家三、四等水准测量规范(GB/T 12898—2009)[S]. 北京: 中国标准出版社, 2009.

[34] 中华人民共和国国家质量监督检验检疫总局. 水准仪(GB/T 10156—2009)[S]. 北京: 中国标准出版社, 2009.

[35] 国家测绘局. 测量外业电子记录基本规定(CH/T 2004—1999)[S]. 北京: 测绘出版社, 1999.

[36] 国家测绘局. 水准测量电子记录规定(CH/T 2006—1999)[S]. 北京: 测绘出版社, 1999.

[37] 中华人民共和国住房和城乡建设部. 城市测量规范(CJJ/T 8—2011)[S]. 北京: 中国建筑工业出版社, 2011.

[38] 国家测绘局. 全球定位系统实时动态(RTK)测量技术规范(CH/T 2009—2010)[S]. 北京: 测绘出版社, 2010.

[39] 中华人民共和国国家质量监督检验检疫总局. 基础地理信息要素数据字典 第 1 部分: 1∶500 1∶1000 1∶2000 比例尺(GB/T 20258.1—2019)[S]. 北京: 中国标准出版社, 2019.

[40] 中华人民共和国国家质量监督检验检疫总局. 国家基本比例尺地图图式 第 1 部分: 1∶500 1∶1000 1∶2000 地形图图式(GB/T 20257.1—2017)[S]. 北京: 中国建筑工业出版社, 2017.

[41] 国家测绘地理信息局. 管线测量成果质量检验技术规程(CH/T 1033—2014)[S]. 北京: 中国建筑工业出版社, 2014.

[42] 中华人民共和国国家质量监督检验检疫总局. 数字测绘成果质量检查与验收(GB/T 18316—2008)[S]. 北京: 中国标准出版社, 2008.

[43] 范娟娟, 周磊, 鞠建荣. 专业管线与综合管线数据匹配融合方法研究[J]. 城市勘测, 2021(3): 27-31.

[44] 陈功亮, 刘刚. 大型城市地下管线多源异构数据融合探讨[J]. 城市勘测, 2020(5): 79-84, 89.

[45] 武芳, 王泽根, 蔡忠亮, 等. 空间数据库原理[M]. 武汉: 武汉大学出版社, 2017.

[46] 陈玲. 顾及语义相似性的城市地下管线空间数据匹配方法研究[D]. 南京: 南京师范大学, 2014.

[47] Tversky A. Features of similarity [J]. Psychological Review, 1977, 84(4): 327-352.

[48] 朱延娟, 周来水, 王坚. 三维碎片拼合的轮廓提取和特征点检测[J]. 南京航空航天大学学报, 2005, 22(1): 25-29.

[49] 朱延娟, 周来水, 张丽艳. 三维碎片拼合的算法研究[J]. 中国图象图形学报, 2007, 12(1): 164-170.

[50] 刘爽, 朱延娟, 张丽艳. 二维碎片轮廓曲线的匹配算法[J]. 机械制造与自动化, 2005, 34(2): 60-63.

[51] 周石林, 廖文和, 尹建平. 平面碎片匹配算法的研究[J]. 计算机工程与应用, 2009, 45(31): 151-153.

[52] Tetsuzo K. Curve shape modification and similarity evaluation[C]//Proceedings of International Conference on Computational Inteligence for Modelling Control and Automation and International Conference on Intelligent Agents Web Technologies and International Commerce, Sydney, Australia: IEEE Computer Society Press, 2006: 227-232.

[53] Axel M, Michael C. Approximately matching polygonal curves with respect to the Fréchet distance[J]. Computational Geometry, 2005, 30(2):113-127.

[54] 张智广, 赵学敏. 平面曲线相似性初探[J]. 天津师大学报, 1998, 18(2): 65-72.

[55] 宋卫东. 微分几何[M]. 北京: 科学出版社, 2009.

[56] Haim J W. On curve matching [J]. Pattern Analysis and Machine Intelligence, 1990, 12(5): 483-489.

[57] Awrangjeb M, Lu G J, Murshed M. An affine resilient curvature scale-space corner detector[C]//Proceedings of 2007 IEEE International Conference on Acoustics, Speech, and Signal Processing. Honolulu, USA: IEEE Computer Society Press, 2007: 1233-1236.

[58] Giannekou V, Tzouveli P, Avrithis Y, et al. Affine invariant curve matching using normalization and curvature scale-space [C]//Proceedings of 2008 International Workshop on Content- Based Multimedia Indexing. London, UK: IEEE Computer Society Press, 2008: 208-215.

[59] Cui M, Femiani J, Hu J, et al. Curve matching for open 2D curves[J]. Pattern Recognition Letters, 2009, 30(1): 1-10.

参考文献

[60] 于昊, 赵乃良, 陈小雕. 类曲率在曲线相似性判定中的应用[J]. 中国图象图形学报, 2012, 17(5): 207-714

[61] 邓晓红, 冯剑桥, 周静, 等. 城市地下管线空间数据匹配系统的设计与实现[J]. 测绘通报, 2018(5):131-135.

[62] 张宪政, 陈勇, 李晓娟, 等. 海量管线数据库动态更新融合技术的探讨与应用[J]. 测绘与空间地理信息, 2019, 52(5): 40-42.

[63] 国家市场监督管理总局. 地下管线要素数据字典(GB/T 41455—2022)[S]. 北京: 中国标准出版社, 2022.

[64] 赤峰市市场监督管理局. 地下管线探测及信息系统建设规范(DB 1504/T 2002—2022)[S]. 2023.

[65] 四川省质量技术监督局. 城镇地下管线普查数据规定(DB 51/T 2277—2016)[S]. 2016.

[66] 陈勇, 张宪政, 李晓静, 等. 地下管线普查数据质量检查及深度方法研究[J]. 测绘与空间地理信息,2019,42(8):19-22.

[67] 范海林, 王大成, 李姗迟. 管线普查可视化项目监管平台[J]. 测绘通报, 2013(S): 164-166.

[68] 张鹏程, 邱广新, 林鸿, 等. 智慧管线——城市地下综合管线信息管理系统[M]. 北京: 电子工业出版社, 2018.

[69] 程昌秀. 空间数据库管理系统概论[M]. 北京: 科学出版社, 2017.

[70] 毕天平, 孙立双, 钱施光. 城市地下管网三维整体自动建模方法[J]. 地下空间与工程学报, 2013, 9(S1): 1473-1476.

[71] 罗洁滢. 基于 GIS 的城市地下管线空间布局安全性评价[D]. 成都: 西南石油大学, 2017.

[72] 张春友, 吴晓强. 新型智能无线管道探测仪的设计[J]. 自动化与仪表, 2014, 29(6): 13-16.

[73] 乔志勇, 赵冬冬, 焦洁, 等. ArcGIS 在三维管网中的研究与应用[C]. 第七届 ArcGIS 暨 ERDAS 中国用户大会, 2006.

[74] 陈子辉, 胡建平, 董春华. 城市地下管网三维可视化实现技术研究[J]. 工程图学学报, 2010, 31(6):139-145.

[75] 黄明, 张岩岩, 盛国君, 等. 三维管网自动建模研究[J]. 地理信息世界, 2016, 23(2): 55-61.

[76] 卢丹丹, 谭仁春, 郭明武, 等. 城市地下管线三维建模关键技术研究[J]. 测绘通报, 2017(5):117-119.

[77] 王子启. 城市地下管线三维成图组件设计与实现[J]. 地理空间信息, 2021, 19(7): 101-105.

[78] 李旭. 基于三维激光扫描与管线探测技术的供水管网三维建模应用[J]. 测绘与空间地理信息, 2021, 44(3):143-145.

[79] 吴思, 杨艳梅, 王明洋, 等. 一种真三维地下管线井室自动建模方法[J]. 测绘科学技术学报, 2016, 33(4): 400-404.

[80] 李清泉, 李德仁. 供热管网空间数据模型研究[J]. 测绘科学技术学报, 2015, 32(4): 437-440.

[81] 王景涛. AutoCAD 三维坐标系统概述及 UCS 在三维建模的灵活应用[J]. 硅谷, 2011: 156-158.

[82] Hu Z, Ma Z. Research on the 3d Modeling Method of Urban Underground Pipeline Network[C]//International 2009 Conference on Information Science and Engineering, [Sl]: [s.n.]: 2161-2163.

[83] 刘海清, 殷强. 地下管线数据质量监理程序的开发与应用[J]. 江西测绘, 2017(2): 22-24.

[84] 解智强, 李俊娟, 郭贵洲, 等. 地下管线探测成果的质量检验方法[J]. 地理空间信息, 2012, 10(1):129-131.

[85] 严玉瑶. 城市管网空间数据质量检查系统设计与实现[D]. 北京: 中国地质大学, 2012.

[86] 王海涛, 穆晗, 马海勇. 基于 ArcEngine 的城市地下管网三维建模方法研究[J]. 地理空间信息, 2017, 15(3): 109-110.

[87] 王钰, 高志亮, 马智民, 等. 三维 GIS 技术在数字油田建设中的应用[J]. 地理空间信息, 2009, 7(4): 92-95.

[88] Ribelles J, López A, Belmonte O. An Improved Discrete Level of Detail Model Through an Incremental Representation[C]//Theory and Practice of Computer Graphics, Sheffield, United Kingdom, 2010. Proceedings, [S.l.]: [s.n.]: 59-66.

[89] 朱国宾. 面向多分辨率层次结构的遥感影像分析方法[J]. 武汉大学学报(信息科学版), 2003, 28(3): 315-320.

[90] 张剑波, 李春亮, 张耀芝, 等. 基于 Skyline 的城市三维管道自动生成技术[J]. 测绘通报, 2013(12): 66-70.

[91] 肖建明, 陈国华, 张瑞华. 高斯烟羽模型扩散面积的算法研究[J]. 计算机与应用化学, 2006, 23(6): 559-564.

[92] 王劲峰, 葛咏, 李连发, 等. 地理学时空数据分析方法[J]. 地理学报, 2014, 69(9): 1326-1345.

[93] Labrinidis A, Jagadish H V. Challenges and opportunities with big data[J]. PVLDB, 2012, 5(12):2032-2033.

[94] Cohen J, Dolan B, Dunlap M, et al. MAD skills: New analysis practices for big data [J]. PVLDB, 2009, 2(2): 1481-1492.

[95] Piaget J. Intellectual evolution from adolescence to adulthood [J]. Human Development, 1972,15(1):1-12.

[96] Green T M, William R, Brian F. Visual analytics for complex concepts using a human cognition model [C]//In: Grinsten G, ed. 2008, Proc. Of the VAST. Columbus: IEEE Press: 91-98.

[97] Yang J, Hubball D, Ward M S, et al. Value and relation display: Interactive visual exploration of large data sets with hundreds of dimensions[J]. IEEE Trans. on Visualization and Computer Graphics, 2007, 13(3): 494-507.

[98] Turkay C, Lundervold A, Lundervold A J, et al. Representative factor generation for the interactive visual analysis of high-dimensional data[J]. IEEE Trans.on Visualization and Computer Graphics, 2012, 18(12): 2621-2630.

[99] Inselberg A, Dimsdale B. Parallel coordinates: A tool for visualizing multi-dimensional geometry[C]//In: Kaufman A, ed. 1990 Proc. of the Visualization. San Francisco: IEEE Press: 361-378.

[100] Claessen J H T, van Wijk J J. Flexible linked axes for multivariate data visualization[J]. IEEE Trans. on Visualization and Computer Graphics, 2011, 17(12): 2310-2316.

[101] Halevi G, Moed H. The evolution of big data as a research and scientific topic: Overview of the literature[J]. Research Trends, 2012, 30(1): 3-6.

[102] Hey T, Gannon D, Pinkelman J. The future of data-intensive science[J]. Computer, 2012, 45(5): 81-82.

[103] Tobler W. Experiments in migration mapping by computer[J].The American Cartographer, 1987, 14(2): 155-163.

[104] Peuquet D J, Kraak M J. Geobrowsing: Creative thinking and knowledge discovery using geographic visualization[J]. Information Visualization, 2002, 1(1): 80-91.

[105] 黎夏, 刘凯. GIS 与空间分析——原理与方法[M]. 北京: 科学出版社, 2006.

[106] 刘湘南. GIS 空间分析原理与方法[M]. 北京: 科学出版社, 2005.

[107] 龚健雅. 地理信息系统基础[M]. 北京: 科学出版社, 2001.

[108] 任博芳. 系统综合评价的方法及应用研究[D]. 北京: 华北电力大学, 2010.

[109] 刘豹, 许树柏, 赵焕臣, 等. 层次分析法-规划决策的工具[J]. 系统工程, 1984, 2(2): 23-30.

[110] 郭金玉, 张忠彬, 孙庆云. 层次分析法的研究与应用[J]. 中国安全科学学报, 2008, 18(5): 148-153.

[111] 郁树锟. 最小二乘法[M]. 上海: 中华书局, 1947.

[112] Choubin B, Moradi E, Golshan M, et al. An ensemble prediction of flood susceptibility using multivariate discriminant analysis, classification and regression trees, and support vector machines[J]. Science of the Total Environment, 2019, 651(PT.2): 2087-2096.

[113] Fotheringham A S, Yang W, Kang W. Multiscale Geographically Weighted Regression (MGWR)[J]. Annals of the American Association of Geographers, 2017, 107(6): 1247-1265.

[114] Vapnik V. Statistical Learning Theory[M]. NewYork: John Wiley, 1998.

[115] 苏高利, 邓芳萍. 论基于 MATLAB 语言的 BP 神经网络的改进算法[J]. 科技通报, 2003(2): 130-135.

[116] 焦李成. 神经网络系统理论[M]. 西安: 西安电子科技大学出版社, 1990.

[117] 李净, 冯姣姣, 王卫东, 等. 基于 LM-BP 神经网络的西北地区太阳辐射时空变化研究[J]. 地理科学, 2016, 36(5): 780-786.

[118] 黄杏元, 马劲松, 汤勤. 地理信息系统概论[M]. 北京: 高等教育出版社, 2010.

[119] 陆守一, 唐小明, 王国胜. 地理信息系统实用教程[M]. 北京: 中国林业出版社, 1998.

[120] 胡鹏, 黄杏元, 华一新. 地理信息系统教程[M]. 武汉: 武汉大学出版社, 2002.

[121] 李新, 程国栋, 卢玲. 空间内插方法比较[J]. 地球科学进展, 2000, 15(3): 260-265.

[122] 王仁铎. 法国地质统计学的现状和发展方向[J]. 成都地质学院学报, 1983(3): 107-114.

[123] 邬伦, 刘瑜, 张晶, 等. 地理信息系统原理方法和应用[M]. 北京: 科学出版社, 2001.

[124] Goodchild M F, Lam N S. Areal interpolation: a variant of the traditional spatial problem [J]. Geo-processing, 1980(1): 197-312.

[125] Lam N S. Spatial interpolation methods: a review[J]. The American Cartographer, 1983, 10(2): 129-149.

[126] 潘志强, 刘高焕. 面插值的研究进展[J]. 地理科学进展, 2002, 21(2): 146-152.

[127] 杨晓玲, 许晶. 时空数据挖掘的发展现状及时空预测的分类[EB/OL]. 2018. http://www.aboutyun.com/thread-20863-1-1.html.

[128] 李德仁, 王树良, 李德毅, 等. 论空间数据挖掘和知识发现的理论与方法[J]. 武汉大学学报(信息科学版), 2002, 27(3): 221-233.

[129] Kaufman L, Rousseew P J. Finding Groups in Data: an Introduction to Cluster Analysis[M]. New York: John Wiley & Sons, 1990.

[130] Ester M. A Density-based Algorithm for Discovering Clusters in Large Spatial Databases with Noise[C]//The 2nd International Conference on Knowledge Discovery and Data Mining, Portland, 1996.

[131] Quinlan J. Introduction of decision trees[J]. Machine Learning, 1986(5): 239-266.

[132] Cressie N. Statistics for Spatial Data[M]. New York: John Wiley & Sons, 1991.

[133] Müller B, Rrinhardt J. Neural Networks: an Introduction[M]. Berlin: Springer Verlag, 1997.

[134] Lee E S. Neuro-fuzzy Estimation in Spatial Statistics[J]. Journal of Mathematical Analysis and Applications, 2000, 249: 221-231.

[135] 牛亚楠, 张晓松, 福鹏, 等. 城市天然气管道占压隐患的模糊综合评价[J]. 煤气与热力, 2010, 30(6): 29-33.

[136] 王泽根. 射线法判定点与多边形包含关系的改进[J]. 测绘科学技术学报, 1999(2): 54-56.

[137] 同济大学应用数学系. 高等数学(下)(第二版)[M]. 北京: 高等教育出版社, 2007.

[138] 中华人民共和国住房和城乡建设部. 城市工程管线综合规划规范(GB 50289-2016)[S]. 北京: 中国建筑工业出版社, 2016.

[139] 南昌市城乡规划局. 城市地下管线普查技术规程[M]. 南昌: 江西科学技术出版社, 2012.

[140] 傅鸿源, 胡焱. 城市综合承载力研究综述[J]. 城市问题, 2009(5): 27-31.

[141] 肖颖, 詹淑慧, 丁国玉. 城市燃气输配管网承载力评估方法研究[J]. 天然气技术与经济, 2014, 8(2): 48-52.

[142] 张中秀, 石榴花. 城市市政管网承载力综合评价方法与应用[J]. 中国市政工程, 2012, 15(2): 42-43.

[143] 徐国栋, 程浩忠, 马紫峰, 等. 用于缓解电网调峰压力的储能系统规划方法综述[J]. 电力自动化设备, 2017, 37(8): 3-11.

[144] 孙秀清. 供热与给排水[M]. 北京: 中国商业出版社, 2001.

[145] 姚雨霖, 任周宇, 陈忠正, 等. 城市给水排水(第2版)[M]. 北京: 中国建筑工业出版社, 1986.

[146] 赵立春. 天然气用户用气负荷及用气规律研究[D]. 北京: 北京建筑大学, 2016.

[147] 詹淑慧. 城镇居民燃气用户用气量指标的预测[J]. 城市煤气, 1998(4): 18-21.

[148] 杨帆. 城镇燃气用气不均匀性探讨[J]. 科技经济导刊, 2019, 27(16): 125-126.

[149] 邹雪春. 城市燃气管网用气不均匀性分析及负荷预测[D]. 广州: 广州大学, 2007.

[150] 左飞. 工业园区工业用气负荷预测[J]. 煤气与热力, 2015, 35(04): 10-15.

[151] 叶倩. 城市天然气需求预测研究及应用[D]. 重庆: 重庆大学, 2010.

[152] 冯可梁. 建筑能耗分析与决策方法及其在北京市应用研究[D]. 北京: 北京理工大学, 2014

[153] 李庆凯. 燃气热风采暖及燃气暖风机流场换热的研究[D]. 哈尔滨: 哈尔滨工程大学, 2005.

[154] 阿里·古巴提(Ali Abdullah Farea Al-Kubati). 天然气汽车应用技术研究[D]. 西安: 长安大学, 2014.

[155] 吴俊航. 珠三角燃气汽车加气站建站类型优化及风险分析[D]. 广州: 华南理工大学, 2013.

[156] 樊慧, 段兆芳, 单卫国. 我国天然气发电发展现状及前景展望[J]. 中国能源, 2015, 37(2): 37-42.

[157] 赵艳. 天然气发电的经济性研究[D]. 北京: 华北电力大学, 2016.

[158] 张月钦, 张维琴, 韩玉廷. 城市燃气应用基础与实践[M]. 青岛: 中国石油大学出版社, 2010.

[159] 徐松强. 燃气调峰与用户发展策略[J]. 煤气与热力, 2011, 31(4): 27-29.

[160] 姚博. 谈城市规划设计中城市特色的体现[J]. 建材与装饰, 2020(4): 93-94.

[161] 周阳. 基于区域尺度燃气负荷特征的高压环网承载能力研究[D]. 重庆: 重庆大学, 2018.

[162] 任桢, 李嘉明. 燃气管网调峰能力的探讨[J]. 上海煤气, 2013(2): 14-16.

[163] 金根泰, 李国韬. 油气藏地下储气库钻采工艺技术[M]. 北京: 石油工业出版社, 2015.

[164] 李长俊, 汪玉春, 陈祖泽, 等. 天然气管道输送[M]. 北京: 石油工业出版社, 2008.

[165] 中国石油新闻中心. 储气库建设如何快速进入黄金时期[EB/OL]. http://news.cnpc.com.cn/system/2018/07/24/001698958. shtml#cqkabc, 2020-12-28.

[166] 黄朝晖. 长输天然气管道配套地下储气库工程地面工艺技术研究[D]. 青岛: 中国石油大学(华东), 2009.

[167] 王学军, 林敬民, 沈永良. 管道储气调峰的投资与经济分析[M]. 煤气与热力, 2003, 213(4): 225-227.

[168] 李德生. 基于城镇天然气高压管网动态模拟的储气调峰研究[D]. 济南: 山东建筑大学, 2019.

[169] 张金冬, 谭羽非, 于克成, 等. 天然气市场发展消费特点及调峰方式分析[J]. 煤气与热力, 2019, 39(10):1-6.

[170] 黎申. 城市燃气管网优化及调峰方案研究[D]. 大庆: 东北石油大学, 2018.

[171] 福鹏, 陈敏, 张秀梅, 等. 天然气管网储气调峰的动态仿真模拟[J]. 煤气与热力, 2008, 28(12): 47-50.

[172] 谢英, 张俊. 长输管道储气调峰对管径选取的影响研究[J]. 西南石油大学学报(自然科学版), 2020, 42(1): 155-160.

[173] 伊笑娴, 刘倩, 王磊, 等. 高压燃气管道储气能力分析[J]. 管道技术与设备, 2011(3): 17-18.

[174] 李猷嘉. 长输管道末段储气量的计算与分析[J]. 煤气与热力, 2002(1): 8-11.

[175] 段常贵. 燃气输配(第四版)[M]. 北京: 中国建筑工业出版社, 2012.

[176] 谭洪艳, 周卫红, 吕子强, 等. 燃气输配工程[M]. 北京: 冶金工业出版社, 2009.

[177] 梁金凤, 郭开华, 皇甫立霞. 城市年用气量的预测方法[J]. 城市燃气, 2015(5): 25-30.

[178] 许厚德. 《国际减灾战略》秘书处发布联合国 2001 年国际减灾日主题—抵御灾害, 减轻易损性[J]. 自然灾害学报, 2001,10(3):12.

[179] Dow K, Downing T E. Vulnerability research: where things stand[J]. Human Dimensions Quarterly, 1995(1): 3-5.

[180] Adger W, Brooks N, Bentham G, et al. New Indicators of Vulnerability and Adaptive Capacity[R]. Norwich: Tyndall Centre for Climate Change Research (Technical Report No.7), 2004.

[181] Adriano L, Matsuda Y. Developing economic vulnerability indices of environmental disasters in small island regions[J]. Environmental Impact Assessment Review, 2002, 22(4): 393- 414.

[182] Westgate K N, O'Keefe P O. The human and social implications of earthquake risk for developing countries: towards an integrated mitigation strategy[R]. 1976 Intergovernmental Conference on the Assessment and Mitigation of Earthquake Risk UNESCO, Paris.

[183] Burton I, Kates R W, White G F. The environment as hazard [M]. New York: Oxford University Press, 1978.

[184] 余俊杰. 城市燃气管道火灾承灾体易损性研究[J]. 成都: 西南石油大学, 2017.

[185] 王孝奎. 城市管道燃气火灾特点及预防措施[J]. 中国科技投资, 2013(11): 227-227.

[186] 支晓晔, 高顺利. 城镇燃气安全技术与管理[M]. 重庆: 重庆大学出版社, 2014.

[187] 肖冰. 高层建筑典型功能区火灾风险分析与人员逃生研究[D]. 广州: 华南理工大学, 2011.

[188] 伍爱友, 肖国清, 蔡康旭. 建筑物火灾危险性的模糊评价[J]. 火灾科学, 2004(2): 99-105, 60.

[189] 伍东. 高层住宅建筑火灾情况下人员安全疏散研究[D]. 天津: 天津理工大学, 2009.

[190] 司戈. 美国住宅火灾人员伤亡分析[J]. 消防技术与产品信息, 2009(11): 71-74.

[191] 南玮秋, 尤莉, 刘国明, 等. 306起火灾人员伤亡回顾性调查分析与护理对策[J]. 中国卫生产业, 2014(28): 68-69.

[192] 李丽华, 郑新奇, 象伟宁. 基于GIS的北京市建筑密度空间分布规律研究[J]. 中国人口·资源与环境, 2008, 18(1): 122-127.

[193] Melinek S J, Booth S. An Analysis of Evacuation Times and the Movement of Crowds in Buildings[R]. Building Research Establishment Fire Research Station Borehamwood: IK, CP96/76, 1975.

[194] 王国文. 体育馆疏散模拟优化研究[D]. 沈阳: 沈阳航空航天大学, 2011.

[195] 郑晴友. 钢筋混凝土结构火灾受损评估及处置对策[D]. 南昌: 南昌大学, 2015.

[196] 赵绪涛. 公路灾害易损性模糊综合评价[D]. 西安: 长安大学, 2007.

[197] 许谨. 长输管道安全风险评价方法研究[D]. 西安: 西安建筑科技大学, 2014.

[198] 李学军, 魏瑞娟. 城市地下管线安全运行管理的有效途径[M]. 中国城市规划协会地下管线专业委员会2009年年会论文集. 成都, 2009: 6-9.

[199] 国务院山东省青岛市"11·22"中石化东黄输油管道泄漏爆炸特别重大事故调查组. 山东青岛11-22中石化输油管道爆炸事故调查报告[EB/OL]. http://news.sohu.com/20140111/ n393346554.shtml, 2021-08-15.

[200] 南京"7.28"地下丙烯管道泄漏爆炸事故[EB/OL]. https://www.renrendoc.com/paper/ 12564958.html, 2021-08-15.

[201] 徐沛宇. 十堰燃气爆炸后重建如何排查水面下的冰山?[J/OL]. https://finance.sina.com.cn/chanjing/cyxw/2021-08-12/doc-ikqcfncc2276873.shtml, 2021-08-15.

[202] 王金柱, 王泽根, 段林林. 基于GIS的天然气管道风险评价体系[J]. 油气储运, 2009, 28(9): 18-22, 79.

[203] 解传银. 地质灾害空间危险性评价综述[J]. 铁道科学与工程学报, 2011, 8(1): 97-102.

[204] 戴金英. 城市地下管线风险评价体系研究——以莱芜市地下管线风险评价为例[D]. 青岛: 青岛理工大学, 2015.

[205] Ballesteros-Canovas J A, Sanchez-Silva M, Bodoque J M, et al. An integrated approach to flood risk management: a case study of Navaluenga (Central Spain)[J]. Water Resour Manag, 2013, 27(8): 3051-3069.

[206] Li C, Ma T, Sun L, et al. Application and verification of a fractal approach to landslide susceptibility mapping[J]. Natural Hazards, 2012, 61(1): 169-185.

[207] Choubin B, Moradi E, Golshan M, et al. An ensemble prediction of flood susceptibility using multivariate discriminant analysis, classification and regression trees, and support vector machines[J]. Science of the Total Environment, 2019, 651(PT.2): 2087-2096.

[208] Duman T Y, Can T, Gokceoglu C, et al. Landslide susceptibility mapping of Cekmece area (Istanbul, Turkey) by conditional probability [J]. Hydrology and Earth System Sciences Discussions, 2005.

[209] Pal R. Entropy production in pipeline flow of dispersions of water in oil[J]. Entropy, 2014,16(8): 4648-4661.

[210] Jia Y H, Zhao J, Nan Z R, et al. The application of entropy-right method to the study of ecological security evaluation of grassland——a case study at the ecological security evaluation of grassland to pastoral area of Gansu[J]. Journal of Arid Land Resources & Environment, 2007.

[211] 郭磊, 项卫东, 刘英男, 等. 基于熵权法的新建长输天然气管道易损性评价[J]. 油气储运, 2015, 34(4): 373-376.

附表

附表1 地下管线点成果表

图幅编号：　　　　　　　　　管线种类：　　　　　　　　　权属单位：

图上点号	物探点号	连接点号	特征点	附属物名称	坐标/m X坐标	坐标/m Y坐标	地面高程/m	埋深/cm	管径或断面尺寸/mm	材质	压力或电压/kV	总孔数/已用孔数	根数	道路名称	备注

探测者：　　　　　　　　　校核者：　　　　　　　　　日期：

附表 2　管线间最小水平净距

管线名称		给水管 d≤200mm	给水管 d>200mm	污水雨水排水管	燃气管 低压 P≤0.05MPa	燃气管 中压 B 0.005<P≤0.2MPa	燃气管 中压 A 0.2<P≤0.4MPa	燃气管 高压 B 0.4<P≤0.8MPa	燃气管 高压 A 0.8<P≤1.6MPa	热力管 直埋	热力管 地沟	电力电缆 直埋	电力电缆 载沟	通信电缆 直埋	通信电缆 管道
给水管	d≤200mm			1.0	0.5	0.5		1.0	1.5	1.5	1.5	0.5	0.5	1.0	1.0
给水管	d>200mm			1.5	1.0	1.2		1.5	2.0	1.5	1.5	0.5	0.5	1.0	1.0
污水雨水排水管				1.0	1.2			1.5	2.0	1.0	1.5	0.5	0.5	0.5	1.0
燃气管 低压	P≤0.05MPa	0.5					DN≤300mm 0.4 DN>300mm 0.5			1.0	1.0	0.5			
燃气管 中压	0.005MPa<P≤0.2MPa	0.5		1.2						1.5	1.5	0.5			
燃气管 中压	0.2MPa<P≤0.4MPa			1.5						2.0	2.0	1.0			
燃气管 低压	0.4MPa<P≤0.8MPa									1.5	2.0	1.0			
燃气管 低压	0.8MPa<P≤1.6MPa									2.0	4.0	1.5			
热力管	直埋	1.5		1.5	1.0	1.0	1.5	2.0	4.0			2.0		1.0	1.0
热力管	地沟														
电力电缆	直埋	0.5		0.5	0.5	0.5	1.0	1.0	1.5	2.0				0.5	0.5
电力电缆	载沟														
通信电缆	直埋	1.0		1.0		0.5	1.0	1.0	1.5	1.0		0.5			
通信电缆	管道					1.0									

附图

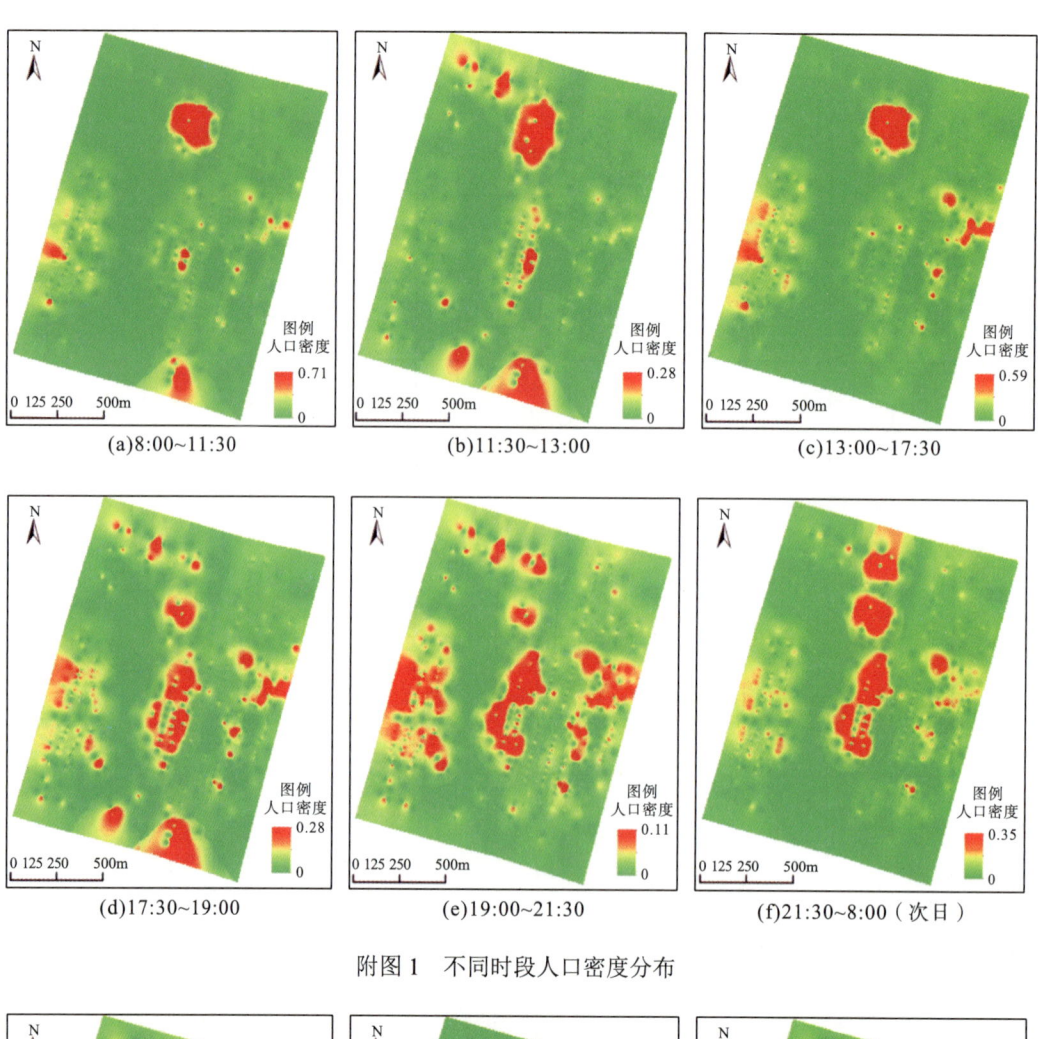

(a)8:00~11:30   (b)11:30~13:00   (c)13:00~17:30

(d)17:30~19:00   (e)19:00~21:30   (f)21:30~8:00（次日）

附图1 不同时段人口密度分布

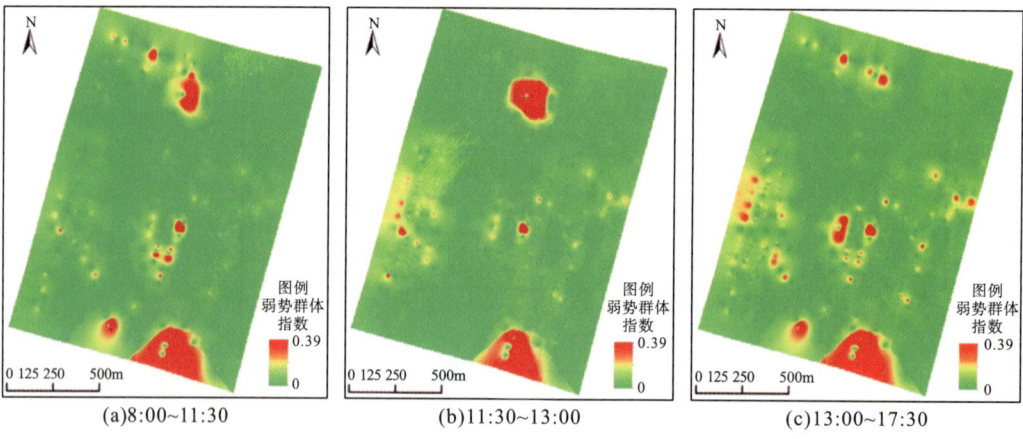

(a)8:00~11:30   (b)11:30~13:00   (c)13:00~17:30

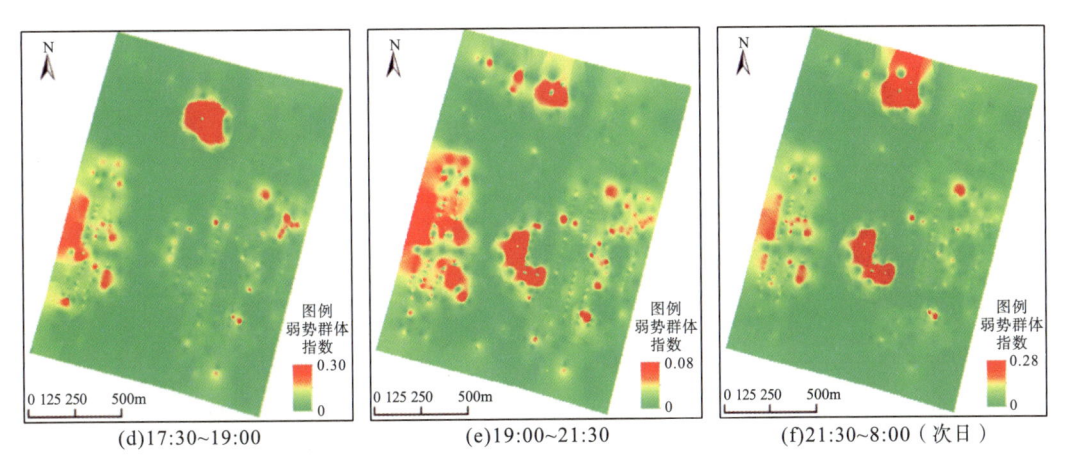

附图2　不同时段弱势群体密度分布

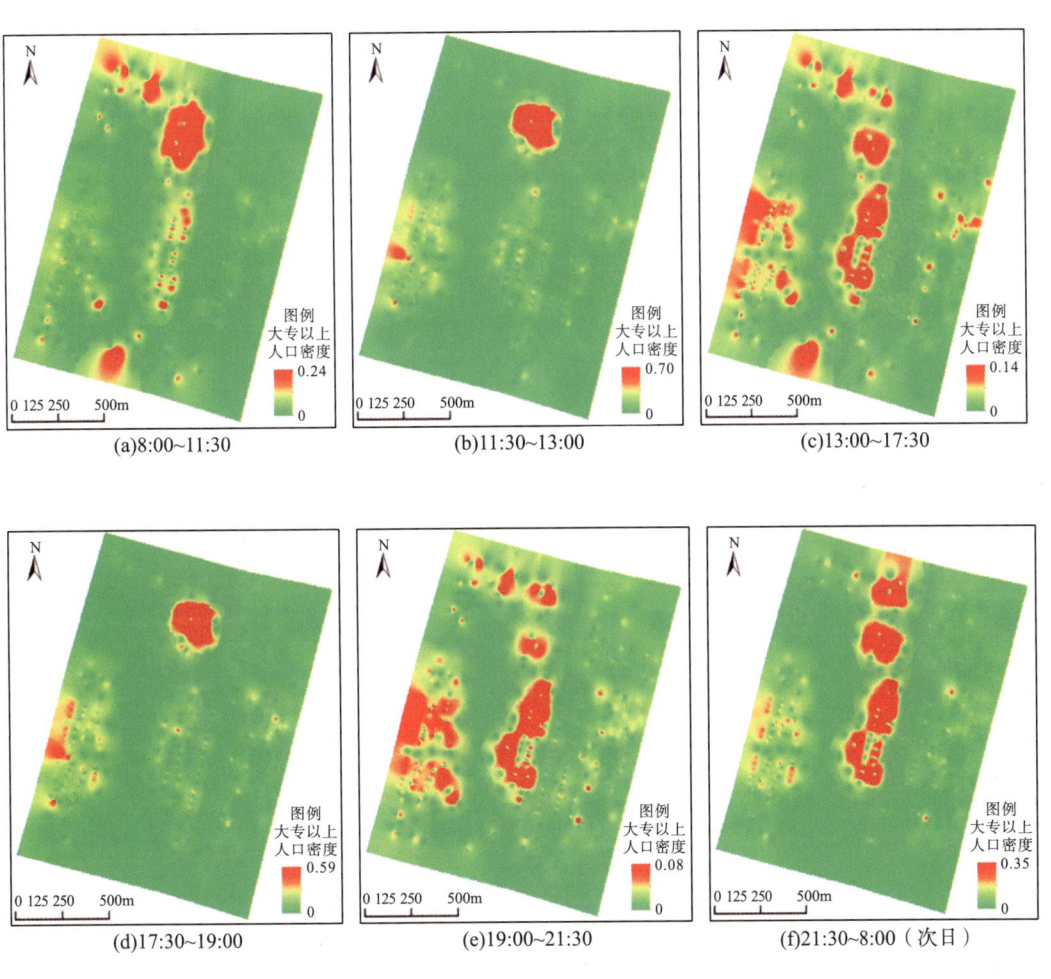

附图3　不同时段人口文化程度分布

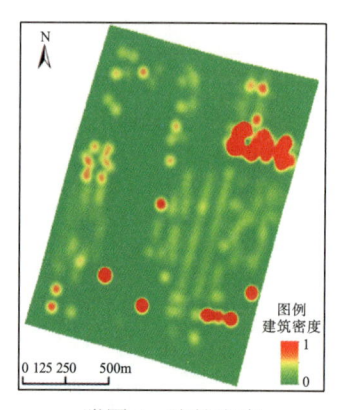

附图4 建筑密度

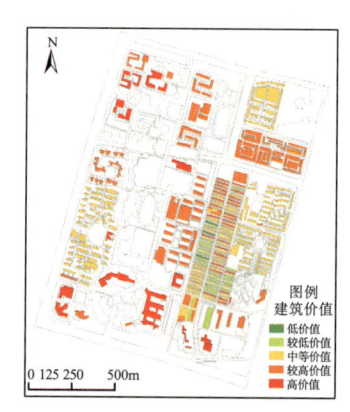

附图5 建筑价值分布

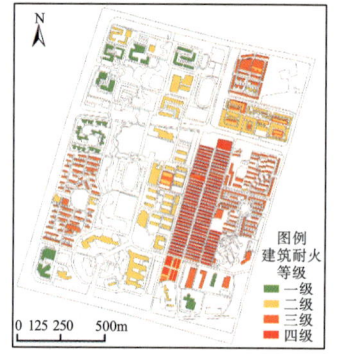

附图6 建筑耐火等级分布

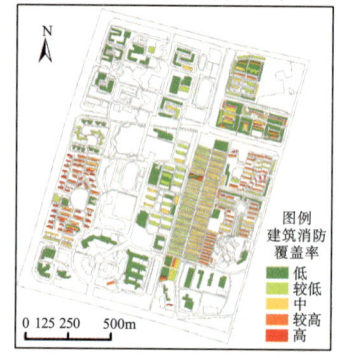

附图7 建筑消防覆盖率

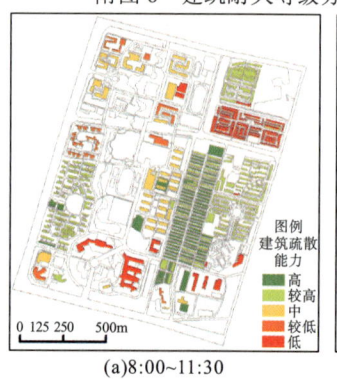

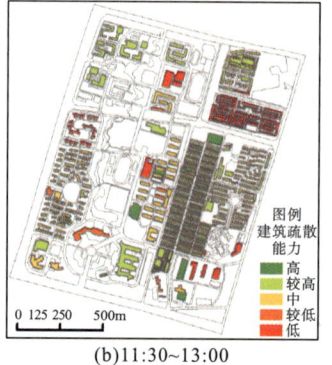

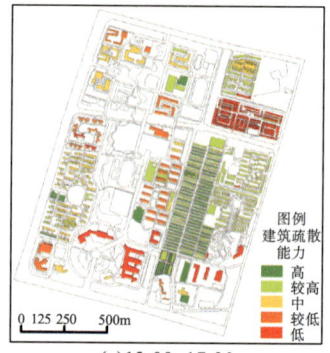

(a) 8:00~11:30

(b) 11:30~13:00

(c) 13:00~17:30

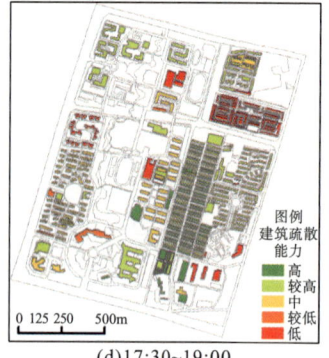

(d) 17:30~19:00

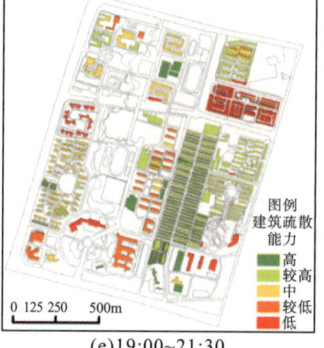

(e) 19:00~21:30

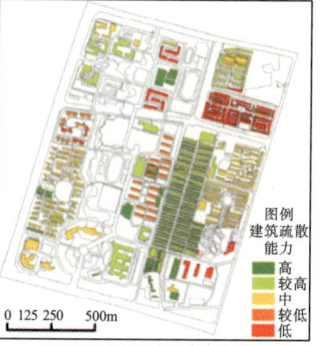

(f) 21:30~8:00（次日）

附图8 建筑物疏散（相对）能力

附图 9　区域绿化设施密度图

附图 10　土地利用分布

附图 11　燃气管网密度图

附图 12　区域消防可达性

(a) 8:00~11:30

(b) 11:30~13:00

(c) 13:00~17:30

(d) 17:30~19:00

(e) 19:00~21:30

(f) 21:30~8:00（次日）

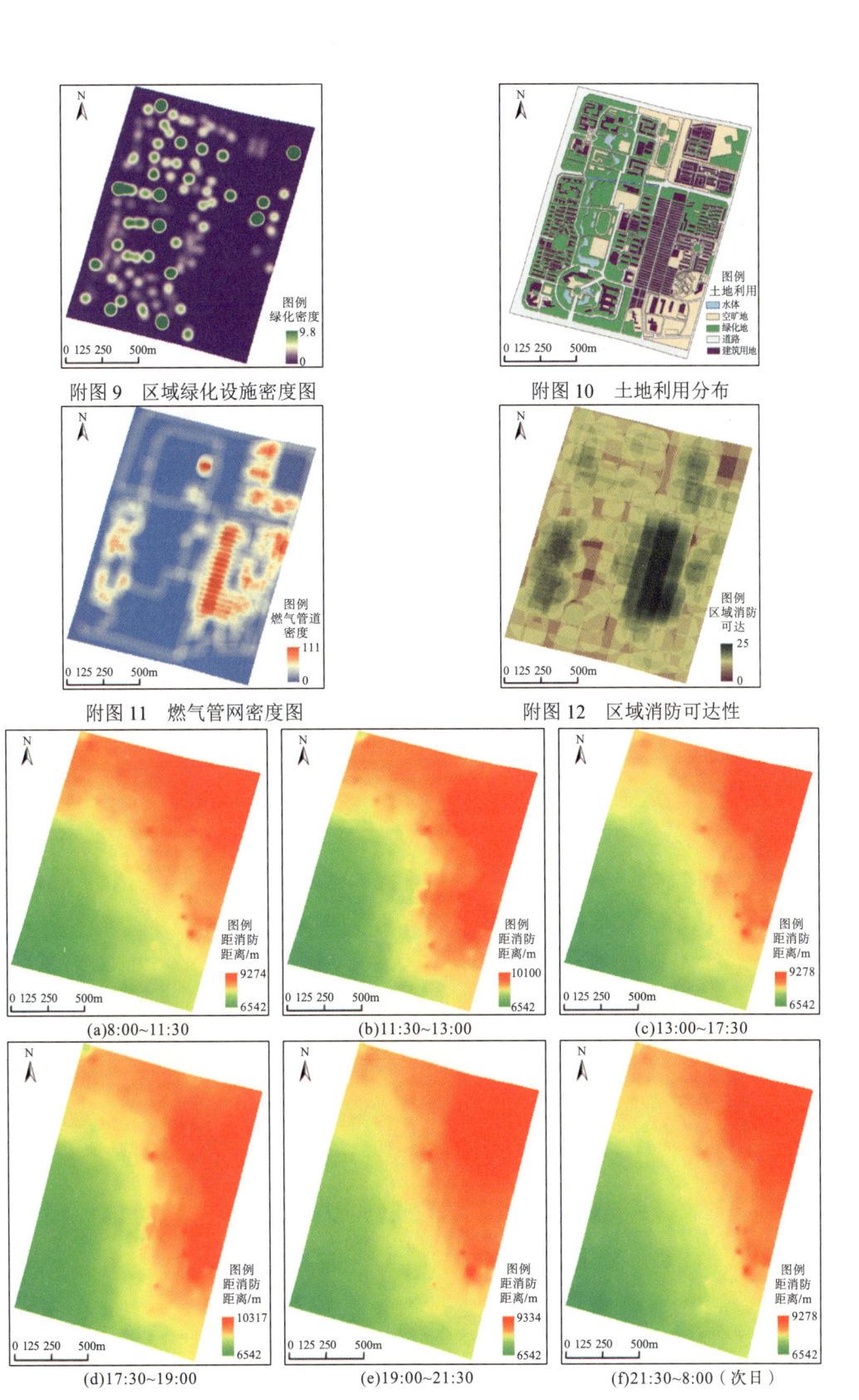

附图 13　距消防站阻抗距离

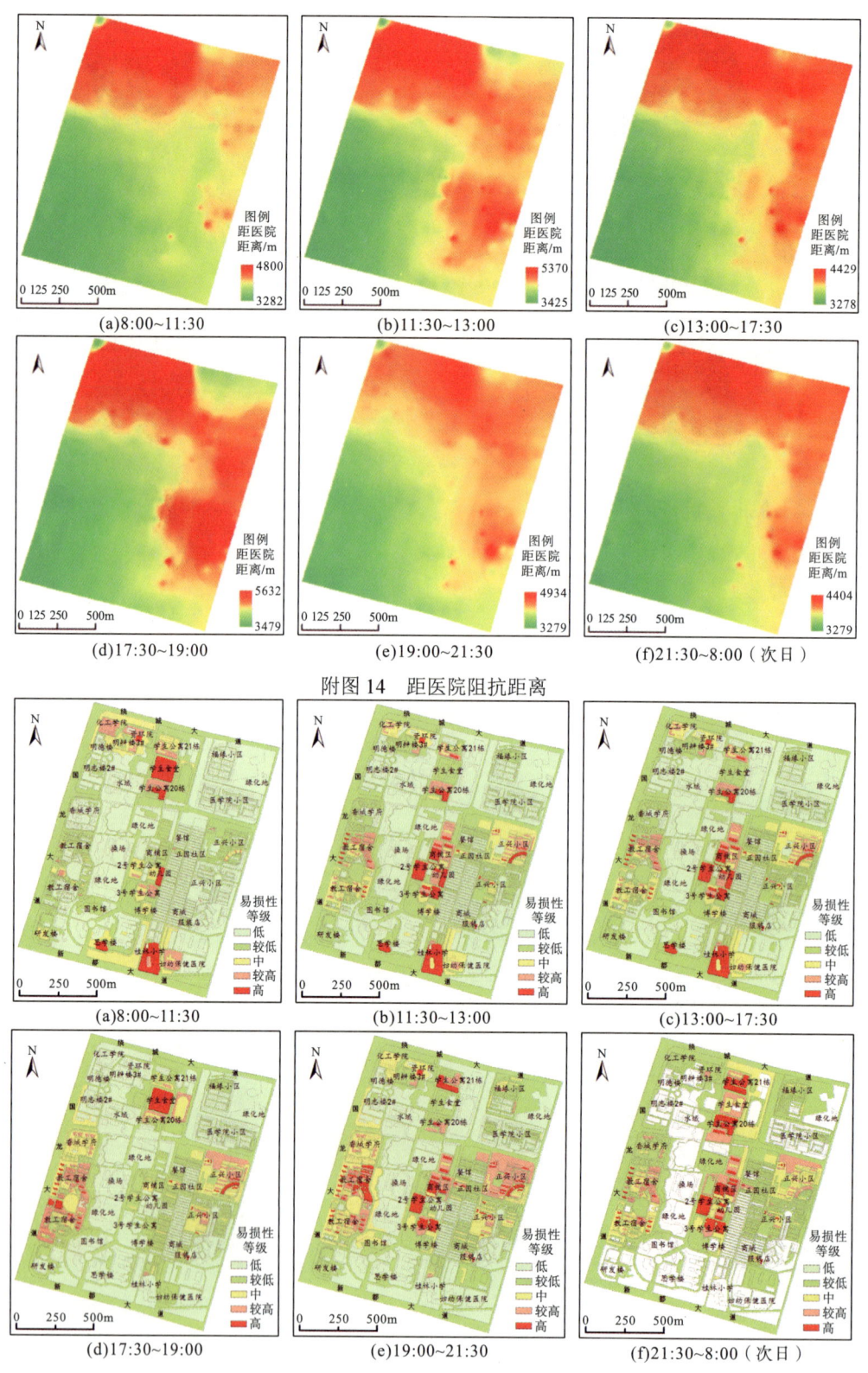

(a)8:00~11:30 (b)11:30~13:00 (c)13:00~17:30

(d)17:30~19:00 (e)19:00~21:30 (f)21:30~8:00（次日）

附图 14 距医院阻抗距离

(a)8:00~11:30 (b)11:30~13:00 (c)13:00~17:30

(d)17:30~19:00 (e)19:00~21:30 (f)21:30~8:00（次日）

附图 15 人员时空易损性

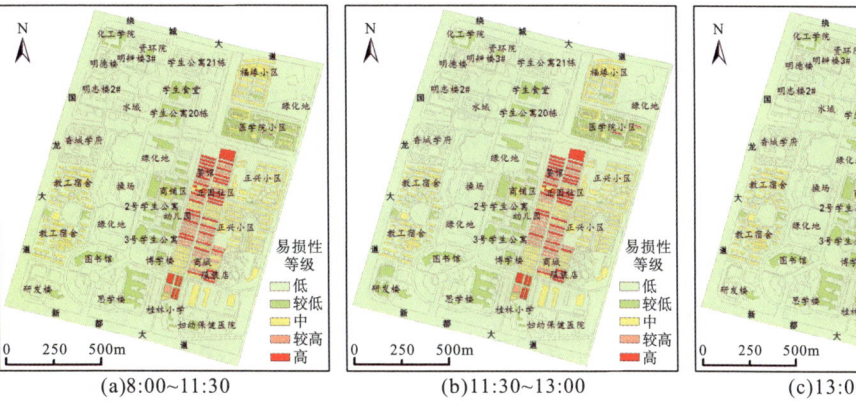

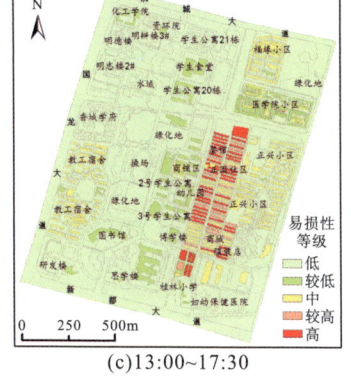

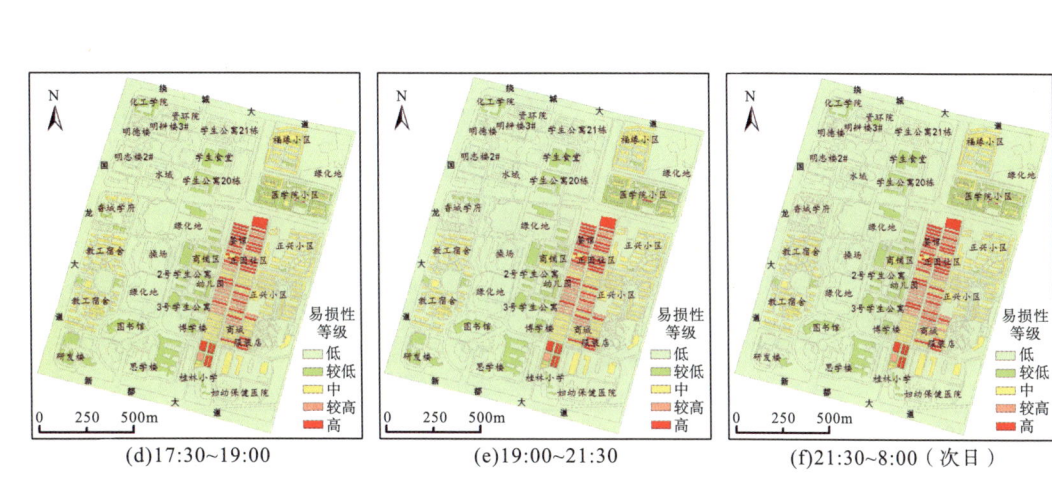

(a) 8:00~11:30　　(b) 11:30~13:00　　(c) 13:00~17:30

(d) 17:30~19:00　　(e) 19:00~21:30　　(f) 21:30~8:00（次日）

附图 16　建筑设施易损性

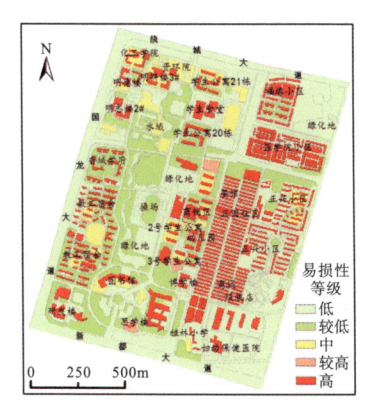

附图 17　生态环境易损性

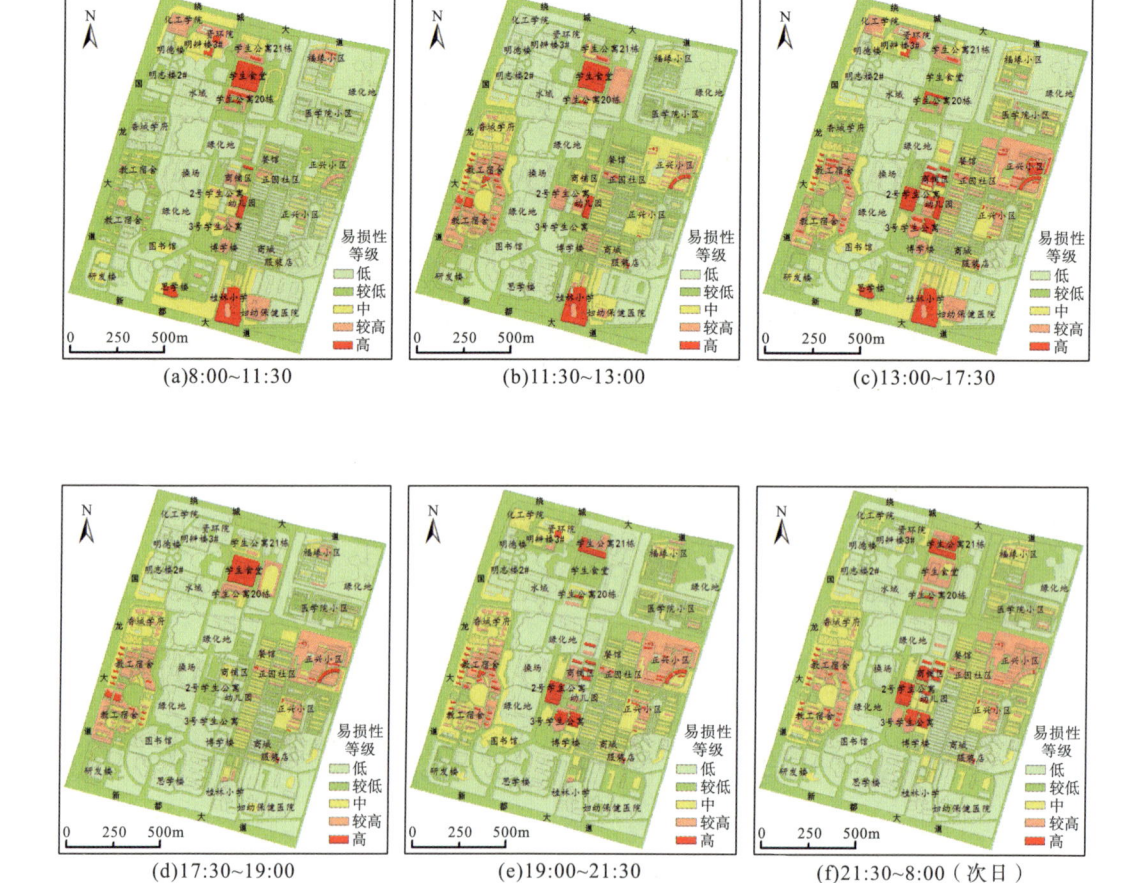

(a) 8:00~11:30　　　　　　　　(b) 11:30~13:00　　　　　　　　(c) 13:00~17:30

(d) 17:30~19:00　　　　　　　　(e) 19:00~21:30　　　　　　　　(f) 21:30~8:00（次日）

附图 18　燃气管道火灾承灾体综合易损性